重大版·建筑

应用型本科院校
土木工程专业系列教材

YINGYONGXING BENKE YUANXIAO
TUMU GONGCHENG ZHUANYE XILIE JIAOCAI

# 建筑力学

JIANZHU LIXUE


主　编■李　鹏

参　编■秦　昕　王晓莹　陈韵迪


重庆大学出版社

## 内 容 提 要

建筑力学是建筑类各专业的一门专业基础课。全书共13章，包括静力学基础、平面力系基本计算、平面力系的平衡方程、空间力系的平衡方程、平面体系的几何组成分析、轴向拉伸与压缩变形、扭转变形、弯曲变形、静定平面结构、超静定结构、材料允许应力和强度条件、构件变形的刚度问题和压杆稳定。各章附有习题。

本书特别适合于应用型本科工程造价、工程管理专业作为教学用书。本书全部内容需120学时左右，对内容根据需要取舍后，可作为40~60学时的建筑类各专业的教学用书，也可作为学时数相近的建筑工程专业的教材和供建筑工程技术人员参考。

**图书在版编目(CIP)数据**

建筑力学/李鹏主编.—重庆:重庆大学出版社，2014.8(2023.1重印)
应用型本科院校土木工程专业系列教材
ISBN 978-7-5624-8293-2

Ⅰ.建… Ⅱ.李… Ⅲ.建筑科学—力学—高等学校—教材 Ⅳ.TU311

中国版本图书馆CIP数据核字(2014)第133630号

应用型本科院校土木工程专业系列教材
**建筑力学**
主 编 李 鹏
策划编辑:王 婷
责任编辑:李定群 版式设计:王 婷
责任校对:关德强 责任印制:赵 晟
*
重庆大学出版社出版发行
出版人:饶帮华
社址:重庆市沙坪坝区大学城西路21号
邮编:401331
电话:(023)88617190 88617185(中小学)
传真:(023)88617186 88617166
网址:http://www.cqup.com.cn
邮箱:fxk@cqup.com.cn(营销中心)
全国新华书店经销
重庆市正前方彩色印刷有限公司印刷
*
开本:787mm×1092mm 1/16 印张:15.75 字数:393千
2014年8月第1版 2023年1月第5次印刷
印数:8 021—11 020
ISBN 978-7-5624-8293-2 定价:39.00元

# 前　言

建筑力学是现代建筑工程技术的基础，是建筑类各专业的一门专业基础课。本书根据应用型本科[illegible]才培养目标的要求编写，遵循“应用为主、够用为度”的原则，在编写内容上完全[illegible]各专业建筑力学课程的基本要求，又力求在知识结构上有所创新。

[illegible]知识体系整合方面有自己的特点，本书按照第1篇(构件和结构的外效应)、第[illegible]结构的内效应)、第3篇(构件和结构的安全工作条件)的结构形式，既继承了[illegible]系的完整性，又照顾到了宏观理论上的逻辑性。其次，本书特别注意了应用型[illegible]学生的特点，对许多力学现象先进行定性分析，部分难点采取使学生在了解和掌握“是什么”和“怎么做”的基础上，再去理解“为什么”，具备直观、易懂的特点，适度减少了理论推导，降低了学习时的数学难度。在内容安排上，本书注意了由浅入深、循序渐进的原则(如第9章首先介绍桁架的内力)，还注意了加强理论与工程实际相结合，增加了实际工程案例的介绍。

本书特别考虑到工程造价、工程管理的专业特色，内容上力求既宏观统一，又局部自成一体。讲完本书全部内容需120学时左右，对内容根据需要取舍后，又可作为40~60学时的建筑类各专业的教材使用。

本书由重庆大学李鹏担任主编，重庆大学秦昕、王晓莹、陈韵迪参与编写。具体分工如下：李鹏编写第1章、第3章、第6章、第7章、第8章、第11章；康竹丹编写第2章、第5章、第12章；秦昕编写绪论和第4章；王晓莹编写第9章和第10章；陈韵迪编写第13章。全书由李鹏统稿和定稿。

在本书编写过程中,重庆大学蹇开林教授、四川大学曾祥国教授提出了许多宝贵意见,特此致谢。

本书免费提供了配套的电子课件,包含各章的授课 ppt 课件,课后习题参考答案及两套试卷(含答案),放在重庆大学出版社教学资源网上供教师下载(网址:http://www. cqup. net/edustrc)。

本书编写人员长期担任建筑力学的教学工作,书中融入了许多教学经验和体会。但由于水平有限,时间仓促,错误和疏漏在所难免,敬请读者在使用过程中提出批评和建议。

编　者
2014 年 4 月

# 目　录

## 第2篇 构件和结构的内效应

## 第3篇 构件和结构的安全工作条件

# 绪　论

根据经典力学基础理论结合建筑结构力学特征建立的建筑力学,有机地综合了理论力学中的静力学部分、材料力学和结构力学的基本内容而自成一体,形成一门应用性较强的技术基础学科。

建筑力学的主要任务是研究构件及结构在荷载及其他因素作用下的工作状况。在建筑物或构筑物中起骨架(承受和传递荷载)作用的主要部分,称为建筑结构;组成建筑结构的基本单元,称为构件。本课程研究对象即为建筑工程中最简单和最常见的杆状构件及杆系结构。如图 0.1 所示为工业厂房剖面图,其中,屋架、行车、牛腿边柱均为杆件结构。

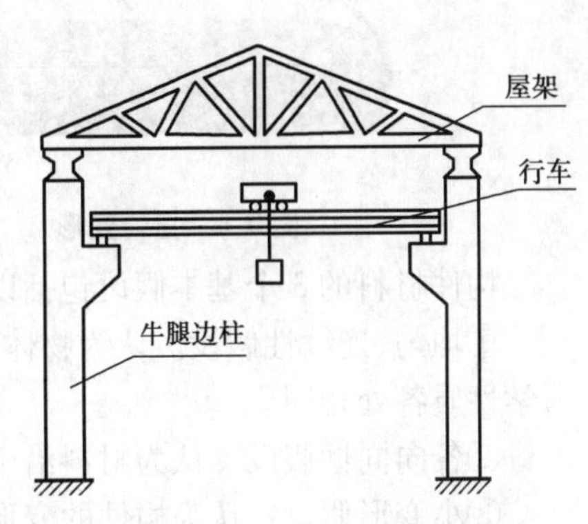


图 0.1　工业厂房剖面

罗马时期,建筑学巨著《建筑十章》首次系统地提出了建筑设计的基本目标,即是安全性、功能性和艺术性原则,这一设计思想经历 2 000 年的历史沉淀,又经现代科学和艺术的陶冶而得到进一步发展并日趋成熟和完善。对建筑物设计的安全性要求、构件(或结构)的工作安全,必须满足以下 3 个最基本的条件:

①强度。构件(或结构)抵抗破坏的能力。

②刚度。构件(或结构)抵抗变形的能力。

③稳定性。构件(或结构)保持原有平衡形态的能力。

建筑力学的任务即为研究并解决建筑工程中构件或结构的强度、刚度和稳定性问题。在保证构件(或结构)安全可靠且经济节约的前提下,为构件(或结构)设计计算提供基本的理论和计算方法。

对于非杆系结构的其他结构，如薄壁结构、实体结构等，则有相应的力学课程如板壳理论、弹性力学等对其基本理论和计算方法进行专门的分析和研究。对于实际工程中较复杂的结构体系，现在通常采用有限元法，并结合电算而得到数值解。

建筑力学作为一门技术基础学科，其研究方法是采用理论分析和实验研究相结合的科学方法。在定量分析和计算上，静力平衡方程及其应用起到核心和关键作用。在研究构件变形过程中，将杆件变形归纳为4种基本形式，并作了3个基本假设。

杆件的4种基本变形形式如下：

①轴向拉伸与压缩变形。在杆的轴线上作用一对平衡外力，将引起杆沿轴线方向伸长或缩短的变形，称为轴向拉伸或压缩变形，如图0.2所示。

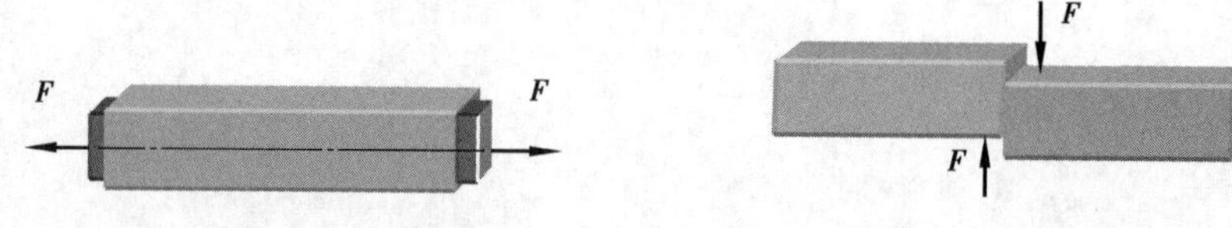


图0.2　轴向拉伸(压缩)变形

图0.3　剪切变形

②剪切变形。杆件受到一对大小相等、方向相反、作用线互相平行且相距很近的横向外力作用时，将引起其横截面沿力的方向发生相对错动的变形，称为剪切变形，如图0.3所示。

③扭转变形。杆件受一对力偶(或力偶系)的作用，且力偶作用面垂直于杆轴线，则杆的各横截面绕轴线发生相对转动，如图0.4所示。

④弯曲变形。在杆的横向方向上作用外力(集中力、集中力偶、分布力等)，杆的轴线由原来的直线变形为曲线，称为弯曲变形，如图0.5所示。

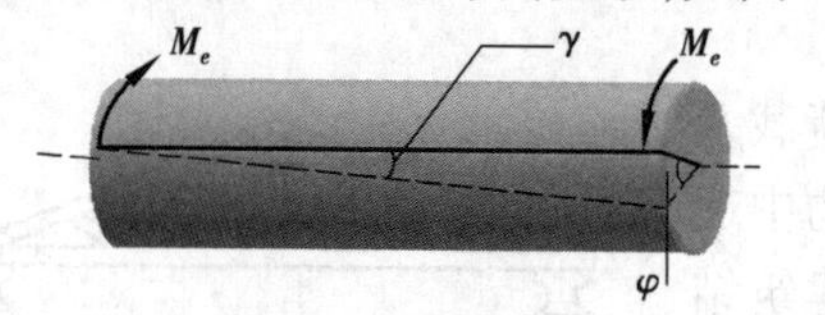


图0.4　扭转变形

图0.5　弯曲变形

构件材料的3个基本假设包括以下内容：

①均匀、连续性假设。认为物体在其整个体积内无空隙地充满了物质，且物体内物质的力学性质各处相同。

②各向同性假设。认为材料沿不同方向具有相同的力学性质。

③小变形假设。认为构件的变形是微小的或其变形量相对构件原几何尺寸是微小的。

上述基本假设是基于实际工程结构与结构理论计算之间的差异，以达到既能对结构进行简化并进行抽象的、数值化的分析和计算，又不偏离实际结构的力学本质特性。

# 第1篇

# 构件和结构的外效应

【综述】

物体在外力作用下运动状态的变化,称为物体的外效应。在静力学中,物体都处于平衡状态,通过研究物体的外力平衡条件,即物体的平衡方程,可清楚地了解静定物体上的外力情况。静力学即是解决构件和结构的外力问题。

# 1

# 静力学基础

## 1.1 静力学基本概念

**1）力的概念**

力是物体之间的相互机械作用，其作用效应有两个：一是使物体运动发生变化，称为外效应；二是使物体形状、尺寸发生变化，称为内效应。

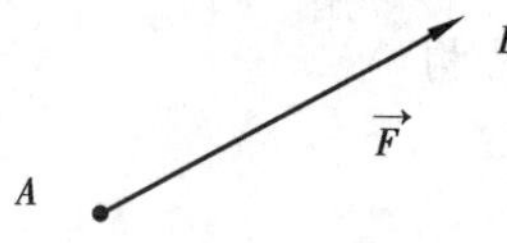

图1.1 力的表示

力的作用效果取决于力的三要素：力的大小、方向和作用点。如图1.1所示，可用一带箭头的有向线段 $\vec{F}$ 表示，有向线段的长短、箭头方向、起点（或终端）分别依次代表其三要素。力的国际单位是N（牛顿），除国际单位工程中还常用kN和GN：1 GN = $10^3$ MN，1 MN = $10^3$ kN，1 kN = $10^3$ N。力是矢量，还需确定其大小和方向。

**2）力系的概念**

力系是指两个（或以上）力的统称。如图1.2所示，物体受到3个力作用，由于该三力的作用线互相平行，故可称为平行力系。如果两个力系分别作用在同一物体上，其外效应相同，则称该两个力系互为等效力系。值得注意的是，"等效"仅指外效应相同，而内效应不一定相同。若一个力在物体上的作用效果与某力系作用效果相同（指外效应），则该力称为力系的合力，而力系中的每一个力称为该合力的分力。

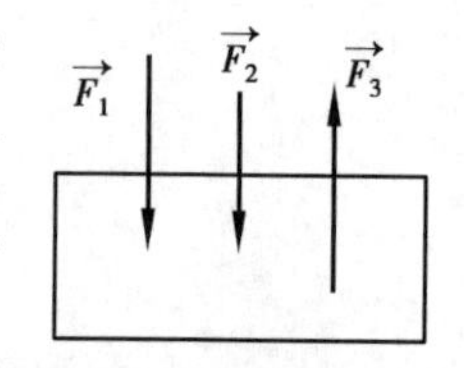

图1.2 平行力系

3）平衡的概念

在一般工程中，将相对地面静止的物体称为处于平衡状态。如图1.3所示，放置在地面上的物体受重力和地面反力的共同作用相对地面静止，因此，该物体处于平衡状态。处于平衡状态物体上所有作用的外力构成的力系，称为平衡力系。如图1.3所示放置在地面上的物体受重力和地面反力的共同作用，显然该物体处于平衡状态。此时，由重力与反力组成的力系，称为平衡力系。

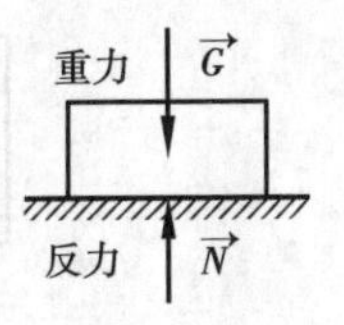

图1.3 平衡力系

4）刚体的概念

所谓刚体，是指在外力作用下形状及尺寸均不发生改变的物体。理想的刚体在自然界中是不存在的，在外力作用下任何物体的形状及尺寸都会发生改变。但在外力作用下固体的形状及尺寸改变很小，这样小的形状及尺寸改变对固体外效应的影响更小，因此，在研究物体外效应时可将固体看成刚体。这样一来，不仅使得计算过程得到大大的简化，其计算精度也完全满足工程实际的需要。应特别注意，在研究物体内效应时固体的刚体模型就不适宜了。

## 1.2 静力学基本原理

静力学的基本理论是建立在牛顿力学基础之上，牛顿力学的逻辑系统及其构成形式又受到欧几里得《几何原本》思想的影响，即

**建立基本概念→确定公设（公理）→推导出定理（计算理论）→应用**

静力学的部分基本原理如下：

原理1（二力平衡公理）：如果一个物体只受到两个力的作用，其平衡的充分必要条件是该二力大小相等、方向相反、作用线共线。只受到两个力作用的物体称为二力体，受到两个力作用的杆件称为二力杆。如图1.3所示，放置在地面上的物体受到地面对它的反力 $\vec{N}$ 和地球对它的引力 $\vec{G}$ 作用，如果平衡则满足 $N=G$。

原理2（加减平衡力系公理）：在物体上（无论其是否处于平衡状态）加上或减去一个平衡力系都不会改变物体的外效应，但内效应则可能发生改变。如图1.4所示为由压缩的平衡状态转化为拉伸的平衡状态。

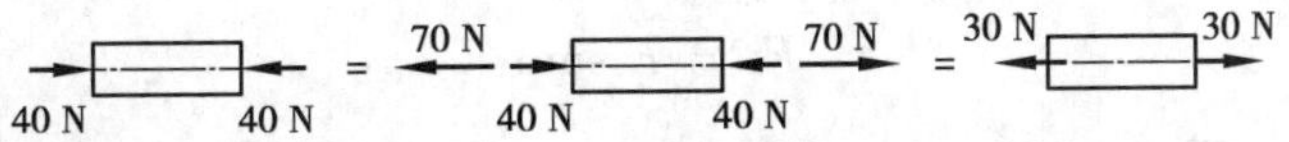

40 N　40 N　=　70 N　40 N　40 N　70 N　=　30 N　30 N

图1.4 加减平衡力系公理

推论1（力的可传性原理）：作用在刚体上的力可在该物体上沿力的作用线任意移动而不改变原力对物体的外效应。如图1.5所示的3种受力状态，图1.5(a)中在物体的 $A$ 点作用力 $\vec{F}$，以图1.5(a)为基础，在 $B$ 点加上一对平衡力 $\vec{F}_1$ 和 $\vec{F}_2$，并且要求 $\vec{F}_1$，$\vec{F}_2$ 与 $\vec{F}$ 力的大小相等作用线共线，从而得到图1.5(b)；根据加减平衡力系原理可知，图1.5(a)与图1.5(b)的物体的受力状态其外效应不变。同理，图1.5(c)与图1.5(b)的外效应不变，因而图1.5(a)与图1.5(c)的外效应相同，相当于把作用在 $A$ 点上的力在该物体上沿力的作用线移到 $B$ 点而

没有改变原力对物体的外效应。

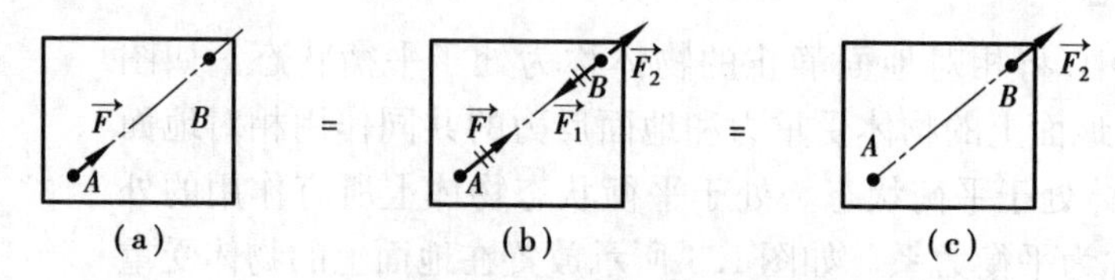


图1.5　力的可传性

例如,作用在物体上的4个力的作用点并不相同,如图1.6(a)所示。但应用力的可传性,可将所有的力沿其作用线移动到$A$点而成为共点力系且不改变其外效应,如图1.6(b)所示。

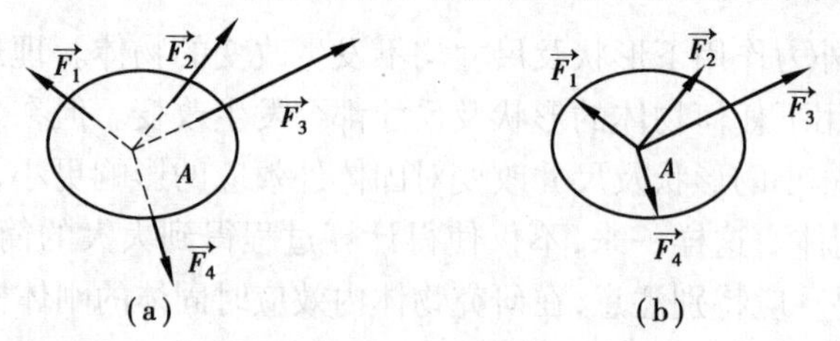


图1.6　力的可传性应用

原理3(力的平行四边形法则):作用在物体同一点上的两个力可以合成为一个作用线经过该点的合力,该合力的大小及方向由以原二力为相邻边所确定的平行四边形的对角线来表示(或确定)。如图1.7(a)所示,矢量力$\vec{F}$是力$\vec{F_1}$与$\vec{F_2}$的合力。力的合成也可采用力的三角形法则:矢量力$\vec{F}$是由力$\vec{F_1}$与$\vec{F_2}$首尾相接而成,如图1.7(b)所示。

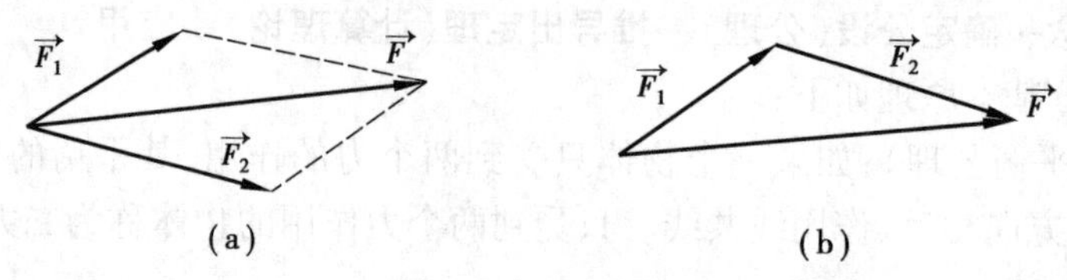


图1.7　力的合成

力的分解是合成的逆运算,在图1.8(a)中,力$\vec{F_1}$与$\vec{F_2}$是力$\vec{F}$的分力;力$\vec{F_3}$与$\vec{F_4}$也是力$\vec{F}$的分力。显然,分解的方法是无数的,但正交分解最为常见,如图1.8(b)所示力的正交分解状况,即力$\vec{F_x}$与$\vec{F_y}$是力$\vec{F}$的分力,$\alpha$为力$\vec{F}$与$x$轴所夹锐角,合力与分力之间的数值关系为

$$F_x = F\cos\alpha \tag{1.1}$$

$$F_y = F\sin\alpha \tag{1.2}$$

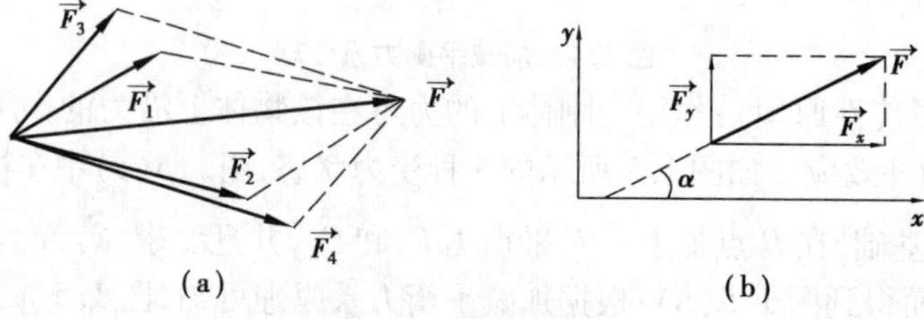


图1.8　力的分解

对于作用在同一点上的多个力也可进行合成,其基本方法是多次使用力的三角形的法

则,即力的多边形法则。在图 1.9(a)中,作用在 $A$ 点上的 4 个力$\vec{F}_1$,$\vec{F}_2$,$\vec{F}_3$及$\vec{F}_4$,其合力为 $\vec{F}$。其中,$\vec{F}_{12}$代表$\vec{F}_1$与$\vec{F}_2$的合力,$\vec{F}_{123}$代表$\vec{F}_1$,$\vec{F}_2$,$\vec{F}_3$的合力。其合成过程如图 1.9(b)所示,其中封闭边代表合力。

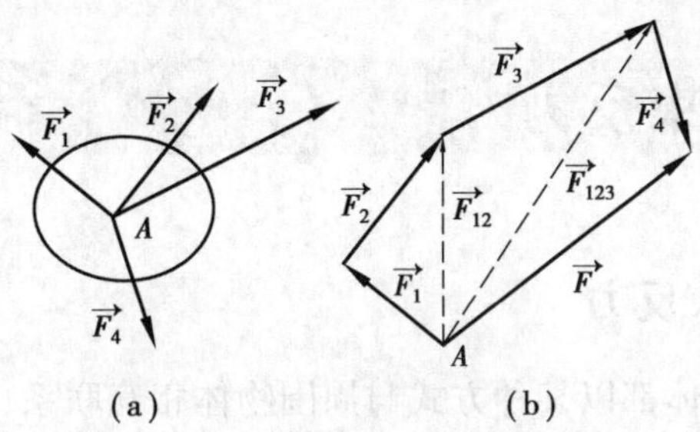


图 1.9　力的多边形法则

推论 2(三力平衡汇交定理):一个物体只受到 3 个力的作用,且该三力不互相平行,则物体平衡的必要条件是该三力汇交于一点。

物体受$\vec{F}_1$,$\vec{F}_2$,$\vec{F}_3$ 3 个力作用,由于三力不互相平行则可假设$\vec{F}_1$与$\vec{F}_2$汇交于 $A$ 点如图 1.10(a)所示。$\vec{F}_{12}$代表$\vec{F}_1$与$\vec{F}_2$的合力,该三力平衡的充分条件是 $\vec{F}_{12}$与$\vec{F}_3$大小相等、方向相反、作用线共线。如图 1.10(b)所示的 3 个力$\vec{F}_1$,$\vec{F}_2$,$\vec{F}_3$虽然汇交,但并不平衡。因此,三力汇交是平衡的必要条件而不是充分条件。

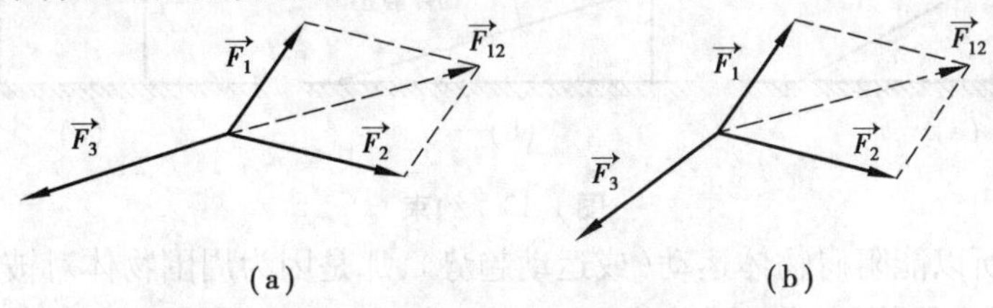


图 1.10　三力汇交定理

三力汇交定理的实质是:作用在物体上的 3 个力,若三力互相平行是可能平衡的,如图 1.11(a)所示;若三力汇交于一点,也是可能平衡的,如图 1.11(b)所示;但三力若既不互相平行也不汇交,则一定不能平衡,如图 1.11(c)所示。

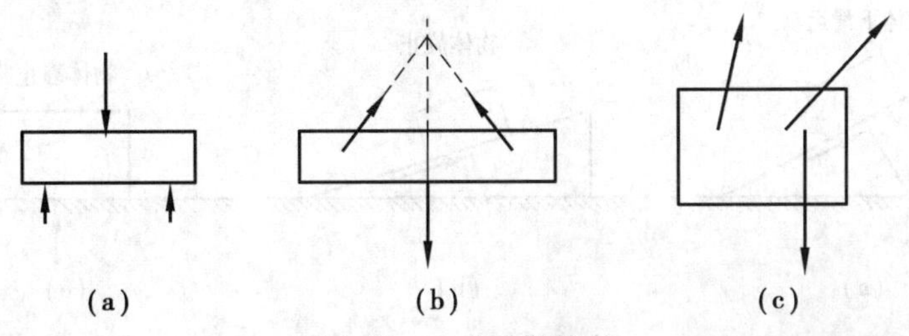


图 1.11　三力平衡状态

原理 4(作用力与反作用力定律):两物体之间的相互作用力总是同时成对地出现,其大小相等、方向相反、作用线共线,而且分别作用在这两个物体上。如图 1.12 所示,物体受到地面的反力$\vec{F}_1$与物体对地面的压力$\vec{F}_2$就是作用力与反作用力关系。

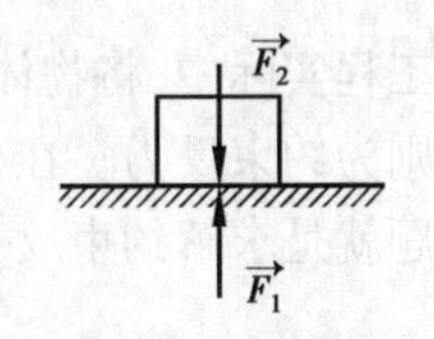


图 1.12　作用力与反作用力

值得注意的是,无论物体是否处于平衡状态,该原理都是成立的。例如,空中自由下落的物体,它对地球的引力与地球对它的引力属于作用力与反作用力关系,但该物体并不平衡,因为该二力不作用在同一物体上,不是二力平衡关系。

## 1.3 约束和约束反力

### 1.3.1 约束及约束反力

在工程实际中,每个物体都以某种方式与周围物体相互联系,这种联系也使得物体间的运动受到一定的限制。一个物体的运动受到周围物体的限制时,这些周围物体称为该物体的约束。如图1.13(a)所示,斜面上的物体在考虑摩擦的条件下,虽然由于摩擦力不够大,物体依然下滑,但斜面对物体下滑运动仍然有阻碍作用,对下滑物体而言,斜面就是约束。如图1.13(b)所示,斜面上的物体在摩擦力的作用下,阻止了物体下滑运动,处于静止状态,但物体仍然有下滑运动趋势,此时,斜面阻碍了物体下滑运动趋势,斜面就是约束。同样,如图1.13(c)所示,物体放置在水平地面上处于静止状态,地面对物体而言就是约束。

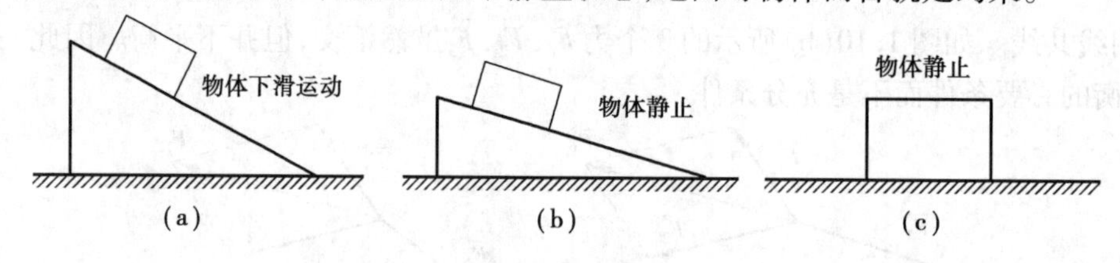


图1.13 约束

周围物体之所以能阻碍物体运动(或运动趋势),那是因为周围物体对被约束物体产生了阻碍其运动(或运动趋势)的作用力。如图1.14(a)、(b)所示,斜面上物体受到的摩擦力和法向反力(斜面的支持力)属于这种力,如图1.14(c)所示,水平地面上物体受到的法向反力(支持力)也属于这种作用力。周围物体作用于被约束物体上阻碍其运动(或运动趋势)的力,称为约束反力。

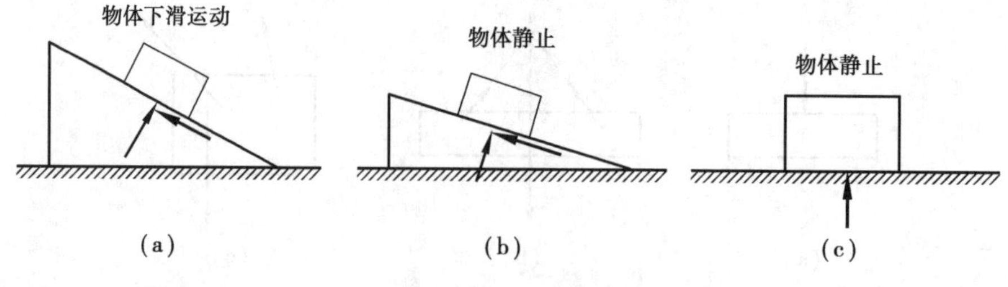


图1.14 约束反力

工程实际中,将物体上作用的外力分为主动力和被动力。其中,主动力又被称为荷载,被动力则为约束反力。在建筑力学讨论的问题中,荷载一般都是已知的,因此,建筑力学的第一个问题就是求解约束反力,求出了约束反力则物体所受的外力就都清楚了。

## ▶ 1.3.2 工程中常见约束

工程结构中的约束现象可归结为以下 7 大类:

**1)柔性约束**

如图 1.15(a)、(b)所示,物体受到柔绳的约束作用。其约束反力的特点是:作用在接触点,沿柔绳的中心线,表现为拉力。

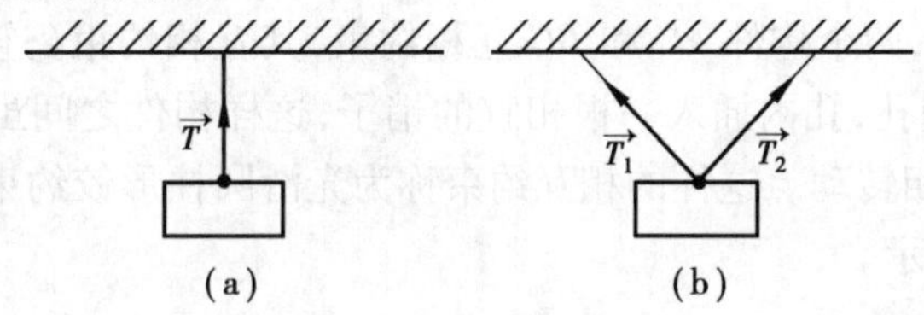


图 1.15 柔性约束

**2)光滑接触面约束**

在不考虑摩擦的情况下,物体相互接触,通过接触点(面)产生压力。约束反力的特点是:作用在接触点(面),沿物体接触面的公法线指向物体,称为法向反力。

如图 1.16(a)所示,小球受到的法向反力$\vec{N_A}$;如图 1.16(b)所示为杆件在 $ABC$ 3 点受到的法向反力$\vec{N_A}$,$\vec{N_B}$和$\vec{N_C}$。

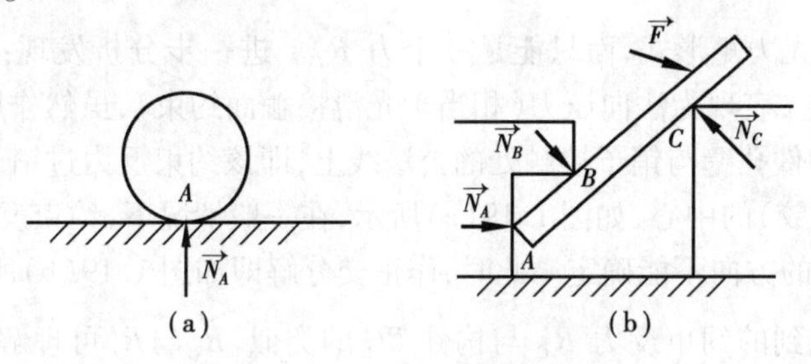


图 1.16 光滑接触面约束

**3)光滑圆柱形铰约束**

光滑圆柱形铰约束可视为光滑接触面约束的应用。如图 1.17(a)所示,在一固定的矩形板上挖穿一圆孔,在圆孔内插入一圆柱形销钉,销钉的直径约小于圆孔的直径且相互之间光滑接触,假定圆柱形销钉由于某种其他外力作用而与矩形板的圆孔内壁相接触于 $C$ 点,此时,圆柱形销钉与矩形板圆孔内壁之间的约束关系属于光滑接触面约束,矩形板对圆柱形销钉将产生约束反力 $\vec{F}$,$\vec{F}$ 力作用在销钉的 $C$ 点并沿公法线指向销钉表现为压力,即约束反力的作用线经过销钉的轴心 $O$;圆柱形销钉对矩形板圆孔内壁产生的约束反力$\vec{F}'$是约束反力 $\vec{F}$ 的反作用力,作用在矩形板圆孔内壁的 $C$ 点并沿公法线指向矩形板表现为压力,即约束反力$\vec{F}'$的作用线依然经过销钉的轴心 $O$,如图 1.17(b)所示;如果圆柱形销钉与矩形板的圆孔内壁相接触于其他点 $A$ 而不是 $C$ 点,则矩形板圆孔内壁受到销钉的约束反力$\vec{F}''$的作用点在矩形板圆孔内壁的 $A$ 点并沿公法线指向矩形板表现为压力,其作用线依然经过销钉的轴心 $O$,如图 1.17(c)所示。

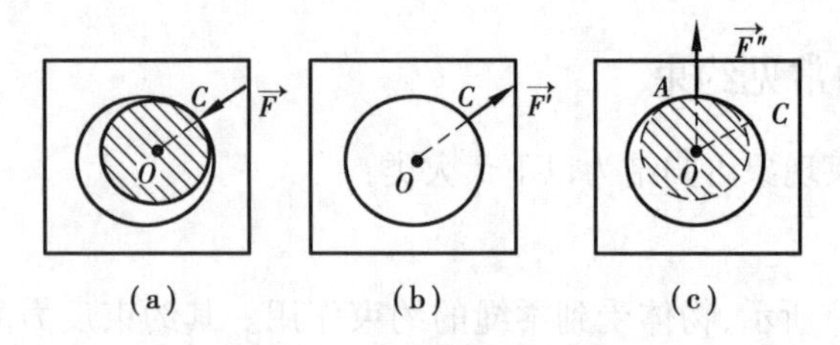


图 1.17　光滑圆柱形铰约束

如图 1.18(a)所示,两个构件 *AC* 和 *BC* 互相约束,其互相约束(连接)方式如下:在两个构件相应位置 *C* 穿一圆孔,孔内插入一根相宜的销子,这样构件之间虽然互相约束不能从任何方向上脱离,但可互相转动。这样的相互约束称为光滑圆柱形铰约束,简称铰链约束,并可简化为如图 1.18(b)所示。

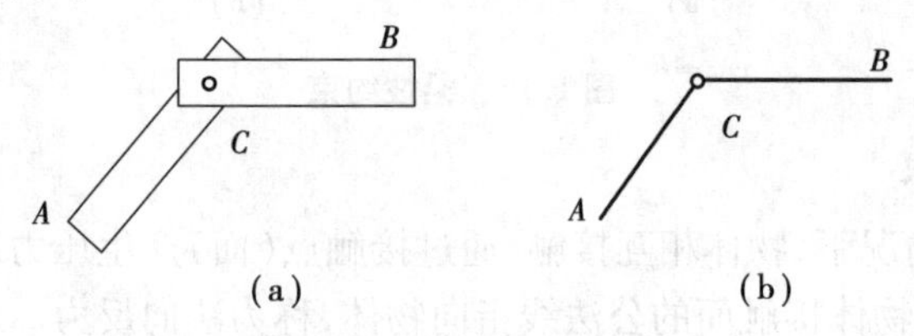


图 1.18　铰约束表示

构件 *AC* 和 *BC* 通过铰形成的约束是相互的。以构件 *BC* 为例,它的转动未被约束,因而 *BC* 受到的约束反力无力矩形式,而只能是一个力 $\vec{R}_C$。进一步分析发现:$\vec{R}_C$作用在 *BC* 构件穿圆孔处 *C* 的孔壁上,表现为法向压力(相当于光滑接触面约束),虽然作用点不能确定,但力的作用线必在 *BC* 构件孔壁与销子接触处的公法线上,即该约束反力过销子(铰)的中心 *C*,约束反力可画在销子(铰)的中心,如图 1.19(a)所示,在一般情况下,约束反力的作用点不能确定,即也是约束反力的方向不能确定。此时,作正交分解即如图 1.19(b)所示。

对于构件 *AC* 受到的约束反力 $\vec{R}'_C$ 与构件 *BC* 的类似,$\vec{R}_C$与$\vec{R}'_C$可理解为作用力与反作用力的关系,即构件 *AC* 通过铰 *C* 对构件 *BC* 产生的约束反力为$\vec{R}_C$,构件 *BC* 通过铰 *C* 对构件 *AC* 产生的约束反力为$\vec{R}'_C$,如图 1.20 所示。

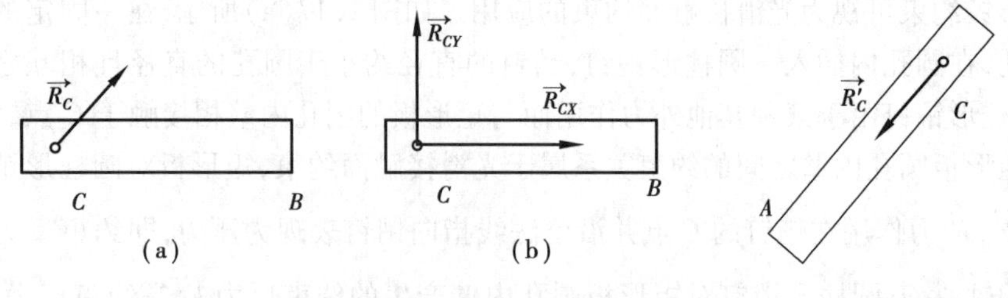


图 1.19　铰约束反力的分解　　　　图 1.20　铰约束反力

4)**固定铰链支座约束**

与铰链约束比较,在图 1.19 中若把构件 *AC* 视为底座或固定在地面的支架或地基基础,总之,构件 *AC* 固定不动,此时构件 *BC* 受到的约束为固定铰链支座约束(简称铰支座)。显然,固定铰链支座产生的约束反力与铰链约束的约束反力完全一样,如图 1.21 所示。

5)可动铰链支座约束

支座与光滑接触面之间安装辊轴,可使构件沿支承面发生运动而不能沿其法线方向运动,具有这类性质的约束称为可动铰链支座约束或滚动支座约束。当然,实际工程中构件沿支承面发生运动是很微小的,对于必须考虑温度收缩缝的结构,通常采用可动铰链支座约束方式。该约束的约束反力沿支承面的法线方向,可指向也可背离支承面,如图1.22所示。

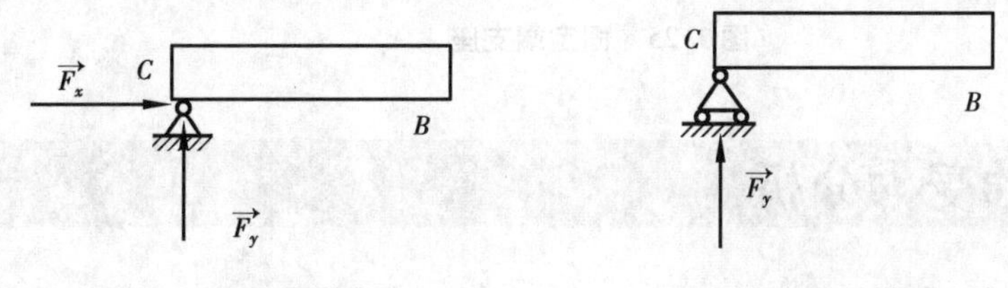


图1.21 固定铰接支座　　图1.22 可动铰接支座

6)链杆约束

链杆是指两端用光滑铰链与其他构件连接且不考虑自重的刚杆,如图1.23(a)所示。链杆只在两端受力,故为二力杆,两端既能受拉又能受压$\vec{F}_A$与$\vec{F}_C$,且该二力大小相等、方向相反、作用线共线,如图1.23(b)所示。因而链杆对构件产生的约束反力是链杆端部受到的拉力(或压力)$\vec{F}_C$的反作用力$\vec{F}'_C$,力$\vec{F}'_C$的作用线与链杆的中心线重合,如图1.23(c)所示。

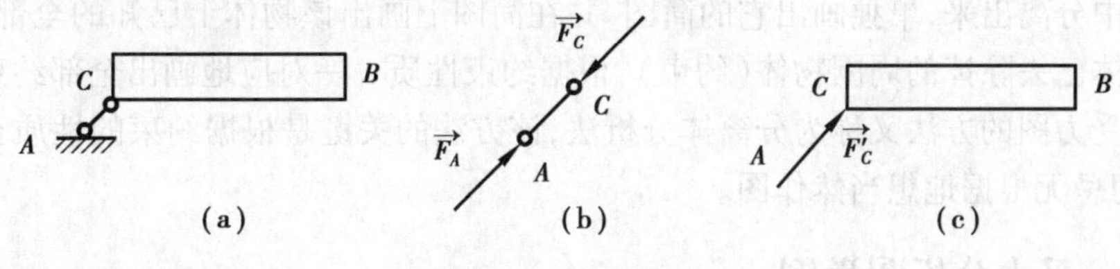


图1.23 链杆约束

有时用两根不平行的链杆表示或代替固定铰链支座,如图1.24(a)所示;用一根链杆表示或代替可动铰链支座,如图1.24(b)所示。

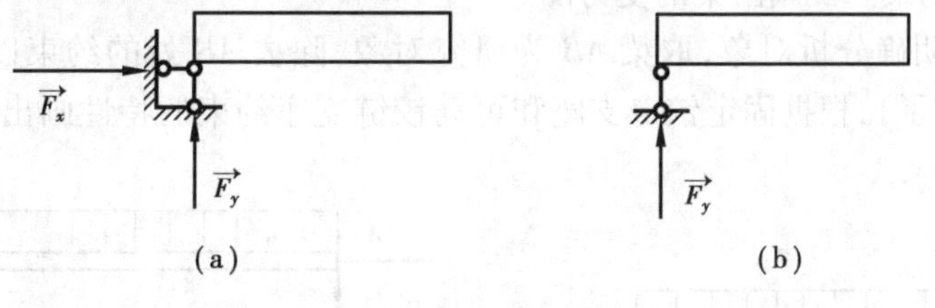


图1.24 链杆的铰接

7)固定端支座约束

整浇钢筋混凝土雨篷,它的一端完全嵌固在墙中,另一端悬空如图1.25(a)所示,这样的支座称为固定端支座。在嵌固端,既不能沿任何方向移动,也不能转动,因此,固定端支座除产生水平力$\vec{F}_x$和竖直方向的约束反力$\vec{F}_y$外,还有约束反力偶$M_A$,如图1.25(b)所示。具体分析过程可参阅第3章“平面力系的简化”部分。

约束的形式远不止上述7种,但其分析方法基本如此。

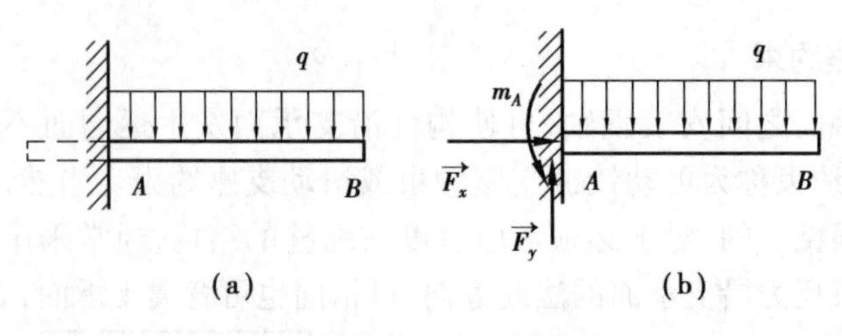


图 1.25　固定端支座

## 1.4　物体的受力分析

### ▶ 1.4.1　物体的受力分析及受力分析图

物体的受力分析就是确定物体上各个力的作用点、方向的过程，暂时不确定力的大小。表示被研究物体及其上所受各个力的图形称为物体的受力分析图，简称受力图。

能否正确画出受力分析图，直接关系到有关力学问题的解决。为了清晰地表示物体的受力状况，应首先根据问题的需要确定要研究的具体物体，将其作为研究对象；然后将研究对象从周围物体中分离出来，单独画出它的简图，并在简图上画出该物体上已知的全部主动力；最后对照该物体已去除掉的周围物体（约束），根据约束性质一一对应地画出全部约束反力。这种得到物体受力图的方法又称为分离体分析法，该方法的关键是根据约束的性质正确地画出约束反力，切忌无根据地想当然作图。

### ▶ 1.4.2　受力分析图举例

【例 1.1】　如图 1.26 所示简支梁受均布荷载作用，梁的两端 *AB* 处分别受固定铰链支座和可动铰链支座约束。试画出梁的受力图。

【解】　首先明确分析对象，取梁 *AB* 为研究对象，除去 *AB* 处的约束以其约束反力代替（否则约束就重复了），根据固定铰链支座和可动铰链支座约束的特性画出梁的受力图，如图 1.27 所示。

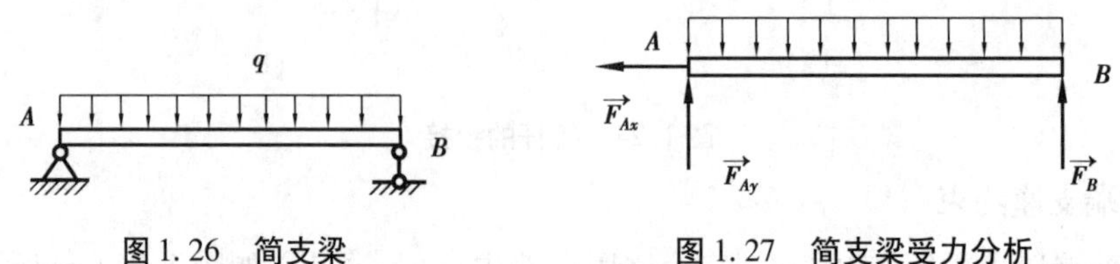


图 1.26　简支梁　　　　图 1.27　简支梁受力分析

【例 1.2】　如图 1.28 所示刚架受集中力荷载 $\vec{F}$ 作用，梁的两端 *AB* 处分别受到固定铰和链杆的约束。试画出刚架的受力图。

【解】　取梁 *ABCD* 为研究对象，根据链杆约束的特性画出刚架的受力图，如图 1.29(a)所示。根据三力汇交原理，受力图也可用图 1.29(b)来表示。

显然，*D* 处的约束反力 $\vec{F}_D$ 方向应该向下刚架才能平衡，但这不妨，因为根据此图在以后的计算中，$\vec{F}_D$的计算结果必然是负值，正说明$\vec{F}_D$的实际方向与图中方向（假设的方向）相反。力学上可采用这种方法来处理其指向在计算前难以确定的力的方向问题。

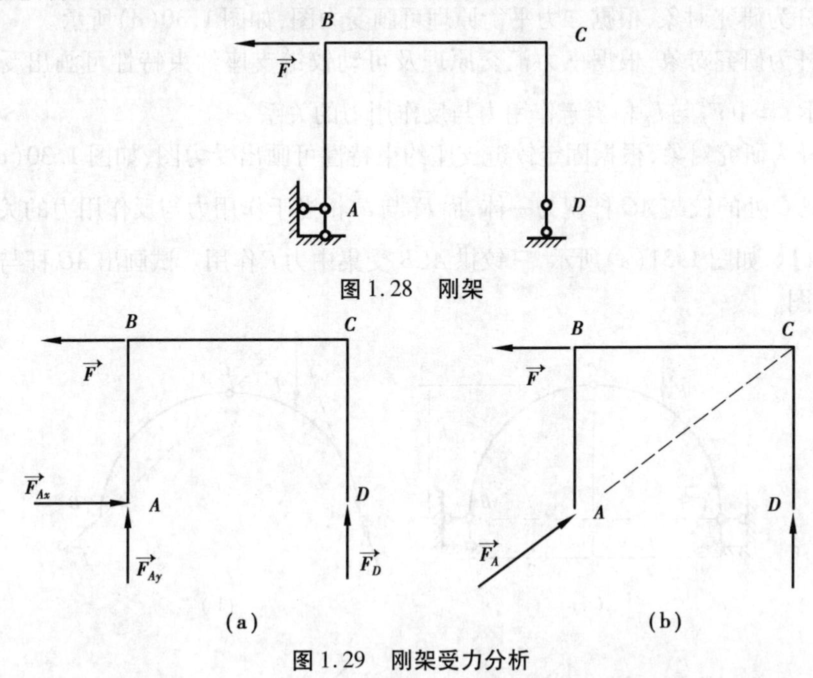


图 1.28 刚架

图 1.29 刚架受力分析

【例 1.3】 如图 1.30(a)所示人字梯受集中力$\vec{F}$作用，人字梯由 $AC$，$BC$ 和 $DE$ 杆铰接而成，各杆不计重力。试画出人字梯各部及整体受力分析图。

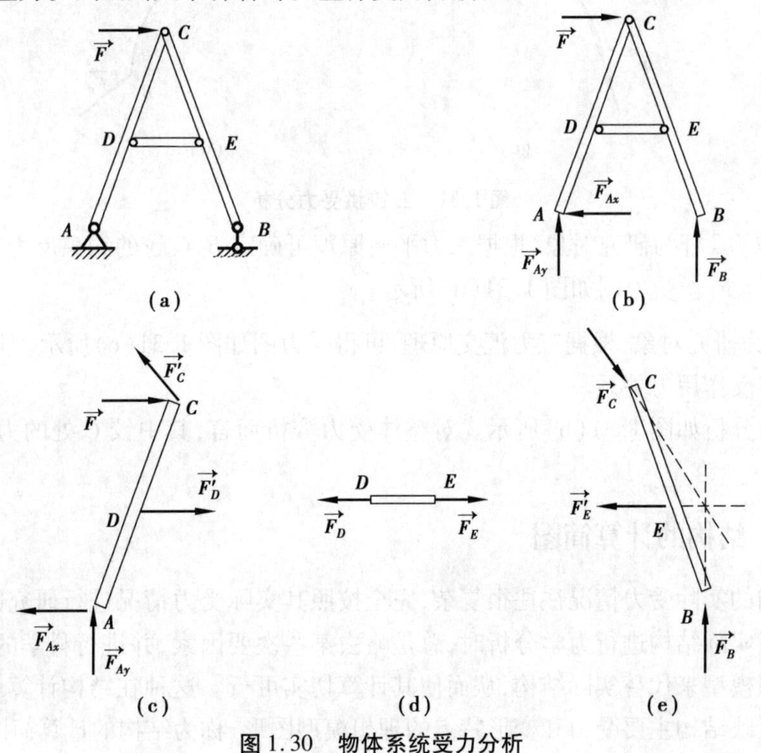


图 1.30 物体系统受力分析

【解】 整体受力图是各分部受力图的组合，而各分部之间的作用力为内力不画，整体受力图如图1.30(b)所示。

取$DE$杆为研究对象，根据二力平衡原理可画受力图，如图1.30(d)所示。

取$BC$杆为研究对象，根据三力汇交原理及可动铰链支座约束特性可画出受力图，如图1.30(e)所示，其中$\vec{F}'_E$与$\vec{F}_E$相当于作用力与反作用力的关系。

取$AC$杆为研究对象，根据固定铰链支座约束特性可画出受力图，如图1.30(c)所示。其中，相当于把$C$处的铰与$AC$杆视为一体，而$\vec{F}'_C$与$\vec{F}_C$相当于作用力与反作用力的关系。

【例1.4】 如图1.31(a)所示，三铰拱$ACB$受集中力$\vec{F}$作用。试画出$AC$杆与$BC$杆及整体受力分析图。

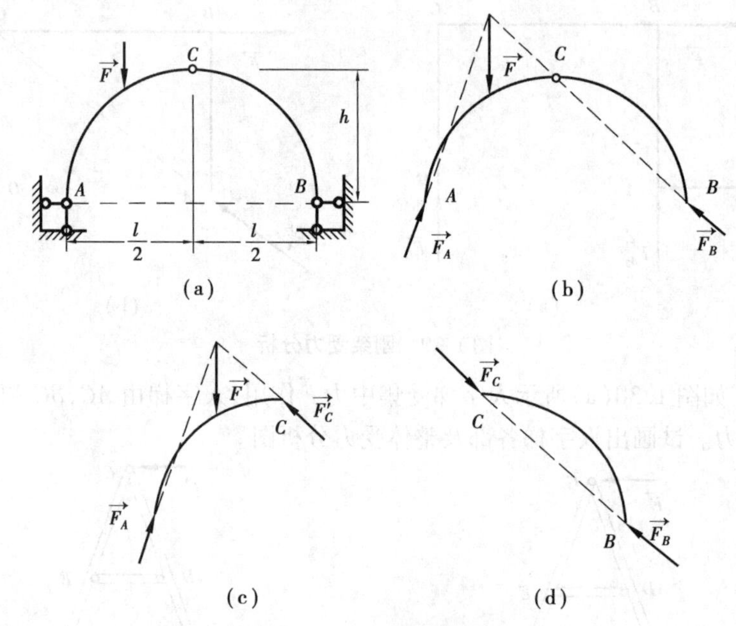


图1.31 三铰拱受力分析

【解】 取$BC$杆为研究对象，根据二力平衡原理可确定$B$,$C$铰的约束反力方向，即在$BC$连线上，且$F_B=F_C$。受力图如图1.31(d)所示。

取$AB$杆为研究对象，根据三力汇交原理，可得受力图如图1.31(c)所示。其中$\vec{F}'_C$与$\vec{F}_C$相当于作用力与反作用力关系。

整体受力分析如图1.31(b)所示。对整体受力分析而言，其中铰$C$处的力是内力，不画出来。

## ▶ 1.4.3 结构的计算简图

工程结构的实际受力情况往往很复杂，完全按照其实际受力情况进行研究既不现实也无必要，因此，对实际结构进行力学分析时，总是略去某些次要因素，并进行科学的抽象，用一个简化了的理想模型来代替实际结构，从而使其计算切实可行。这种在结构计算中用以代替实际结构并能反映结构主要受力和变形特点的理想模型图形，称为结构的计算简图。

结构计算简图的合理选择应遵循以下两条基本原则:

①正确地反映结构的实际受力状况,使计算结果接近实际情况。

②略去次要因素,便于分析和计算。

对实际结构进行简化处理通常包括以下5个方面:

**1)结构体系的简化**

工程实际结构几乎都是空间结构,各部相互有机连接组成一空间体系,以承受各个方向可能出现的荷载。但在通常情况下(包括本教材中),常忽略一些次要的空间约束而将实际结构分解为平面结构,使计算得以极大的简化。

**2)杆件的简化**

无论是直杆还是曲杆,均可用其轴线来表示。杆件之间的连接处用结点表示,结点位于各杆轴线的交点处,杆长用结点间的距离表示。

**3)结点的简化**

结构中各杆件相连接的地方称为结点。根据结构的实际受力特点和构造情况,在计算简图中通常将其简化为铰结点、刚结点和组合结点等。

(1)铰结点

铰结点的特点是它所连接的各杆件都可以绕结点自由转动。铰结点只有力的作用而无力矩的作用。如图1.32(a)、(b)所示为一个木屋架的结点和它的计算简图。

(2)刚结点

刚结点的特点是它所连接的各杆件之间的夹角保持不变。刚结点既有力的作用又有力矩的作用。如图1.33(a)所示为一现浇混凝土框架中一结点的构造图,梁和柱用混凝土浇成整体,钢筋的布置也使各杆端能承受力和力矩。这类结点通常被视为刚结点,如图1.33(b)所示为其计算简图。

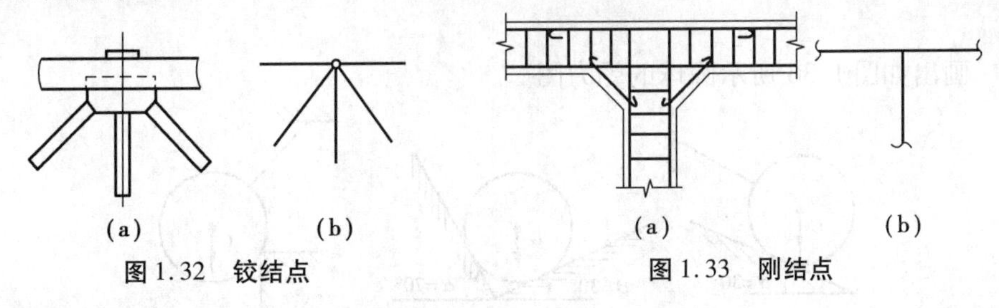


图1.32 铰结点　　图1.33 刚结点

(3)组合结点

如图1.34(a)所示为一加劲梁的计算简图,在横向荷载作用于该梁时,$AB$杆以受弯为主,其他杆件以受拉(压)为主,且$AB$杆的刚度相对较大。此时,$C$结点即可简化为组合结点,用图1.34(b)来表示。

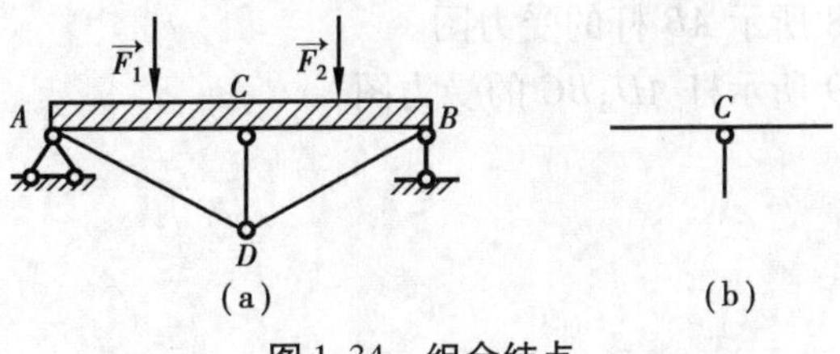


图1.34 组合结点

4)支座的简化

平面杆系结构的支座,常用的有以下4种类型:

(1)可动铰支座

如图1.35(a)所示,杆端$A$沿水平方向可以移动,绕$A$点可转动,但沿支座杆轴方向不能移动。

(2)固定铰支座

如图1.35(b)所示,杆端$A$绕$A$点可转动,但沿任何方向均不能移动。

(3)固定端支座

如图1.35(c)所示,$A$端支座为固定端支座,$A$端不能移动也不能转动。

(4)定向支座

如图1.35(d)所示,这种支座只允许杆端沿一个方向移动,而沿其他方向不能移动,也不能转动。

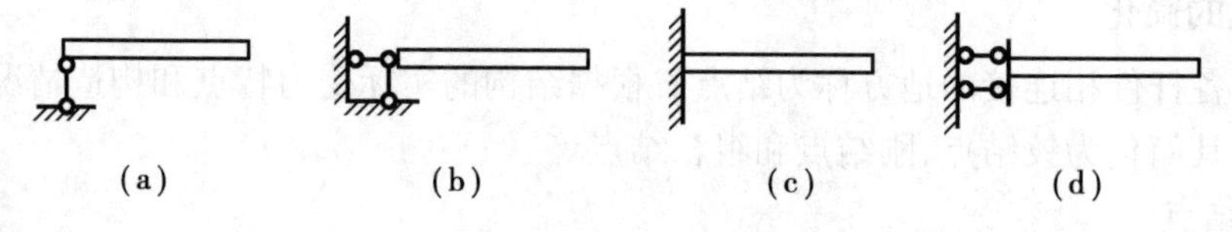


图1.35　支座类型

5)荷载的简化

杆件上受到的荷载可进行分类,并以此确定荷载的简化方式。显然,在结构计算简图的基础上,正确地进行受力分析是结构计算的先决条件。

## 习题1

1.1　画出如图1.36所示圆球的受力图。

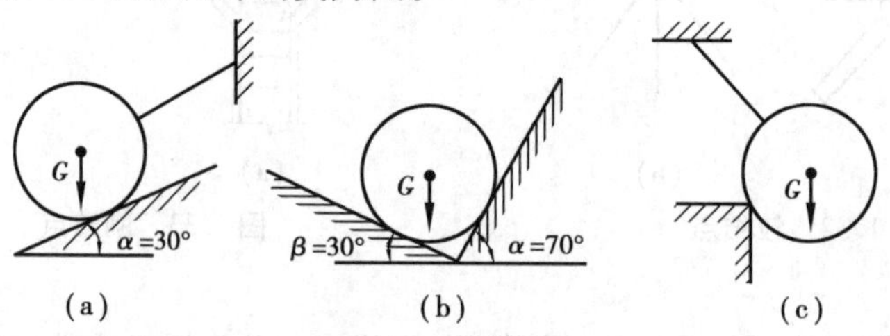


图1.36　题1.1图

1.2　画出如图1.37所示结构中$AB$杆的受力图。

1.3　画出如图1.38所示$AB$杆的受力图。

1.4　画出如图1.39所示杆$AD$,$BC$的受力图。

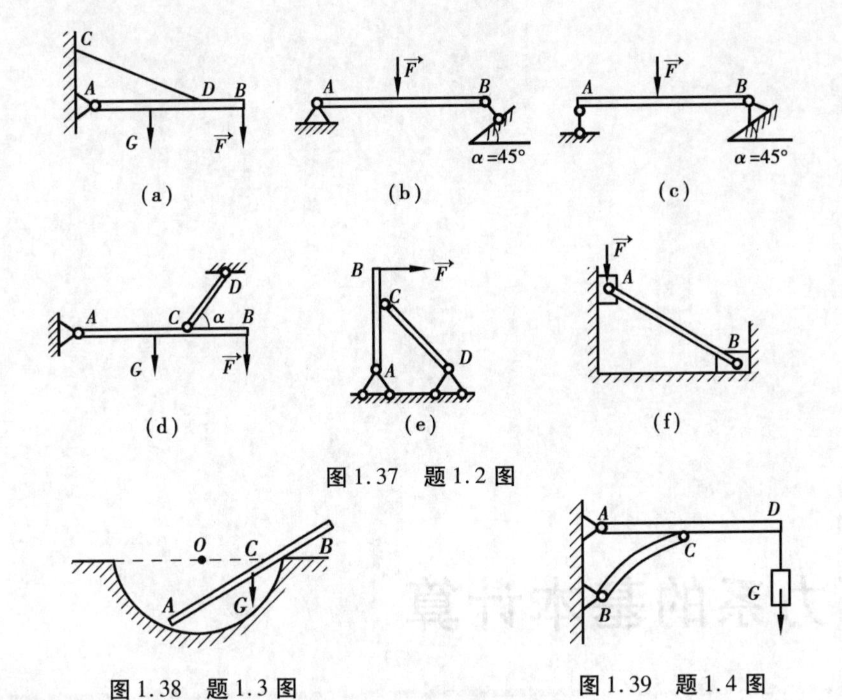


图 1.37　题 1.2 图

图 1.38　题 1.3 图　　　　图 1.39　题 1.4 图

1.5　画出如图 1.40 所示杆 $AB$ 和小球的受力图。

1.6　画出如图 1.41 所示三铰刚架 $AC$,$BC$ 部分及整体的受力图。

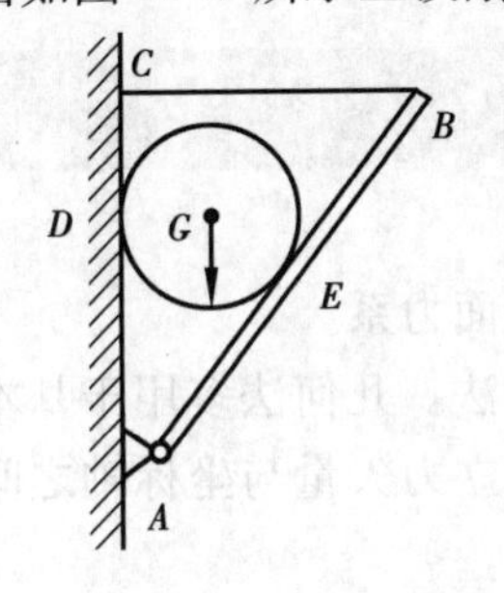


图 1.40　题 1.5 图

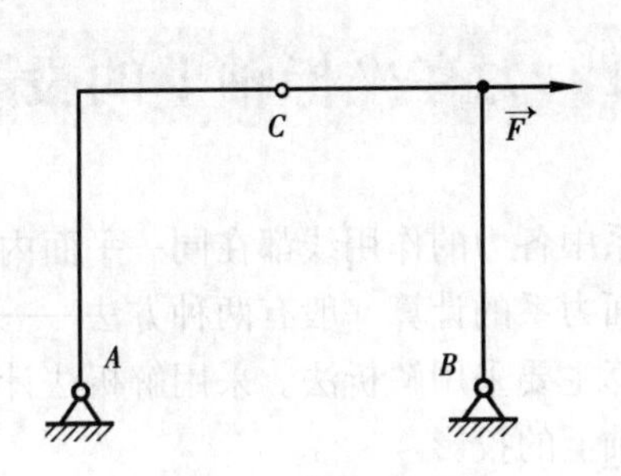


图 1.41　题 1.6 图

1.7　画出如图 1.42 所示 $AB$ 杆的受力图。

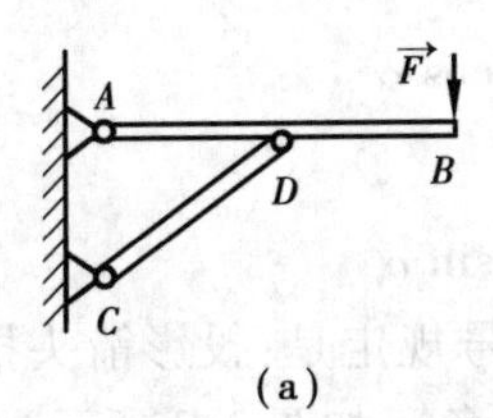


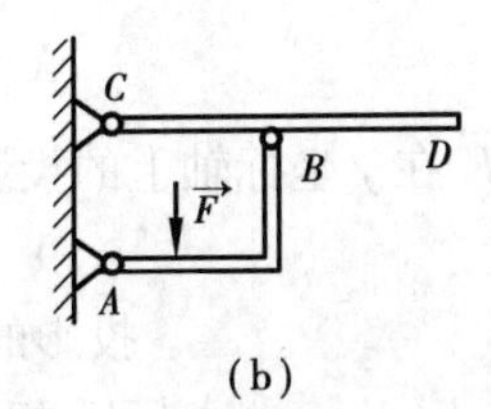


图 1.42　题 1.7 图

# 平面力系的基本计算

## 2.1 力在坐标轴上的投影

力系中各力的作用线都在同一平面内的力系称为平面力系。

平面力系的计算一般有两种方法——几何法和解析法。几何法多用于基本原理的推导，实际计算主要采用解析法。采用解析法计算首先需要建立力矢量与坐标轴之间的关系，即力在坐标轴上的投影。

如图 2.1 所示，$X$ 为力在 $x$ 坐标轴上的垂直投影，简称投影；$\alpha$ 为力 $\vec{F}$ 与 $x$ 轴所夹锐角。显然，有

$$X = \pm F\cos\alpha \tag{2.1}$$

同理，$Y$ 表示力 $\vec{F}$ 在 $y$ 坐标轴上的投影，有

$$Y = \pm F\sin\alpha \tag{2.2}$$

投影的正负号规定是：投影箭头指向与坐标轴指向相同时为正，相反时为负。如图 2.2 所示为各力在 $x$ 坐标轴上和 $y$ 坐标轴上投影的正负号状态。投影的单位与力的单位相同，即 N(牛顿)。

图 2.1 力在坐标轴上的投影

反之，若已知力矢量 $\vec{F}$ 在 $x$ 轴和 $y$ 轴上的投影 $X$，$Y$，可计算出力矢量的大小，即

$$|F| = \sqrt{X^2 + Y^2}$$

并可确定其方向,即力与 $x$ 坐标轴所夹角的正切值为

$$\tan\alpha = \frac{Y}{X}$$

投影与分力是两个完全不同且易引起混淆的概念,当坐标轴为直角坐标体系时,碰巧投影与分力的大小相等;当坐标轴为倾斜坐标体系时,投影与分力就完全不同了。如图 2.3 所示,在倾斜坐标 $xOy$ 体系中,力 $\vec{F}$ 在 $x$ 和 $y$ 轴上的投影(记为 $X$ 和 $Y$)与其在 $x$ 和 $y$ 轴方向上的分力(记为 $\vec{F}_x$ 与 $\vec{F}_y$)则截然不同。并且分力是矢量,投影是代数量。

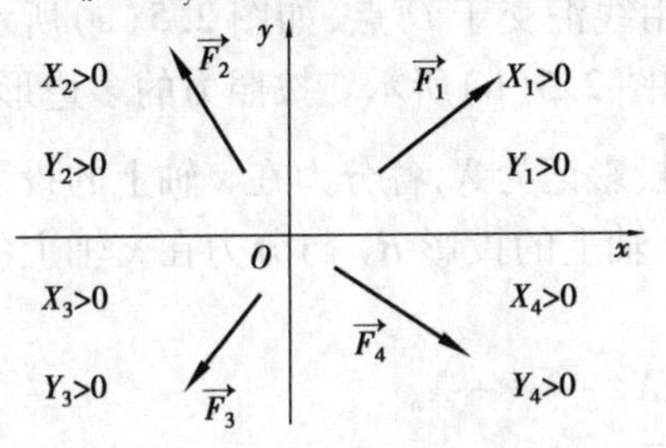


图 2.2　投影的正负号表示

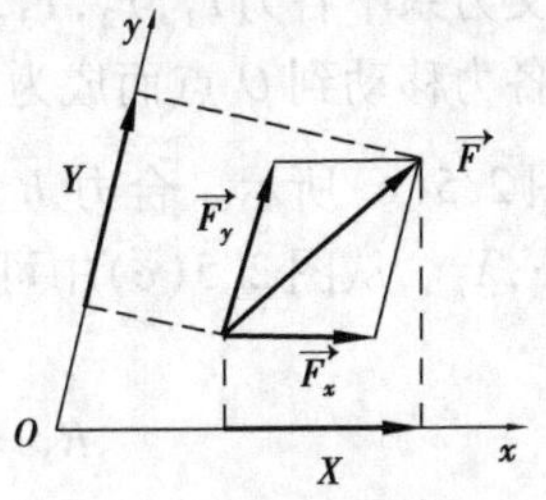

图 2.3　投影与分力

【例 2.1】　计算如图 2.4 所示各力在 $x$ 及 $y$ 轴上的投影。其中,$F_1 = F_2 = F_3 = F_4 = 60\ \text{kN}, \alpha_1 = 45°$。

【解】　显然,$\tan\alpha_3 = \dfrac{3}{4}$,则

$$\sin\alpha_3 = \frac{3}{5} = 0.6, \cos\alpha_3 = \frac{4}{5} = 0.8$$

各力在 $x$ 及 $y$ 轴上的投影分别为

$$X_1 = -F_1\cos\alpha_1 = -60\cos 45°\ \text{kN} = -42.42\ \text{kN}$$

$$Y_1 = -F_1\sin\alpha_1 = -60\sin 45°\ \text{kN} = -42.42\ \text{kN}$$

$$X_2 = 0$$

$$Y_2 = F_2 = 60\ \text{kN}$$

$$X_3 = F_3\cos\alpha_3 = 60 \times 0.8\ \text{kN} = 48\ \text{kN}$$

$$Y_3 = F_3\sin\alpha_3 = 60 \times 0.6\ \text{kN} = 36\ \text{kN}$$

$$X_4 = 60\ \text{kN}$$

$$Y_4 = 0$$

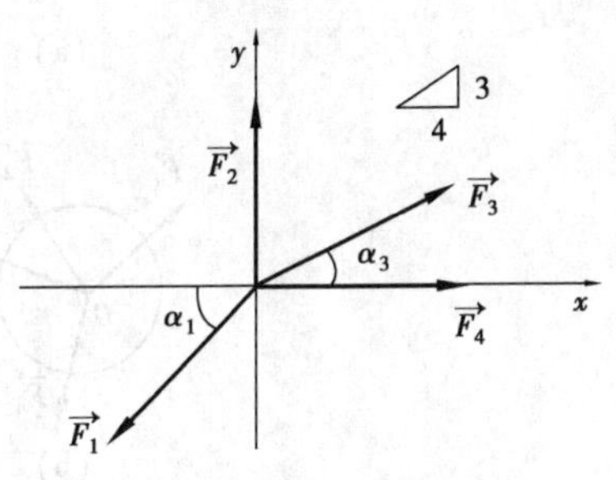


图 2.4　力的投影计算

## 2.2　合力投影定理

### ▶ 2.2.1　合力投影定理

合力投影定理表述为:力系若有合力,则合力在某轴上的投影等于各分力在同一坐标轴上投影的代数和。现应用几何法并以平面汇交力系为例来进行说明。

平面汇交力系中各力$\vec{F_1}$,$\vec{F_2}$,$\vec{F_3}$,…,$\vec{F_n}$的作用线汇交于$O$点,如图2.5(a)所示。根据力的可传性将各力移动到$O$点而成为共点力系,如图2.5(b)所示。按照力的多边形法则,可得合力$\vec{R}$,如图2.5(c)所示。合力$\vec{R}$在$x$轴上的投影记为$X$,各分力在$x$轴上的投影分别记为$X_1$,$X_2$,$X_3$,…,$X_n$。从图2.5(c)中可知,合力在$x$轴上的投影$R_X$与分力在$x$轴上的投影之间的关系式为

$$R_X = X_1 + X_2 + X_3 + \cdots + X_n \tag{2.3}$$

或

$$R_X = \sum X_i \tag{2.4}$$

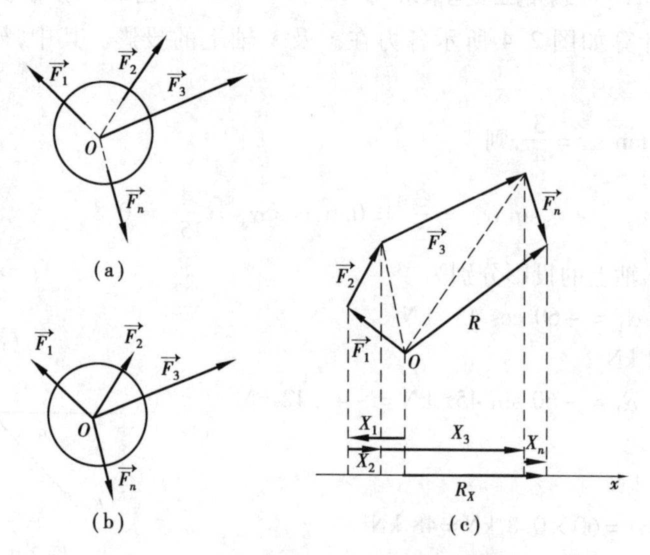


图2.5　合力投影定理

上述所选择的投影轴选取为$x$轴,并不失一般性,因此,选择的投影轴为$y$轴或其他方向上的轴,投影定理依然成立。并且上述投影定理对其他矢量(不一定是力矢量)也同样适用,如速度矢量、力矩矢量等。

### ▶ 2.2.2　合力投影定理的应用

应用合力投影定理,可根据分力计算合力。其基本步骤可归纳如下:

①明确分力$\vec{F_1}$,$\vec{F_2}$,$\vec{F_3}$,…,$\vec{F_n}$的大小及方向。

②计算各分力在$x$轴上和$y$轴上的投影$X_1$,$Y_1$,$X_2$,$Y_2$,$X_3$,$Y_3$,…,$X_n$,$Y_n$等。

③应用合力投影定理计算合力 $\vec{R}$ 在 $x$ 轴上和 $y$ 轴上的投影,即

$$R_X = \sum X_i, R_Y = \sum Y_i$$

④最后确定合力,其中 $\alpha$ 为合力与 $x$ 轴所夹锐角,即

$$R = \sqrt{R_X^2 + R_Y^2}, \tan\alpha = \frac{R_Y}{R_X}$$

【例 2.2】 计算例 2.1 中如图 2.4 所示平面汇交力系的合力。

【解】 根据例 2.1 的计算结果,各力在 $x$ 轴上和 $y$ 轴上的投影分别为

$$X_1 = -42.42\ \text{kN},\quad Y_1 = -42.42\ \text{kN}$$
$$X_2 = 0,\quad Y_2 = 60\ \text{kN}$$
$$X_3 = 48\ \text{kN},\quad Y_3 = 36\ \text{kN}$$
$$X_4 = 60\ \text{kN},\quad Y_4 = 0$$

根据合力投影定理,合力 $\vec{R}$ 在 $x$ 轴和 $y$ 轴上的投影分别为

$$R_X = X_1 + X_2 + X_3 + X_4 = -42.42\ \text{kN} + 0 + 48\ \text{kN} + 60\ \text{kN} = 65.58\ \text{kN}$$
$$R_Y = Y_1 + Y_2 + Y_3 + Y_4 = -42.42\ \text{kN} + 60\ \text{kN} + 36\ \text{kN} + 0 = 53.58\ \text{kN}$$

合力的大小为

$$R = \sqrt{R_X^2 + R_Y^2} = \sqrt{65.58^2 + 53.58^2}\ \text{kN} = 84.68\ \text{kN}$$

设 $\alpha$ 为合力 $\vec{R}$ 与 $x$ 轴所夹锐角,则

$$\tan\alpha = \frac{R_y}{R_x} = \frac{53.58}{65.58} = 0.817$$

## 2.3 力矩

### ▶ 2.3.1 平面力矩的概念

度量力对物体转动效应的是力矩,力矩的计算也是静力基本计算之一。如图 2.6 所示,以用扳手拧螺母为例。在扳手的臂上施加力 $F$,将使扳手和螺母一起绕螺栓的中心 $O$ 点(即绕螺栓的轴线)转动,即力 $\vec{F}$ 有使扳手产生绕 $O$ 点转动的效应。经验表明,转动的效应不仅与力 $\vec{F}$ 的大小有关,而且还与该力的作用线到螺栓中心 $O$ 点的垂直距离 $d$ 有关。根据杠杆原理作进一步分析可知,其转动的效应取决于力 $\vec{F}$ 与垂直距离 $d$ 的乘积,记为

$$m_O(\vec{F}) = \pm F \times d \tag{2.5}$$

式中,$O$ 称为矩心;$d$ 称为力臂(力作用线到矩心的垂直距离)。力矩的单位为 N · m,工程中常用 kN · m。

正负号的规定是:力使物体绕矩心作逆时针转动为正,顺时针转动为负。

### ▶ 2.3.2 平面力矩的计算方法

方法 1:根据定义式(2.5)计算。

方法2:根据三角形面积计算,大小为$\triangle OAB$面积的2倍,如图2.7所示。

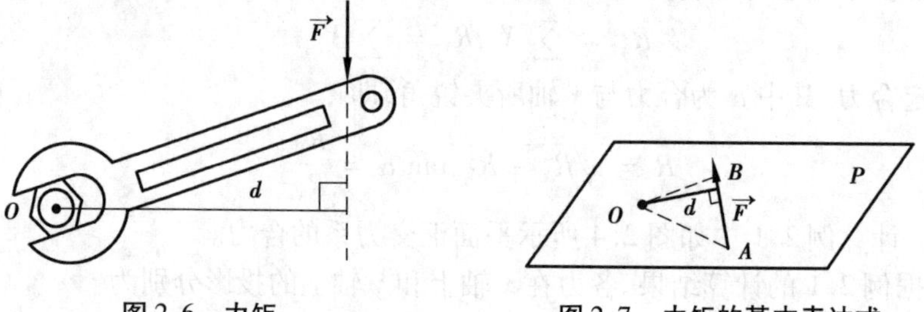


图2.6　力矩　　　　图2.7　力矩的基本表达式

方法3:应用合力矩定理计算。

合力矩定理:平面力系中,合力对某点之矩等于力系中各力对该点矩之代数和。

具体应用方法是:可将力进行正交分解,然后计算各分力产生的力矩,最后根据合力矩定理计算合力产生的力矩。

【例2.3】　计算如图2.8(a)所示力$\vec{F}$对$O$点之矩,力作用线起点为$A$、终点为$B$,杆长为$l$,力$\vec{F}$与杆轴线夹角为$\alpha$。

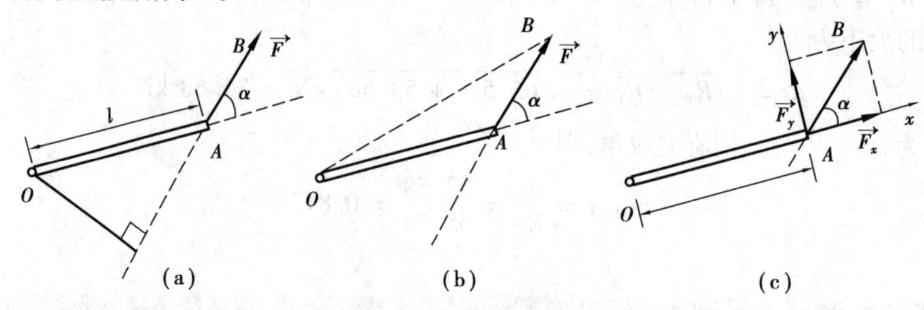


图2.8　力矩的计算

【解】　方法1:根据定义计算如图2.8(a)所示,力臂$d = l\sin\alpha$。

力$\vec{F}$对$O$点之矩为

$$m_O(\vec{F}) = +Fd = Fl\sin\alpha$$

方法2:三角形面积法,即$\triangle OAB$面积的2倍,如图2.8(b)所示。力$\vec{F}_1$对$O$点之矩为

$$m_O(\vec{F}) = +2S_{OAB} = 2\times\frac{1}{2}lF\times\sin(\pi-\alpha) = lF\sin\alpha$$

方法3:应用合力矩定理。以$A$为坐标原点、杆轴线为$x$轴、与$x$轴正交的方向为$y$轴建立直角坐标参考体系,如图2.8(c)所示。力$\vec{F}$在$x$轴和$y$轴方向上分力的数值分别为

$$F_x = F\cos\alpha,\ F_y = F\sin\alpha$$

分力$\vec{F}_x$和$\vec{F}_y$对$O$点之矩分别为

$$m_O(\vec{F}_x) = 0, m_O(\vec{F}_y) = +F_y l = Fl\sin\alpha$$

根据合力矩定理,力$\vec{F}$对$O$点之矩为

$$m_O(\vec{F}) = m_O(\vec{F}_x) + m_O(\vec{F}_y) = lF\sin\alpha$$

## 2.4 力偶与力偶矩

### ▶ 2.4.1 力偶及力偶矩的概念

由大小相等、方向相反、作用线平行的两个力组成的力系,称为力偶,如图 2.9 所示。力偶所在的平面,称为力偶作用面;力偶中两个力之间的垂直距离 $d$,称为力偶臂。

力偶不能够合成为一个力,没有哪一个力的效果与一个力偶的作用效果完全相同。力偶和一个力的效果不同之处在于力偶对物体只产生转动效应,不产生平动效应,这一点是任何单个力做不到的。力学中,对这样两个力组成的力系专门给了个名称——力偶。力偶和单个力都是力学中不能再化简的最小研究单元。如图 2.10 所示,汽车方向盘受一对力偶的作用而产生了转动效应,不产生平动效应。

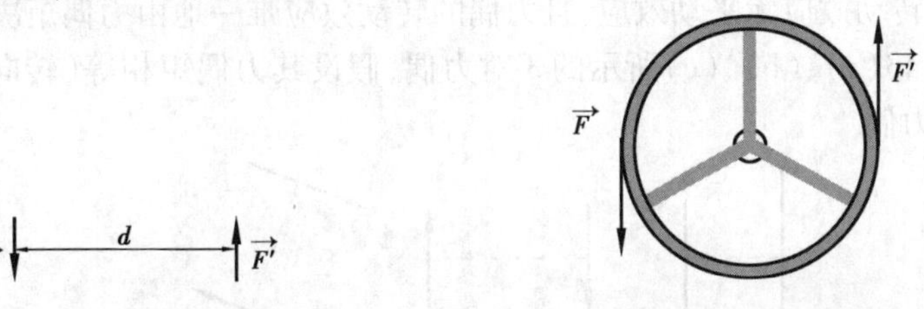

图 2.9 力偶的基本表示　　　　图 2.10 力偶作用

根据力矩的意义,决定力偶的转动效应的应该是力偶矩。因为一个力对物体的转动效应由该力产生的力矩决定,而力偶也可视为两个力,其两个力对物体的转动效应则理应由该力偶之矩(即力偶矩)决定,记为

$$m(\vec{F_1},\vec{F_2}) = \pm Fd \tag{2.6}$$

其中

$$F_1 = F_2 = F$$

力偶对平面内任一点 $O$ 之矩,度量了力偶对 $O$ 点的转动效应,如图 2.11 所示。其计算公式为

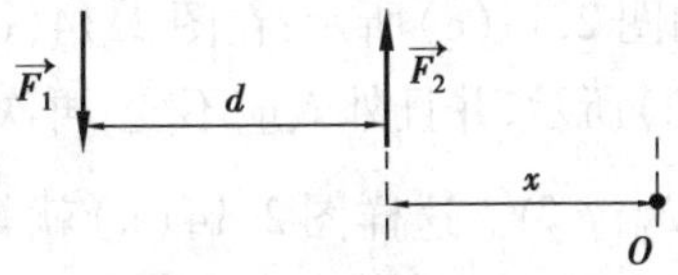

$$\begin{aligned} m_O(\vec{F_1},\vec{F_2}) &= m_O(\vec{F_1}) + m_O(\vec{F_2}) \\ &= F_1(x+d) - F_2x \\ &= Fd = m(\vec{F_1},\vec{F_2}) \end{aligned}$$

图 2.11 力偶之矩

它与 $O$ 点位置无关。力偶对平面内任一点的力矩是相同的,恒等于力偶矩。

力偶矩的单位与力矩的单位相同;力偶矩的正负号规定与力矩的正负号规定一致,即逆时针转动为正,顺时针转动为负。

### ▶ 2.4.2 平面力偶的性质

力偶的特殊性可归纳为力偶的 3 大性质,区别于单个力的性质。

性质 1:力偶不能合成为一个力,也不能与一个力平衡,力偶只能与力偶平衡。

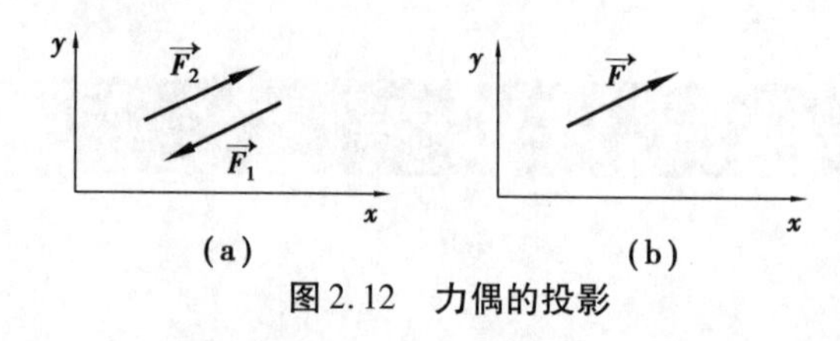


图 2.12　力偶的投影

进一步分析可知，由于力偶总是由一对大小相等方向相反的力组成，其在任何坐标轴上的投影均为零。例如，如图 2.12(a)所示由力 $\vec{F_1}$ 与 $\vec{F_2}$ 构成的力偶在 $x$ 轴和 $y$ 轴上的投影代数和必为零；而一个力不可能在任何坐标轴上的投影都为零，如图 2.13(b)所示，力 $\vec{F}$ 在 $x$ 轴和 $y$ 轴上的投影不为零。因此，力偶不可能与一个力等效，进而力偶没有合力，也不能与一个力平衡。事实上，力有平动效应，力偶没有平动效应。当然，力偶与力偶之间是可以平衡的，如物体上作用两对力偶，若其力偶矩大小相等且转向相反则平衡。

性质 2：力偶对平面内任一点之矩恒等于力偶矩，如图 2.11 所示。

性质 3：两对力偶只要力偶矩大小相等、转向相同，则等效(而无论力偶中的力及力偶臂怎样变化)，此性质又称为力偶的等效性。

由于力偶只有转动效应无平动效应，且力偶的转动效应唯一地由力偶矩决定，那么性质 3 是明显的。如图 2.13(a)、(b)、(c)所示的 3 对力偶，假设其力偶矩相等(转向也相同)，则该 3 对力偶互为等效力偶。

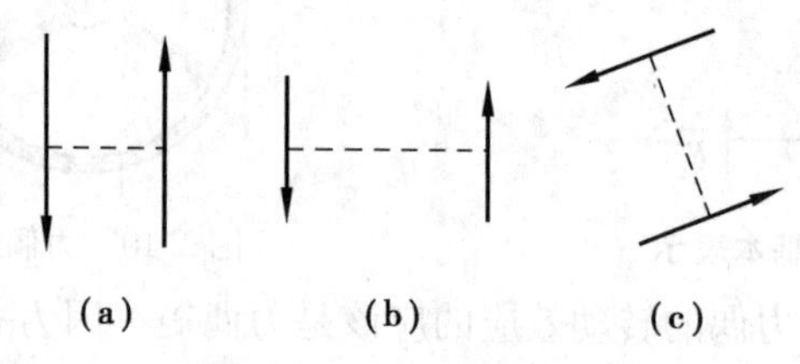


图 2.13　力偶的等效性

力偶等效性的过程可通过如图 2.14 所示加以说明。如图 2.14(a)所示为一对力偶 $(\vec{F},\vec{F'})$，根据力的可传性将力 $\vec{F'}$ 沿其作用线移动得到(并等效于)如图 2.14(b)所示的力偶；根据加减平衡力系原理，在此基础上加一对平衡力 $(\vec{F_1},\vec{F_1'})$ 而不改变其外效应 $(F_1=F_1')$，如图 2.14(c)所示；在图 2.14(c)中，将力 $\vec{F}$ 与 $\vec{F_1}$ 合成为 $\vec{F_2}$，力 $\vec{F_1'}$ 与 $\vec{F''}$ 合成为 $\vec{F_2'}$，如图 2.14(d)所示，并且外效应不变；再次应用力的可传性，图 2.14(d)等效于图 2.14(e)，即一对力偶 $(\vec{F_2},\vec{F_2'})$。这样图 2.14(a)就等效于图 2.14(e)。在上述过程中，如果适当地调整平衡力 $(\vec{F_1},\vec{F_1'})$ 的大小和方向，可使得图 2.14(e)中的力偶 $(\vec{F_2},\vec{F_2'})$ 具有任意性。应用平面几何知识，还可进一步证明图 2.14(a)中力偶 $(\vec{F},\vec{F'})$ 的力偶矩与图 2.14(e)中力偶 $\vec{F_2}$，$\vec{F_2'}$ 的力偶矩相等。

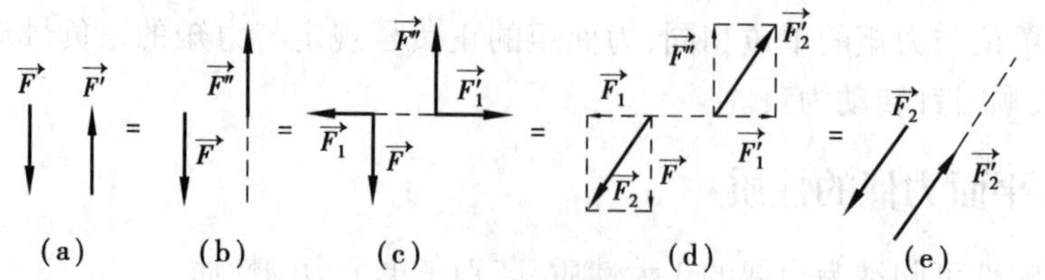

(a)　(b)　(c)　(d)　(e)

图 2.14　力偶等效应说明

力偶的等效性还说明，力偶只用一个象征性的转动符号而不需要具体的力和力偶臂表示即可。如图2.15(a)所示为力偶矩为 $m$ 的逆时针转动力偶，如图2.15(b)所示为力偶矩为 $m$ 的顺时针转动力偶。

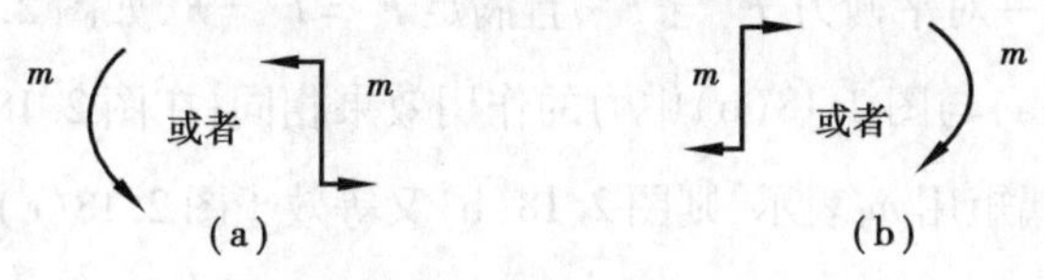


图2.15 力偶的广义表示

### ▶ 2.4.3 平面力偶系的合成

如果一个力系中的所有力都成对组成力偶，则称这样的力系为力偶系。平面力偶系内的 $n$ 个力偶可合成为一个合力偶，显然，其合力偶矩等于各力偶矩的代数和，即

$$M = \sum m_i$$

如图2.16所示的物体受力偶的作用，如果 $M = m_1 + m_2 + \cdots + m_n$，则图2.16(a)与图2.16(b)的作用效果等效。其中，$m_1, m_2, m_3, m_n$ 等表示各分力偶的力偶矩，$M$ 则为合力偶矩。

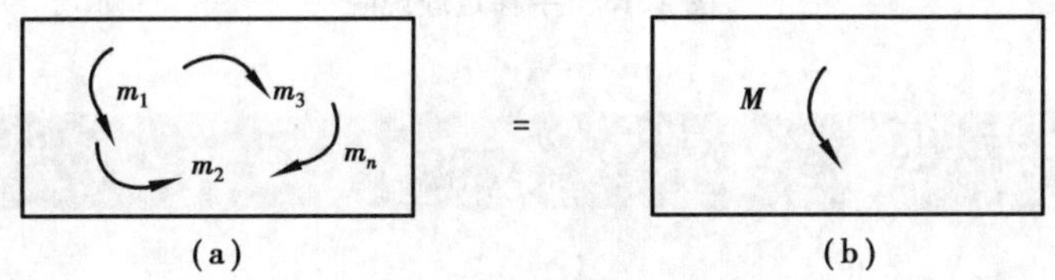


图2.16 力偶的合成

显然，如果合力偶矩为零，则物体处于平衡状态。

## 2.5 力的平移定理

不失一般性地假设在物体质心 $O$ 点处作用力 $\vec{F}$，如图2.17(a)所示。如果将力 $\vec{F}$ 平移到同一物体的 $C$ 点，如图2.17(b)所示，其作用效果发生变化。在图2.17(a)中，在力 $\vec{F}$ 的作用下，物体将向上作平动；在图2.17(b)中，力 $\vec{F}'$ 相当于是力 $\vec{F}$ 向 $C$ 点进行了平移。由力学常识可知，在力 $\vec{F}'$ 作用下，物体向上作平动的同时还将绕质心 $O$ 点作逆时针转动。两者相比较，相差一转动效果。

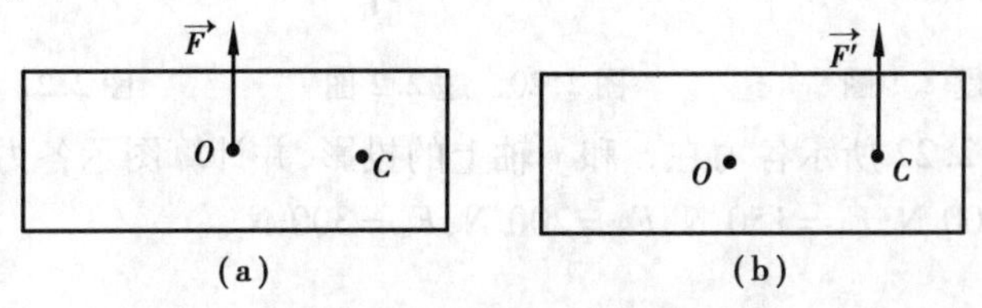


图2.17 力的平移定理

力的平移定理是：作用在刚体上的力可平行移动到平面上的任一点，但必须同时附加一个力偶，该力偶之矩等于原来的力对新作用点之矩。

力的平移原理同时也说明,平移前一个力对物体的作用效果与平移后的一个力及一个力偶对刚体的共同作用效果相同。等效过程是:物体上 $A$ 点处作用一集中力 $\vec{F}$,如图2.18(a)所示,又在物体上的 $B$ 点作用一对平衡力 $\vec{F}'$与 $\vec{F}''$,且满足 $F'=F''=F$,如图2.18(b)所示。根据加减平衡力系原理,图2.18(a)与图2.18(b)中力的作用效果相同;在图2.18(b)中,可将力 $\vec{F}$ 与力 $\vec{F}'$视为一对力偶,该力偶矩用 $m$ 表示,则图2.18(b)又等效于图2.18(c)。必须满足的条件为

$$M = m(\vec{F},\vec{F}'') = Fd = m_B(\vec{F})$$

过程中隐去中间步骤即隐去图2.18(b),则充分表现了力的平移定理。

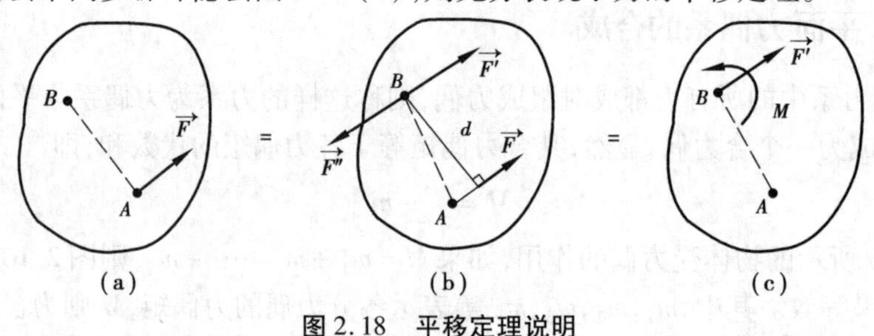


图2.18　平移定理说明

## 习题2

2.1　如图2.19所示各力作用点的坐标(单位:m)及方向分别给出,各力的大小为 $F_1=5$ N,$F_2=10$ N,$F_3=30$ N。求各力在坐标轴上的投影和对坐标原点 $O$ 之矩。

2.2　由 $\vec{P}_1,\vec{P}_2,\vec{P}_3$ 3个力组成的平面汇交力系如图2.20所示。已知 $P_1=2$ kN,$P_2=2.5$ kN,$P_3=1.5$ kN。求该力系的合力。

2.3　平面汇交力系如图2.21所示。已知 $F_1=600$ N,$F_2=300$ N,$F_3=400$ N。求力系的合力。

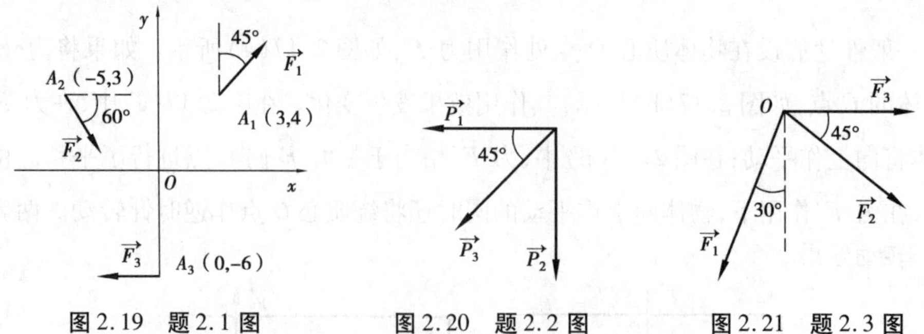


图2.19　题2.1图　　图2.20　题2.2图　　图2.21　题2.3图

2.4　计算如图2.22所示各力在 $x$ 和 $y$ 轴上的投影,并计算图示各力(或力偶)对 $O$ 点之矩。其中,$F=F'=200$ N,$F_1=150$ N,$F_2=200$ N,$F_3=300$ N。

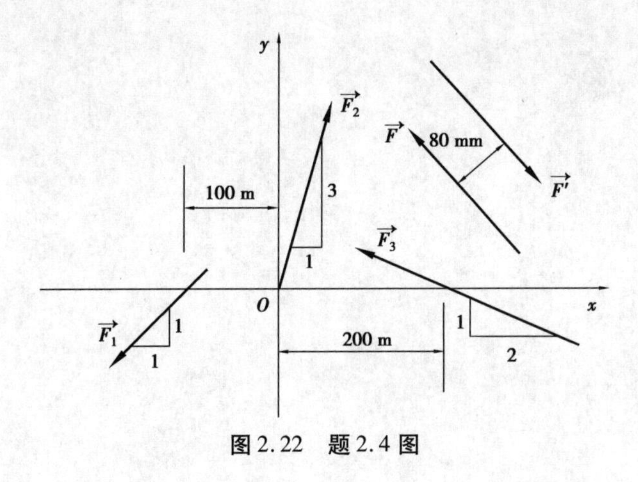


图 2.22　题 2.4 图

# 3

# 平面力系的平衡方程

## 3.1 平面力系的简化

平面力系可分为平面汇交力系、平面力偶系、平面平行力系及平面任意力系等。显然,平面汇交力系、平面力偶系、平面平行力系可视为平面任意力系的特殊状态,统一按平面力系来处理。平面力系是工程实际中最常见的问题,有些工程问题本不是平面力系,但可简化为平面力系来处理。

### ▶ 3.1.1 平面力系向平面内一点的简化

如图3.1(a)所示,物体受多个力 $\vec{F}_1,\vec{F}_2,\cdots,\vec{F}_n$ 等组成的平面力系作用。根据力的平移定理,可把这些力平移至平面内的任意一点 $O$,得到与 $\vec{F}_1,\vec{F}_2,\cdots,\vec{F}_n$ 大小相等、方向相同的 $\vec{F}'_1$,$\vec{F}'_2,\cdots,\vec{F}'_n$ 等,并各附加一个力偶 $m_1,m_2,\cdots,m_n$ 等,如图3.1(b)所示。

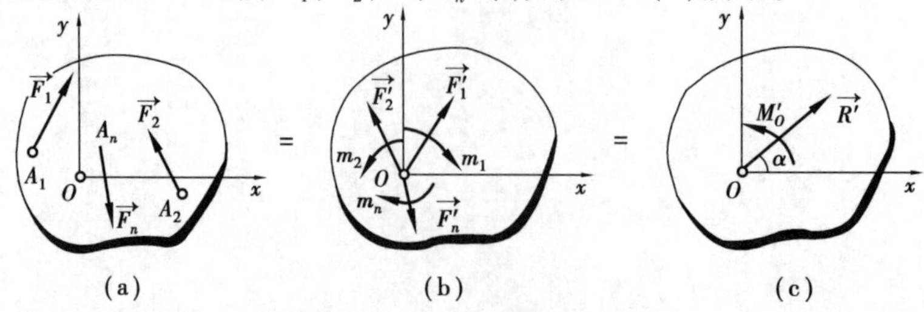


图3.1 平面力系的简化

根据力的平移定理可知,有

$$F'_1 = F_1, m_1 = m_O(\vec{F_1}); F'_2 = F_2, m_2 = m_O(\vec{F_2}); \cdots\cdots; F'_n = F_n, m_n = m_O(\vec{F_n})$$

作用于 $O$ 点的 $\vec{F}'_1, \vec{F}'_2, \cdots, \vec{F}'_n$ 等,可合成为一个合力 $\vec{R}'$,而力偶 $m_1, m_2, \cdots, m_n$ 等可合成为一个合力偶 $M_O$(见图 3.1(c)),且有

$$\begin{aligned}\vec{R}' &= \vec{F}'_1 + \vec{F}'_2 + \cdots + \vec{F}'_n \\ &= \vec{F_1} + \vec{F_2} + \cdots + \vec{F_n} = \sum \vec{F_i} \\ M_O &= m_1 + m_2 + \cdots + m_n \\ &= m_O(\vec{F_1}) + m_O(\vec{F_2}) + \cdots + m_O(\vec{F_n}) = \sum m_O(\vec{F_i})\end{aligned}$$

结论:平面力系向平面内任意一点 $O$ 简化,得到一个力 $\vec{R}'$ 和一个力偶 $M_O$。该力 $\vec{R}'$ 称为原力系的主矢量,力偶 $M_O$ 为原力系的主矩。主矢量 $\vec{R}'$ 等于原力系中各力的矢量和,其作用点就是简化中心 $O$ 点;主矩 $M_O$ 等于原力系中各力对简化中心 $O$ 点之矩的代数和。主矢量 $\vec{R}'$ 与简化中心的位置无关;主矩 $M_O$ 与简化中心的位置有关,因此,必须标明简化中心。

根据平面力系的简化分析,可说明固定端约束的约束反力特征。悬臂梁嵌入墙内,既不能移动又不能转动,$A$ 点的约束称为固定端约束。其 $AA'$ 部分的受力状况是很复杂的,但仍可认为属于平面力系,如图 3.2(a)所示。根据平面力系向平面内一点的简化结果,约束反力简化为作用在 $A$ 点上的合力 $\vec{F}_A$ 和合力偶 $m_A$,如图 3.3(b)所示。一般,将合力 $\vec{F}_A$ 正交分解为两个分力 $\vec{F}_{Ax}$ 和 $\vec{F}_{Ay}$,如图 3.3(c)所示。这样固定端约束的约束反力就有 3 个分量 $\vec{F}_{Ax}$, $\vec{F}_{Ay}$ 和 $m_A$,如图 3.2(c)所示。

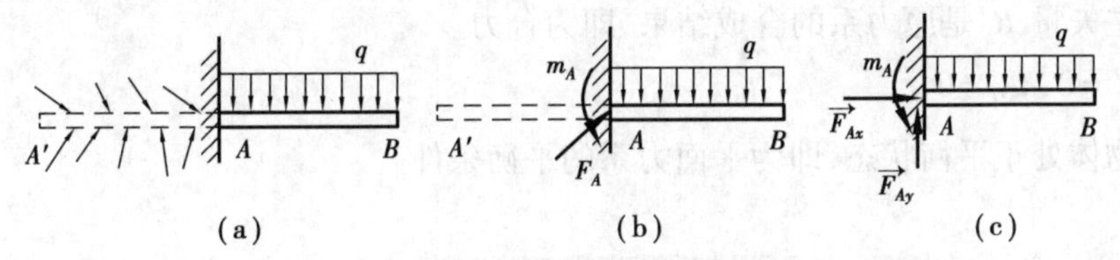


图 3.2 固定端约束反力

## ▶ 3.1.2 平面力系简化的最后结果

平面力系向平面内任意一点 $O$ 简化,所得到的主矢量 $\vec{R}'$ 和主矩 $M_O$。因此,有以下 4 种情况:

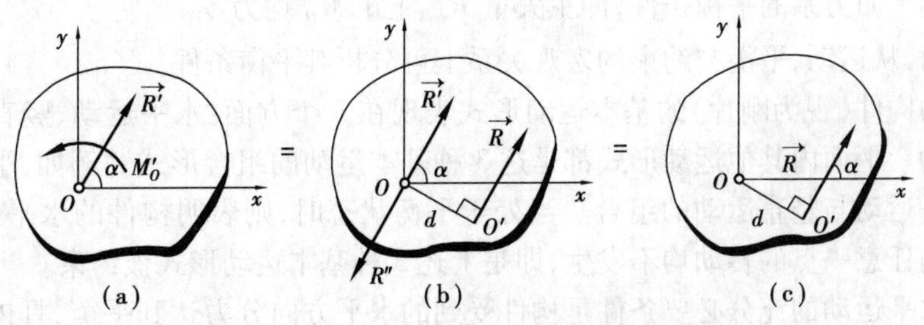


图 3.3 平面力系的简化结果分析

1）当 $R' \neq 0, M_O \neq 0$

将主矢量 $\vec{R}'$ 平移到适当的 $O'$ 点上，此时附加的力偶矩大小 $m_{O'}(\vec{R}')$ 等于主矩 $M_O$，但转向相反，则附加力偶矩和 $M_O$ 相互抵消，平面力系简化为一个合力 $\vec{R}$，如图3.3所示。此种情况的关键在于，$O'$ 点的位置需预先计算，即平移距离 $d = \dfrac{M_O}{R'}$。

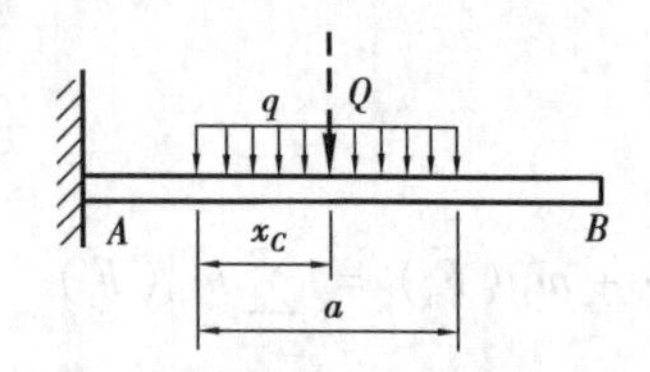

图3.4　均布荷载的合力计算

上述方法还大量应用在均布荷载的合力计算上，如图3.4所示均布荷载 $q$，$q$ 为单位长度上的荷载量，如 $q = 3$ kN/m，即每1 m长度上均匀分布了3 kN的荷载。显然，均布荷载的合力大小等于单位长度上的荷载量 $q$ 乘以荷载分布长度 $a$，即

$$Q = qa$$

合力的作用点经精心计算为荷载分布长度的中点，即

$$x_C = \frac{1}{2}a$$

在力学计算中，对均布荷载不管是计算力投影还是计算力矩，一般采用均布荷载的合力来计算更加方便。

2）当 $R' = 0, M_O \neq 0$

此时，平面力系简化为一个合力偶 $M_O$，力偶不能再简化了。并且该力系向平面内任意一点简化的结果相同，即简化结果与简化中心的选择无关。

3）当 $R' \neq 0, M_O = 0$

此时，主矢量 $\vec{R}'$ 是原力系的合成结果，即为合力。

4）当 $R' = 0, M_O = 0$

显然，物体处于平衡状态，即为平面力系的平衡条件。

## 3.2　平面力系的平衡方程及应用

### 3.2.1　平面力系的平衡条件

前已备述平面力系的平衡条件，即主矢量 $\vec{R}'$、主矩 $M_O$ 均为零。

另一方面，从运动、平衡与约束的宏观关系上可分析其平衡条件。

平面上的构件（视为刚片）的基本运动形式表现在3个方面：水平运动、竖直运动和绕平面内某点转动。平面内其他运动形式都是这3种基本运动的组合形式。例如，平面内的倾斜运动则是水平运动与竖直运动的组合。当处于平衡状态时，则表明构件的水平运动、竖直运动和绕平面内任意一点的转动均不发生，即是上述3种基本运动形式被约束。

构件无水平运动的充分必要条件是构件受到的水平方向分力达到平衡，具体表现形式为各力在水平方向上的投影代数和为零，即

$$\sum X = 0$$

构件无竖直方向运动的充分必要条件是构件受到的竖直方向分力达到平衡,具体表现形式为各力在竖直方向上的投影代数和为零,即

$$\sum Y = 0$$

构件不发生转动的充分必要条件是构件受到外力(对平面内任一点)所产生的力矩达到平衡,具体表现形式为各力对平面内任一点 $O$ 之矩的代数和为零,即

$$\sum m_O(F) = 0$$

### ▶ 3.2.2 平面力系的平衡方程

由平面力系的总体分析中可知,平面力系平衡状态的充分必要条件是:力系中各力在平面内的水平和竖直轴(也可以是平面内任意两个不平行坐标轴)上投影的代数和分别为零,以及这些各力对该平面内任意点之矩的代数和为零,即

$$\left.\begin{aligned}\sum X &= 0\\ \sum Y &= 0\\ \sum m_O(F) &= 0\end{aligned}\right\} \tag{3.1}$$

式(3.1)的前两个表达式暗含主矢为零,后一表达式则表示主矩为零。该式又称为平面一般力系平衡方程的基本式。

### ▶ 3.2.3 平面力系平衡问题举例

**【例3.1】** 如图3.5(a)所示的刚架,$M=40\ \text{kN}\cdot\text{m}$,$P=20\ \text{kN}$,$q=10\ \text{kN/m}$。试计算 $A$,$B$ 处的支反力。

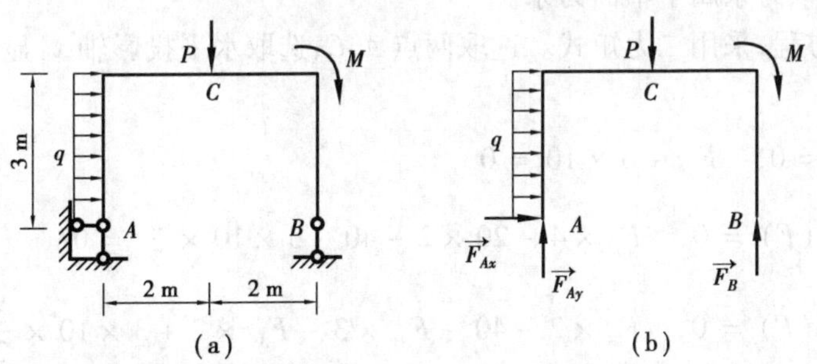


图3.5 刚架平衡问题

**【解】** ①受力分析如图3.5(b)所示。

②力系分类:该力系属于平面一般力系。

③建立平衡方程,即

$$\sum X = 0,\quad F_{Ax} + 3\times 10 = 0$$

$$\sum Y = 0,\quad F_{Ay} + F_B - 20 = 0$$

$$\sum m_A(F) = 0,\quad F_B \times 4 - 20 \times 2 - 40 - 3 \times 10 \times \frac{3}{2} = 0$$

解得

$$F_{Ax} = -30\ \text{kN}, F_{Ay} = -11.25\ \text{kN}, F_B = 31.25\ \text{kN}$$

$F_{Ay}$的计算结果为负,说明图3.5(b)中假设的方向与$F_{Ay}$的实际方向相反。

### ▶ 3.2.4 平面力系平衡方程的其他形式

平面一般力系平衡方程除上述基本式外,还有其他表达形式。

①二力矩式,即

$$\left.\begin{array}{l}\sum X = 0\\ \sum m_A(F) = 0\\ \sum m_B(F) = 0\end{array}\right\} \tag{3.2}$$

式中,$A$,$B$连线不与投影轴($x$轴)正交。

②三力矩式,即

$$\left.\begin{array}{l}\sum m_A(F) = 0\\ \sum m_B(F) = 0\\ \sum m_C(F) = 0\end{array}\right\} \tag{3.3}$$

式中,$A$,$B$,$C$ 3点不共线。

【例3.2】 应用平面力系平衡方程的二力矩式,计算例3.1中$A$,$B$处的支反力。

【解】 ①受力分析如图3.5(b)所示。

②力系分类:该力系属于平面力系。

③建立平衡方程,采用二力矩式。选取两点$A$,$C$,选取水平投影轴$x$,显然$AC$连线不与$x$轴正交,即

$$\sum X = 0,\quad F_{Ax} + 3 \times 10 = 0$$

$$\sum m_A(F) = 0,\quad F_B \times 4 - 20 \times 2 - 40 - 3 \times 10 \times \frac{3}{2} = 0$$

$$\sum m_C(F) = 0,\quad F_B \times 2 - 40 - F_{Ax} \times 3 - F_{Ay} \times 2 + 3 \times 10 \times \frac{3}{2} = 0$$

解之依然可得

$$F_{Ax} = -30\ \text{kN}, F_{Ay} = -11.25\ \text{kN}, F_B = 31.25\ \text{kN}$$

【例3.3】 应用平面一般力系平衡方程的三力矩式,计算例3.1中$A$,$B$处的支反力。

【解】 ①受力分析如图3.5(b)所示。

②力系分类:该力系属于平面一般力系。

③建立平衡方程,采用三力矩式,选取3点$ABC$,显然$ABC$不共线,即

$$\sum m_A(F) = 0,\quad F_B \times 4 - 20 \times 2 - 40 - 3 \times 10 \times \frac{3}{2} = 0$$

$$\sum m_B(F) = 0, 20 \times 2 - 40 - F_{Ay} \times 4 - 3 \times 10 \times \frac{3}{2} = 0$$

$$\sum m_C(F) = 0, F_B \times 2 - 40 - F_{Ax} \times 3 - F_{Ay} \times 2 + 3 \times 10 \times \frac{3}{2} = 0$$

解之依然可得

$$F_{Ax} = -30\ \text{kN}, F_{Ay} = -11.25\ \text{kN}; F_B = 31.25\ \text{kN}$$

总之,平面力系平衡方程的3种形式是互为等价的。一般来说,基本式的平衡方程更易得出,因为力的投影计算更简单。对二力矩式和三力矩式,如果求力矩的点选得恰当,方程求解会较简便。

## 3.3 平面特殊力系的平衡

平面特殊力系包括平面汇交力系、平面力偶系和平面平行力系等。平面力系处于平衡状态时,只有3个相互独立的平衡方程,见式(3.1)。

可以用平面力系的平衡方程求解特殊力系,只是对于平面特殊力系这3个方程中的某一个(或两个)方程已满足,因此,考虑平面特殊力系平衡时只需再满足这3个方程中的某两个(或一个)即可。

### ▶ 3.3.1 平面汇交力系的平衡方程

由于平面汇交力系中各力的作用线汇交于一点,则其平衡方程为

$$\left.\begin{aligned} \sum X = 0 \\ \sum Y = 0 \end{aligned}\right\} \tag{3.4}$$

这相当于在平面一般力系的3个平衡方程中,省略了力矩平衡方程 $\sum m_O(F) = 0$,可理解为取汇交力系的汇交点为矩心,力矩方程自然得到满足。

### ▶ 3.3.2 平面力偶系的平衡方程

平面力偶系的特点是力系中只有力偶作用,其作用效果是使构件发生转动而不发生平动。显然,平面力偶系也是平面一般力系的特殊情况。力偶系的平衡问题相当于是在平面一般力系的3个平衡方程中,不考虑其中的水平和竖直方向投影方程,而只分析力矩方程,原因是力偶在作用平面内任何坐标轴上的投影均为零。平面力偶系的平衡方程是各力偶之矩的代数和为零,即

$$\sum m = 0 \tag{3.5}$$

### ▶ 3.3.3 平面平行力系的平衡方程

平面平行力系的特点是力系中各力的作用线互相平行,并假设力的作用线与 $y$ 轴平行。显然,平面平行力系也是平面一般力系的特殊情况。平行力系的平衡问题相当于是在平面一

般力系的3个平衡方程中,不考虑其中的$x$方向投影方程,而只分析竖直方向投影方程和力矩方程,原因是平行力系在与力的作用线正交的坐标轴上的投影自然为零。平面平行力系的平衡方程为

$$\left.\begin{aligned}\sum Y = 0\\ \sum m_O(F) = 0\end{aligned}\right\} \tag{3.6}$$

## 3.4 物体系统的平衡

### 3.4.1 物体系统的平衡问题

物体系统是指由几个物体通过适当的连接组成的体系。在建筑结构中,有的是以单根构件的形式出现,如前面分析计算过的简支梁、悬臂梁等,这类问题属于单个物体的平衡问题;有的是以多根构件的形式出现,如图3.6所示的静定梁等,这类问题属于物体系统的平衡。物体系统平衡问题的解决方法就是多次使用静力平衡条件。

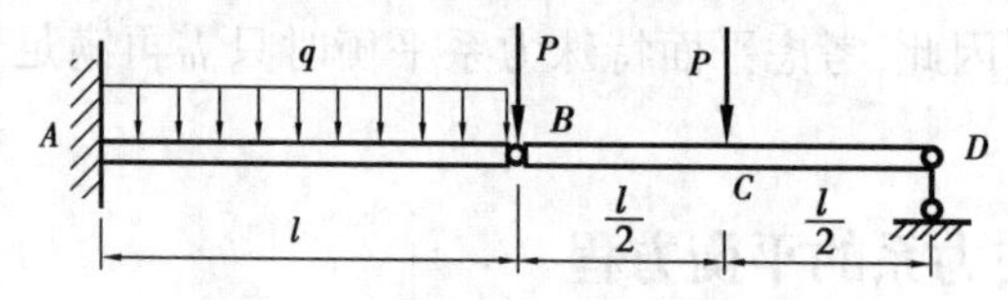


图3.6 物体系统的平衡问题

### 3.4.2 物体系统平衡问题举例

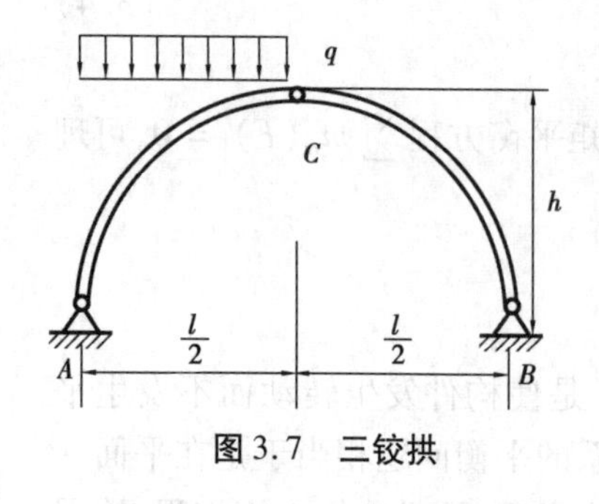


图3.7 三铰拱

【例3.4】 如图3.7所示的三铰拱受均布荷载作用,计算$A$,$B$铰处的支反力。

【解】 ①拱的左半部分$AC$与拱的右半部分$CB$受力分析如图3.8(a)、(b)所示。其中,$\vec{X}_C$与$\vec{X}'_C$、$\vec{Y}_C$与$\vec{Y}'_C$之间相当于作用力与反作用力的关系。$X'_C = X_C$且方向相反,$Y'_C = Y_C$且方向相反。

②力系分类:该问题属于物体系统的平衡问题,拱的左半部分与拱的右半部分均可视为平面力系。

③拱左半部分的平衡方程为

$$\sum X = 0, H_A - X_C = 0$$

$$\sum Y = 0, V_A + Y_C - q \times \frac{l}{2} = 0$$

$$\sum m_A(F) = 0, Y_C \times \frac{l}{2} + X_C \times h - q \times \frac{l}{2} \times \frac{l}{4} = 0$$

3个平衡方程中有4个未知力,不能全部解出,故还应分析拱的右半部分平衡,这正是物

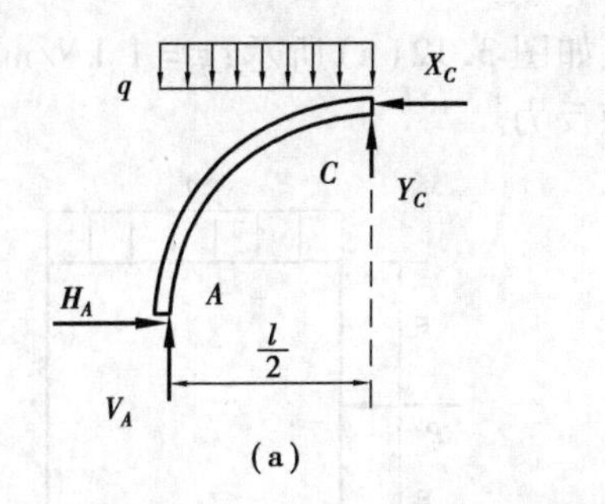


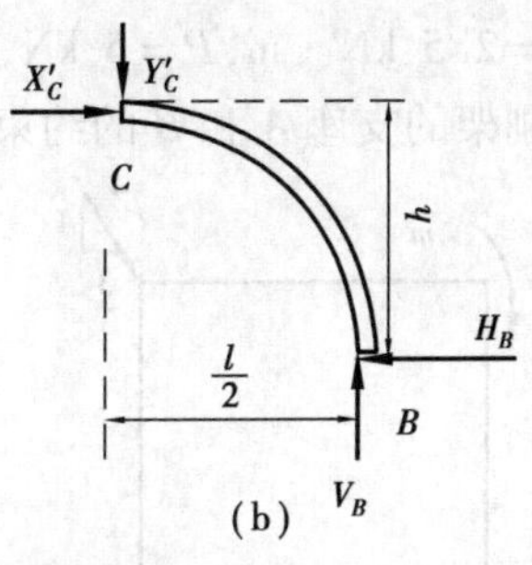


图 3.8　三铰拱的受力分析

体系统平衡问题的关键。对于拱的右半部分的平衡方程为

$$\sum X = 0, X'_C - H_B = 0$$

$$\sum Y = 0, V_B - Y'_C = 0$$

$$\sum m_C(F) = 0, V_B \times \frac{l}{2} - H_B \times h = 0$$

根据作用力与反作用力定律，得

$$X'_C = X_C$$

$$Y'_C = Y_C$$

解得

$$V_A = \frac{3ql}{8}, V_B = \frac{ql}{8}; H_A = \frac{ql^2}{16h}, H_B = \frac{ql^2}{16h}$$

## 习题 3

3.1　已知 $F = 2$ kN，$m = 2$ kN · m。求如图 3.9 所示各梁的支座反力。

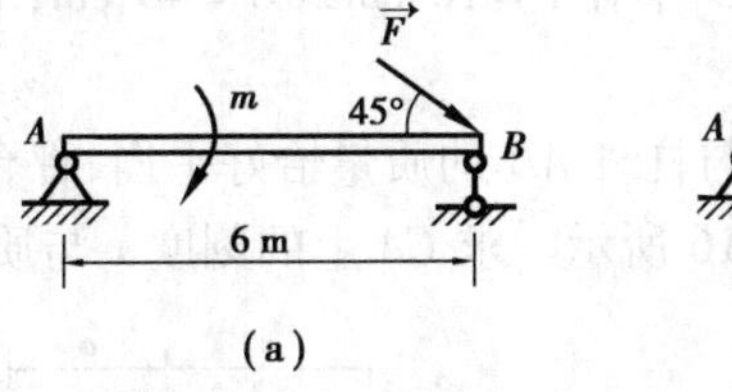


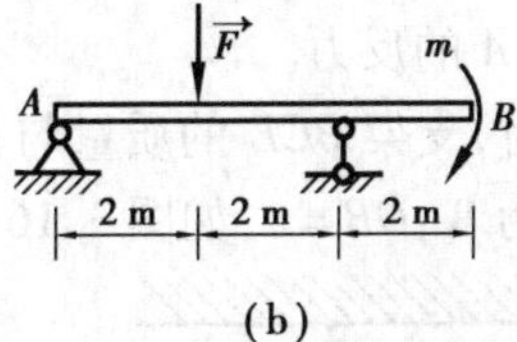


图 3.9　题 3.1 图

3.2　已知 $P = 20$ kN。求如图 3.10 所示梁的支座反力。

3.3　悬臂梁受均布荷载作用，均布荷载集度为 $q$，如图 3.11 所示。求固定端 $A$ 的约束反力。

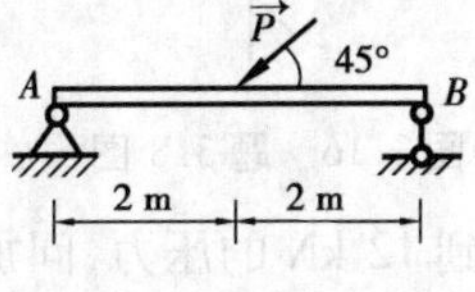


图 3.10　题 3.2 图

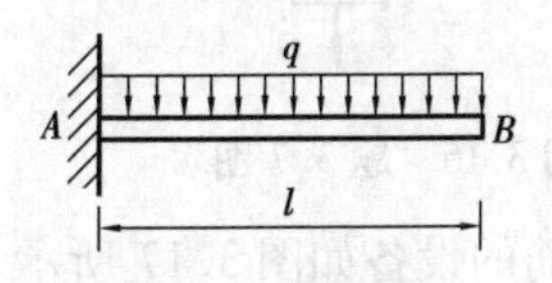


图 3.11　题 3.3 图

3.4 已知 $m=2.5\ \text{kN}\cdot\text{m}$，$P=5\ \text{kN}$，如图 3.12(a)所示；$q=1\ \text{kN/m}$，$P=3\ \text{kN}$，如图 3.12(b)所示。求刚架的支座 $A$ 和 $B$ 的约束反力。

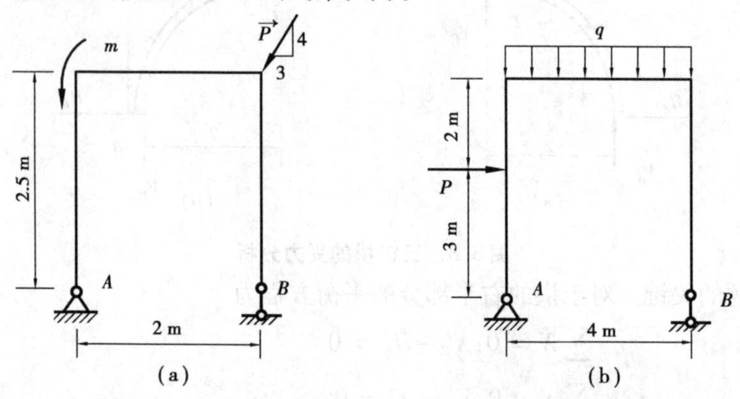


图 3.12 题 3.4 图

3.5 支架如图 3.13 所示。求在力 $\vec{P}$ 作用下，支座 $A$ 的反力和杆 $BC$ 所受的力。

3.6 刚架用铰支座 $B$ 和链杆支座 $A$ 固定，如图 3.14 所示。$P=2\ \text{kN}$，$q=500\ \text{N/m}$。求支座 $A$ 和 $B$ 的约束反力。

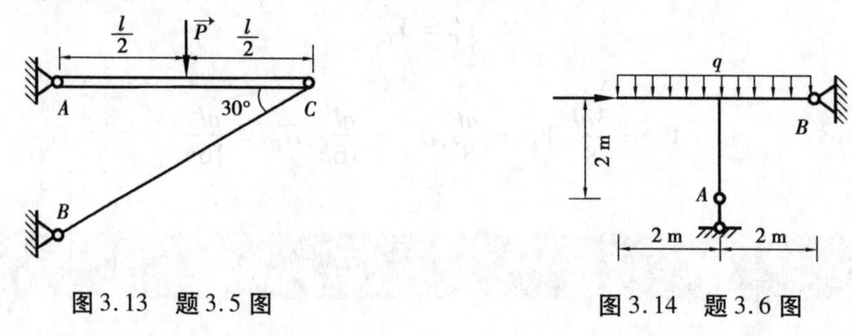


图 3.13 题 3.5 图

图 3.14 题 3.6 图

3.7 梁 $AB$ 用支座 $A$ 和杆 $BC$ 固定。轮 $O$ 铰接在梁上，绳绕过轮 $O$ 一端固定在墙上，另一端挂重物 $Q$，如图 3.15 所示。已知轮 $O$ 半径 $r=10\ \text{cm}$，$BC=40\ \text{cm}$，$AO=20\ \text{cm}$，$\alpha=45°$，$Q=1\ 800\ \text{N}$。求支座 $A$ 的反力。

3.8 台秤空载时，支架 $BCE$ 的质量与杠杆 $AB$ 的质量恰好平衡，秤台上有重物时，在 $OA$ 上加一秤锤，秤锤重为 $W$，$OB=a$，如图 3.16 所示。求 $CA$ 上的刻度 $x$ 与质量之间的关系。

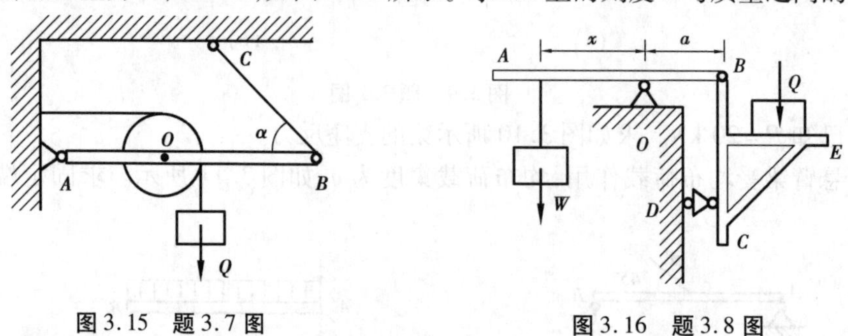


图 3.15 题 3.7 图

图 3.16 题 3.8 图

3.9 截断钢筋的设备如图 3.17 所示。欲使钢筋 $E$ 受到 12 kN 的压力，问加于 $A$ 点的力应多大？(图中尺寸单位为 cm)

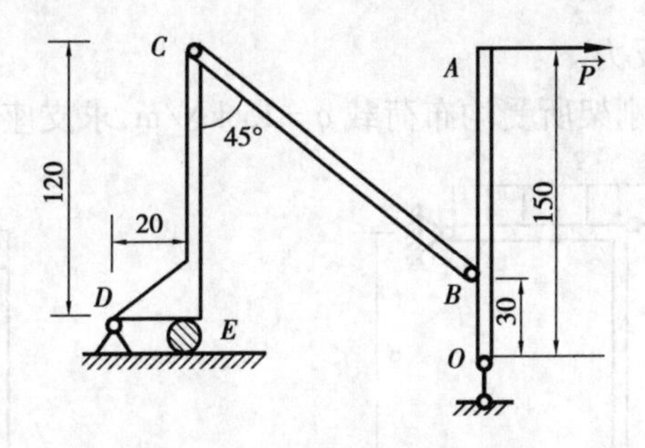


图 3.17　题 3.9 图

3.10　三铰拱桥如图 3.18 所示。已知 $Q=300$ kN,$l=32$ m,$h=100$ m。求支座 $A$ 和 $B$ 的反力。

3.11　梁 $AB$ 的 $A$ 端为固定端,$B$ 端与折杆 $BEC$ 铰接。圆轮 $D$ 铰接在折杆 $BEC$ 上,如图 3.19 所示。圆轮的半径 $r=10$ cm,$CD=DE=20$ cm,$AC=BE=15$ cm,$Q=1$ kN。求固定端 $A$ 的约束反力。

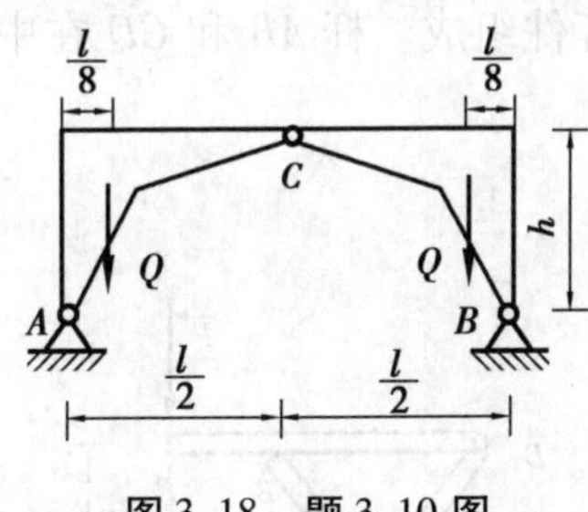


图 3.18　题 3.10 图

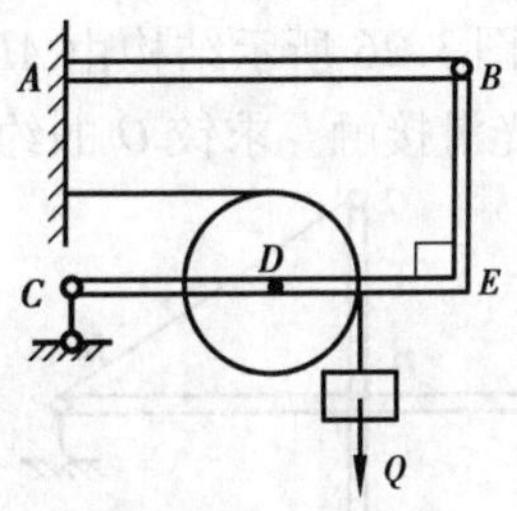


图 3.19　题 3.11 图

3.12　多跨梁由 $AC$ 和 $CD$ 两段组成,起重机放在梁上,质量为 $Q=50$ kN,重心通过 $C$ 点,起重荷载 $P=10$ kN,如图 3.20 所示。求支座 $A$ 和 $B$ 的反力。

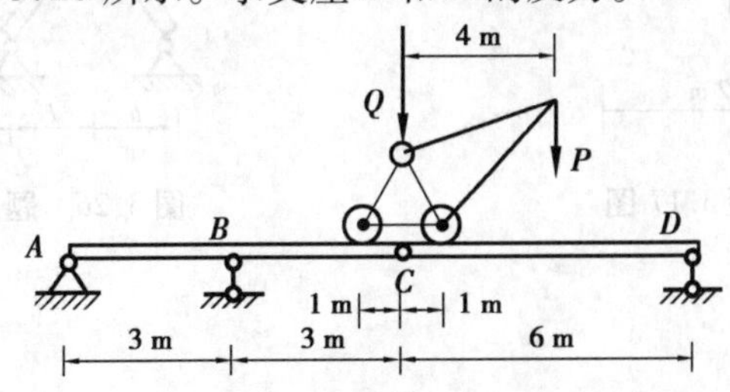


图 3.20　题 3.12 图

3.13　多跨梁如图 3.21 所示,$q=10$ kN/m,$m=40$ kN · m。求铰支座 $A$ 的约束反力。

3.14　求如图 3.22 所示混合结构在荷载 $P$ 的作用下,杆件 1,2 所受的力。

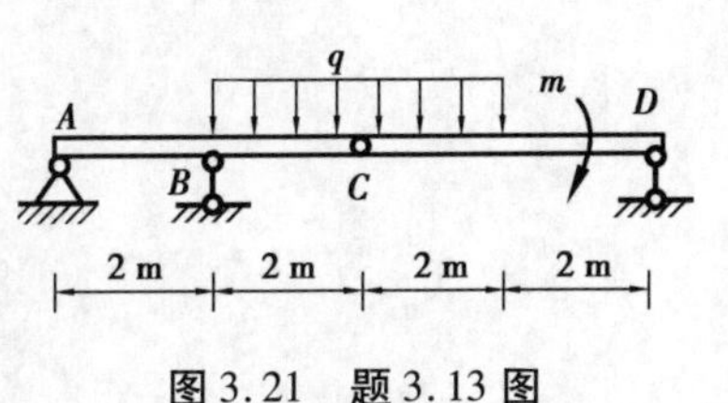


图 3.21　题 3.13 图

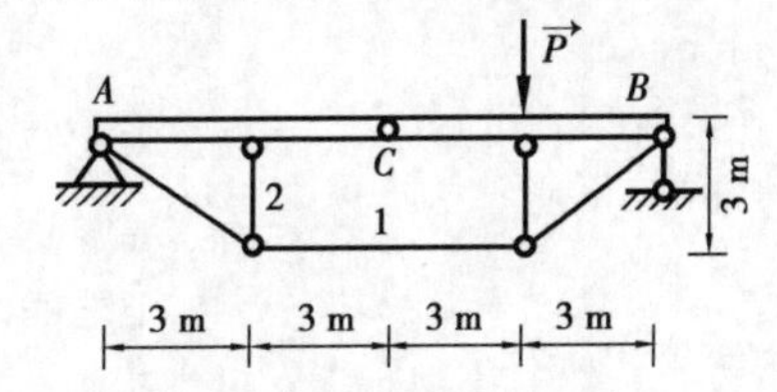


图 3.22　题 3.14 图

3.15　如图 3.23 所示结构由 $AB$ 和 $CD$ 两部分组成,中间用铰 $C$ 连接。求在均布荷载 $q$

的作用下铰支座 $A$ 的约束反力。

3.16 如图 3.24 所示刚架所受均布荷载 $q=15$ kN/m，求支座 $B$ 的约束反力。

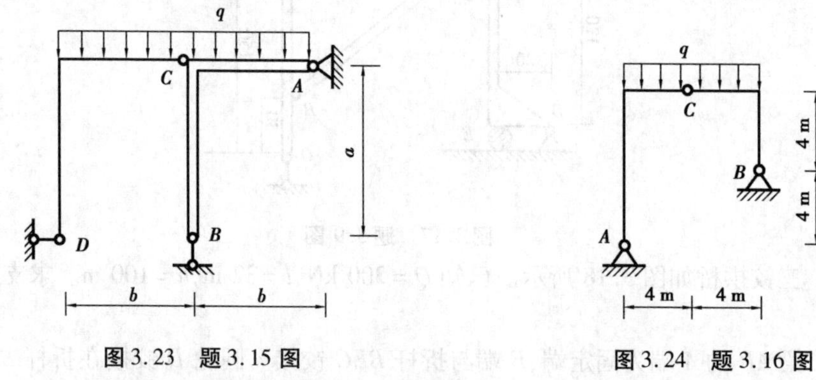


图 3.23 题 3.15 图

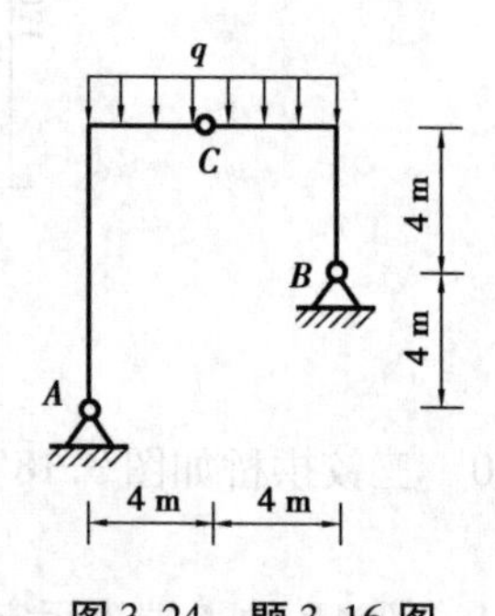


图 3.24 题 3.16 图

3.17 如图 3.25 所示结构由 $AB$，$BC$，$CE$ 和滑轮 $E$ 组成，$Q=1\ 200$ N。求铰 $D$ 的约束反力。

3.18 如图 3.26 所示结构由 $AB$，$CD$，$DE$ 3 个杆件组成。杆 $AB$ 和 $CD$ 在中点 $O$ 用铰连接，在 $B$ 处为光滑接触。求铰 $O$ 的约束反力。

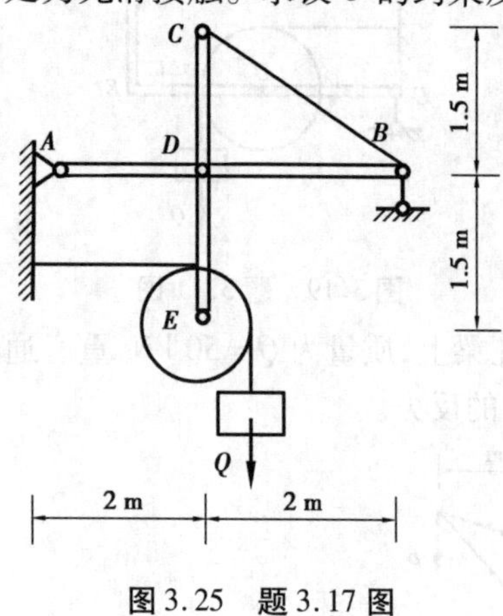


图 3.25 题 3.17 图

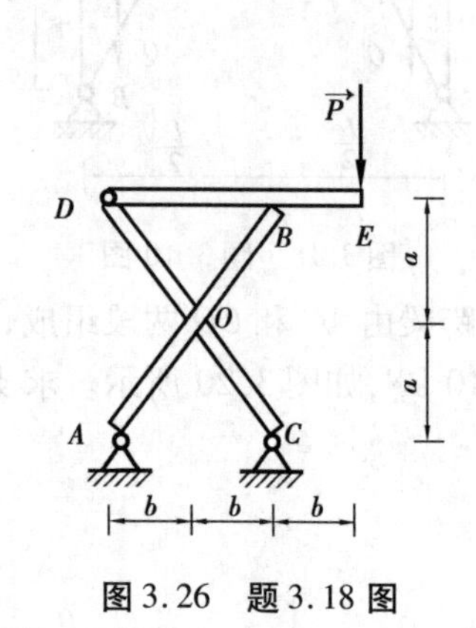


图 3.26 题 3.18 图

# 4

# 空间力系的平衡方程

空间力系是指各力的作用线不在同一平面内的力系。实际上，工程中的力系多是空间力系，有的可简化为平面力系，也有部分不能简化为平面力系，因此必须按空间力系来解决。

## 4.1 力在空间直角坐标轴上的投影

### 4.1.1 空间力的正交分解

空间力的分解问题，一般借助于正六面体来表示。将如图 4.1 所示空间力 $\vec{F}$ 沿 $z$ 轴和水平面分解为 $\vec{F}_z$ 及 $\vec{F}_{xy}$，分力 $\vec{F}_{xy}$ 又沿 $x$ 轴和 $y$ 轴分解为 $\vec{F}_x$ 和 $\vec{F}_y$。

### 4.1.2 力在空间直角坐标轴上的投影

显然，将空间力进行平移并不改变其在坐标轴上的投影。这样，若将力 $\vec{F}$ 的作用点假设在坐标原点 $O$ 并不失一般性。计算空间力的投影有以下 3 种方法。

**方法** 1（一次投影法）：又称直接投影法，与平面力投影方法类似。

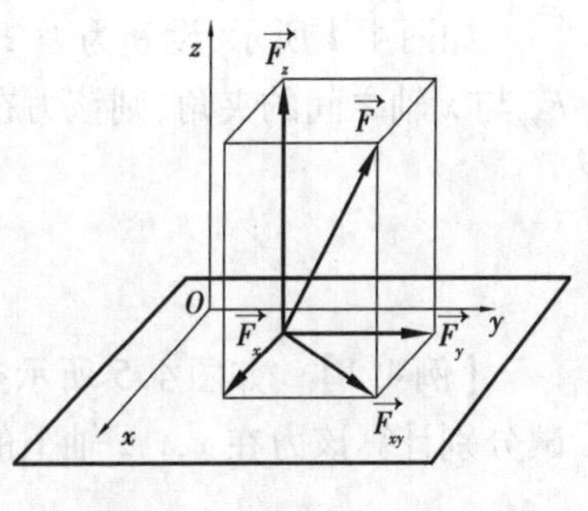

图 4.1　空间力的分解

如图 4.2 所示，设 $\alpha,\beta,\gamma$ 分别为力 $\vec{F}$ 与 3 个坐标轴 $x,y$ 和 $z$ 轴之间所夹锐角，则该力在 $x,y$ 和 $z$ 轴上的投影计算

式为

$$\left.\begin{aligned}X &= \pm F\cos\alpha\\Y &= \pm F\cos\beta\\Z &= \pm F\cos\gamma\end{aligned}\right\}\tag{4.1}$$

投影箭头与坐标轴指向相同时,投影为正,反之为负。

**方法**2(几何投影法):其中心思想是应用力与其投影之间的几何关系。

如图4.3所示,设$X,Y,Z$分别为力$F$在3个坐标轴上的投影。

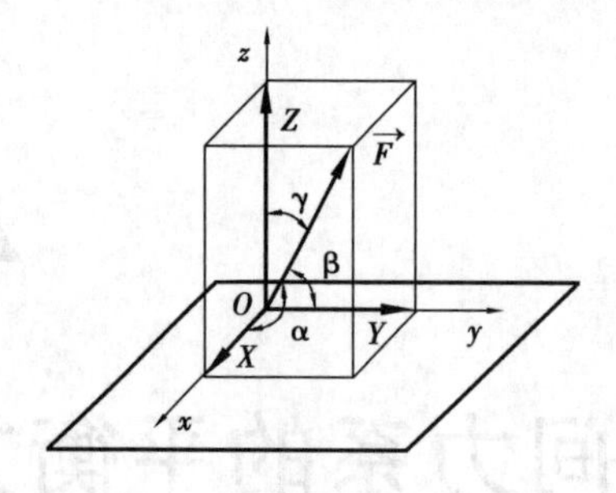


图4.2　直接投影法

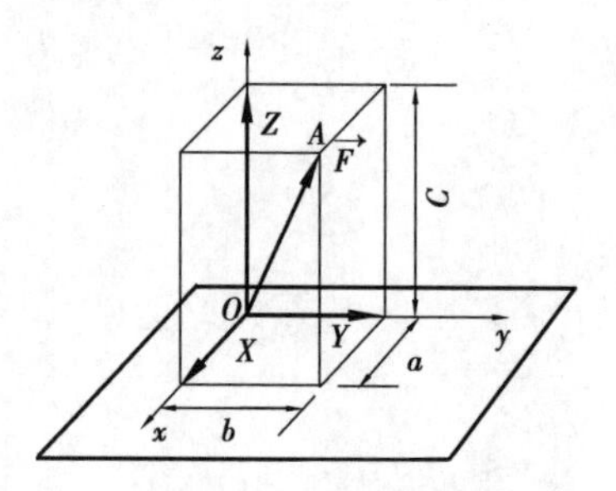


图4.3　几何投影法

六面体正对角线$OA$的长度为$OA=\sqrt{a^2+b^2+c^2}$,根据几何知识可知,有

$$\frac{X}{F}=\frac{a}{\sqrt{a^2+b^2+c^2}},\frac{Y}{F}=\frac{b}{\sqrt{a^2+b^2+c^2}},\frac{Z}{F}=\frac{c}{\sqrt{a^2+b^2+c^2}}$$

整理可得力在3个坐标轴上的投影计算表达式为

$$\left.\begin{aligned}X &= \pm\frac{a}{\sqrt{a^2+b^2+c^2}}F\\Y &= \pm\frac{b}{\sqrt{a^2+b^2+c^2}}F\\Z &= \pm\frac{c}{\sqrt{a^2+b^2+c^2}}F\end{aligned}\right\}\tag{4.2}$$

几何投影法与直接投影法相比较,相当于将直接投影法中的$\alpha,\beta$和$\gamma$用六面体的边长$a$,$b$,$c$表示出来。

**方法**3(二次投影法):又称间接投影法。

如图4.4所示,设$\theta$为力$\vec{F}$与坐标平面$xOy$之间的夹角,$\varphi$为力$\vec{F}$在$xOy$平面上的投影$F_{xy}$与$x$轴之间的夹角,则该力在$x$,$y$和$z$轴上的投影计算式为

$$\left.\begin{aligned}X &= \pm F\cos\theta\cos\varphi\\Y &= \pm F\cos\theta\sin\varphi\\Z &= \pm F\sin\theta\end{aligned}\right\}\tag{4.3}$$

**【例4.1】**　如图4.5所示空间力$F=30$ N,正六面体的边长$a=3$ cm,$b=4$ cm,$c=6$ cm。试分别计算该力在$x,y,z$轴上的投影。

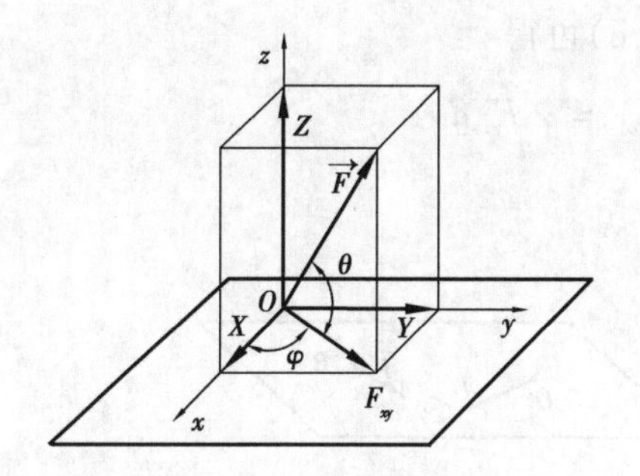


图4.4 间接投影法

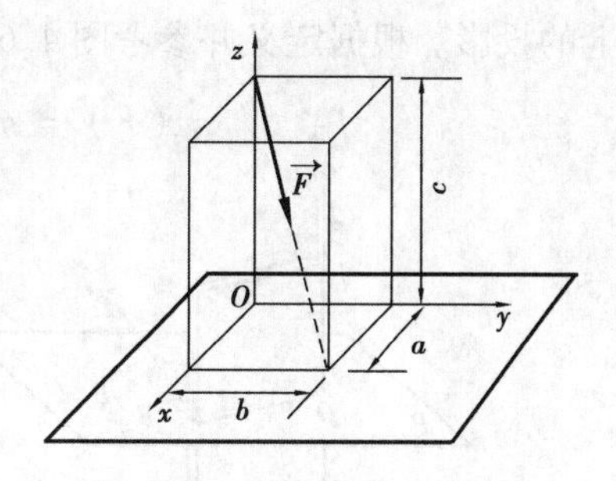


图4.5 投影计算

【解】 按几何投影法计算力的投影，根据式(4.1)，力在 $x$ 轴上的投影为

$$X=\frac{a}{\sqrt{a^2+b^2+c^2}}F$$

$$=\frac{3}{\sqrt{3^2+4^2+6^2}}\times 30\ \text{N}=11.6\ \text{N}$$

力在 $y$ 轴上的投影为

$$Y=\frac{b}{\sqrt{a^2+b^2+c^2}}F$$

$$=\frac{4}{\sqrt{3^2+4^2+6^2}}\times 30\ \text{N}=15.5\ \text{N}$$

力在 $z$ 轴上的投影为

$$Z=-\frac{c}{\sqrt{a^2+b^2+c^2}}F$$

$$=-\frac{6}{\sqrt{3^2+4^2+6^2}}\times 30\ \text{N}=-23.2\ \text{N}$$

## 4.2 空间力对轴之矩

类似于平面问题，物体在空间的运动形式有平动和转动，其转动效应取决于力对轴之矩。

### ▶ 4.2.1 空间力对轴之矩概念

在空间问题中，力对物体的转动效果取决于力对点之矩，空间力矩具有矢量的特征，并且是定位矢量。

但是，力对点之矩矢量可通过力对空间直角坐标轴之矩来表示，力对空间直角坐标轴($x$，$y$，$z$ 轴)之矩，同样能从不同的角度来度量力对物体的转动效果。

度量刚体绕轴的转动效果是代数量，其大小等于力在与轴垂直的平面上的投影对轴与平面交点的矩，这样力对轴之矩就可借助于平面力(或投影)对点之矩进行计算。对于空间力 $\vec{F}$ 对 $z$ 轴产生力矩问题，如图4.6(a)所示，作一平面 $P$ 使其与 $z$ 轴垂直并交于 $O$ 点，$F_{xy}$ 为力 $\vec{F}$

在平面 $P$ 上的投影。根据定义并参考图 4.6(a)、(b)可得

$$m_z(\vec{F}) = m_O(F_{xy}) = \pm F_{xy}d \tag{4.4}$$

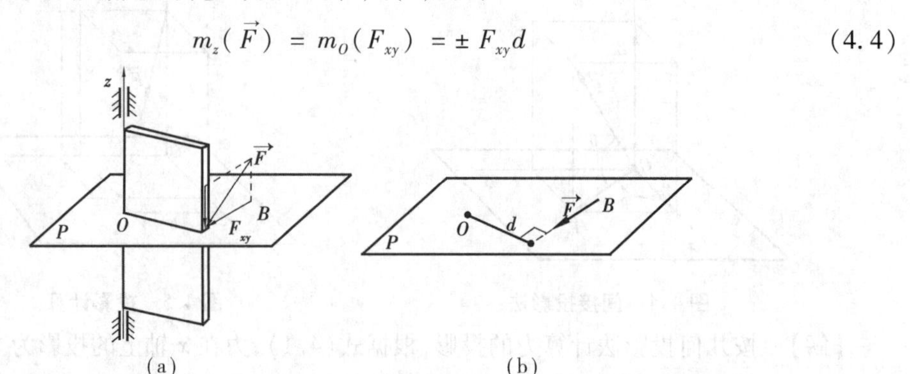


图 4.6 力对轴之矩

正负号规定遵循右手螺旋法则:右手握住转轴,让 4 个手指绕轴转动方向相同,若大拇指与该轴正向相同则力对轴之矩为正,反之为负。例如,根据右手螺旋法则,图 4.6(a)中投影 $F_{xy}$对 $z$ 轴之矩判断为负。

## ▶ 4.2.2 空间力的合力矩定理

合力矩定理有多种表现形式,对于空间力对轴之矩问题,其合力矩定理可表述为:**空间力系的合力对任一轴之矩等于力系中各分力对同一轴之矩的代数和**。

这样空间力对轴之矩问题可借助于定义和合力矩定理进行计算。其具体步骤如下:

①计算力沿 $x,y,z$ 轴的分力。

②根据定义,计算各分力对 $x,y,z$ 轴产生的力矩。

③根据合力矩定理,计算合力(原力)对 $x,y,z$ 轴产生的力矩。

计算力对轴之矩的方法有很多,这里介绍的是比较直观、易于理解和相对比较简便的方法。根据空间力对轴之矩定义可知,有两种空间位置关系的力对轴产生的矩比较特殊,其数值大小为零:**当力与某轴平行时,力对该轴之矩为零;当力的作用线与某轴相交时,力对该轴之矩为零。由此可推广,当力的作用线过坐标原点则力对空间 3 个轴之矩均为零。**

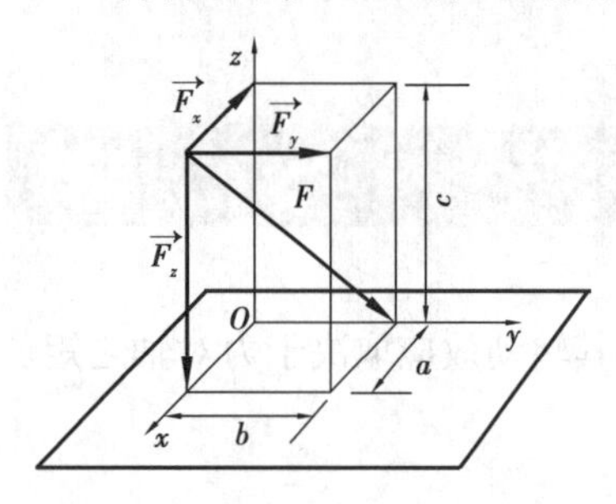


图 4.7 力对轴之矩计算

**【例 4.2】** 如图 4.7 所示空间力 $\vec{F}$,$\vec{F}$ 及正六面体的边长 $a,b,c$ 均为已知。试分别计算该力对 $x,y,z$ 轴的力矩。

**【解】** 首先将力 $\vec{F}$ 在 $x,y,z$ 轴上进行分解,得到 3 个分力 $\vec{F}_x$,$\vec{F}_y$和 $\vec{F}_z$;然后计算各分力分别对 $x,y,z$ 轴之矩;最后根据合力矩定理计算力 $\vec{F}$ 对 $x,y,z$ 轴的力矩。

①计算力沿 $x,y,z$ 轴的分力,即

$$F_x = \frac{a}{\sqrt{a^2 + b^2 + c^2}}F$$

$$F_y = \frac{b}{\sqrt{a^2 + b^2 + c^2}}F$$

$$F_z = \frac{c}{\sqrt{a^2 + b^2 + c^2}}F$$

②计算各分力对 $x,y,z$ 轴之矩。分力 $\vec{F}_x$对 $x,y,z$ 轴之矩分别为

$$m_x(\vec{F}_x) = 0$$

$$m_y(\vec{F}_x) = -cF_x = -\frac{ac}{\sqrt{a^2 + b^2 + c^2}}F$$

$$m_z(\vec{F}_x) = 0$$

分力 $\vec{F}_y$对 $x,y,z$ 轴产生的力矩分别为

$$m_x(\vec{F}_y) = -cF_y = -\frac{bc}{\sqrt{a^2 + b^2 + c^2}}F$$

$$m_y(\vec{F}_y) = 0$$

$$m_z(\vec{F}_y) = aF_y = \frac{ab}{\sqrt{a^2 + b^2 + c^2}}F$$

分力 $\vec{F}_z$对 $x,y,z$ 轴产生的力矩分别为

$$m_x(\vec{F}_z) = 0$$

$$m_y(\vec{F}_z) = aF_z = \frac{ac}{\sqrt{a^2 + b^2 + c^2}}F$$

$$m_z(\vec{F}_z) = 0$$

③计算力 $\vec{F}$ 对 $x,y,z$ 轴产生的力矩。根据合力矩定理得

$$m_x(\vec{F}) = m_x(\vec{F}_x) + m_x(\vec{F}_y) + m_x(\vec{F}_z) = -\frac{bc}{\sqrt{a^2 + b^2 + c^2}}F$$

$$m_y(\vec{F}) = m_y(\vec{F}_x) + m_y(\vec{F}_y) + m_y(\vec{F}_z) = 0$$

$$m_z(\vec{F}) = m_z(\vec{F}_x) + m_z(\vec{F}_y) + m_z(\vec{F}_z) = \frac{ab}{\sqrt{a^2 + b^2 + c^2}}F$$

由图 4.7 可知,力 $\vec{F}$ 的作用线经过 $y$ 轴,也可直接得到 $m_y(\vec{F})=0$。

## 4.3 空间力系的平衡方程

### ▶ 4.3.1 空间力系的平衡方程

物体在空间体系中的运动有 6 个分量,沿 $x$ 轴、$y$ 轴、$z$ 轴方向的平动和绕 $x$ 轴、$y$ 轴、$z$ 轴的转动。沿 $x$ 轴、$y$ 轴、$z$ 轴方向的平动效应分别取决于力系在 $x$ 轴、$y$ 轴、$z$ 轴上的投影代数

和;而绕 $x$ 轴、$y$ 轴、$z$ 轴的转动效应则分别取决于力系对 $x$ 轴、$y$ 轴、$z$ 轴产生的力矩代数和。这样物体在空间中处于平衡状态的充要条件为:力系中各力在 $x$ 轴、$y$ 轴、$z$ 轴上的投影代数和为零且力系中各力对 $x$ 轴、$y$ 轴、$z$ 轴产生的力矩的代数和也为零。因此,空间力系的平衡方程可表示为

$$\left.\begin{aligned}\sum X &= 0\\ \sum Y &= 0\\ \sum Z &= 0\\ \sum m_x(\vec{F}) &= 0\\ \sum m_y(\vec{F}) &= 0\\ \sum m_z(\vec{F}) &= 0\end{aligned}\right\} \tag{4.5}$$

### ▶ 4.3.2 空间特殊力系的平衡方程

**1)空间汇交力系**

如图4.8(a)所示,空间汇交力系可视为空间一般力系的特殊情况,若把汇交点作为空间坐标轴的坐标原点,则各个力与坐标轴相交且力矩方程是恒成立的。这样空间汇交力系的平衡方程为

$$\left.\begin{aligned}\sum X &= 0\\ \sum Y &= 0\\ \sum Z &= 0\end{aligned}\right\} \tag{4.6}$$

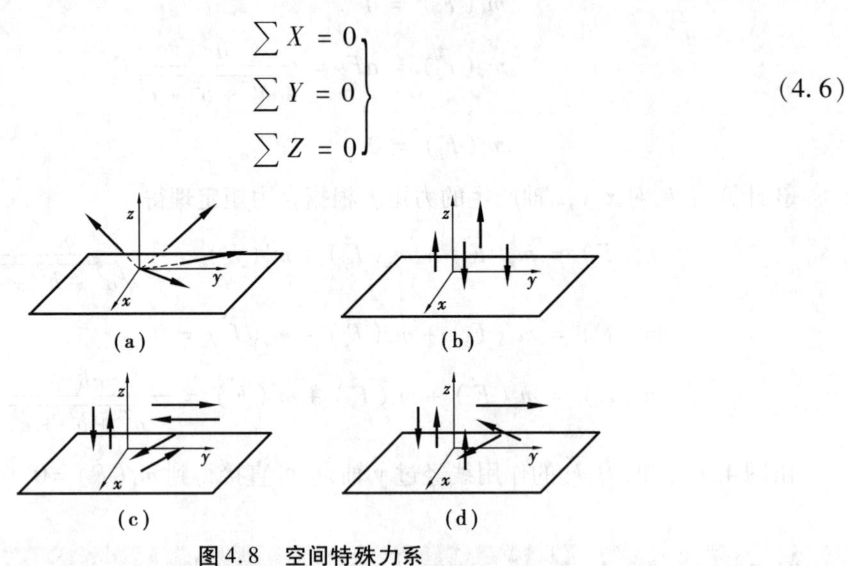


图4.8 空间特殊力系

**2)空间平行力系**

如图4.8(b)所示,不妨假设力系中各力与 $z$ 轴平行,显然,力系在 $x$ 轴和 $y$ 轴上的投影自然为零。这样空间平行力系的平衡方程为

$$\left.\begin{aligned}\sum m_x(\vec{F}) &= 0\\ \sum m_y(\vec{F}) &= 0\\ \sum Z &= 0\end{aligned}\right\}\tag{4.7}$$

3)空间力偶系

如图4.8(c)所示,由于力偶的特性,任何力偶在任意坐标轴上的投影均为零,则空间力偶系的平衡方程为

$$\left.\begin{aligned}\sum m_x(\vec{F}) &= 0\\ \sum m_y(\vec{F}) &= 0\\ \sum m_z(\vec{F}) &= 0\end{aligned}\right\}\tag{4.8}$$

## ▶ 4.3.3 空间力系平衡方程应用举例

在空间力系问题中,可将空间汇交力系、空间平行力系和空间力偶系视为空间一般力系的特殊情况。

**【例4.3】** 如图4.9(a)所示挂物架由3根二力杆$AB$,$AC$和$AD$构成,$AB$,$AC$杆长度相同且在水平面内,$AD$杆在竖直面内,物体所受重力为$\vec{G}$。试计算各杆对铰$A$的作用力。

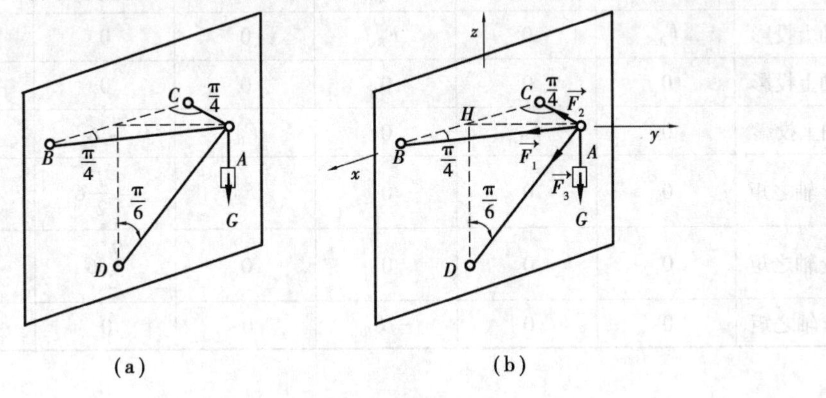


图4.9 空间汇交力系计算

**【解】** 挂物架铰$A$处的受力分析如图4.9(b)所示,属于空间汇交力系,建立空间直角坐标体系,并假设各杆均产生拉力。根据空间汇交力系的平衡条件式(4.6),可得

$$\sum X = 0, F_1\cos\frac{\pi}{4} - F_2\cos\frac{\pi}{4} = 0$$

$$\sum Y = 0, -F_1\sin\frac{\pi}{4} - F_2\sin\frac{\pi}{4} - F_3\sin\frac{\pi}{6} = 0$$

$$\sum Z = 0, -F_3\cos\frac{\pi}{6} - G = 0$$

解得

$$F_3 = -\frac{2\sqrt{3}}{3}G(\text{压}), F_1 = F_2 = \frac{\sqrt{6}}{6}G(\text{拉})$$

【例 4.4】 如图 4.10(a)所示，水平矩形均质薄板受重力 $\vec{G}$，边长分别为 $l$ 与 $h$，在角点 $AB$ 处由径向轴承约束并近似认为约束反力作用在 $A$ 和 $B$ 点上，在角点 $C$ 由链杆 $CD$ 支承，$CD$ 在与 $xAz$ 平行的平面内，链杆与铅垂线夹角 45°。试计算矩形板在 $A$ 和 $B$ 点受到的约束反力，在 $C$ 点受到链杆的支承力。

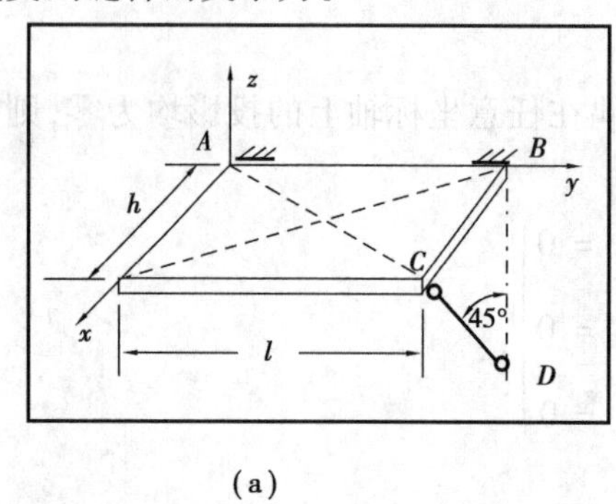

(a)

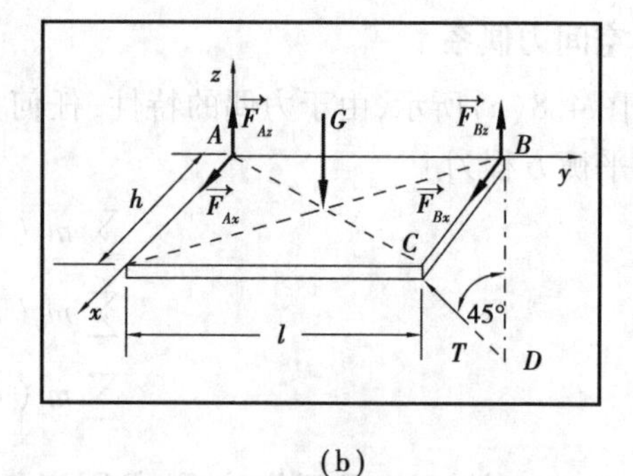

(b)

图 4.10 空间一般力系计算

【解】 矩形板的受力分析如图 4.10(b)所示。计算矩形板受到的所有外力在 $x$ 轴、$y$ 轴、$z$ 轴上的投影以及对以上各轴产生的力矩，并用表格的形式表示，见表 4.1。

表 4.1 矩形板的受力及力矩

| | $\vec{F}_{Ax}$ | $\vec{F}_{Az}$ | $\vec{F}_{Bx}$ | $\vec{F}_{Bz}$ | $\vec{G}$ | $\vec{T}$ |
|---|---|---|---|---|---|---|
| $x$ 轴上投影 | $F_{Ax}$ | 0 | $F_{Bx}$ | 0 | 0 | $\sin 45° \times T$ |
| $y$ 轴上投影 | 0 | 0 | 0 | 0 | 0 | 0 |
| $z$ 轴上投影 | 0 | $F_{Az}$ | 0 | $F_{Bz}$ | $-G$ | $\cos 45° \times T$ |
| 对 $x$ 轴之矩 | 0 | 0 | 0 | $lF_{Bz}$ | $-\frac{l}{2}G$ | $\cos 45° \times T \times l$ |
| 对 $y$ 轴之矩 | 0 | 0 | 0 | 0 | $\frac{h}{2}G$ | $-\cos 45° \times T \times h$ |
| 对 $z$ 轴之矩 | 0 | 0 | $-lF_{Bx}$ | 0 | 0 | $-\sin 45° \times T \times l$ |

此为空间一般力系，并且在 $y$ 轴上的投影方程自然成立。由平衡方程式(4.5)得

$$\sum X = 0, F_{Ax} + F_{Bx} + \sin 45° \times T = 0$$

$$\sum Z = 0, F_{Az} + F_{Bz} - G + \cos 45° \times T = 0$$

$$\sum m_x(\vec{F}) = 0, lF_{Bz} - \frac{l}{2}G + \cos 45° \times T \times l = 0$$

$$\sum m_y(\vec{F}) = 0, \frac{h}{2}G - \cos 45° \times T \times h = 0$$

$$\sum m_y(\vec{F}) = 0, -lF_{Bx} - \sin 45° \times T \times l = 0$$

解得

$$T = \frac{\sqrt{2}}{2}G, F_{Bx} = -\frac{G}{2}, F_{Ax} = 0, F_{Bz} = 0, F_{Az} = \frac{G}{2}$$

## 习题 4

4.1 如图 4.11 所示,长方体的顶角 $A$ 和 $B$ 处分别有 $\vec{F}_1$ 和 $\vec{F}_2$ 的作用,$F_1 = 500$ N,$F_2 = 700$ N,求二力在 $x,y,z$ 轴上的投影。

4.2 绞车的手柄如图 4.12 所示,力 $F = 500$ N。求力 $\vec{F}$ 在 3 个坐标轴上的投影,以及力 $\vec{F}$ 对 3 个坐标轴的力矩。

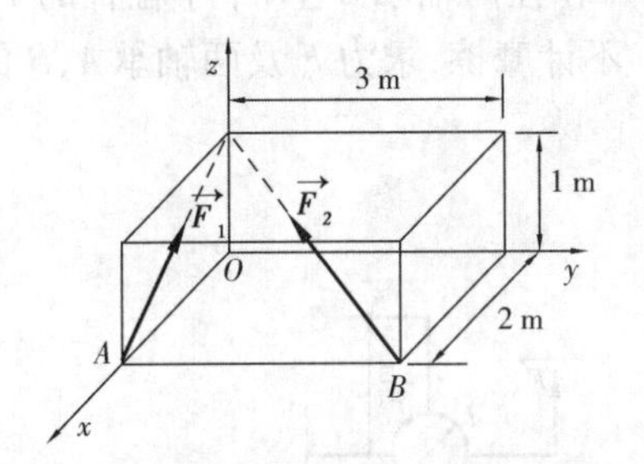


图 4.11 题 4.1 图

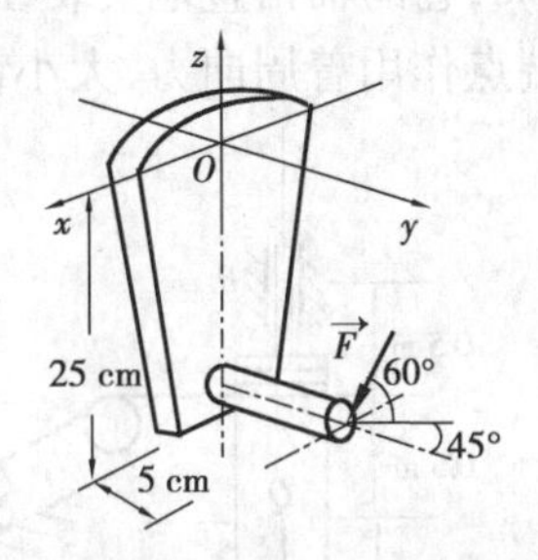


图 4.12 题 4.2 图

4.3 挂物架如图 4.13 所示,3 杆质量不计,用铰链固接于 $D$ 点,平面 $DBC$ 是水平的,且 $BD = DC$,$W = 1.5$ kN。求 3 杆所受的力。

4.4 利用三脚架 $ABCD$ 和绞车提升重物的装置如图 4.14 所示。3 只等长的脚 $AD$,$BD$ 和 $CD$ 与水平面的夹角为 60°,且 $AB = BC = AC$,绳索 $DE$ 与水平面的夹角为 60°。设吊重 $W = 30$ kN,三脚架各杆的质量忽略不计,求三脚架每只脚所受的力。

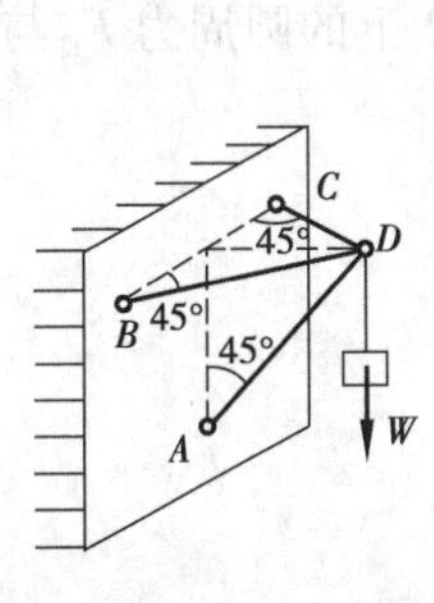


图 4.13 题 4.3 图

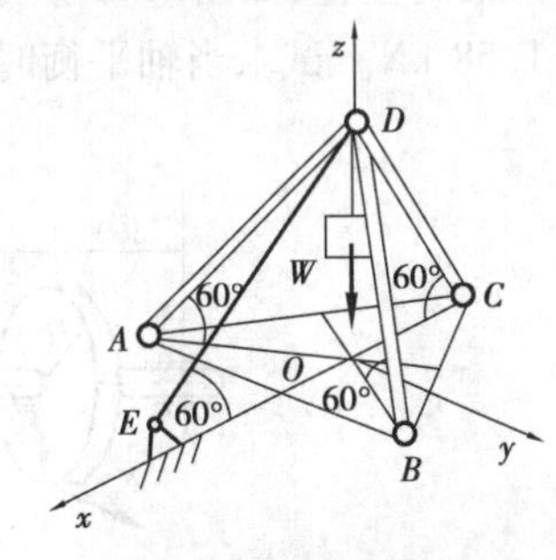


图 4.14 题 4.4 图

4.5 如图 4.15 所示空间桁架由 6 杆 1,2,3,4,5 和 6 构成。在结点 $A$ 上作用一力 $\vec{F}$,此力在矩形 $ABCD$ 平面内,且与铅垂直线的夹角为 45°。$\triangle EAK$ 全等于 $\triangle FBM$。等腰三角形 $EAK$,$FBM$ 和 $NDB$ 在顶点 $A$,$B$ 和 $D$ 处均为直角,又 $EC = CK = FD = DM$,若 $F = 10$ kN,求各杆的内力。

4.6 某传动轴以 $A$ 和 $B$ 两轴承支承,圆柱直齿轮的节圆直径 $d = 17.3$ cm,压力角 $\alpha =$

20°，在联轴器上作用一力偶，其力偶矩 $T=1\ 030\ \text{N}\cdot\text{m}$，如图4.16所示。如轮轴自重和摩擦不计，求传动轴匀速转动时 $A$ 和 $B$ 两轴承的反力。

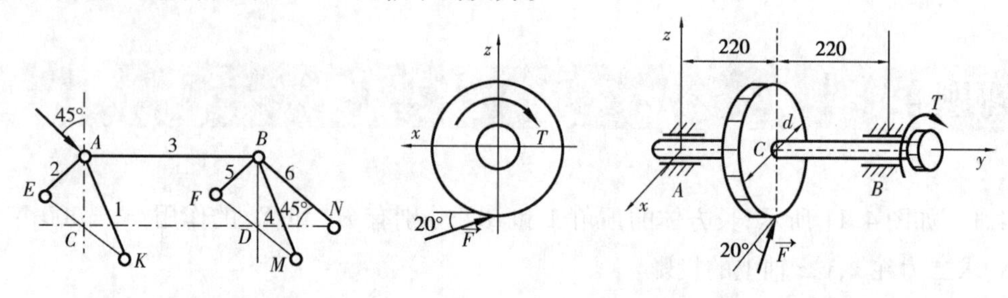


图4.15　题4.5图　　　　图4.16　题4.6图

4.7　货重 $W=10$ kN，利用如图4.17所示绞车匀速地沿斜面提升，绞车的鼓轮重 $Q=1$ kN，直径 $d=24$ cm，它的轴铅直地安装在止推轴承 $A$ 和径向轴承 $B$ 上，十字杠杆的4个臂各长1 m，在每臂的端点作用着周向力，大小都等于 $F$。不计摩擦，求力 $F$ 及两轴承 $A$，$B$ 的反力。

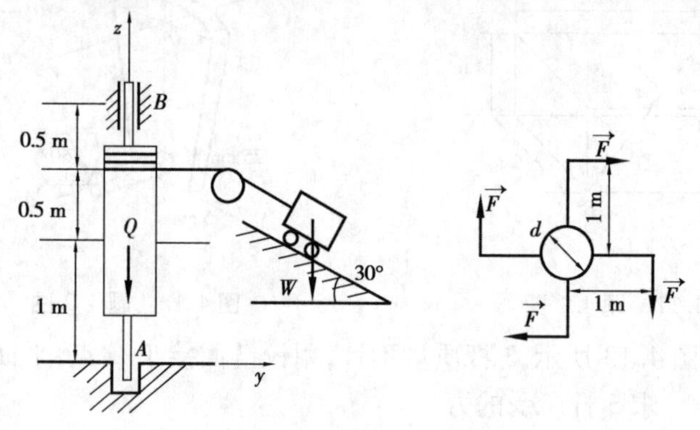


图4.17　题4.7图

4.8　变速箱中间轴装有两直齿圆柱齿轮，其节圆半径 $r_1=100$ mm，$r_2=72$ mm，啮合点分别在两齿轮的最低与最高位置，如图4.18所示。图中单位为mm，轮齿压力角 $\alpha=20°$，在齿轮1上的圆周力 $F_{t1}=1.58$ kN。试求当轴平衡时作用于齿轮2上的圆周力 $F_{t2}$ 与 $A$，$B$ 两轴承的反力。

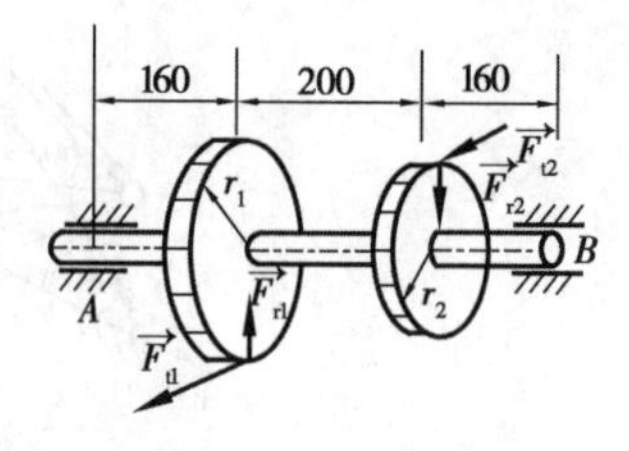


图4.18　题4.8图

# 5

# 平面体系的几何组成分析

## 5.1 几何组成的基本要素

### 5.1.1 几何组成分类

由若干杆件(或构件)相连接所组成的空间系统,称为体系。当不考虑各杆件本身变形时,根据体系能否保持其原有几何形状和位置不变,工程上将体系分为几何不变体系和几何可变体系。显然,建筑结构必须为几何不变体系。

如图5.1(a)所示为几何可变体系,因为体系稍微受到一个很小的荷载,将引起几何形状的改变,即如图5.1(a)所示的虚线;如图5.1(b)和图5.1(c)所示则为几何不变体系。

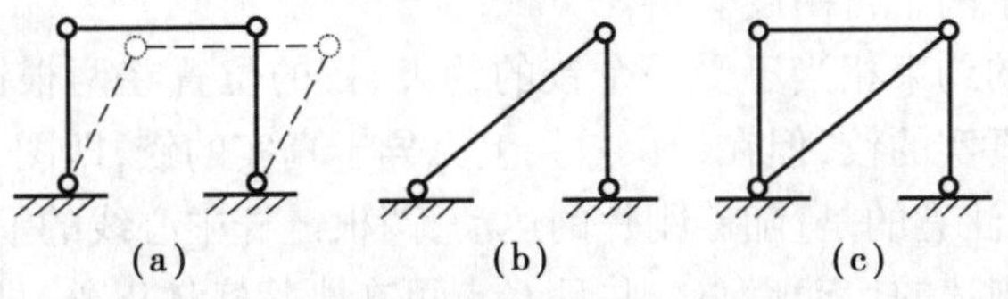


图5.1 几何可变与不变体系

### 5.1.2 平面体系几何组成的有关概念

**1)自由度**

自由度是指体系运动时,用来确定其位置所需独立坐标的数目或体系独立运动的数目。

如图5.2所示，平面上一个质点$A$的位置可用两个独立坐标$(x,y)$来确定，或者其运动可由两种相互独立的运动表示，即$x$方向的平动和$y$方向的平动，这样平面上一个质点的自由度为2。

刚体在平面上可称为刚片，且不计其自身变形。刚片上任一点$A$有两个自由度，但刚片整体则有3个自由度。第3个自由度为刚片可绕$A$点作转动，如图5.3所示。因此，刚片有3个自由度。

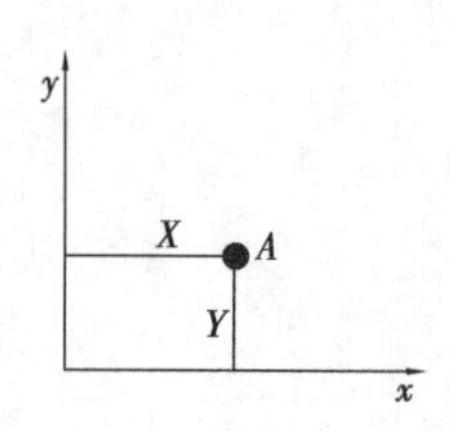


图5.2　点的自由度

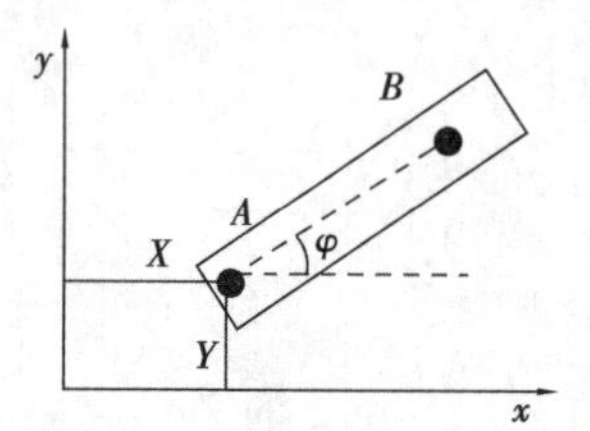


图5.3　刚片的自由度

**2）约束数**

对刚片施加约束后，刚片的自由度将会减少，凡是能减少一个自由度的装置（或机构），称为一个约束。以此类推，凡是能减少$n$个自由度的装置，称为$n$个约束。

一根链杆为一个约束。如图5.4所示，刚片在一根链杆约束条件下，刚片有两个自由度。刚片受链杆约束，不能沿链杆轴线方向移动，因而减少了一个自由度。因此，一根链杆为一个约束。

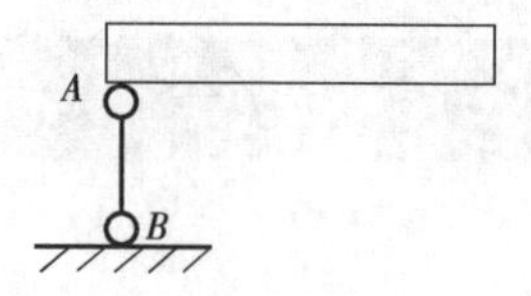


图5.4　链杆约束

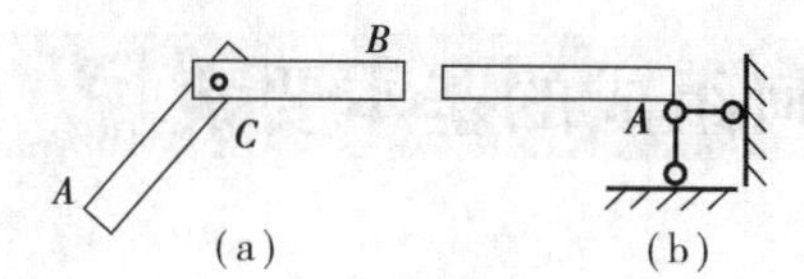


图5.5　铰约束

一个铰相当于两个约束。如图5.5(a)所示，由刚片$AC$和刚片$BC$构成的体系在没有铰$C$约束的情况下，有$3\times2=6$个自由度；当施加铰$C$约束后，刚片$AC$仍有3个自由度，但刚片$BC$只能绕铰$C$转动，只有1个自由度，体系共计有4个自由度，因此，一个铰为两个约束。

广义来看，两根链杆相当于一个铰的约束。如图5.5(b)所示，刚片在两根链杆约束下，只有1个自由度，即刚片可绕$A$转动（不能水平和竖直运动），这样原本有3个自由度的自由刚片被两根链杆约束了两个自由度。

刚片受两根链杆的约束相当于受一个铰的约束，铰的位置在两根链杆中心线的汇交点，该铰在形式上不同于真实的铰，但在约束效果上无异于真实的铰，即图5.6(a)与图5.6(b)等效，故称为虚铰。特别注意的是，随着刚片的运动，两根链杆中心线的汇交点$C$的位置在变化（见图5.6(c)），$C$为刚片的运动瞬心。并且$C$点可在刚片实体以外，即在延伸扩大了的刚体上，如图5.6(d)所示。

一个固定支座相当于3个约束。如图5.7(a)和图5.7(b)所示的悬臂梁受固定端支座约束而处于静止状态，刚片的3个自由度完全被约束住。

**3）平面体系自由度与约束的关系**

体系的计算自由度可表示为

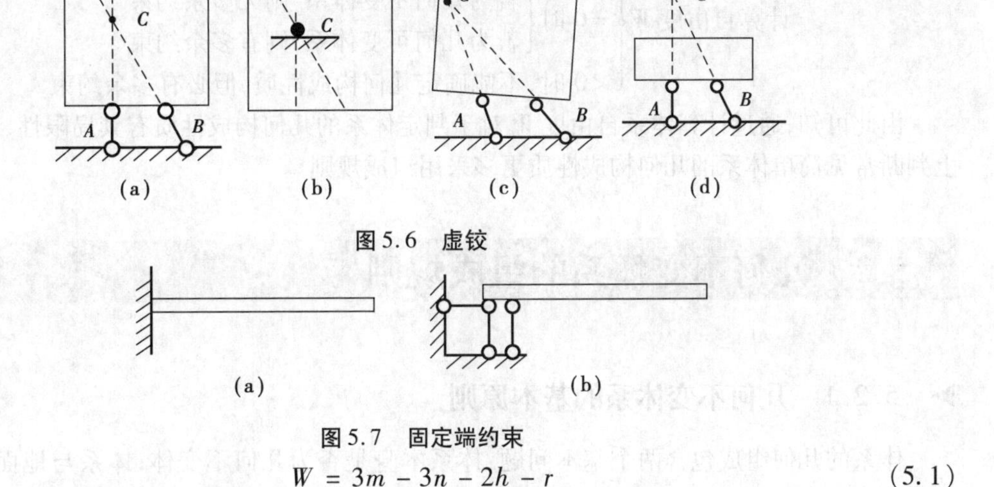


图 5.6　虚铰

图 5.7　固定端约束

$$W = 3m - 3n - 2h - r \tag{5.1}$$

式中　$W$——体系的计算自由度(不同于体系的实际自由度);

$m$——体系中刚片的数量;

$n$——体系中固定端约束数;

$h$——体系中单铰数;

$r$——体系中链杆数。

单铰是连接两个刚片的铰。对于多个刚片($K$ 个)用一个铰来连接时,此铰称为复铰,相当于$(K-1)$个单铰即 $2\times(K-1)$ 个约束。可理解为最初两个刚片的连接为一个单铰,以后通过铰的方式每增加一个刚片连接就相当于增加一个单铰约束,以此类推。如图 5.8 所示的复铰相当于 3 个单铰、6 个约束。

计算自由度的式(5.1)不能绝对化。有时计算自由度不同于实际自由度,根据公式得到的计算自由度如果为零时,实际自由度可以不为零,因为有可能出现多个约束同时“约束”一个自由度,而不是理想的一个约束对应一个自由度的现象,这一特性计算式(5.1)分辨不出来。如图 5.9 所示,刚片受 3 根链杆的约束,各链杆的中心线均在竖直方向上,刚片的计算自由度 $W=3m-3n-2h-r=3m-r=3\times1-3=0$,但刚片仍然有水平运动,根本原因在于刚片的水平运动未受到约束而其他运动受到重复约束。

图 5.8　复铰　　　　图 5.9　多余约束

这种“重复约束”就是多余约束的概念。如果一个体系中增加一个约束,而体系的自由度并不因此而减少,则此约束称为多余约束。

显然,计算自由度 $W$ 与体系的几何构成性质的关系为

$$
\text{计算自由度 } W\begin{cases} >0\text{ 时，几何可变体系} \\ =0\text{ 时}\begin{cases}\text{若为几何不变体系，则无多余约束} \\ \text{若为几何可变体系，则有多余约束}\end{cases} \\ <0\text{ 时，不能确定几何构成性质，但必有多余约束}\end{cases}
$$

由此可知，通过计算体系自由度 $W$ 对于判定体系的几何构成性质有其局限性，因此，工程上判断常见简单体系的几何构成性质更多采用组成规则。

## 5.2 几何不变体系的组成规则

### ▶ 5.2.1 几何不变体系的基本原则

体系的几何组成包含两个基本问题：体系本身是否为几何不变体；体系与地面之间是否构成几何不变体。而最简单、基本的几何不变体系和最能反映几何不变体系组成规律实质的是三角形的稳定性。

如图 5.10(a)所示，3 个刚片两两(通过 3 个铰)相连，且 3 个铰不共线，由常识可知，该体系为几何不变体系。显然，体系的计算自由度为

$$
\begin{aligned} W &= 3m - 3n - 2h - r \\ &= 3\times 3 - 2\times 3 = 3 \end{aligned}
$$

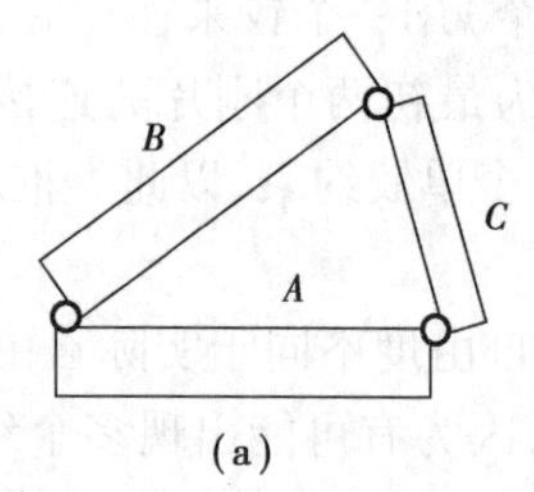


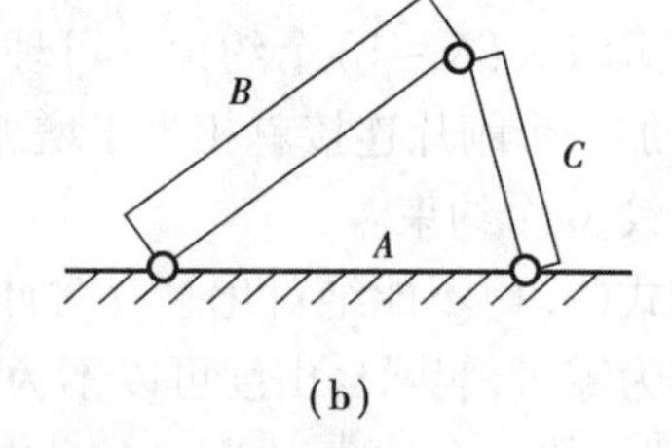


图 5.10 最基础的几何不变体系

这里的 3 个自由度正是体系作为一个整体相对于地面的 3 个独立运动方式，而体系内部各构件之间是几何不变的。换个角度，如果将刚片 $A$ 视为地面(见图 5.10(b))，此时体系的计算自由度为

$$
\begin{aligned} W &= 3m - 3n - 2h - r \\ &= 3\times 2 - 2\times 3 = 0 \end{aligned}
$$

体系依然为几何不变体系，且体系并无多余约束。

### ▶ 5.2.2 几何不变体系的简单组成规则

几何不变体系的组成规则可归纳为 3 条，本质上都是由三角形的几何稳定性衍生而成。

**1)三刚片规则**

三刚片规则是：**三刚片用不在同一直线上的 3 个铰两两相连，则所组成的体系几何不变且无多余约束。**

此规则实质上就是如图 5.10(a)所示的几何构成状态,充分体现了三角形的几何稳定性。如果 3 个铰共线呢?如图 5.11(a)所示,三刚片①、②和③由 3 个共线的铰 $A$,$B$ 和 $C$ 两两相连,体系是可变的,即 $C$ 点可作竖直向上(或向下)的微小移动(相当于 $C$ 在 $AC$ 为半径和在 $BC$ 为半径的圆弧的公切线上作微小移动),不过在发生一微小移动后,3 个铰则不再共线(见图 5.11(b)),体系即刻又成为几何不变体系。移动不再继续发生,则原体系如图5.11(a)所示为几何可变体系中的瞬变体系,异于几何可变体系中的常变体系。

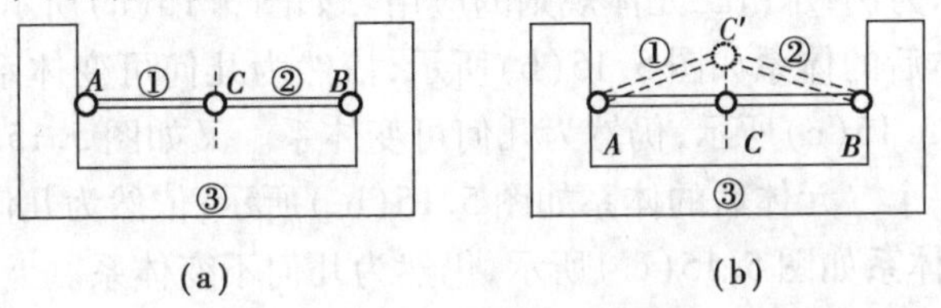


图 5.11　几何瞬变体系

由于两根链杆相当于一个虚铰,还可得到如图 5.12 所示的体系,也是几何不变体系且无多余约束,当然 3 个虚铰 $ABC$ 不能共线。

2)二刚片规则

二刚片规则是:**二刚片用不全交于一点也不全平行的 3 根链杆相连接,则所组成的体系几何不变且无多余约束。**

如图 5.13(a)所示,将链杆 $AB$ 视为刚片Ⅲ,这相当于三刚片两两相连,其中,刚片Ⅰ与刚片Ⅱ由虚铰 $C$ 相连接(链杆①与②构成),刚片Ⅰ与刚片Ⅲ由铰 $A$ 相连接,刚片Ⅱ与刚片Ⅲ由铰 $B$ 相连接,并且三铰 $ABC$ 不共线,这实质上是在重复三刚片的组成规则,自然几何不变且无多余约束。

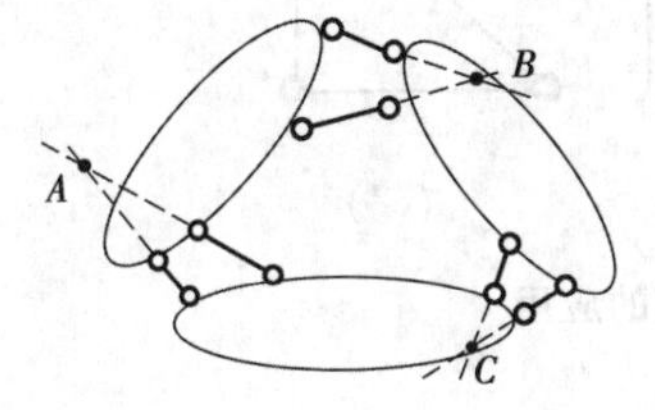


图 5.12　三刚片规则

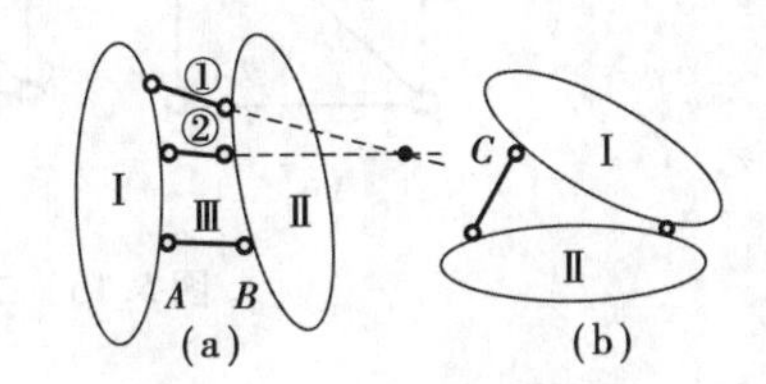


图 5.13　二刚片规则

同样,如图 5.13(b)所示的两刚片用一个铰与一根链杆连接,体系也是几何不变体系且无多余约束,当然链杆中心线不经过铰中心。

3)二元体规则

二元体规则是:**体系中增加或减少一个二元体,不会改变原体系的几何组成性质。**

如图 5.14(a)所示,由两根不共线的链杆铰接成一个新结点的装置,称为二元体。如图 5.14(b)所示为某体系,现在该体系的基础上增加一个二元体组成一个新的体系,如图 5.14(c)所示。在图 5.14(c)中,若原体系几何不变,可将其视为刚片Ⅰ,二元体的两根链杆视为刚片Ⅱ和Ⅲ。根据三刚片的组成规则,该新的体系依然几何不变,与基本结构体系几何性质相同;在图 5.14(c)中,若原体系几何可变,则新增加的二元体相当于增加两个刚片(将两根链杆视为两个刚片)和 3 个铰,增加两个刚片相当于增加 6 个自由度,增加 3 个铰相当于增加 6 个约束,这样增加二元体对新体系的实际自由度并无影响,同样与原体系几何性质相同。同理，减去一个二元体也不会改变原体系的几何组成性质。

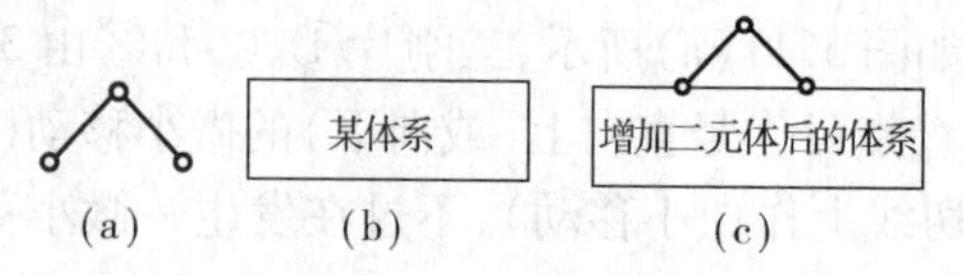


图 5.14　二元体规则

以如图 5.15 所示为例，示范二元体规则的应用。如图 5.15(a)所示的某体系为几何可变体系，增加一个二元体后的体系如图 5.15(b)所示，依然为几何可变体系；原体系上减少一个二元体后的体系如图 5.15(c)所示，仍然为几何可变体系。又如图 5.15(a′)所示的某体系为几何不变体系，增加一个二元体后的体系如图 5.15(b′)所示，依然为几何不变体系；原体系上减少一个二元体后的体系如图 5.15(c′)所示，仍然为几何不变体系。

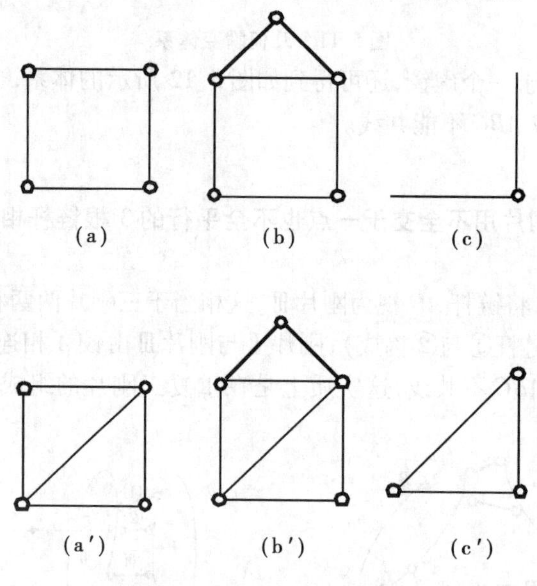


图 5.15　二元体规则的应用

## 5.3　平面体系的几何组成分析

### 5.3.1　体系几何组成分析基本方法

根据体系几何组成规则，可将体系作以下分类，即

$$\text{平面体系}\begin{cases}\text{几何不变体系}\begin{cases}\text{静定}:W=0\\\text{超静定}:W<0\end{cases}\\\text{几何可变体系}\begin{cases}\text{瞬变}:W\leqslant 0\\\text{常变}:W>0\text{ 或 }W\leqslant 0\end{cases}\end{cases}$$

在具体进行几何组成分析时,要注意以下4个细部处理技巧。

①分析时可将地基视为一刚片。

②当某刚片与地基之间几何不变时,可将该刚片与地基构成的体系视为一扩大的刚片(地基刚片)。

③一根链杆可视为一刚片加上两个铰。

④分析时可考虑拆除体系中的二元体,以使问题简化。

## ▶ 5.3.2 几何组成分析举例

【例5.1】 如图5.16所示的多跨梁结构体系,试进行几何组成分析。

【解】 ①将地基视为一刚片,*AB* 杆为一刚片。两刚片之间由3根链杆1,2,3相连接,显然这3根链杆不平行不汇交。由二刚片组成规则可知,地基与*AB*杆组成的体系是几何不变且无多余约束。地基与*AB*杆构成扩大的地基刚片*AB*。

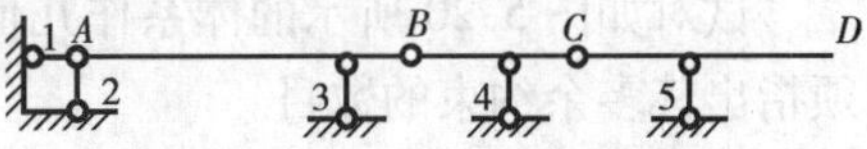

图5.16 多跨梁结构体系

②地基与*AB*杆构成扩大的地基刚片与刚片*BC*杆之间由一个铰*B*与一根链杆4相连接,显然这根链杆不经过铰*B*的中心。由二刚片组成规则可知,扩大的地基与*BC*杆组成的体系是几何不变且无多余约束,并组成更扩大的地基刚片。

③同理,*CD*杆与更扩大的地基刚片之间几何不变且无多余约束。

综上所述,整个体系几何不变且无多余约束。

【例5.2】 如图5.17所示的体系,试进行几何组成分析。

【解】 ①曲杆*ADC*为一刚片,曲杆*BEC*为一刚片,杆件*DE*为一刚片。该三刚片由3个铰*C*,*D*,*E*相连接,显然这3个铰不共线。由三刚片组成规则可知,该三刚片组成的体系是几何不变且无多余约束。由此组成一个更大的刚片。

②被视为一个更大的刚片与地基刚片之间由4根链杆相连接,并且4根链杆不全平行也不汇交。根据二刚片组成规则可知,该体系是几何不变体系且有多余约束,多余约束数为1。

综上所述,整个体系几何不变且有一个多余约束。

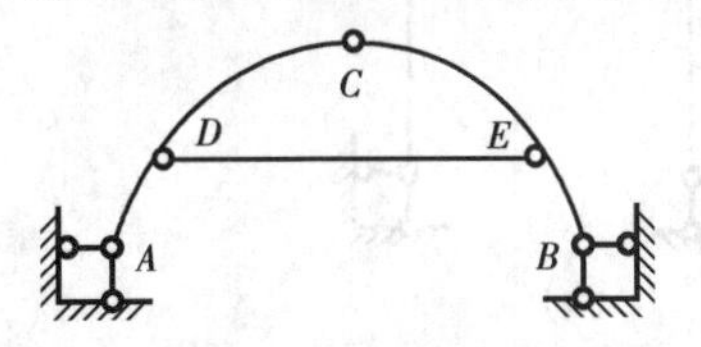


图5.17 拱形结构

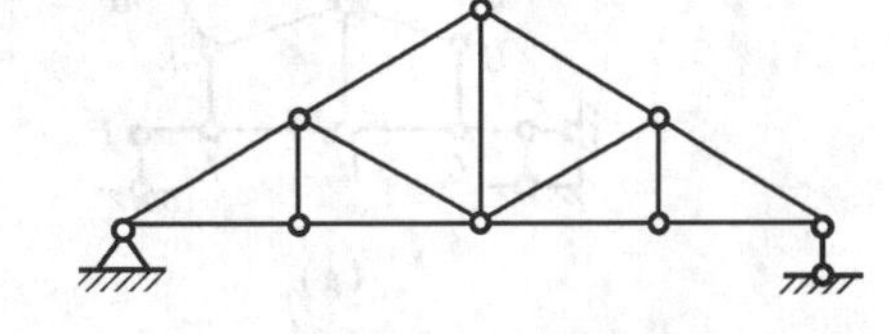

图5.18 屋架

【例5.3】 如图5.18所示的体系,试进行几何组成分析。

【解】 ①首先分析体系本身,如图5.19(a)所示。根据二元体规则,体系中减少一个二元体不会改变原体系的几何组成性质。这样体系本身如图5.19(a)与图5.19(b)所示的体系的几何组成性质等同;同理,如图5.19(b)所示体系与图5.19(c)所示体系的几何组成性质等同;如图5.19(c)所示体系与图5.19(d)所示体系的几何组成性质等同,即为几何不变体系且无多余约束。由此可知,体系本身为几何不变体系且无多余约束,如图5.19(a)所示。

②体系本身与地基刚片由一个铰与一根链杆相连接,并且链杆不经过铰中心。因此,如图5.18所示体系几何不变且无多余约束。

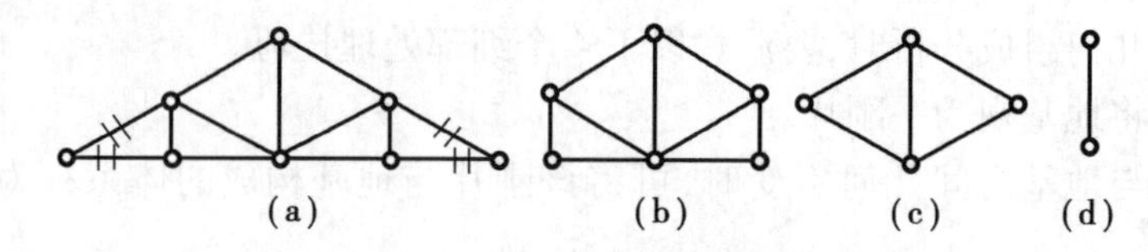


图 5.19　几何组成分析

## 习题 5

试对如图 5.20 所示的体系作几何组成分析。如果是具有多余约束的几何不变体系，则须指出其多余约束的数目。

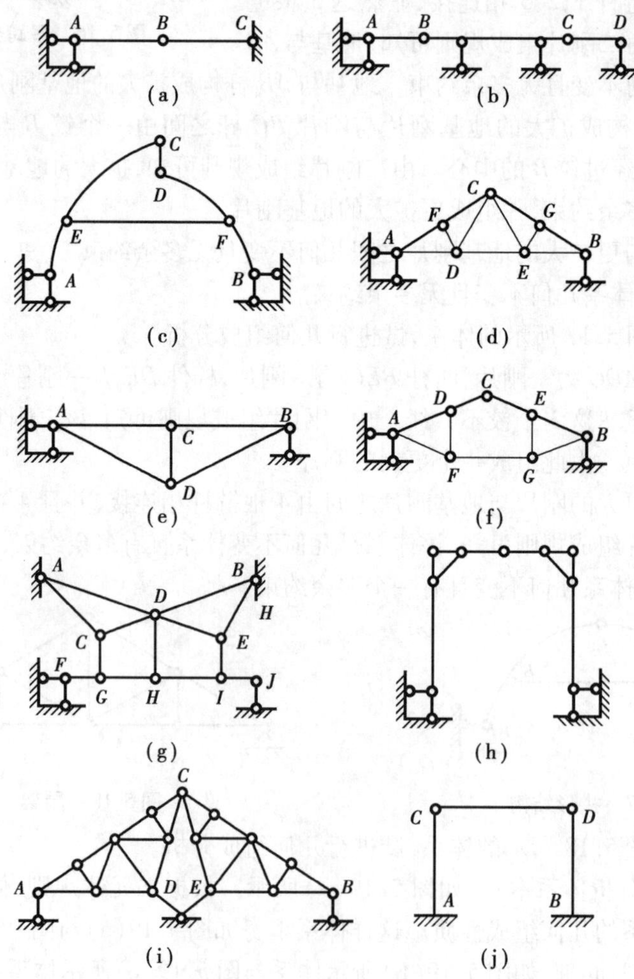

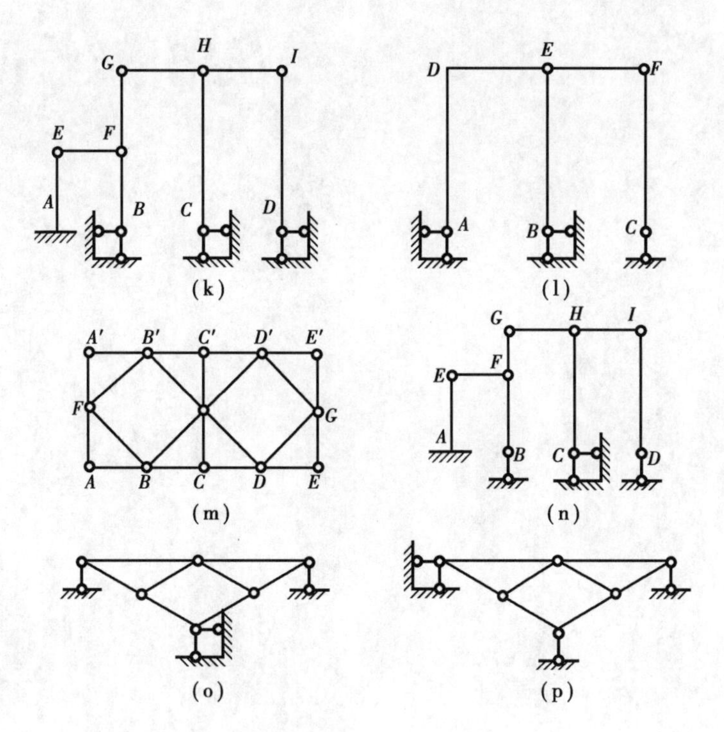


图5.20 题5.1图

# 第2篇

# 构件和结构的内效应

【综述】

物体在外力作用下形状、尺寸发生的变化，称为物体的内效应。第1篇讨论了物体的外效应，即通过研究物体的外力平衡条件(或者平衡方程)，确定物体外力问题。在此基础上研究物体的内效则是第2篇的任务。

# 6

# 轴向拉伸与压缩变形

## 6.1 轴向拉伸与压缩概述

在工程中,拉压构件极为普遍。如图 6.1(a)所示的混凝土柱,在其截面的形心处受到轴向压力作用,发生压缩变形;如图 6.1(b)所示桥墩承受桥面传来的荷载虽不都在形心处,荷载的合力作用线在构件的轴线上,也是压缩变形;如图 6.1(c)所示工业厂房的混凝土牛腿边立柱承受屋架和行车梁传来的荷载,荷载的合力作用线明显不在构件的轴线上,这种变形称为偏心压缩变形。

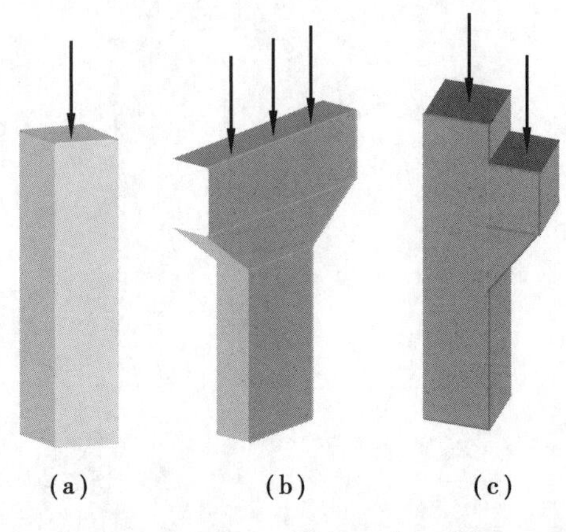


图 6.1 压缩问题

构件上外力的合力作用线与构件的轴线重合时,将引起构件沿轴线方向伸长或缩短的变形,称为轴向拉伸(或压缩)变形,如图 6.2(a)所示,也称为轴向拉伸或压缩。当外力合力作用线不在杆的轴线上而是偏离了一定的距离,这时构件虽然发生了拉压变形,但不属于轴向拉伸而是偏心拉伸问题,如图 6.2(b)所示。

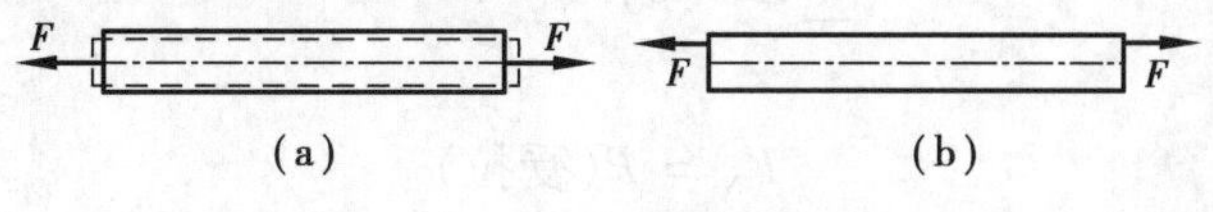


图 6.2 轴向拉伸与偏心拉伸

## 6.2 拉压杆的内力

### ▶ 6.2.1 内力的概念

构件在外力作用下将发生变形,从而使构件内部各部分之间产生相互作用,此相互作用力称为内力,即在外力作用下构件内部各部分之间的相互作用力称为内力。如图 6.3(a)所示的构件在外力作用下将产生内力。内力是隐藏在构件内部,为显示其内力。通常采用截面法:假想用一截面(一般为平面)将构件分为两部分,任选其中一部分而弃掉另一部分,相当于取出一个隔离体,弃掉部分对保留部分的作用力则是该截面处的内力。如图 6.3(b)所示为选择左半部时截面上受到的内力;如图 6.3(c)所示为选择右半部时截面上受到的内力。一般情况下,截面的内力是以连续分布的形式出现,通常将其合成为一个力或者是一个力偶,称为截面上的内力。构件原来是平衡的,截断后保留部分将失去平衡,在截面上加上内力后,保留部分将重新获得平衡,最后通过对构件保留部分的平衡条件来计算其内力值。

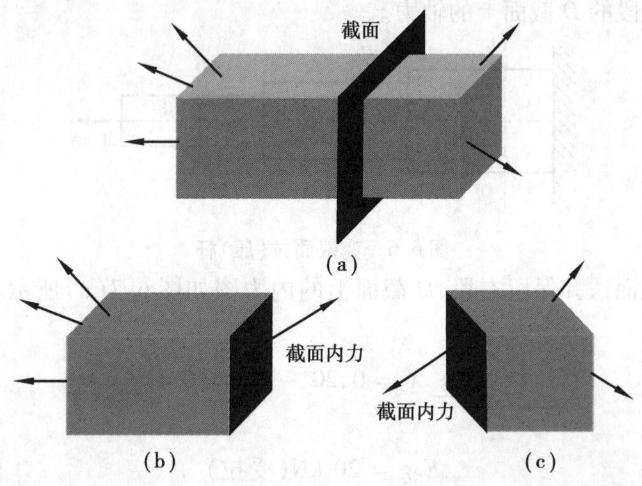


图 6.3 截面内力

### ▶ 6.2.2 轴向拉(压)杆的内力

如图 6.4 所示的轴向拉杆受外力 $P$ 作用,应用截面法将拉杆一分为二,可保留左段也可保留右段。显然截面上的内力在轴线上,故称该内力为轴力,用符号 $F_N$ 表示。可保留左右任一部分并利用平衡条件计算截面上的轴力,左右部分计算结果是一致的。

若保留左段,如图 6.5(a)所示。其轴力的计算为

$$\sum X = 0, F_N - P = 0$$

解得

$$F_N = P(\text{受拉})$$

若保留右段,如图 6.5(b)所示。其轴力的计算为

$$\sum X = 0, -F_N + P = 0$$

解得

$$F_N = P(\text{受拉})$$

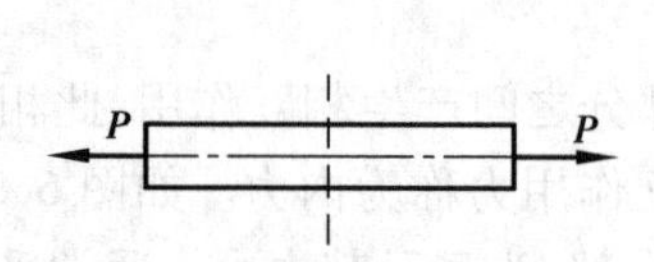


图 6.4　轴向拉(压)杆的内力

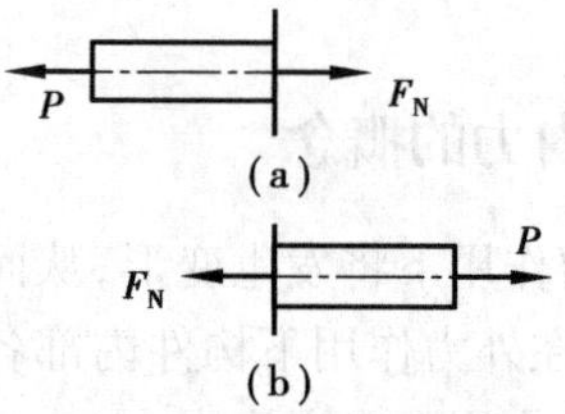

P　$F_N$
(a)
$F_N$　P
(b)

图 6.5　截面法计算内力

轴力的正负号规定是:拉伸为正,压缩为负。一般用下述方法计算:取出保留部分,在截面上假设轴力为使杆件发生拉伸变形的方向。这样,当计算结果为正,说明杆件的实际变形与假设相同,发生拉伸变形;当计算结果为负,说明杆件的实际变形与假设相反,发生压缩变形。

**【例 6.1】**　如图 6.6 所示变截面拉压杆的轴向拉压问题,试计算第①段的 $B$ 截面、第②段的 $C$ 截面和第③段的 $D$ 截面上的轴力。

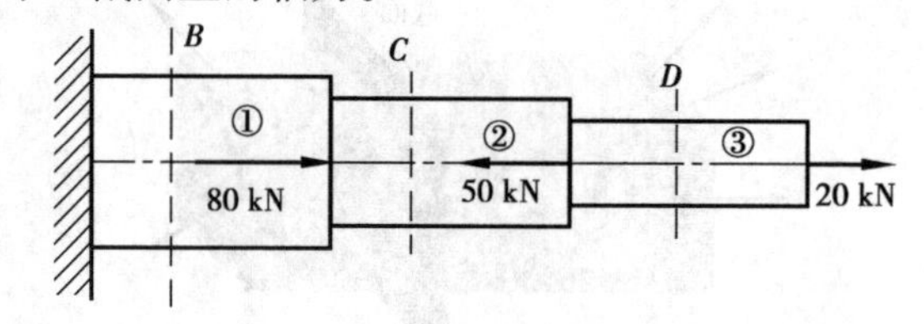


图 6.6　变截面拉(压)杆

**【解】**　应用截面法并保留右段,$D$ 截面上的内力图如图 6.7(a)所示。根据静力平衡条件计算轴力,即

$$\sum X = 0, 20 - F_{ND} = 0$$

解得

$$F_{ND} = 20\ \text{kN}(\text{受拉})$$

应用截面法并保留右段,$C$ 截面上的内力图如图 6.7(b)所示,根据静力平衡条件计算轴力,即

$$\sum X = 0, 20 - 50 - F_{NC} = 0$$

解得

$$F_{NC} = -30\ \text{kN}(受压)$$

应用截面法并保留右段,$B$ 截面上的内力图如图 6.7(c)所示。根据静力平衡条件计算轴力,即

$$\sum X = 0, 20 - 50 + 80 - F_{NB} = 0$$

解得

$$F_{NB} = 50\ \text{kN}(受拉)$$

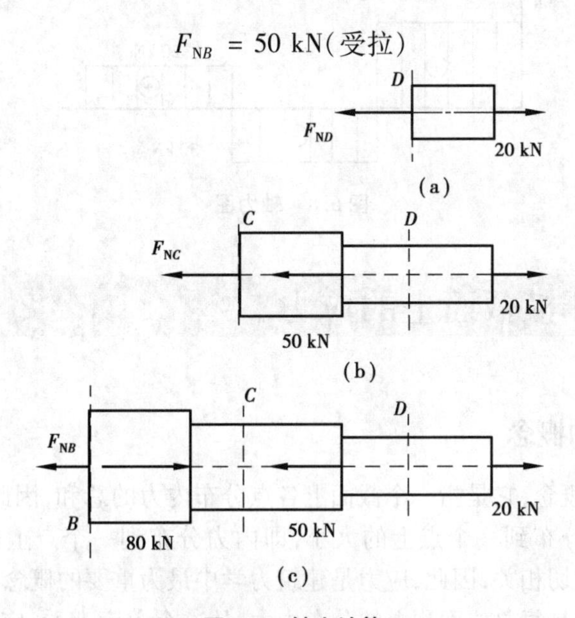


图 6.7　轴力计算

## ▶ 6.2.3　轴力图

用截面法可计算任意一个截面的轴力,但工程实际需要知道整个杆件的轴力状况,而轴力图则可全面表示整个杆件的轴力状况。轴力图的作法是:以杆的左端为坐标原点,取 $x$ 轴为横坐标轴,称为基线,其值代表截面位置;取 $F_N$ 轴为纵坐标轴,其值代表对应截面的轴力值,正值绘在基线上方,负值绘在基线下方。若杆件的轴线是竖直方向,则相应的轴力图转 90°。

【例 6.2】　如图 6.6 所示变截面拉压杆的轴向拉压问题,试作杆的轴力图。

【解】　根据例 6.1 的计算结果,可知第①段任意截面上的轴力为

$$F_{N1} = F_{ND} = 20\ \text{kN}$$

第②段任意截面上的轴力为

$$F_{N2} = F_{NC} = -30\ \text{kN}$$

第③段任意截面上的轴力为

$$F_{N3} = F_{NB} = 50\ \text{kN}$$

轴力图如图 6.8 所示。

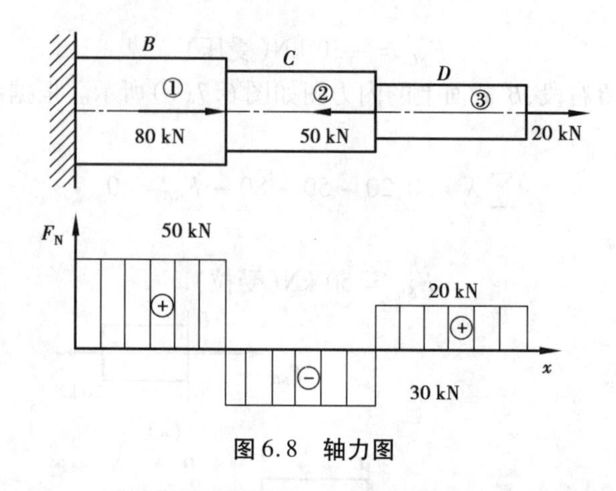


图 6.8　轴力图

## 6.3　拉压杆横截面上的应力

### ► 6.3.1　应力的概念

内力属于合力的概念,它是指一个截面上各点分布内力的总和,因此,内力总是对一个截面来说的。内力具体分布到一个点上的大小,即内力分布到一个点上的集度称为应力。显然,应力与构件破坏密切相关,因此,应力是建筑力学中最为重要的概念。

形象地说,应力就是每单位面积上的分布内力,从这个角度上看,应力与物理学中的压强类似。应力的单位也和压强相同,国际单位是牛顿/米$^2$($N/m^2$)记为 Pa(帕斯卡),或简称"帕",并且 1 GPa = $10^3$ MPa = $10^6$ kPa = $10^9$ Pa,显然,1 MPa = 1 N/mm$^2$。应力和压强的区别在于应力是分布内力,而压强是分布外力。

构件受力如图 6.9(a)所示,应用截面法后其截面上的内力表现如图 6.9(b)所示。截面上任意一点 $K$ 附近取一小面积 $\Delta A$,其上的分布内力总和为 $\Delta F$,如图 6.9(c)所示。该小面积 $\Delta A$ 上的平均内力集度(即平均应力)记为 $\bar{p}$,如图 6.9(d)所示。显然有

$$\bar{p} = \frac{\Delta F}{\Delta A}$$

无论 $\Delta A$ 取多么小的数值,$\bar{p}$都是该小面积 $\Delta A$ 上的平均应力。当 $\Delta A \to 0$ 时,其上的内力与面积的比值才是该点 $K$ 的实际应力,称为 $K$ 点的全应力记为 $p$,如图 6.9(e)所示。并且有

$$p = \lim_{\Delta A \to 0} \frac{\Delta F}{\Delta A} \tag{6.1}$$

全应力 $p$ 的方向可以是任意的,因此全应力 $p$ 必须用矢量表示,但总可以将全应力 $p$ 分解为两个分量:一个是法线方向上的分量称为正应力,记为 $\sigma$;另一个是切线方向上的分量称为切应力(或者剪应力),记为 $\tau$,如图 6.9(f)所示。

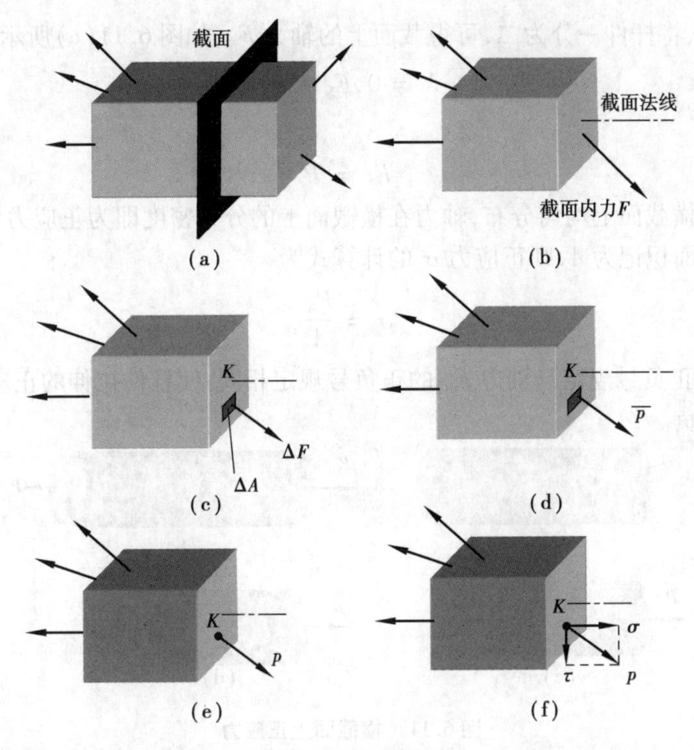


图6.9　应力表示

## ▶ 6.3.2　拉(压)杆横截面上的正应力

为了得到轴向拉压杆的正应力公式,需通过一简单的拉伸实验:拉杆在受力前,在其表面的横向上刻两条周线并作为其所在横截面的轮廓线,如图6.10(a)所示。在实验中观察可知,杆件受力后伸长,两条横向周线将沿轴向方向平行移动一段距离$\Delta$,如图6.10(b)所示。根据由表及里的推理认为,横向周线代表其所在的横截面。这样可得到平面假设:**变形前原是平面的截面,在变形后仍然是平面**(只是相对地位移了一段距离)。另一方面认为杆件由无数条纵向纤维组成以便于理解,由平面假设可知,两截面之间的每根纵向纤维的伸长量相等。在材料均匀连续条件下,同样的拉力产生同样的拉伸变形,则两截面之间的每根纵向纤维两端的拉(应)力相等,从而截面上的正应力均匀分布,如图6.10(c)所示。

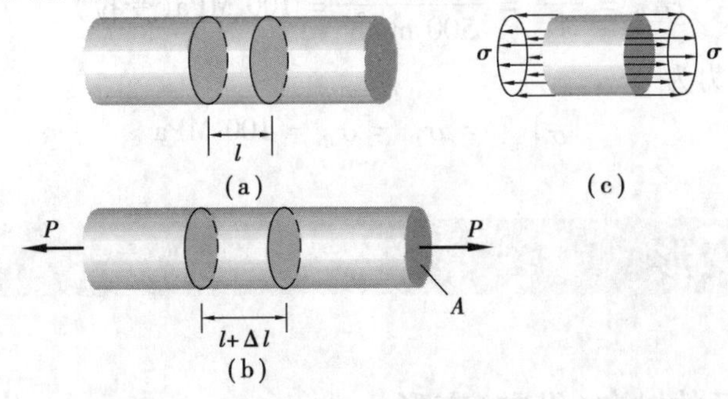


图6.10　应力分析

如图6.11所示的轴向拉杆,当两端受外力作用将发生均匀的拉伸变形,如图6.11(b)所

示。应用截面法,将杆件一分为二,可得截面上的轴力 $F_N$,如图 6.11(c)所示。显然有

$$\sum X = 0, F_N - P = 0$$

解得

$$F_N = P$$

而且轴力在横截面上均匀分布,轴力在横截面上的分布密度即为正应力 $\sigma$,如图 6.11(c)所示。横截面的面积记为 $A$,则正应力 $\sigma$ 的计算式为

$$\sigma = \frac{F_N}{A} \tag{6.2}$$

正应力 $\sigma$ 的正负号规定与轴力 $F_N$ 的正负号规定相同:使杆件拉伸的正应力为正;使杆件压缩的正应力为负。

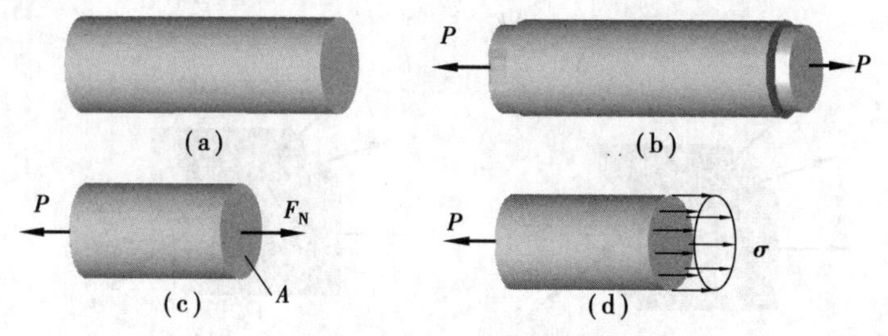


图 6.11 横截面上正应力

【例 6.3】 对照例 6.1 中的图 6.6,试计算图 6.6 中 $B,C,D$ 截面上的正应力,并确定截面上的最大正应力。其中,$B,C,D$ 截面的面积分别为 $A_B = 500\ \text{mm}^2$,$A_C = 400\ \text{mm}^2$,$A_D = 200\ \text{mm}^2$。

【解】 根据例 6.1 的计算结果,即

$$F_{ND} = 20\ \text{kN}(受拉); F_{NC} = -30\ \text{kN}(受压); F_{NB} = 50\ \text{kN}(受拉)$$

根据正应力计算式(6.2),可得

$$\sigma_D = \frac{F_{ND}}{A_D} = \frac{20 \times 10^3\ \text{N}}{200\ \text{mm}^2} = 100\ \frac{\text{N}}{\text{mm}^2} = 100\ \text{MPa}(受拉)$$

$$\sigma_C = \frac{F_{NC}}{A_C} = \frac{-30 \times 10^3\ \text{N}}{400\ \text{mm}^2} = -75\ \text{MPa}(受压)$$

$$\sigma_B = \frac{F_{NB}}{A_B} = \frac{50 \times 10^3\ \text{N}}{500\ \text{mm}^2} = 100\ \text{MPa}(受拉)$$

截面上最大正应力为

$$|\sigma|_{\max} = \sigma_D = \sigma_B = 100\ \text{MPa}$$

## 6.4 杆的变形

### ▶ 6.4.1 拉压杆的轴向(纵向)变形

以圆形截面拉(压)杆为例,如图 6.12(a)、(b)所示为轴向拉伸问题,如图 6.12(c)、(d)

所示为轴向压缩问题。其中，$l$ 为杆件变形前的长度，$l_1$ 为杆件变形后的长度，$d$ 为杆件变形前横截面的直径，$d_1$ 为杆件变形后横截面的直径。

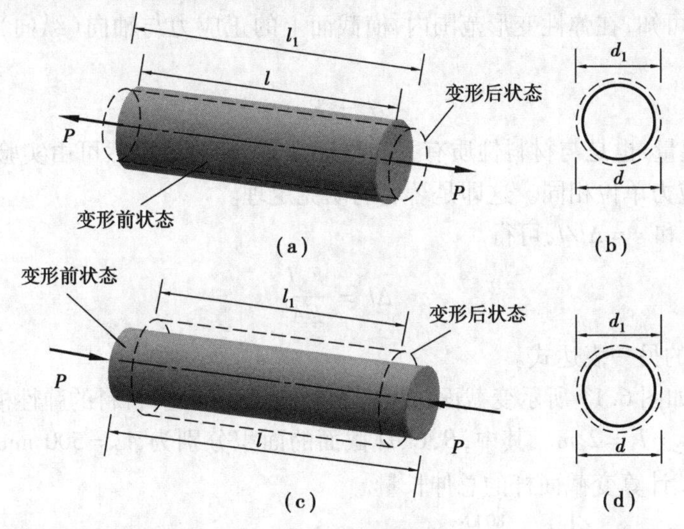


图6.12 变形图

受外力作用，拉(压)杆在轴线方向上发生绝对伸长(缩短)记为 $\Delta l$，显然有

$$\Delta l = l_1 - l$$

当 $\Delta l$ 为正时，表示发生拉伸变形；当 $\Delta l$ 为负时，表示发生压缩变形。

绝对变形不能全面地反映变形程度，其变形程度应由相对变形表示，即是绝对伸长量相对于原来长度的比例，即单位长度的伸长量，称为杆的轴向(纵向)线应变，记为 $\varepsilon$。显然有

$$\varepsilon = \frac{\Delta l}{l} \tag{6.3}$$

线应变无量纲，并且式(6.3)只适合于各段均匀变形的拉(压)杆。对于非均匀变形的拉(压)杆，则应采用定积分的方式进行计算。

## ▶ 6.4.2 拉压杆的横向变形

同样的，横向绝对变形 $\Delta d = d_1 - d$。

横向方向上的相对变形，即是横向线应变记为 $\varepsilon_1$，显然有

$$\varepsilon_1 = \frac{\Delta d}{d} \tag{6.4}$$

在符号上，假设 $\Delta l$ 伸长为正，$\Delta d$ 增大为正。显然，$\varepsilon$ 与 $\Delta l$ 同号，$\varepsilon_1$ 与 $\Delta d$ 同号，并且 $\varepsilon$ 与 $\varepsilon_1$ 异号。

通过实验发现，在弹性变形范围内存在以下关系式，即

$$\varepsilon_1 = -\mu\varepsilon \tag{6.5}$$

或

$$\mu = -\left(\frac{\varepsilon_1}{\varepsilon}\right) \tag{6.6}$$

式中，$\mu$ 称为泊松比，与材料性质有关的物理常量。

### ▶ 6.4.3 拉压杆的胡克定理

通过实验还可知,在弹性变形范围内,横截面上的正应力与轴向(纵向)线应变之间存在以下关系式,即

$$\sigma = E\varepsilon \tag{6.7}$$

式中,$E$ 为弹性模量,也是与材料性质有关的物理常量,其数值仍然可由实验得到。弹性模量的单位为 Pa 与应力单位相同。这即是著名的胡克定理。

由 $\sigma = F_N/A$ 和 $\varepsilon = \Delta l/l$,可得

$$\Delta l = \frac{F_N l}{EA} \tag{6.8}$$

此即为胡克定理的另一表达式。

**【例 6.4】** 如图 6.13 所示变截面拉压杆的轴向拉压问题,材料的弹性模量 $E = 200$ GPa,各段的长度 $l_1 = l_2 = l_3 = 2$ m。其中,$B,C,D$ 截面的面积分别为 $A_B = 500\ \text{mm}^2$,$A_C = 400\ \text{mm}^2$,$A_D = 200\ \text{mm}^2$。试计算变截面杆的总伸长量。

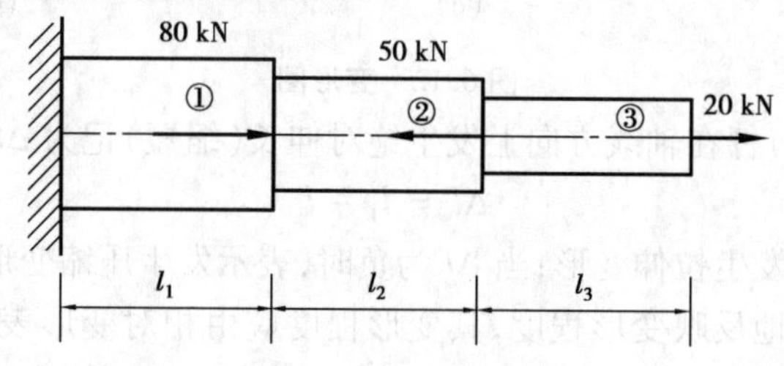


**图 6.13 变形计算**

**【解】** 应用截面法,可计算出第①、②、③段的轴力,参见例 6.1。

$F_{N1} = 50$ kN(受拉);$F_{N2} = -30$ kN(受压);$F_{N3} = 20$ kN(受拉)

根据式(6.8),可得

$$\Delta l_1 = \frac{F_{N1} l_1}{EA_1}, \Delta l_2 = \frac{F_{N2} l_2}{EA_2}, \Delta l_3 = \frac{F_{N3} l_3}{EA_3}$$

代入数据得

$$\Delta l_1 = \frac{(50 \times 10^3)\,\text{N} \times 2\ 000\ \text{mm}}{(200 \times 10^3)\,\text{MPa} \times 500\ \text{mm}^2} = 1\ \text{mm}$$

$$\Delta l_2 = \frac{-(30 \times 10^3)\,\text{N} \times 2\ 000\ \text{mm}}{(200 \times 10^3)\,\text{MPa} \times 400\ \text{mm}^2} = -0.75\ \text{mm}$$

$$\Delta l_3 = \frac{(20 \times 10^3)\,\text{N} \times 2\ 000\ \text{mm}}{(200 \times 10^3)\,\text{MPa} \times 200\ \text{mm}^2} = 1\ \text{mm}$$

杆的总伸长量为

$$\Delta L = \Delta l_1 + \Delta l_2 + \Delta l_3 = 1.25\ \text{mm}$$

# 习题 6

6.1 求如图 6.14 所示各杆 1—1 和 2—2 横截面上的轴力,并作轴力图。

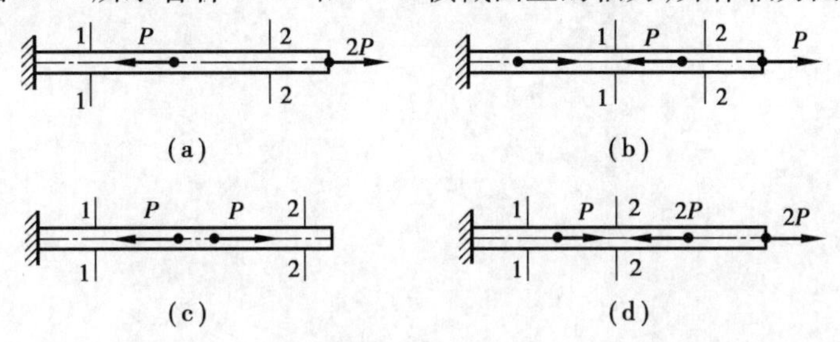


图 6.14 题 6.1 图

6.2 求如图 6.15 所示杆件在指定截面上的应力。已知横截面面积 $A=400\ \text{mm}^2$。

6.3 如图 6.16 所示变截面圆杆,其直径分别为 $d_1=20$ mm,$d_2=10$ mm。试求其横截面上的正应力大小的比值。

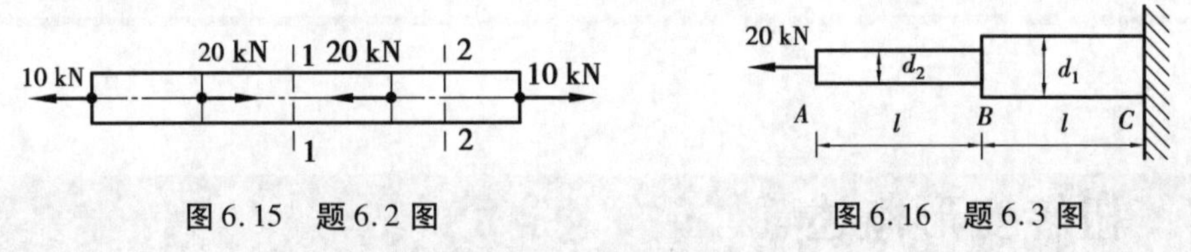


图 6.15 题 6.2 图　　　图 6.16 题 6.3 图

6.4 如图 6.17 所示中段开槽正方形杆件,已知 $a=200$ mm,$P=100$ kN。试画出全杆的轴力图,并求出各段横截面上的正应力。

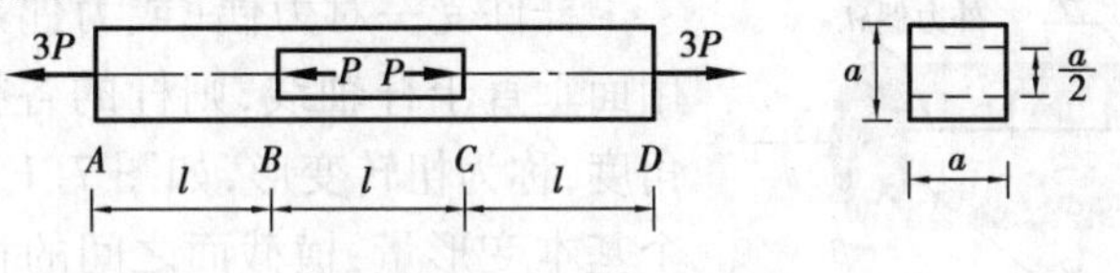


图 6.17 题 6.4 图

6.5 在题 6.3 中,若杆件长度 $l=0.5$ m,材料的弹性模量 $E=2\times10^5$ MPa,试求杆的总变形。

6.6 在题 6.4 中,若杆件长度 $l=1$ m,材料的弹性模量 $E=2\times10^5$ MPa,试求杆的总变形。

6.7 如图 6.18 所示杆件,横截面面积 $A=400\ \text{mm}^2$,材料的弹性模量 $E=2\times10^5$ MPa。试求各段的变形、应变及全杆的总变形。

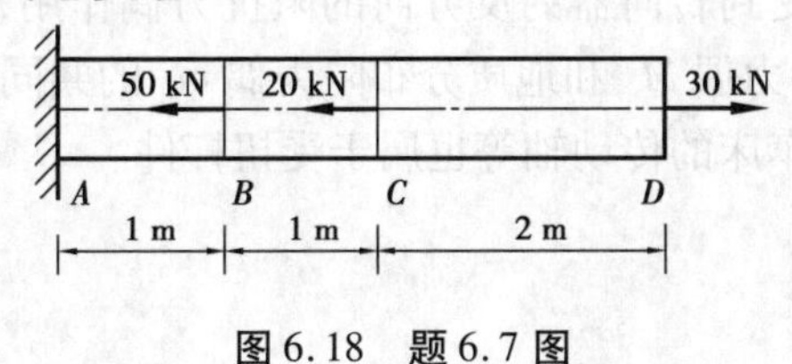


图 6.18 题 6.7 图

# 7

# 扭转变形

## 7.1 扭转变形概述

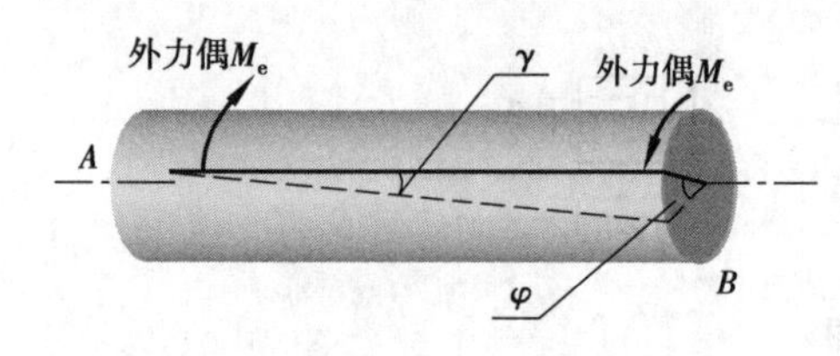

图7.1 扭转变形

杆件受一对力偶(或力偶系)的作用,且力偶作用面垂直于杆轴线,则杆的各横截面相对转动一个角度,称为扭转变形,如图7.1所示。扭转变形有两个基本变形量:横截面之间的相对转角,$B$截面相对于$A$截面的转角记为$\varphi$;同时,杆件表面的纵向直线(图7.1中细实线)也转动一个角度$\gamma$,变为螺旋线(图7.1中虚线),$\gamma$称为剪切角或切应变。凡是发生扭转变形的杆件,称为轴。

工程上受扭杆件的实例很多。如图7.2(a)所示,雨篷由雨篷梁和雨篷板构成,雨篷梁则发生了扭转变形,如图7.2(b)所示。

如图7.3所示为汽车方向盘操纵杆。当驾驶员转动方向时,把一对力偶作用到操纵杆的$B$端,而在操纵杆的$A$端则受到转向器的反方向的阻抗力偶作用,于是操纵杆发生了扭转变形。地质钻探机的钻杆在动力偶$M_e$和地质分布阻力偶$m_q$的共同作用下发生了扭转变形,如图7.4所示。在机械行业,车床的传动轴等也属于受扭杆件。

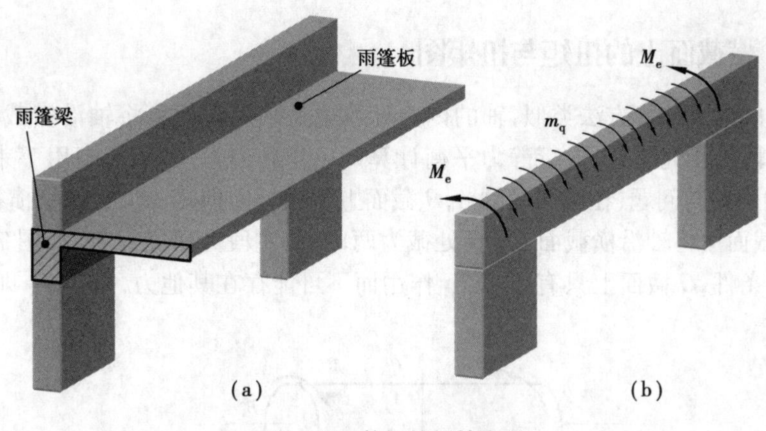


图 7.2 雨篷梁的扭转变形

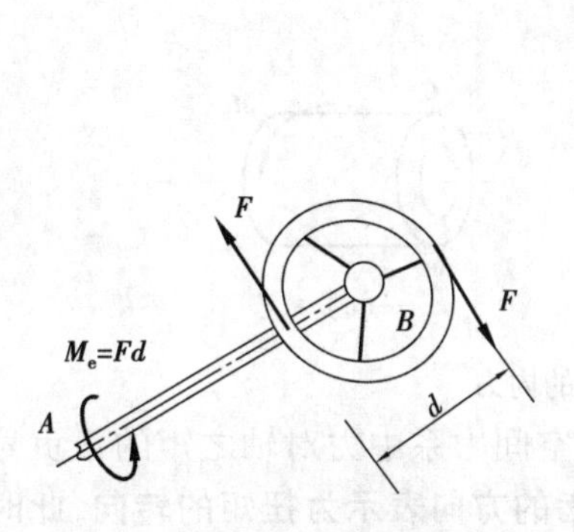


图 7.3 操纵杆的扭转现象

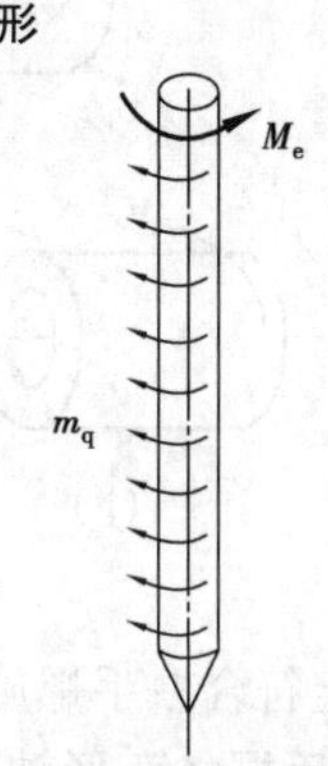


图 7.4 钻杆的扭转现象

## 7.2 轴的扭矩与扭矩图

### ▶ 7.2.1 轴上外力矩计算

根据扭转变形的特点，发生扭转变形时，在垂直于杆轴线的平面上，必定有外力偶矩的作用。在一般情况下，外力偶矩是已知量，或通过静力平衡条件求得。而对于工程中的传动轴问题，外力偶矩可根据传动轴的转速和传递的功率得到，即

$$M_e = 9\,550\,\frac{P}{n} \tag{7.1}$$

式中 $P$——传递功率，kW；

$n$——传动轴的转速，r/min；

$M_e$——传递的外力偶矩，N · m。

当传递功率 $P$ 的单位是马力而不是千瓦，而传动轴的转速单位仍为每分钟多少转，外力偶矩 $M_e$ 的单位仍为牛顿米，则外力偶矩的计算式为

$$M_e = 7\,024\,\frac{P}{n} \tag{7.2}$$

### ▶ 7.2.2 横截面上的扭矩与扭矩图

与拉压杆的内力计算方法类似,轴的内力计算也是采用截面法将轴沿横截面截为两段,然后取其中一段为研究对象,进行静力平衡计算即可得到内力扭矩,扭矩用 $T$ 来表示。如图7.5(a)所示轴的扭转问题,在轴两端的 $A,B$ 截面上作用外力偶矩 $M_e$,为计算横截面 $C—C$ 处的内力,采用截面法将轴沿横截面 $C—C$ 处截为两段,取左段为研究对象,如图7.5(b)所示。根据左段平衡条件,$C$ 截面上只有扭矩 $T_C$ 作用而不可能存在其他力,扭矩 $T_C$ 即为 $C$ 截面的内力。

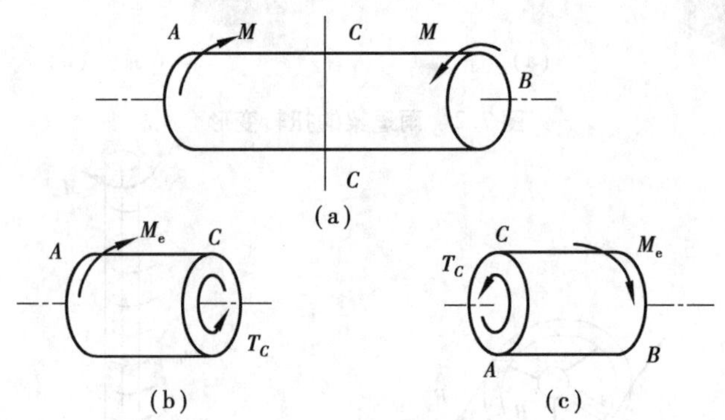


图7.5 轴的内力

扭矩的正负号规定符合右手螺旋法则,这与空间力系中力对轴之矩的正负号规定类似。右手螺旋法则规定:**右手握住变形轴,将4个手指的方向表示为扭矩的转向,此时,若拇指的方向与截面外法线方向相同,则扭矩定义为正;反之为负**。根据此法则,图7.5中的内力扭矩 $T_C$ 是正方向的。在实际应用时,通常采用下述方法:无论截面上扭矩的真实方向如何,均假设截面上扭矩为正方向,在此基础上计算出的扭矩为正,则假设为正并符合右手螺旋法则;若在此基础上计算出的扭矩为负,则假设的转向与实际的相反,依然符合右手螺旋法则。

在图7.5(b)中,根据平衡条件可得

$$\sum M_x = 0, T_C - M_e = 0$$

解得

$$T_C = M_e$$

计算 $C$ 截面的扭矩时,也可取右段为研究对象,如图7.5(c)所示。其计算结果不变。

在一般情况下,截面扭矩是截面位置的函数,将该函数用图形的形式表示即为扭矩图。

**【例7.1】** 用截面法计算如图7.6(a)所示圆轴各段的扭矩,并作扭矩图。

**【解】** 可将圆轴分为3段计算。

$AB$ 段:应用截面法,并取左段计算截面扭矩 $T_{AC}$,假设截面扭矩的转向为正方向,如图7.6(b)所示。根据平衡条件得

$$\sum M_x = 0, T_{AC} - 3\ \text{kN} \cdot \text{m} = 0$$

解得

$$T_{AC} = 3\ \text{kN} \cdot \text{m}$$

$BC$ 段:截面扭矩为 $T_{BC}$,并取左段作为研究对象,如图7.6(c)所示。根据平衡条件得

$$\sum M_x = 0, T_{BC} + 5\ \text{kN} \cdot \text{m} - 3\ \text{kN} \cdot \text{m} = 0$$

解得

$$T_{AC} = -2\ \text{kN} \cdot \text{m}$$

$CD$ 段:截面扭矩为 $T_{CD}$,并取右段作为研究对象,如图 7.6(d)所示。根据平衡条件得

$$\sum M_x = 0, T_{CD} - 4\ \text{kN} \cdot \text{m} = 0$$

解得

$$T_{CD} = 4\ \text{kN} \cdot \text{m}$$

扭矩图如图 7.6(e)所示。

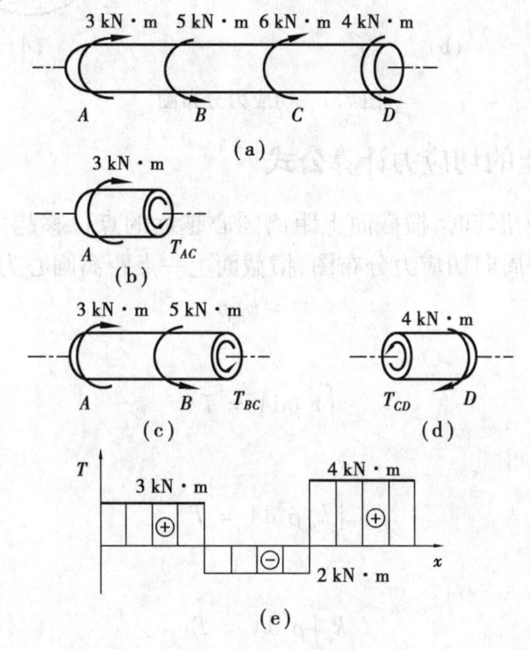


图 7.6　扭矩图

## 7.3　圆轴横截面上的应力

### ▶　7.3.1　圆轴扭转时横截面上的应力分布

如图 7.7(a)所示的圆轴扭转时,在其任意横截面 $C$ 上存在内力扭矩 $T_C$,如图 7.7(b)所示;同时,任意截面之间,如 $C$ 截面相对于 $A$ 截面转动一个角度 $\varphi$,如图 7.7(c)所示,并且圆轴沿轴向方向既不伸长也不缩短,圆截面的大小及形状不变。由此可推断:横截面上无拉(压)正应力,否则,圆轴沿轴向方向将发生伸长(或缩短)的变形;横截面上无径向切应力作用,否则,圆轴横截面的大小将发生变化;横截面有周向切应力作用,使各横截面之间发生转动,并且因为距离圆心越远的点位移越大,从而周向切应力也越大。横截面(如 $C$ 截面)上的周向切应力(如 $C$ 截面 $K$—$K$ 线上各点的周向切应力)分布如图 7.7(d)所示。

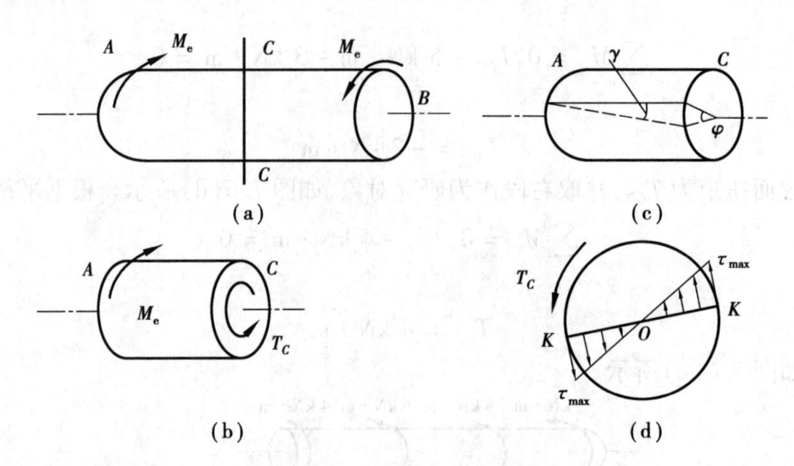


图 7.7　切应力分布图

## ▶ 7.3.2　横截面上的切应力计算公式

根据前面分析,圆轴扭转时,横截面上距离圆心越远的点位移越大,周向切应力也越大。依据如图 7.7(d)所示的周向切应力分布图,横截面上一点距离圆心为 $\rho$ 的切应力可表示为

$$\tau_\rho = k_\rho \rho \tag{a}$$

根据静力关系有

$$\int_A \tau_\rho \rho \mathrm{d}A = T \tag{b}$$

将式(a)代入式(b)得

$$\int_A k_\rho \rho^2 \mathrm{d}A = T$$

$k_\rho$ 为材料常数,得

$$k_\rho \int_A \rho^2 \mathrm{d}A = T \tag{c}$$

令

$$I_\rho = \int_A \rho^2 \mathrm{d}A \tag{7.3}$$

将式(7.3)代入式(c),得

$$k_\rho I_\rho = T$$

两边同乘 $\rho$ 并变形得

$$k_\rho \rho = \frac{T}{I_\rho}\rho$$

代入式(a)得

$$\tau_\rho = \frac{T}{I_\rho}\rho \tag{7.4}$$

式中　$T$——截面上的扭矩;

$\rho$——截面上计算点到圆心的距离;

$I_\rho = \int_A \rho^2 \mathrm{d}A$—— 截面的极惯性矩。

式(7.4)为圆轴扭转时,横截面上一点的切应力公式。

根据如图7.8所示的面积元素的取法,可计算出直径为$D$的圆形截面的极惯性矩,即

$$I_{\rho} = \int_A \rho^2 \mathrm{d}A = \int_0^{\frac{D}{2}} \rho^2 \cdot 2\pi\rho \cdot \mathrm{d}\rho = \frac{\pi D^4}{32} \qquad (7.5)$$

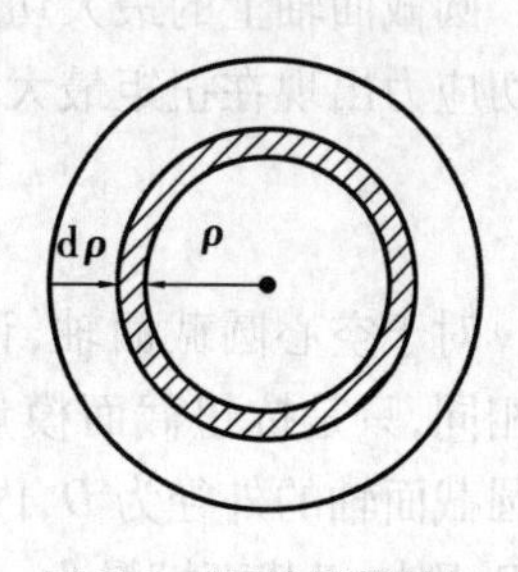

图7.8 圆的极惯性矩

空心圆轴扭转问题与实心圆轴扭转问题的分析方法及结论完全相同,在试验中观察到的变形现象如图7.9(a)所示,横截面上的切应力分布状况如图7.9(b)所示。切应力的计算公式依然为

$$\tau_{\rho} = \frac{T}{I_{\rho}}\rho$$

式中的惯性矩为

$$I_{\rho} = \frac{\pi D^4}{32} - \frac{\pi d^4}{32} = \frac{\pi D^4}{32}(1 - \alpha^4)$$

其中

$$\alpha = d/D$$

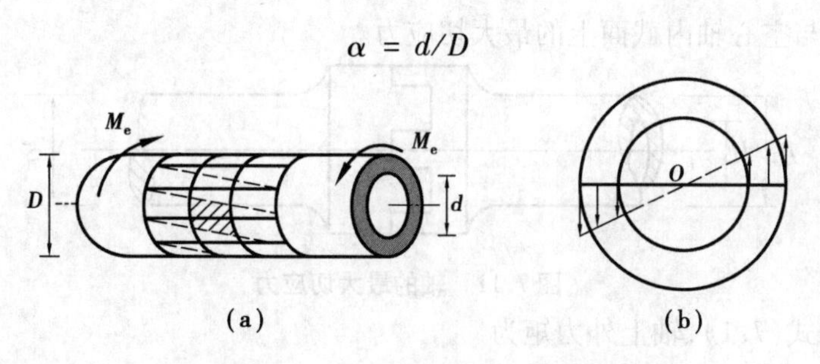

图7.9 空心圆轴的切应力分布

## ▶ 7.3.3 横截面上的最大切应力

对于圆截面轴,某横截面上的最大切应力显然出现在该截面的最外边缘,即$\rho = \rho_{max} = D/2$处,如图7.7(d)所示。此时有

$$\tau_{max} = \frac{T}{I_{\rho}}\rho_{max} \qquad (7.6)$$

令

$$W_{\rho} = \frac{I_{\rho}}{\rho_{max}} \qquad (7.7)$$

$W_{\rho}$称为抗扭截面模量,并将式(7.7)代入式(7.6),可得

$$\tau_{max} = \frac{T}{W_{\rho}} \qquad (7.8)$$

对于直径为$D$的圆截面而言,有

$$W_{\rho} = \frac{I_{\rho}}{\rho_{max}} = \frac{\frac{\pi D^4}{32}}{\frac{D}{2}} = \frac{\pi D^3}{16} \qquad (7.9)$$

圆截面轴上的最大切应力还应该考虑截面扭矩的最大值。对于等截面轴，整个轴上的最大切应力出现在扭矩最大的截面上的最外边缘点处，可表示为

$$\tau_{\max} = \frac{T_{\max}}{W_\rho} \tag{7.10}$$

对于空心圆截面轴，计算方法和计算公式与圆截面轴的相同，只是抗扭截面模量不同。如图 7.10 所示，假设空心圆截面轴的外径为 $D$，内径为 $d$，内外径之比为 $\alpha$，即 $\alpha = d:D$，则抗扭截面模量为

图 7.10　空心圆轴的抗扭截面系数

$$W_\rho = \frac{I_\rho}{\rho_{\max}} = \frac{\dfrac{\pi D^4}{32} - \dfrac{\pi d^4}{32}}{\dfrac{D}{2}} = \frac{\pi D^3}{16}(1 - \alpha^4) \tag{7.11}$$

与“实心”圆截面轴的进行比较，相当于其抗扭截面模量多乘一个系数$(1 - \alpha^4)$。

【例 7.2】　直径 $D_1 = 50$ mm 的实心轴与内径 $d_2 = 36$ mm、外径 $D_2 = 60$ mm 的空心轴通过牙嵌离合器连接在一起，如图 7.11 所示。已知轴的转速 $n = 100$ r/min，传递功率 $P = 10$ kW。分别计算实心轴与空心轴内截面上的最大切应力。

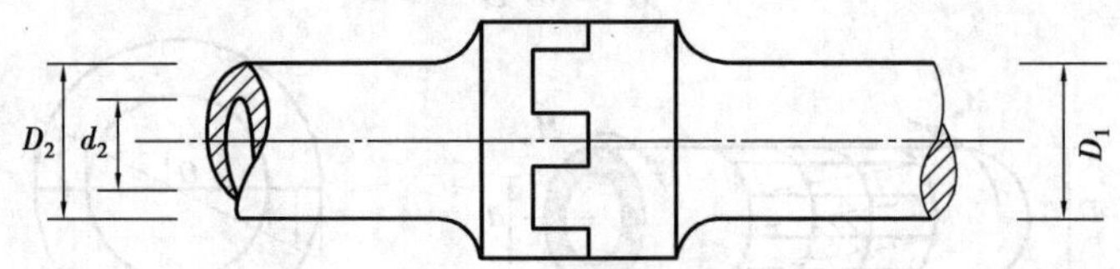


图 7.11　轴的最大切应力

【解】　根据式(7.1)，轴上外力矩为

$$M_e = 9\,550 \times \frac{P}{n} = 9\,550 \times \frac{10\ \text{kN}}{100\ \text{r/min}} = 955\ \text{N} \cdot \text{m}$$

各截面的内力扭矩相等，故最大扭矩为

$$T_{\max} = M_e = 955\ \text{N} \cdot \text{m}$$

①对于实心轴。

抗扭截面系数为

$$W_{\rho 1} = \frac{\pi D_1^3}{16} = \frac{\pi \times (50\ \text{mm})^3}{16} = 24\,544\ \text{mm}^3$$

实心轴上的最大切应力为

$$\tau_{\max 1} = \frac{T_{\max}}{W_{\rho 1}} = \frac{955\ \text{N} \cdot \text{m}}{24\,544\ \text{mm}^3} = 39\ \text{MPa}$$

②对于空心轴。

抗扭截面系数为

$$W_{\rho 2} = \frac{\pi D_2^3}{16}(1 - \alpha^4) = \frac{\pi \times (60\ \text{mm})^3}{16}\left[1 - \left(\frac{36}{60}\right)^4\right] = 36\,915\ \text{mm}^3$$

空心轴上的最大剪应力为

$$\tau_{\max 2} = \frac{T_{\max}}{W_{\rho 2}} = \frac{955\ \text{N} \cdot \text{m}}{36\ 915\ \text{mm}^3} = 26\ \text{MPa}$$

## 7.4 圆轴扭转时的变形

如图 7.12(a)所示的圆轴扭转时，任意两横截面(如图 7.12(a)所示的 $A$ 与 $C$ 截面)之间将发生相对转动，其相对转角为 $\varphi_{AC}$，如图 7.12(b)所示。转角是圆轴扭转变形的基本量，也是圆轴刚度计算的基础。

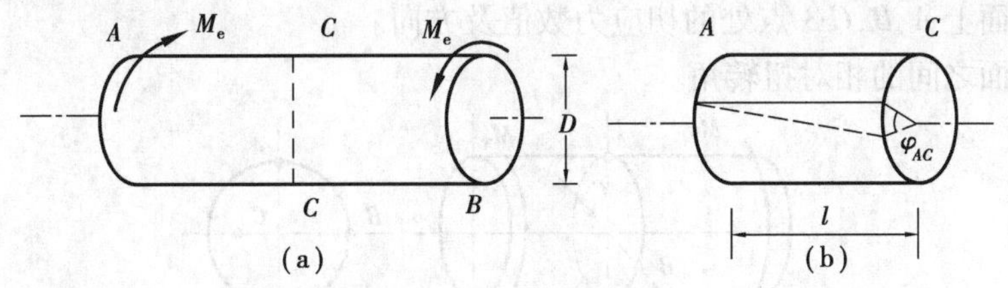


图 7.12 扭转变形的基本量

定性地，直观上可知，转角 $\varphi_{AC}$ 与截面内力扭矩 $T$ 成正比；与截面之间的距离 $l$ 成正比；与截面几何大小成反比；与材料的弹性模量成反比。由此得

$$\varphi = \frac{Tl}{GI_\rho} \tag{7.12}$$

式中 $T$——截面内力扭矩；

$l$——截面之间的距离；

$G$——材料的剪切弹性模量；

$I_\rho$——截面的极惯性矩；

$GI_\rho$——材料的扭转刚度。

对于各段内扭矩值不同、非等截面轴、沿杆长方向非同种材料的轴，则两端截面的相对转角计算不能直接采用式(7.12)，而应在式(7.12)的基础上进行定积分计算，即

$$\varphi = \int_0^l \frac{T}{GI_\rho} \mathrm{d}x \tag{7.13}$$

## 习题 7

7.1 试绘出如图 7.13 所示轴的扭矩图。

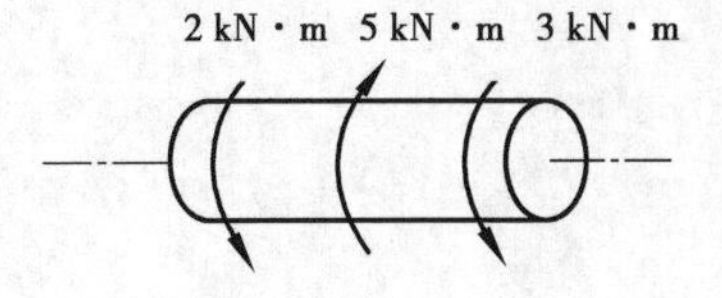


图 7.13 题 7.1 图

7.2　试绘出如图 7.14 所示轴的扭矩图。其中，$M_T = 2$ kN · m。

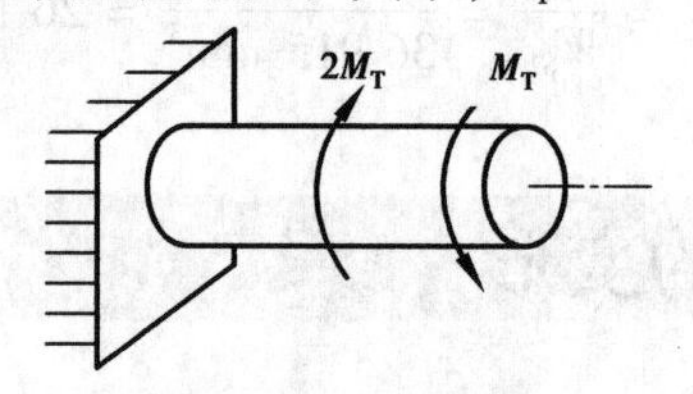


图 7.14　题 7.2 图

7.3　如图 7.15 所示实心圆轴，两端处的外扭矩 $M_T = 14$ kN · m，已知圆轴直径 $d = 100$ mm，长 $l = 1$ m，材料的剪切弹性模量 $G = 80$ GPa。试求：

①图示截面上 $A, B, C$ 3 点处的切应力数值及方向。

②两端截面之间的相对扭转角。

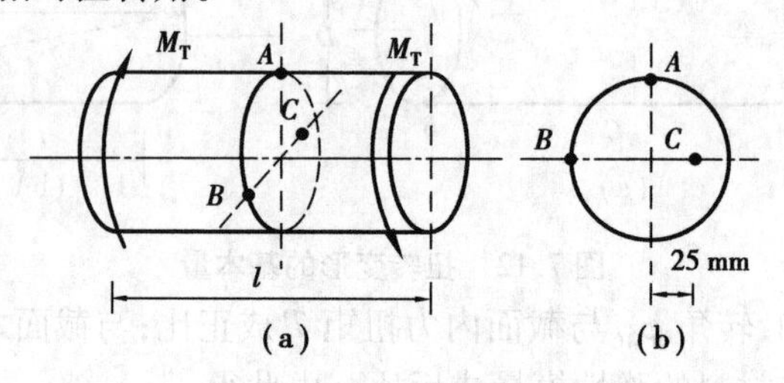


图 7.15　题 7.3 图

7.4　将题 7.3 制成外径 $D = 100$ mm，内径 $d = 80$ mm 的空心圆轴，试求轴上的最大切应力。

# 8 弯曲变形

## 8.1 概述

### ▶ 8.1.1 弯曲的概念

弯曲变形是指在杆的横向作用外力(集中力、集中力偶、分布力等)杆的轴线由原来的直线变形为曲线(见图8.1),发生的这种变形称为弯曲变形。建筑工程中的所谓梁就发生弯曲变形。

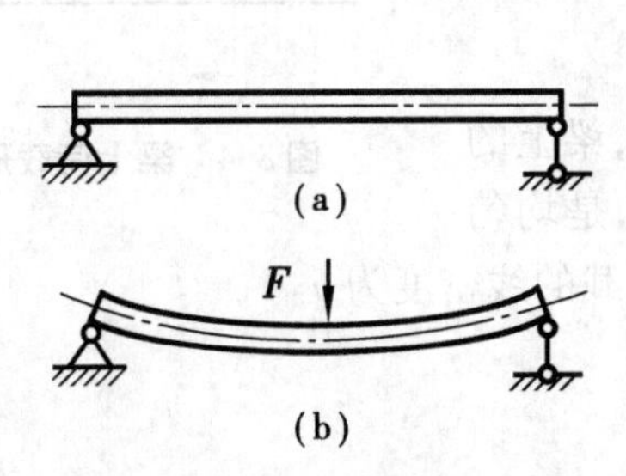

图8.1 弯曲变形

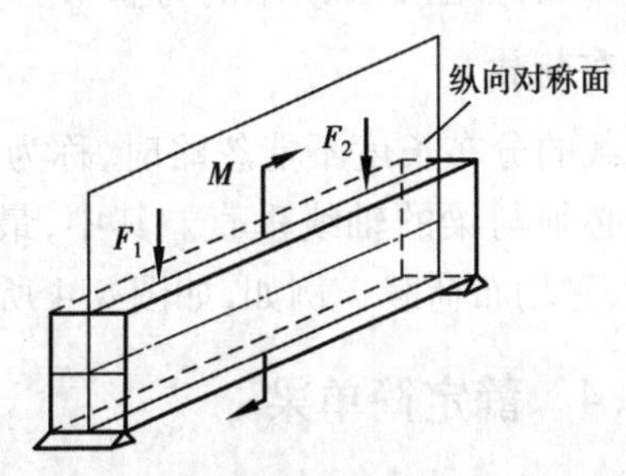

图8.2 平面弯曲

在实际工程结构的弯曲问题中,最基本的、最简单和最常见的是平面弯曲。平面弯曲具有以下特点:梁上所有荷载在同一平面内;梁变形前的轴线也在该平面内;梁变形后的轴线仍然在该平面内。例如,矩形截面梁具有一个纵向对称面,如图8.2所示。当荷载作用在纵向对称面内时,其变形前后,轴线也在该纵向对称面内,此时发生的弯曲变形属于平面弯曲。在行业内,如果不加特别说明,通常所说的弯曲变形默认是平面弯曲。

### ▶ 8.1.2 工程实例

弯曲变形是指:研究的构件是杆件或类似杆件;杆件所受外力在杆的横向上;变形特征为杆的轴线由直线变为曲线。

根据上述概念可知,建筑结构中弯曲变形是极为普遍的。如图 8.3(a)所示建筑结构中的梁、板构件,发生了弯曲变形,楼面梁的力学计算简图如图 8.3(b)所示。

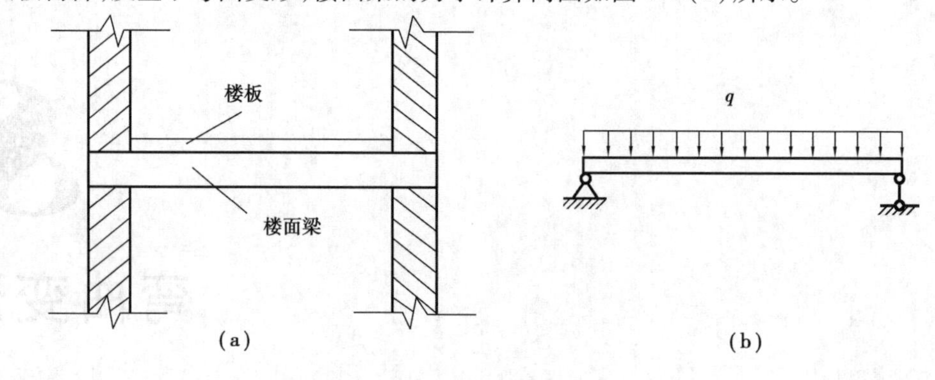


图 8.3 楼面梁的力学计算简图

### ▶ 8.1.3 梁的荷载

梁产生平面弯曲时,作用在梁上的荷载可简化为以下 3 大类:

**1)横向集中力**

严格来说,任何荷载都是分布在一定面积上的,当分布长度非常小时,可看作单个的集中力,该集中力必须与梁的轴线垂直,故称为横向集中力。例如,如图 8.4 所示的集中力 $P$。

**2)集中力偶**

梁上的单个力偶必须作用在轴线所在平面内,称为集中力偶。例如,如图 8.4 所示的力偶 $m$。

**3)分布荷载**

当荷载的分布长度不能忽略时,称为分布荷载,梁上的分布荷载必须与梁的轴线垂直。其中,最为常见的是均匀分布荷载,称均布荷载。例如,如图 8.4 所示均布荷载的线密度为 $q$。

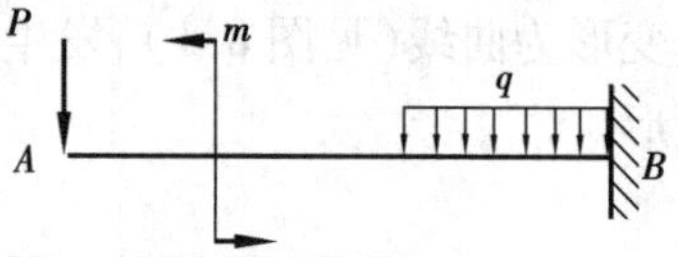

图 8.4 梁上荷载形式

### ▶ 8.1.4 静定简单梁

这里只研究单根梁即简单梁或单跨梁。工程中常常以其支座状况分类,可分为以下 3 种形式:

①简支梁。一端为固定铰支座,另一端为链杆(或可动铰支座)的梁,如图 8.5(a)所示。

②外伸梁。一端或两端向外伸出的简支梁,如图 8.5(b)所示。

③悬臂梁。一端为固定端约束,另一端自由的梁,如图 8.5(c)所示。

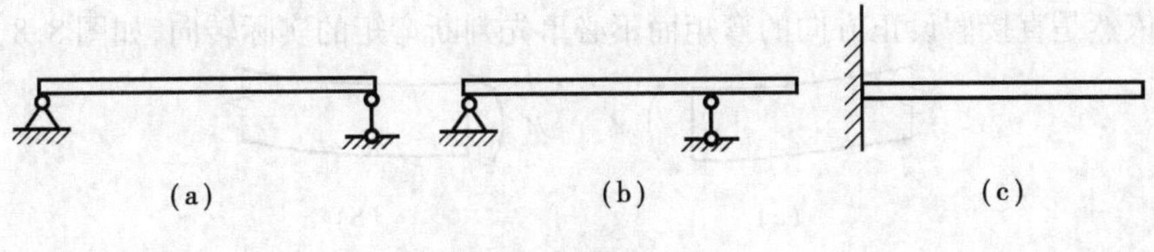

图 8.5 简单梁形式

## 8.2 梁的内力计算

### ▶ 8.2.1 梁横截面上的内力

梁在外力作用下要发生变形，而在梁的内部必然要抵御这种变形，因而产生内力。以如图8.6(a)所示简支梁受集中力为例，该梁处于平衡状态，那么在梁的某截面 $m—m$ 上有哪些内力呢？研究内力仍然用截面法。在分析内力的截面 $m—m$ 处，用一假想的垂直梁轴线的平面将梁截为两段，既可以研究左段梁，同样也可以研究右段梁。整体梁平衡，左段梁（梁的一部分）也平衡，左段梁受外力不变，而在截面 $m—m$ 处受到右段对左段的作用力，此即为梁在截面 $m—m$ 处的内力，从平衡的角度分析，$m—m$ 截面上必有竖向方向的内力和内力偶矩，如图8.6(b)所示，否则不能满足平衡方程的 $\sum Y = 0$，$\sum M = 0$。竖向方向的内力称为剪力，并表示为 $F_Q$；而内力偶矩称为弯矩并表示为 $M$。这就是梁的内力素。如图8.6(c)所示为右段梁的内力分析。

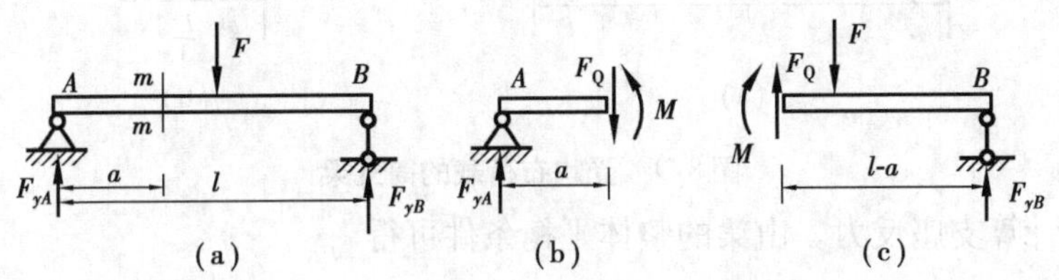


图 8.6 梁的内力

在建筑力学中，剪力正负号规定不是从向上或向下的角度来划分，弯矩的正负号规定也不是从顺时针转动或逆时针转动角度来划分。通常作如下规定：对于剪力，当其使被研究的梁段部分有顺时针方向转动趋势时为正，反之为负。具体作法是直接假设正方向的剪力而不必事先判断剪力的实际方向，如图8.7所示。

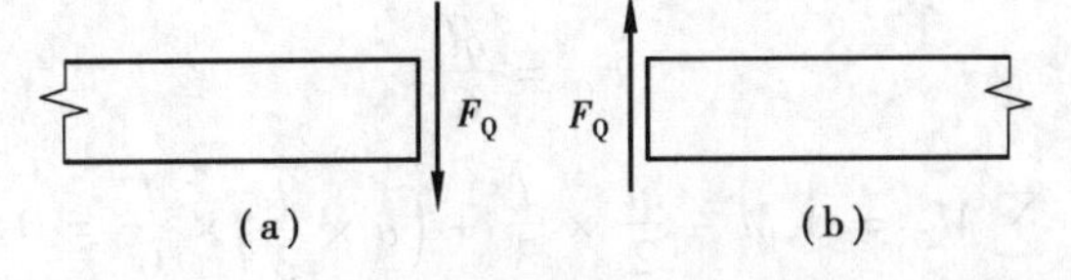


图 8.7 剪力的正负号表示

对于弯矩，可暂时理解为被研究的梁段部分下弯（向下凸）时为正，反之为负。因此，若考虑梁左段时弯矩应逆时针为正，以此才能保证对左段脱离体部分产生下弯（向下凸）的现象；若考虑右段梁时弯矩应顺时针为正，以此才能保证对右段梁部分产生下弯（向下凸）的现象。

具体作法依然是直接假设正方向的弯矩而不必事先判断弯矩的实际转向,如图 8.8 所示。

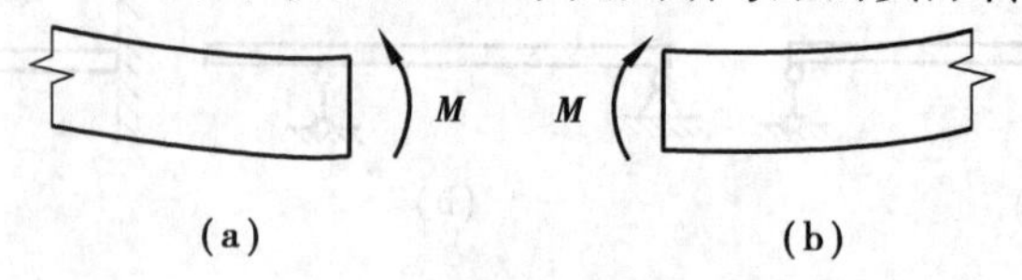


图 8.8　弯矩正负号表示

并且,分析左段与分析右段的内力其结论是一致的,因为都是指同一截面的内力,只是观察的角度不一样。显然在同一截面,左段截面上的内力与右段截面上的内力实质上是作用力与反作用力的关系。

### ▶ 8.2.2　梁横截面上内力的计算

**1)截面法**

梁上指定截面的内力计算实质上是应用截面法假设将梁截为两段,对每段梁部分进行静力平衡条件分析。具体应用时一般可建立两个平衡方程,一个是投影方程 $\sum Y = 0$;另一个是力矩平衡方程 $\sum M_C = 0$,默认矩心 $C$ 取在截面的形心处。

【例 8.1】　计算如图 8.9(a)所示简支梁上截面 $m$—$m$ 处的内力。

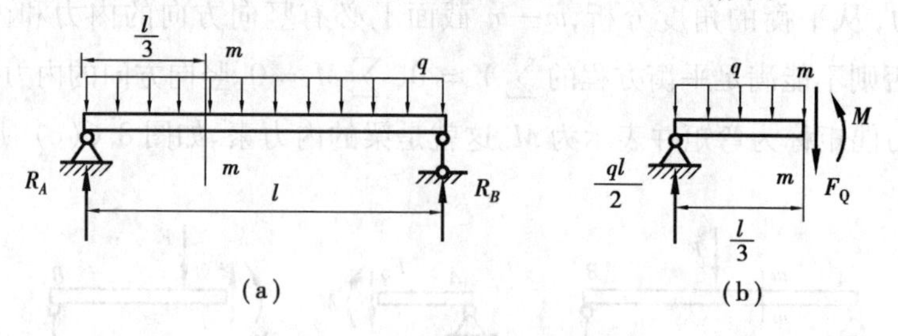


图 8.9　受均布荷载的简支梁

【解】　先计算支座反力。由梁的整体平衡条件可得

$$R_A = R_B = \frac{ql}{2}$$

应用截面法从 $m$—$m$ 处截开,取左段进行分析如图 8.9(b)所示,并建立平衡方程为

$$\sum Y = 0, \frac{ql}{2} - q \times \frac{l}{3} - F_Q = 0$$

解得

$$F_Q = \frac{ql}{6}$$

$$\sum M_C = 0, M - \frac{ql}{2} \times \frac{l}{3} + \left(q \times \frac{l}{3}\right) \times \frac{l}{6} = 0$$

解得

$$M = \frac{ql^2}{9}$$

对于有集中荷载的梁,在集中力作用的截面处,剪力是不连续的,不能笼统地计算集中力

作用截面的剪力,而必须明确是集中力的左侧或右侧截面,两者的数值不同。产生的原因是假定(近似计算)集中力作用在一个“点”上造成的,实际上,集中力不可能作用在一个“点”上,而总是分布在梁的一小段长度上。同样的,在集中力偶作用的截面处,弯矩也是不连续的。

【例 8.2】 如图 8.10(a)所示悬臂梁,$P=30$ kN,$q=20$ kN/m,$l=2$ m。试计算梁中点 $m—m$ 截面左侧和右侧的内力。

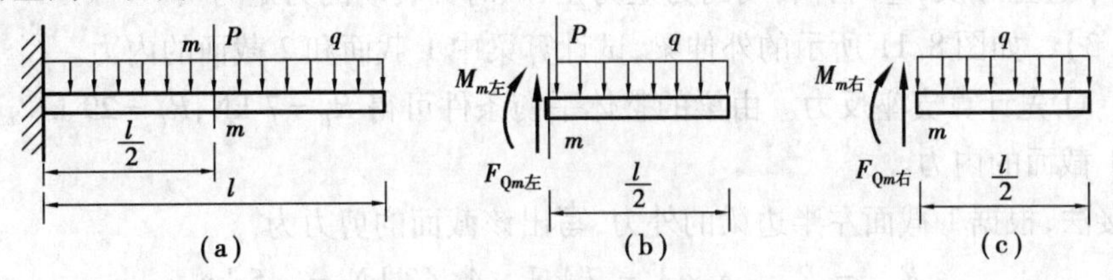


图 8.10 悬臂梁的内力计算

【解】 应用截面法,从 $m—m$ 处截开,取右段进行分析较简单,可避免计算固端约束的支座反力。

对于 $m—m$ 截面左侧,取右段进行分析如图 8.10(b)所示,并建立平衡方程。截面上的剪力与弯矩分别记为 $F_{Qm左}$,$M_{m左}$,则

$$\sum Y=0, F_{Qm左}-q\frac{l}{2}-P=0$$

代入数据解得

$$F_{Qm左}=50 \text{ kN}$$

$$\sum M=0, -M_{m左}-\left(q\times\frac{l}{2}\right)\times\frac{l}{4}=0$$

解得

$$M_{m左}=10 \text{ kN}\cdot\text{m}$$

对于 $m—m$ 截面右侧,仍取右段进行分析如图 8.10(c)所示,并建立平衡方程。截面上的剪力与弯矩分别记为 $F_{Qm右}$,$M_{m右}$,则

$$\sum Y=0, F_{Qm右}-q\frac{l}{2}=0$$

代入数据解得

$$F_{Qm右}=20 \text{ kN}$$

$$\sum M=0, -M_{m右}-\left(q\times\frac{l}{2}\right)\times\frac{l}{4}=0$$

解得

$$M_{m右}=10 \text{ kN}\cdot\text{m}$$

由于受集中力作用,$m—m$ 截面左侧与右侧的剪力相比较发生突变,突变的数据等于该截面处集中力的大小 30 kN;由于无集中力偶作用,$m—m$ 截面左侧与右侧的弯矩相比较不变。

**2)直接法**

通过以上两例的计算结果,并经归纳后,可以得出以下结论:

①某截面的剪力在数值上等于以该截面为界左半边（或右半边）梁上所有竖向外力的代数和。取左半边时，向上的竖向外力为正，向下的竖向外力为负；取右半边时，与左半边正相反，向下的竖向外力为正，向上的竖向外力为负。

②某截面的弯矩在数值上等于以该截面为界左半边（或右半边）梁上所有外力对该截面形心取力矩的代数和。取左半边时，顺时针转动的力矩为正，逆时针转动的力矩为负；取右半边时，与左半边正相反，逆时针转动的力矩为正，顺时针转动的力矩为负。

【例 8.3】 如图 8.11 所示的外伸梁，试计算梁中 1 截面和 2 截面的内力。

【解】 ①先计算支座反力。由梁的整体平衡条件可得 $R_B=7\ \text{kN}$，$R_C=29\ \text{kN}$。

②求 1 截面的内力。

用直接法，根据 1 截面左半边梁的外力，写出该截面的剪力为

$$F_{Q1} = R_B - q\times 3 = 7\ \text{kN} - 4\times 3\ \text{kN} = -5\ \text{kN}$$

写出该截面的弯矩为

$$\begin{aligned} M_1 &= m + R_B\times 3 - q\times 3\times 1.5 \\ &= 6\ \text{kN}\cdot\text{m} + 7\times 3\ \text{kN}\cdot\text{m} - 4\times 3\times 1.5\ \text{kN}\cdot\text{m} = 9\ \text{kN}\cdot\text{m} \end{aligned}$$

③求 2 截面的内力。

用直接法，根据 2 截面右半边梁的外力，写出该截面的剪力为

$$F_{Q2} = F = 12\ \text{kN}$$

写出该截面的弯矩为

$$M_2 = -F\times 2 = -12\times 2\ \text{kN}\cdot\text{m} = -24\ \text{kN}\cdot\text{m}$$

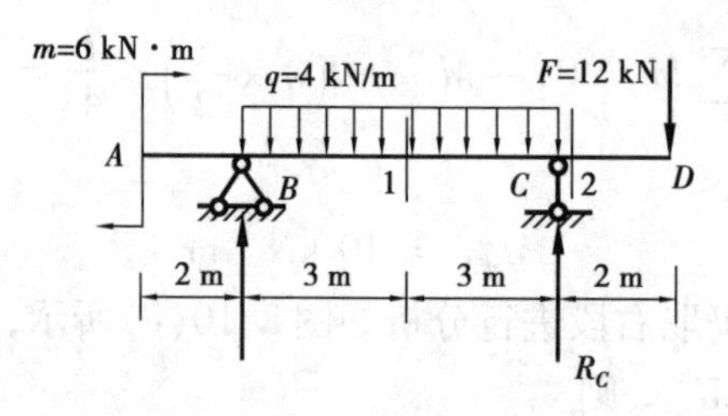


图 8.11　外伸梁的内力计算

## 8.3　内力方程和内力图

### 8.3.1　剪力方程和弯矩方程

一般而言，梁不同截面上的内力不同，即剪力与弯矩随截面位置变化而变化。用函数关系可表示为 $F_Q=F_Q(x)$，称为剪力方程；$M=M(x)$，称为弯矩方程，并且代表截面位置的水平坐标 $x$ 的起始点，是建立在梁的最左端点上。

## ▶ 8.3.2 剪力图和弯矩图

显然剪力方程和弯矩方程全面反映了梁的内力与其位置之间的变化关系,但在建筑工程中,采用图像表示函数关系更为直观方便。这实质上就是内力图的概念。

剪力图与弯矩图都是函数图形,当梁的轴线为水平线时,其水平坐标表示梁的截面位置,纵坐标表示相应截面的剪力与弯矩。习惯上,剪力图中以表示剪力的纵坐标向上为正;弯矩图中,要求弯矩图画在受拉一侧,为达到这一最终意图可借助以表示弯矩的纵坐标向下为正的规定(相当于梁弯曲而向下凸为正)。建立坐标系统如图 8.12 所示。

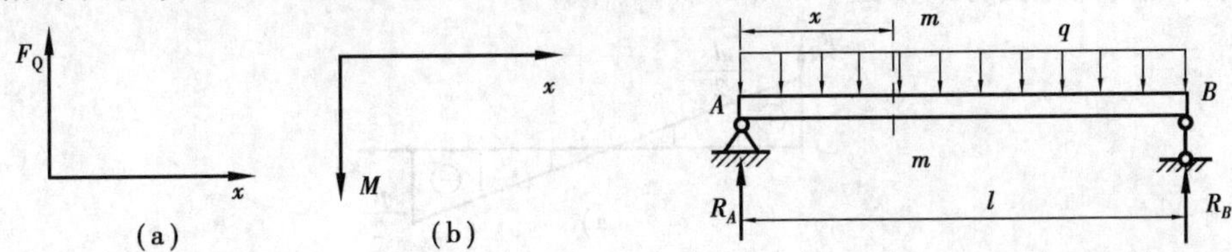


图 8.12 内力图坐标　　　　图 8.13 简支梁分析

借助于图 8.12 所示。坐标体系可清楚地表示内力图,但在实际工程和以后的结构课程中常常隐去了坐标体系,不直接画出代表截面位置的 $x$ 坐标。

## ▶ 8.3.3 内力方程法作内力图举例

【例 8.4】 如图 8.13 所示简支梁受均布荷载作用,应用内力方程法画出梁的剪力图和弯矩图。

【解】 先计算支座反力。由梁的整体平衡条件可得

$$R_A = R_B = \frac{ql}{2}$$

用直接法,根据 $m—m$ 截面左半边梁的外力,写出该截面的剪力方程为

$$F_Q(x) = \frac{ql}{2} - qx$$

弯矩方程为

$$M(x) = \frac{qlx}{2} - \frac{qx^2}{2}$$

剪力方程为一次式,图形为倾斜直线;弯矩方程为二次式,图形为抛物线。根据函数作图的方法:直线由两点确定;抛物线由 3 点确定。

当 $x=0$ 时

$$F_{QA} = \frac{ql}{2} - q \times 0 = \frac{ql}{2}$$

当 $x=l$ 时

$$F_{QB} = \frac{ql}{2} - q \times l = -\frac{ql}{2}$$

当 $x=0$ 时

$$M_A = \frac{ql \times 0}{2} - \frac{q \times 0^2}{2} = 0$$

当 $x=l$ 时

$$M_B = \frac{ql \times l}{2} - \frac{q \times l^2}{2} = 0$$

对于抛物线顶点，令 $\frac{\mathrm{d}M}{\mathrm{d}x}=0$，得 $x=\frac{l}{2}$ 处，则

$$M_{顶} = \frac{ql \times \frac{l}{2}}{2} - \frac{q\left(\frac{l}{2}\right)^2}{2} = \frac{ql^2}{8}$$

剪力图与弯矩图分别如图 8.14(a)、(b)所示。

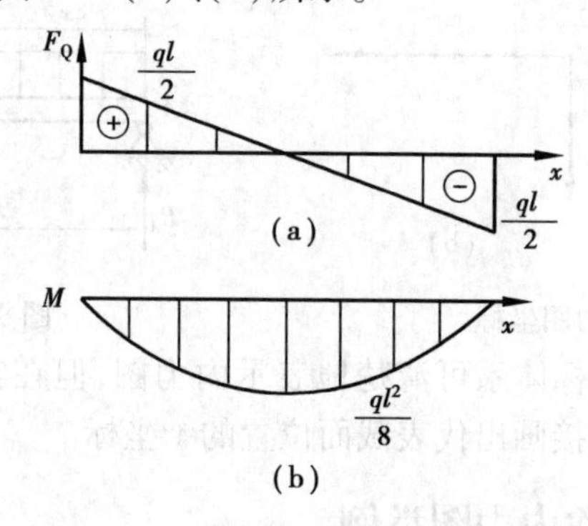


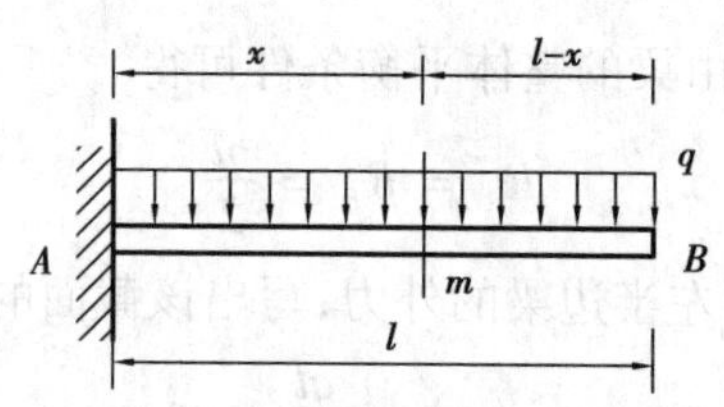


图 8.14　简支梁的剪力图与弯矩图

【例 8.5】　如图 8.15 所示悬臂梁受均布荷载作用，用内力方程法画出梁的剪力图和弯矩图。



图 8.15　受均布荷载的悬臂梁

【解】　用直接法，根据 $m—m$ 截面右半边梁的外力，写出该截面的剪力方程为

$$F_Q(x) = q(l-x)$$

弯矩方程为

$$M(x) = -\frac{q(l-x)^2}{2}$$

剪力方程为一次式，图形为倾斜直线；弯矩方程为二次式，图形为抛物线。根据函数作图的方法：直线由两点确定；抛物线由 3 点确定。

当 $x=0$ 时

$$F_{QA} = q(l-0) = ql$$

当 $x=l$ 时

$$F_{QB} = q(l-l) = 0$$

当 $x=0$ 时

$$M_A = -\frac{q \times (l-0)^2}{2} = -\frac{ql^2}{2}$$

当 $x=l$ 时

$$M_B = -\frac{q \times (l-l)^2}{2} = 0$$

对于抛物线顶点，令 $\frac{\mathrm{d}M}{\mathrm{d}x}=0$，得：$x=l$ 处，则

$$M_{顶} = M_B = 0$$

剪力图与弯矩图分别如图8.16(a)、(b)所示。

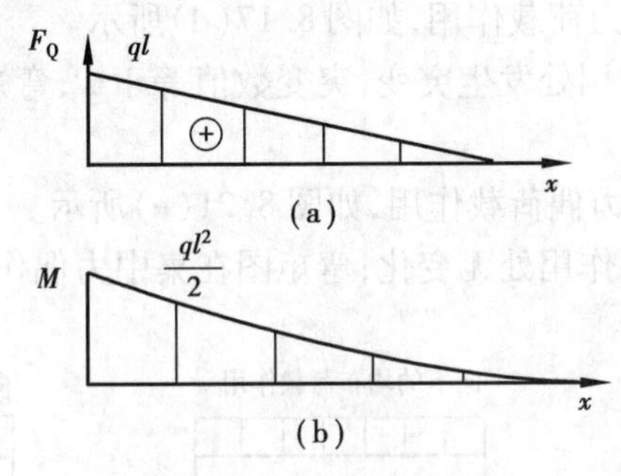


图8.16 剪力图与弯矩图

总结起来，应用内力方程法作梁的内力图有以下4个基本步骤：

①根据梁的整体平衡条件计算梁的支座反力。

②应用直接法求解梁各段的内力方程，根据内力方程确定剪力图和弯矩图的图形特征。

③根据内力方程计算控制截面的剪力和弯矩。

④根据内力方程和控制截面的内力数值绘制剪力图和弯矩图。

## 8.4 微分关系法作内力图

### ▶ 8.4.1 荷载与内力的微分关系

梁在荷载作用下，横截面上将产生剪力和弯矩，找出剪力、弯矩和荷载之间的关系将为绘制内力图带来极大的方便。下面是荷载与剪力和弯矩之间的微分关系，即

$$\frac{\mathrm{d}F_Q(x)}{\mathrm{d}x} = q(x) \tag{8.1}$$

$$\frac{\mathrm{d}M(x)}{\mathrm{d}x} = F_Q(x) \tag{8.2}$$

显然，$q(x)$，$F_Q(x)$，$M(x)$ 分别代表梁上荷载线密度、剪力方程、弯矩方程。根据荷载 $q(x)$ 的特征，可确定剪力图 $F_Q(x)$ 和弯矩图 $M(x)$ 的特征。

### ▶ 8.4.2 荷载与内力图的关系

关系1：梁上某段无外力作用，如图8.17(a)所示。

此时,相当于 $q(x)=0$,根据式(8.1)和式(8.2),剪力为常数,剪力图则为水平直线;弯矩为一次函数,弯矩图则为倾斜直线。

关系 2:梁上某段受向下的均布荷载作用,如图 8.17(b)所示。

此时,相当于 $q(x)=$ 常数,则剪力为一次函数,剪力图为倾斜直线;弯矩为二次函数,弯矩图为开口向上的抛物线(弯矩向下为正),且抛物线顶点在 $F_Q(x)=0$ 的截面(因为 $dM(x)/dx=F_Q(x)=0$)。

关系 3:梁上某段受向上的均布荷载作用,如图 8.17(c)所示。

此时,剪力图、弯矩图与关系 2 的类似,只是方向完全相反。

关系 4:梁上某处受集中力荷载作用,如图 8.17(d)所示。

此时,剪力图在集中力作用处发生突变,突变数值等于 $P$;弯矩图在集中力作用处发生转折不发生突变。

关系 5:梁上某处受集中力偶荷载作用,如图 8.21(e)所示。

此时,剪力图在集中力偶作用处无变化;弯矩图在集中力偶作用处发生突变,突变数值等于 $M_e$。

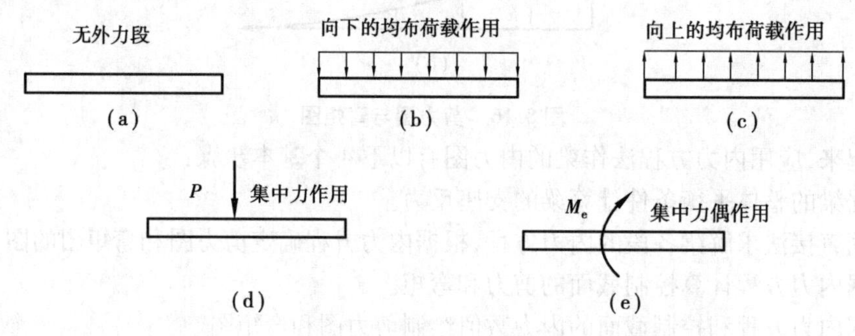


图 8.17　梁上外荷载分类

上述 5 大关系归纳为表 8.1。

表 8.1　荷载与内力图关系表

| 梁上的外力状况 | 剪力图 | 弯矩图 |
|---|---|---|
| 无外力段 | 水平线 | $F_Q>0$时<br>$F_Q<0$时 |
| 向下的均布荷载作用 | 倾斜直线 | 上开口抛物线<br>抛物线顶点在$F_Q=0$处 |
| 向上的均布荷载作用 | 倾斜直线 | 下开口抛物线<br>抛物线顶点在$F_Q=0$处 |
| $P$ 集中力作用 | 集中力作用处发生突变<br>$P$ | 集中力作用处发生转折 |

续表

| 梁上的外力状况 | 剪力图 | 弯矩图 |
| --- | --- | --- |
| 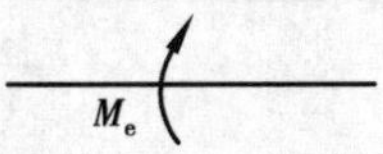 $M_e$ | 集中力偶作用处剪力无变化 | 集中力偶作用处发生突变 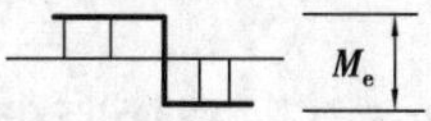 $M_e$ |

## ▶ 8.4.3 利用荷载和内力关系作内力图

绘制内力图的具体作法如下：

①根据梁的整体平衡条件计算梁的支座反力。

②定性地，根据 $q(x)$ 的特征，确定剪力图 $F_Q(x)$ 和弯矩图 $M(x)$ 的图形特征。

③用截面法计算控制截面上的剪力和弯矩。

④根据图形的特征和特殊点作剪力图和弯矩图。

如果与内力方程法作内力图比较，微分关系法作内力图相当于简化了建立内力方程这一步，而其余步骤不变。

【例 8.6】 用微分关系法作如图 8.18(a)所示外伸梁的剪力图与弯矩图。

【解】 根据整体平衡条件可得支座反力 $Y_B=20\ \text{kN}$，$Y_D=8\ \text{kN}$。

①内力图形特征判断。

根据表 8.1 可知：

$AB$ 段：$F_Q$ 图为倾斜向下直线；

　　$M$ 图为开口向上的抛物线。

$BC$ 段：$F_Q$ 图为水平直线；

　　$M$ 图为倾斜直线。

$CD$ 段：$F_Q$ 图为水平直线；

　　$M$ 图为倾斜直线。

②用截面法计算特殊截面上的剪力和弯矩（计算过程省略）。

$AB$ 段：$F_{QA}=0$，　$M_A=0$。

$F_{QB左}=-8\ \text{kN}$，　$M_{B左}=-8\ \text{kN}\cdot\text{m}$。

表示弯矩图的抛物线其顶点在 $A$ 截面处，因为该截面的剪力为零。

$BC$ 段：$F_{QB右}=12\ \text{kN}$，　$M_{B右}=M_{B左}=-8\ \text{kN}\cdot\text{m}$。

　　$F_{QC左}=12\ \text{kN}$，　$M_{C左}=16\ \text{kN}\cdot\text{m}$

$CD$ 段：$F_{QC右}=-8\ \text{kN}$，　$M_{C右}=M_{C左}=16\ \text{kN}\cdot\text{m}$；

　　$F_{QD}=-8\ \text{kN}$，　$M_D=0$。

③梁的剪力图与弯矩图分别如图 8.18(b)、(c)所示。

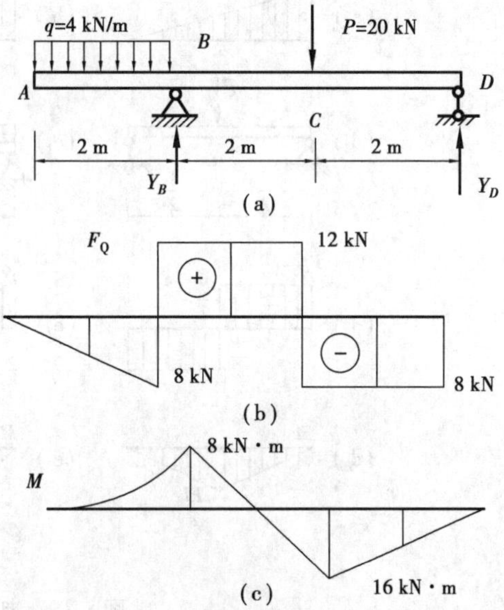

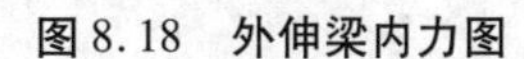


图 8.18　外伸梁内力图

# 8.5 叠加法作内力图

## ▶ 8.5.1 叠加原理的基本思想

叠加原理的应用范围极广,例如,合力投影定理便是叠加原理在力的投影问题上的应用。广义的叠加原理可作如下叙述:设函数 $y=f(x)$,当 $x$ 取 $x_1$ 时,函数值 $y_1=f(x_1)$;当 $x$ 取 $x_2$ 时,函数值 $y_2=f(x_2)$。那么,当 $x$ 取 $x_1+x_2$ 时,如果函数关系满足等式 $y(x_1+x_2)=y_1+y_2=f(x_1)+f(x_2)$,则叠加原理成立。

叠加原理成立的应用条件为:y 是 x 的一次函数关系。在梁的内力问题上,无论是剪力还是弯矩都是外力的一次函数关系。梁受均布荷载时,弯矩图是抛物线,但这只是表明了弯矩是截面位置的二次函数关系,而弯矩与外力的关系仍然是一次函数关系。

## ▶ 8.5.2 典型梁受典型荷载的内力图

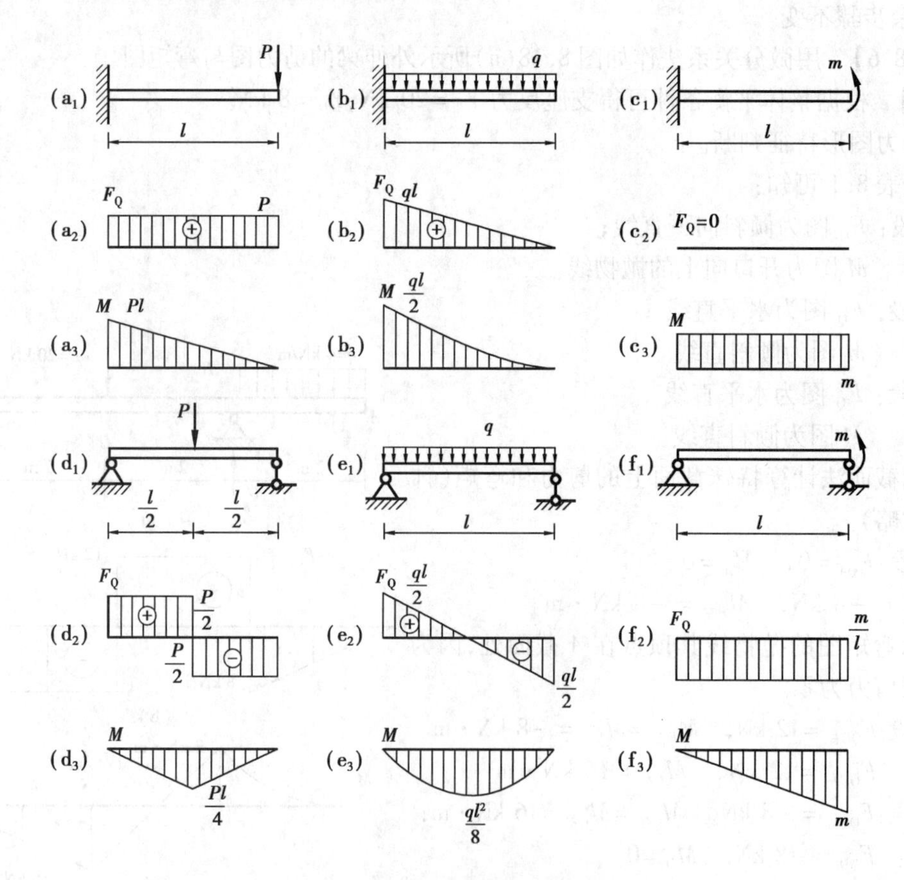


图 8.19 典型梁受典型荷载的内力图

### ▶ 8.5.3 叠加法作内力图举例

【例8.7】 用叠加原理作如图8.20所示简支梁的剪力图与弯矩图。

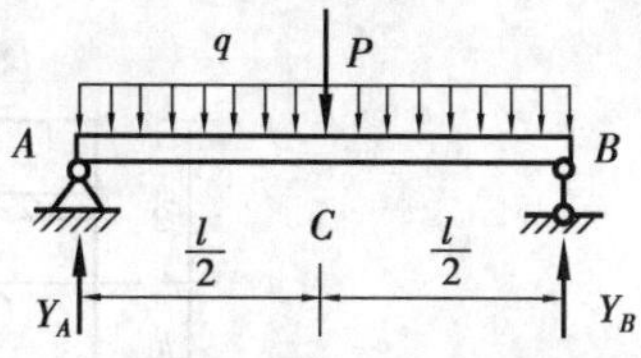


图8.20 受两个荷载的简支梁

【解】 该简支梁上同时受集中力和分布力作用,可视为集中力与分布力分别作用的叠加。在单一的集中力 $P$ 作用下的内力图如图8.21(f)、(i)所示;在均匀分布荷载 $q$ 力作用下的内力图如图8.21(e)、(h)所示。其叠加过程及结果如图8.21所示。

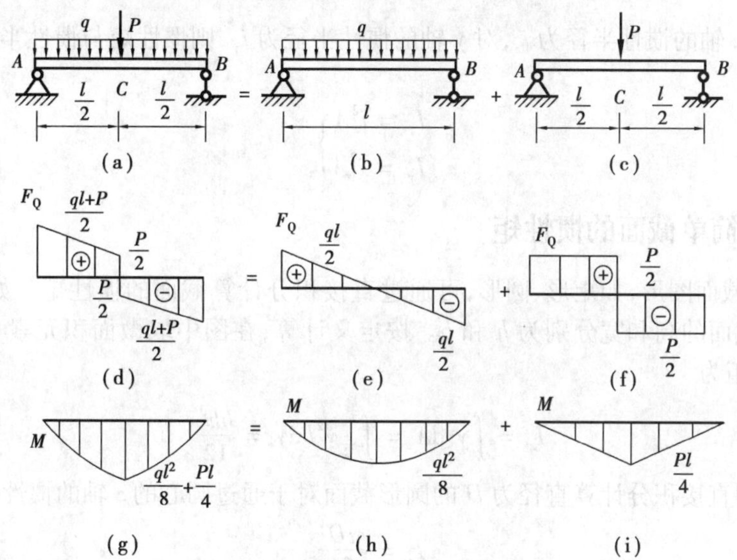


图8.21 叠加法作梁的内力图

应用叠加法作梁的内力图时,还应特别注意考虑一个实际因素,那就是基本内力图应该是已知的。

## 8.6 常用截面的惯性矩

梁截面的几何性质,尤其是截面的惯性矩 $I_z$ 关联梁的应力计算。

### ▶ 8.6.1 截面图形的惯性矩

平面内微面积元素 $dA$ 如图8.22所示,该微面积到两坐标轴的距离分别为 $y$ 和 $z$,则微面积对 $z$ 轴的惯性矩为 $y^2dA$,对 $y$ 轴的惯性矩为 $z^2dA$。整个图形对 $z$ 轴和 $y$ 轴的惯性矩分别为

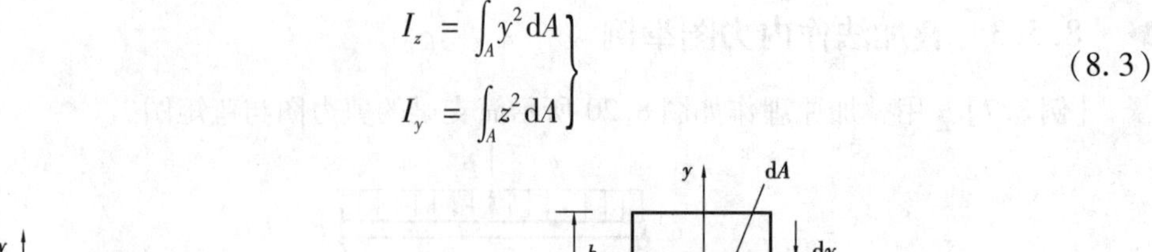

$$\left.\begin{aligned} I_z &= \int_A y^2 \mathrm{d}A \\ I_y &= \int_A z^2 \mathrm{d}A \end{aligned}\right\} \tag{8.3}$$

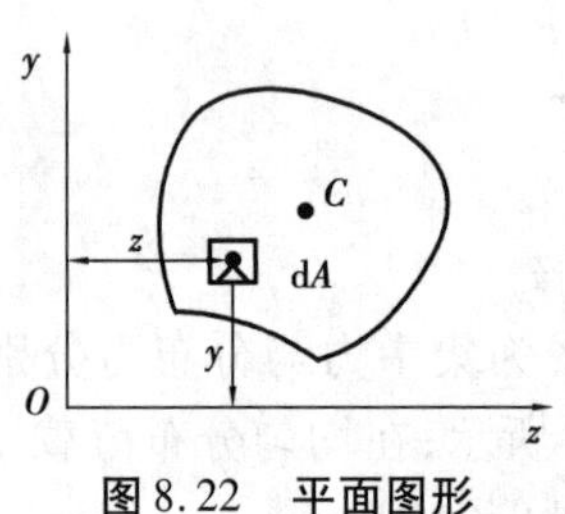


图 8.22　平面图形

图 8.23　矩形截面的惯性矩

设截面对 $z$ 轴的惯性半径为 $i_z$，对 $y$ 轴的惯性半径为 $i_y$，则惯性矩与惯性半径之间存在以下关系式，即

$$\left.\begin{aligned} I_z &= i_z^2 A \\ I_y &= i_y^2 A \end{aligned}\right\} \tag{8.4}$$

## ► 8.6.2　简单截面的惯性矩

对于简单截面图形，如矩形、圆形，可通过直接积分计算截面的惯性矩。如图 8.23 所示的截面，矩形截面的高和宽分别为 $h$ 和 $b$。按定义计算，在图中取微面积元素 $\mathrm{d}A = b\mathrm{d}y$，截面对 $z$ 轴的惯性矩为

$$I_z = \int_A y^2 \mathrm{d}A = \int_{-\frac{h}{2}}^{\frac{h}{2}} y^2 b \mathrm{d}y = \frac{bh^3}{12} \tag{8.5}$$

同样，可用直接积分计算直径为 $D$ 的圆形截面对于通过圆心的 $z$ 轴的惯性矩为

$$I_z = \frac{\pi D^4}{64} \tag{8.6}$$

## ► 8.6.3　组合截面的惯性矩

工程中，常有一些截面是由若干个简单截面组合而成，称为组合截面。对于组合截面对形心坐标轴的惯性矩，可分别计算各个部分对形心坐标轴的惯性矩，然后相加得到整个截面的惯性矩。

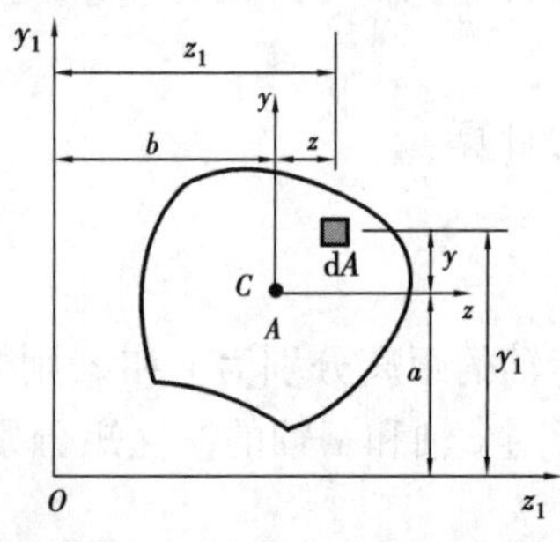


图 8.24　惯性矩的平行移轴关系

在计算组合截面的惯性矩时，要特别注意各部分的形心轴不一定是整个截面的形心轴，此时需用惯性矩的平行移轴公式，计算出各个部分对整个截面形心轴的惯性矩才能相加。下面讨论惯性矩的平行移轴公式。

如图 8.24 所示的截面，$z$，$y$ 为通过形心 $C$ 的一对正交轴，$z_1$，$y_1$ 为与 $z$，$y$ 轴平行的另一对轴，平行轴间的距离分别为 $a$ 和 $b$，截面对 $z$，$y$ 轴的惯性矩 $I_z$，$I_y$ 和惯性积 $I_{yz}$ 均已知，要求计算截面对 $z_1$，$y_1$ 轴的惯性矩以及对 $z_1$，$y_1$

轴的惯性积。

根据惯性矩的计算公式,截面对 $z_1$ 轴的惯性矩为

$$I_{z1} = \int_A y_1^2 \mathrm{d}A$$

从图 8.24 中可得

$$y_1 = y + a$$

将其代入上式,得

$$I_{z1} = \int_A y_1^2 \mathrm{d}A = \int_A (y+a)^2 \mathrm{d}A = \int_A y^2 \mathrm{d}A + 2a\int_A y\mathrm{d}A + a^2\int_A \mathrm{d}A$$
$$= I_z + 2aS_z + a^2 A$$

由于 $z$ 轴过形心,则 $S_z=0$,于是得

$$I_{z1} = I_z + a^2 A \tag{8.7}$$

同理可知,截面对 $y_1$ 轴的惯性矩为

$$I_{y1} = I_y + b^2 A \tag{8.8}$$

式(8.7)与式(8.8)称为惯性矩的平行移轴公式。在应用此公式时,应注意以下3点:

①$z_1$ 轴与 $z$ 轴之间是平行关系;$y_1$ 轴与 $y$ 轴之间是平行关系。

②$z,y$ 轴均为形心轴。

③在所有平行轴中,截面对形心轴的惯性矩最小。

应用惯性矩的平行移轴公式可计算组合截面的惯性矩。

**【例8.8】** 计算如图8.25所示截面的惯性矩。

**【解】** 在图8.25中,T形截面由上翼板1与腹板2组合而成。形心坐标 $y_C$ 为

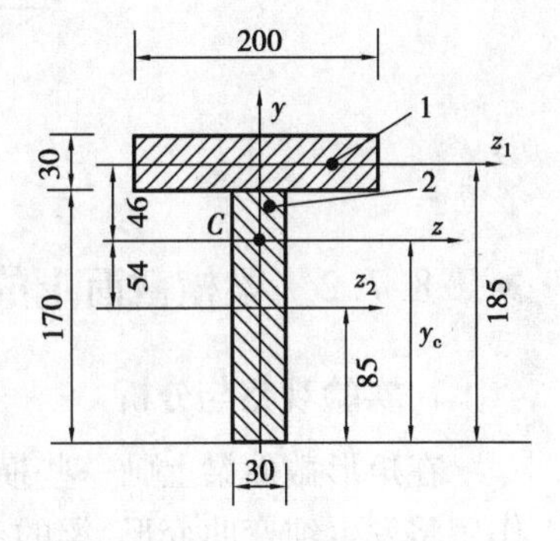

图8.25 组合图形的惯性矩

$$y_C = \frac{200\times30\times185+30\times170\times85}{200\times30+30\times170}\ \mathrm{mm} = 139\ \mathrm{mm}$$

上翼板对其本部分形心轴 $z_1$ 轴的惯性矩为

$$(I_{z_1})_1 = \frac{1}{12}\times200\times30^3\ \mathrm{mm}^4 = 4.5\times10^5\ \mathrm{mm}^4$$

腹板对其本部分形心轴 $z_2$ 轴的惯性矩为

$$(I_{z_2})_2 = \frac{1}{12}\times30\times170^3\ \mathrm{mm}^4 = 12.3\times10^6\ \mathrm{mm}^4$$

用平行移轴公式计算上翼板对整体形心轴 $z$ 轴的惯性矩为

$$(I_z)_1 = (I_{z_1})_1 + a_1^2\times A_1$$
$$= 4.5\times10^5\ \mathrm{mm}^4 + 46^2\times200\times30\ \mathrm{mm}^4 = 13.15\times10^6\ \mathrm{mm}^4$$

用平行移轴公式计算腹板对整体形心轴 $z$ 轴的惯性矩为

$$(I_z)_2 = (I_{z_2})_2 + a_2^2\times A_2$$
$$= 12.3\times10^6\ \mathrm{mm}^4 + 54^2\times30\times170\ \mathrm{mm}^4 = 27.17\times10^6\ \mathrm{mm}^4$$

$T$ 形截面对整体形心轴 $z$ 轴的惯性矩为

$$I_z = (I_z)_1 + (I_z)_2 = 13.15\times10^6\ \mathrm{mm}^4 + 27.17\times10^6\ \mathrm{mm}^4 = 40.32\times10^6\ \mathrm{mm}^4$$

对于在工程中广泛使用的型钢,其截面的惯性矩可通过查附录型钢表得到。如果是由型钢组成的组合截面,就可用计算组合截面惯性矩的方法计算截面的惯性矩。

# 8.7 梁的正应力计算

## ▶ 8.7.1 梁的正应力概述

应力是内力分布的集度。梁受力弯曲后,横截面上只有弯矩而无剪力的弯曲,称为“纯弯曲”;截面上既有弯矩又有剪力的弯曲,称为“横力弯曲”或“剪力弯曲”。如图8.26(a)所示简支梁受集中力作用,其剪力图与弯矩图如图8.26(b)、(c)所示,中间*CD*段上的剪力恒等于零,属于纯弯曲,而*AC*及*DB*段则发生了剪力弯曲变形。在分析梁的正应力过程中默认是发生的纯弯曲变形。在发生纯弯曲的*CD*段,横截面上的正应力组合成截面上的弯矩,如图8.26(d)所示。

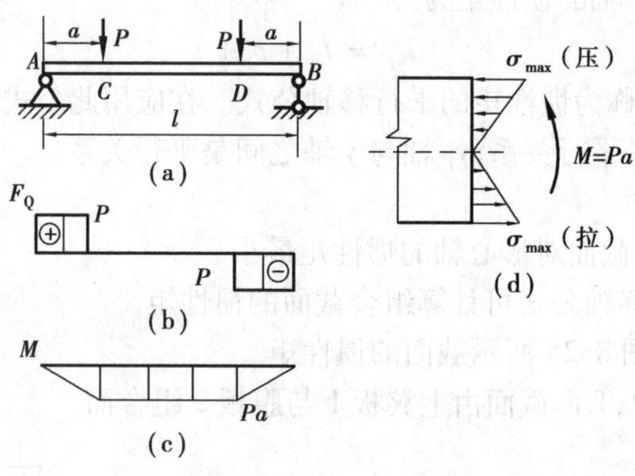


图8.26 梁横截面上的正应力

## ▶ 8.7.2 梁横截面上的正应力计算

### 1)实验观察与分析

在矩形截面梁上画一些横向线和纵向线如图8.27(a)所示。在梁的两端受到集中力偶作用将发生纯弯曲变形,梁的变形状况如图8.27(b)所示。

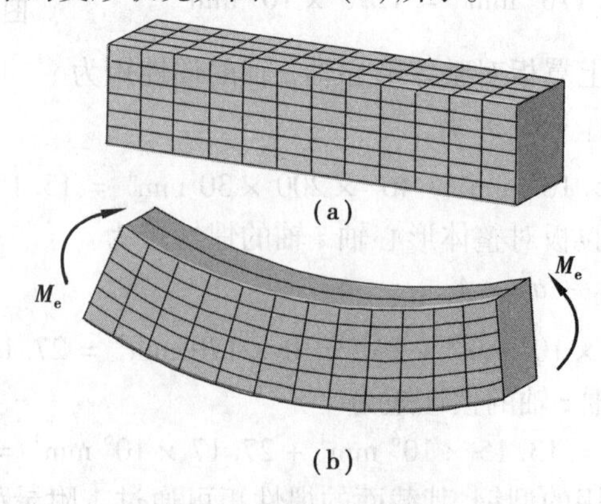


图8.27 矩形截面梁纯弯曲变形

在实验中，为便于观察，不妨采用矩形截面的橡皮梁进行实验。实验前，在梁的侧面画上一些纵向线 $pp$，$ss$ 等和与纵向线相垂直的横向线 $mm$，$nn$ 等，如图 8.28(a)所示。然后在梁的两端对称位置加上集中荷载 $F$。梁受力后发生对称变形，在梁的中间段属于纯弯曲变形，如图 8.28(b)所示。在实验中，明显可观察到下面两个现象：

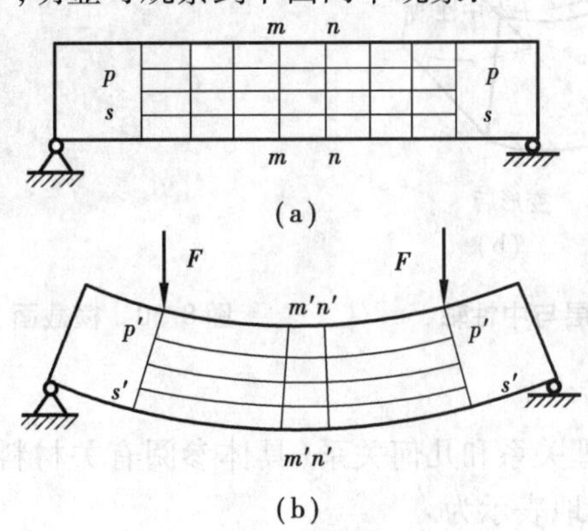


图 8.28　梁表面纵向横向线

①变形前互相平行的纵向直线($pp$，$ss$ 等)变形后变为圆弧线 $p'p'$，$s's'$，且上部缩短，下部伸长。

②变形前垂直于纵向线的横向线($mm$，$nn$ 等)变形后仍为直线($m'm'$，$n'n'$等)，且仍与纵向线(变形后的纵向曲线)正交，只是相对转过一个角度。

根据上述实验现象，可作如下分析：

①在现象 2 中，根据哲学上的"由表及里"的推理，可以认为：横向线 $mm$，$nn$ 均代表变形前其所在的横截面，横向线 $m'm'$，$n'n'$为变形后的直线并代表变形后其所在的横截面。由此得到"梁的横截面变形后仍为一平面，且仍与纵向线(变形后的)正交"。此即为平面假设。

②现象 1，不妨将梁视为由一层层的纵向纤维层组成，结合平面假设可知，梁变形后，同一层的纵向纤维的长度相同。有的纵向纤维层长度缩短($p'p'$所在的纤维层)，有的纵向纤维层长度伸长($s's'$所在的纤维层)。由于梁的变形连续性，必有一层既不伸长也不缩短，此层即为中性层。中性层与横截面的交线称为中性轴。梁的弯曲变形可视为横截面绕中性轴转了一个角度，如图 8.29 所示。

**2)梁的正应力分布规律**

定性地，中性层以上各层受压缩短，中性层以下各层受拉伸长。而且离中性层距离越远，缩短(或伸长)量越大，根据胡克定理，受到的压应力或拉应力越大。通过静力平衡条件、物理关系和几何关系(具体参阅有关材料力学教材)可知，中性轴经过所在横截面的形心，即中性轴在截面的水平形心轴上。

针对 $nn$ 横向线所在的横截面，建立坐标体系，$x$ 轴为梁的轴线方向坐标轴且过截面形心，$y$ 轴为梁的竖向坐标轴，$z$ 轴建立在中性轴上，梁横截面上的正应力分布规律如图 8.30 所示。

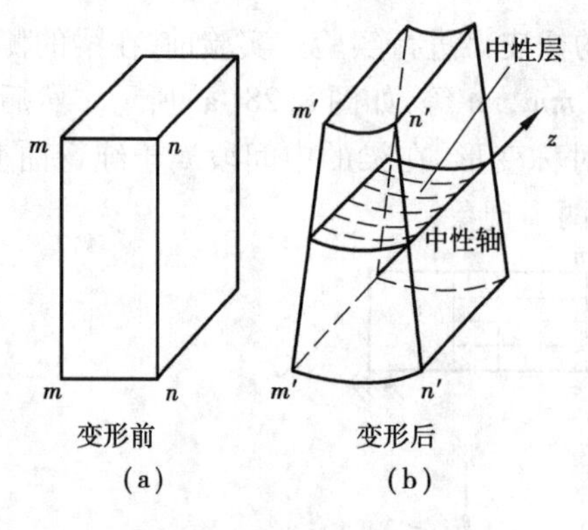


图 8.29　中性层与中性轴

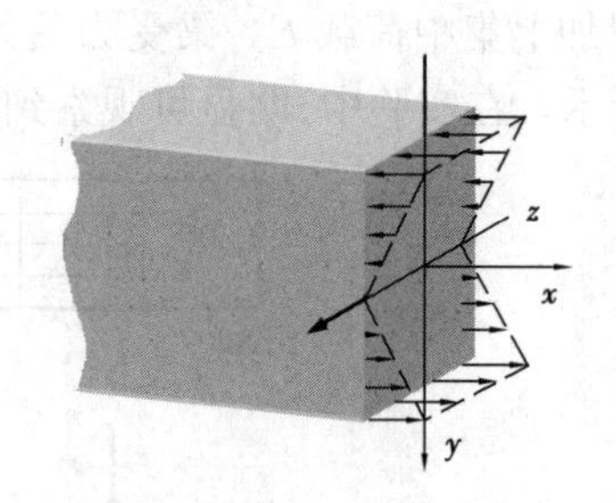


图 8.30　横截面上正应力分布图

**3)梁的正应力计算公式**

通过静力平衡条件、物理关系和几何关系(具体参阅有关材料力学教材)可知,横截面内任一点的正应力计算可定量地表示为

$$\sigma = \frac{M}{I_z}y \tag{8.9}$$

式中　$M$——截面内弯矩;

$I_z$——截面的惯性矩;

$y$——计算点到中性轴的距离。

**4)正应力公式的应用条件**

在应用正应力计算公式时,应注意其应用条件。

公式是在纯弯曲状态下推导出的,但实际工程中的梁多为剪力弯曲,即横截面上有剪力存在。进一步的实验和理论研究经过表明:对细长梁剪力的存在对正应力分布及计算影响很小,公式依然适用;公式是从矩形截面梁推导出的,但对截面为其他对称形状(工字形、T字形、圆形等)的梁,公式也适用;对于非对称截面的实体截面梁,只要荷载作用在截面形心主轴的纵向平面内,公式也适用。

计算式(8.9)中,拉伸的正应力为正,压缩的正应力为负。或同时代入 $M$ 和 $y$ 的正负号,计算结果为正则表示受拉应力,计算结果为负则表示受压应力。

【例 8.9】　图 8.31(a)所示的梁受均布荷载作用,其横截面为矩形如图 8.31(c)所示。其中,$l,b,h,q$ 为已知。试作梁的弯矩图,计算中间 $C$ 截面上 $C_1,C_2,C_3$ 点的正应力。

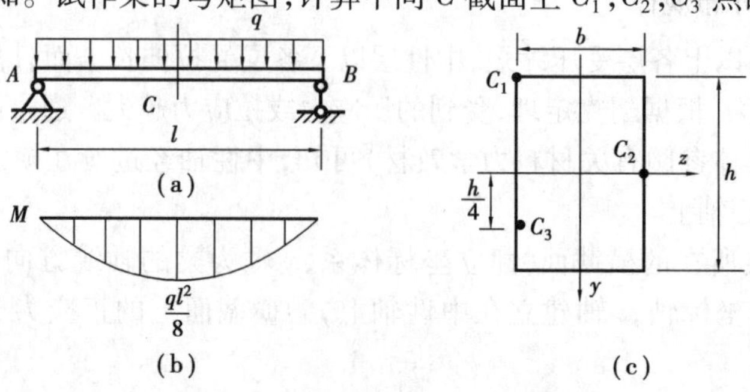


图 8.31　矩形截面梁的正应力计算

【解】 梁的弯矩图如图8.31(b)所示，梁中间$C$截面上的弯矩为

$$M_C = \frac{ql^2}{8}$$

梁的横截面的惯性矩为

$$I_z = \frac{bh^3}{12}$$

根据式(8.9)可分别计算出各点的正应力为

$$\sigma_{C1} = \frac{M_C y_{C1}}{I_z} = \frac{\frac{ql^2}{8} \times (-0.5h)}{\frac{bh^3}{12}} = -\frac{3ql^2}{4bh^2}(\text{受压})$$

$$\sigma_{C2} = 0$$

同理，得

$$\sigma_{C3} = \frac{M_C y_{C3}}{I_z} = \frac{3ql^2}{8bh^2}(\text{受拉})$$

## ▶ 8.7.3 梁内的最大正应力计算

对梁的某一确定截面而言，其最大正应力发生在距中性轴最远的位置，其值为

$$\sigma_{\max} = \frac{M|y|_{\max}}{I_z} \tag{8.10}$$

但强度计算应是针对全梁的正应力的，仅仅针对梁的某一截面是不全面的。因此，对全梁(等截面梁)而言，最大正应力发生在弯矩最大的截面内，同时又是该截面内距中性轴最远的位置。最大正应力的数值为

$$|\sigma|_{\max} = \frac{|M|_{\max} \times |y|_{\max}}{I_z} \tag{8.11}$$

令

$$W_z = \frac{I_z}{|y|_{\max}} \tag{8.12}$$

$W_z$ 称为抗弯截面模量(或抗弯截面系数)。则

$$|\sigma|_{\max} = \frac{|M|_{\max}}{W_z} \tag{8.13}$$

$W_z$ 反映截面形状和尺寸对弯曲正应力强度的影响，$W_z$ 越大，$|\sigma|_{\max}$ 越小，对弯曲正应力强度越有利。不同形状的横截面，$W_z$ 取值不同。

对矩形截面

$$W_z = \frac{I_z}{|y|_{\max}} = \frac{\frac{bh^3}{12}}{\frac{h}{2}} = \frac{bh^2}{6} \tag{8.14}$$

对圆形截面

$$W_z = \frac{I_z}{|y|_{max}} = \frac{\frac{\pi d^4}{64}}{\frac{d}{2}} = \frac{\pi d^3}{32} \quad (8.15)$$

对各类型钢截面,$W_z$ 可通过查型钢表得到。

对其他异形截面,$W_z$ 可通过其定义计算得到。

## 8.8 梁的切应力

### 8.8.1 梁的切应力

对于“纯弯曲”梁,由于截面内无剪力出现,因而不存在切应力。在实际工程中,大多数梁发生横力弯曲,横截面上除了弯矩还有剪力存在,因此,横截面上除了正应力外还有切应力。在工程实际中,可这样认为:弯矩产生正应力,剪力产生切应力。

在梁上用截面法截取某截面,该截面上的剪力为 $F_Q$(暂不考虑弯矩作用),则截面上的切应力 $\tau$ 组合成截面上的剪力,如图 8.32 所示。

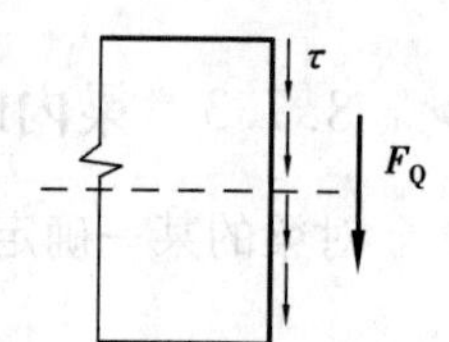


图 8.32　梁内切应力

### 8.8.2 切应力计算

切应力一般计算公式,可表示为

$$\tau = \frac{F_Q S_z^*}{I_z b} \quad (8.16)$$

式中 $F_Q$——截面上的剪力;

$S_z^*$——以截面上的剪力计算点为界,将截面划分为上下两个区域,下部(上部)区域对截面中性轴的面积矩;

$I_z$——截面对中性轴的惯性矩;

$b$——截面在其上的切应力计算点处的宽度。

不同截面形状的梁,其截面上的切应力反映出不同的特性。这里分析几种典型截面的切应力,并假设截面上剪力的方向均向下。

**1)矩形截面**

根据式(8.16),截面上的切应力向下且沿竖向方向成抛物线分布,最大切应力出现在中性轴上,如图 8.33(a)、(b)所示;并且截面上的切应力沿梁的宽度方向均匀分布,如图 8.33(a)所示。

根据式(8.16),可计算出其最大切应力为

$$\tau_{max} = \frac{3}{2}\frac{F_Q}{A} \quad (8.17)$$

这相当于平均切应力的 1.5 倍。

分析说明:矩形截面中性轴以上(或以下)部分对中性轴的面积矩 $S_z^* = b \times \frac{h}{2} \times \frac{h}{4} = \frac{bh^2}{8}$,

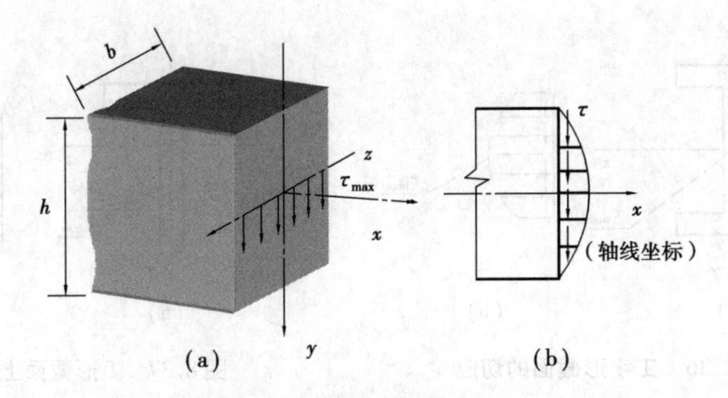


图 8.33　矩形截面梁的切应力

截面对中性轴的惯性矩 $I_z=\dfrac{bh^3}{12}$。因此,最大切应力为

$$\tau_{max}=\frac{F_Q S_z^*}{I_z b}=\frac{F_Q\times\dfrac{bh^2}{8}}{\dfrac{bh^3}{12}\times b}=\frac{3}{2}\frac{F_Q}{bh}=\frac{3}{2}\frac{F_Q}{A}$$

2)**圆形截面**

截面上的切应力向下且沿竖向方向成抛物线分布,最大切应力出现在中性轴上,如图 8.34所示。与矩形截面的推算方法类似,圆形截面的最大切应力为

$$\tau_{max}=\frac{4}{3}\frac{F_Q}{A}\tag{8.18}$$

3)**薄壁圆环形截面**

截面上的切应力方向沿圆环周向,最大切应力出现在中性轴的位置且向下,如图 8.35 所示。与矩形截面的推算方法类似,薄壁环形截面的最大切应力依然出现在中性轴上,数值为

$$\tau_{max}=2\frac{F_Q}{A}\tag{8.19}$$

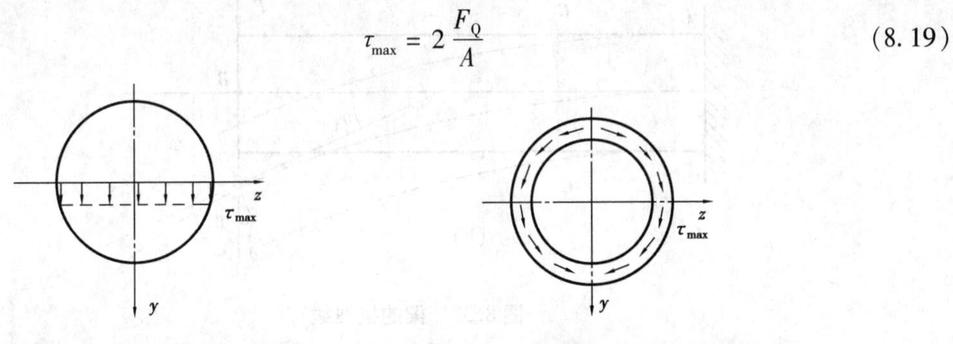


图 8.34　图形截面的切应力　　　　图 8.35　薄壁圆环形截面的切应力

4)**工字形截面**

截面上的切应力主要分布在腹板上,翼板上的切应力远小于腹板上的切应力,通常不必考虑。腹板上的切应力向下且沿竖向方向成抛物线分布,其数值仍然按式(8.16)计算(b 为腹板宽度)。最大切应力出现在中性轴的位置且向下,如图 8.36 所示。

5)**T 形截面**

T 形截面上的切应力特性与工字形截面的切应力特性类似,如图 8.37 所示。

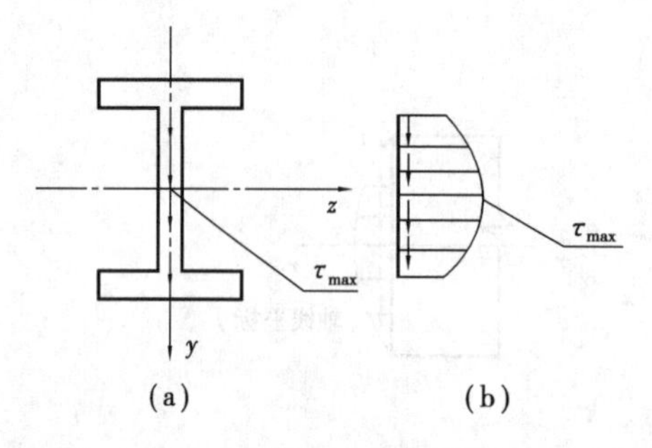


图 8.36　工字形截面的切应

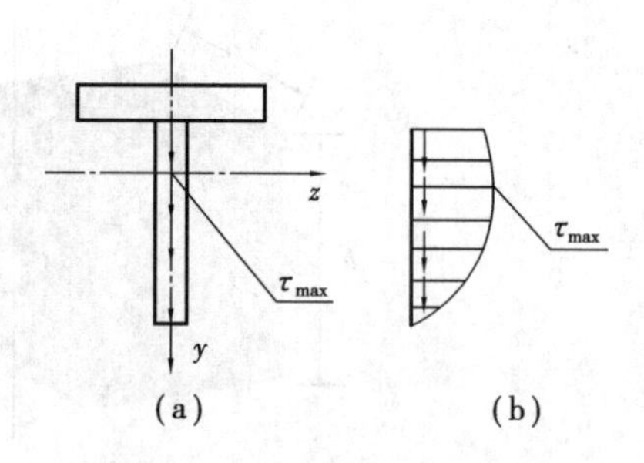


图 8.37　T 形截面上的切应力

## 8.9　梁的变形

### 8.9.1　梁变形的概念

梁在外荷载的作用下,既产生应力也发生变形。

梁的整体变形通常是用横截面形心处的竖向位移和横截面绕中性轴的转角这两个基本位移量来度量。如图 8.38(a)所示为矩形截面悬臂梁,在自由端作用集中力 $F$,且集中力 $F$ 在梁的纵向对称面内,因而发生平面弯曲。显然,梁弯曲后的轴线为一条光滑的平面曲线即曲线 $AB'$,称为梁的挠曲线或梁的弹性曲线,如图 8.38(b)所示。

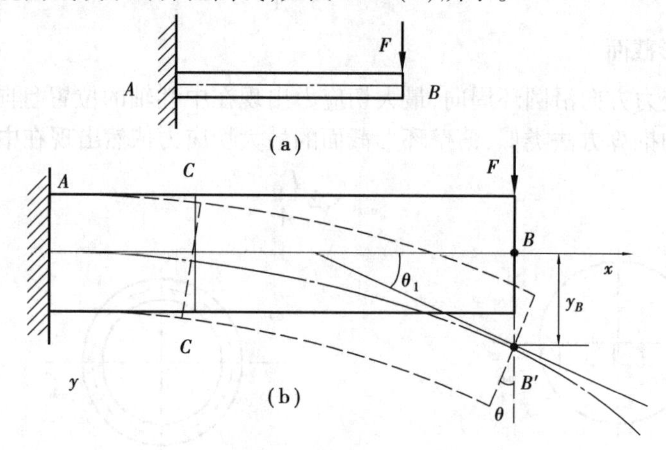


图 8.38　梁的挠曲线

#### 1)竖向位移

梁的任一截面,假设为自由端 $B$ 截面,在变形后将向下竖直位移(小变形条件下忽略水平位移),$B$ 截面的竖直位移以该截面形心的竖向位移 $BB'$ 来表示和度量,称为 $B$ 截面的挠度并记为 $y_B$。显然,不同截面的挠度值是不同的。例如,$C$ 截面的挠度在一般情况下不等于 $B$ 截面的挠度,在如图 8.38(b)所示的坐标系中,各截面的挠度将是截面位置 $x$ 的函数,可表示为

$$y = f(x) \text{ 或 } y = y(x)$$

此即为挠曲线方程,它实质上是梁发生变形后其轴线(光滑的平面曲线 $AB'$)的解析表达式即

曲线方程。

这样 $B$ 截面的位移可理解为：一方面，截面的形心向下移动，即从 $B$ 到 $B'$，如图 8.38(b)所示；另一方面，截面同时又绕中性轴转动一个角度，即图 8.38(b)中的 $\theta$。当然，在实际变形中，形心的移动与截面绕中性轴的转动是同时进行的。

2)**转角**

梁的任一截面，假设为自由端 $B$ 截面，绕中性轴转动的角度 $\theta$，称为 $B$ 截面的转角。同理，在图 8.38(b)所示的坐标系中，各截面的转角将是截面位置 $x$ 的函数，可表示为

$$\theta = g(x) \text{ 或 } \theta = \theta(x)$$

此即为转角方程。

显然，通过确定挠度 $y$ 和转角 $\theta$ 就可确定任意截面位置发生的具体变化。进一步分析发现在梁的弯曲变形中，挠度 $y$ 和转角 $\theta$ 之间存在着内在联系。根据微积分知识，挠曲线上任意点切线的倾角 $\theta(x)$ 与该点切线的斜率 $y'(x)$ 之间的关系为

$$\tan\theta(x) = y'(x)$$

在小变形条件下，$\tan\theta(x) \approx \theta(x)$，梁的弯曲变形中，变形后的横截面与变形后的轴线正交，因此 $\theta = \theta_1$，挠曲线的斜率 $K = \tan\theta_1 = \frac{dy}{dx} = y'$，可得 $\tan\theta = y'$，由此得

$$\theta(x) = y'(x) \tag{8.20}$$

这使得变形计算得以大大的简化。因而，确定了挠曲线方程就能确定转角方程，计算变形的关键在于求出挠曲线方程式。

## ▶ 8.9.2 梁的挠曲线近似微分方程

梁发生平面弯曲时，在线弹性范围内，可推导出(参阅有关材料力学教材)梁上任意截面的挠度 $y(x)$ 与该截面上的弯矩 $M(x)$ 之间的关系，即梁的挠曲线近似微分方程

$$EI_z y''(x) = -M(x) \tag{8.21}$$

或

$$y''(x) = -\frac{M(x)}{EI_z} \tag{8.22}$$

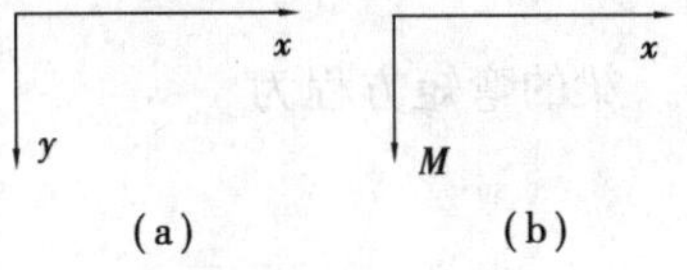

x y x M

(a) (b)

图 8.39 变形符号表示

式(8.22)所依存的坐标体系如图 8.39 所示。

## ▶ 8.9.3 用积分法计算梁的位移

式(8.21)中的挠曲线近似微分方程属于可分离变量的二阶微分方程，直接用积分法可解出。对于等截面梁，刚度 $EI_z$ 为常量，对式(8.21)积分一次得转角方程为

$$EI_z y'(x) = \int -M(x)\,dx + C \tag{8.23}$$

或

$$EI_z\theta(x) = \int -M(x)\,dx + C \tag{8.24}$$

再积分一次得挠度方程为

$$EI_z y(x) = \iint -M(x)\mathrm{d}x^2 + Cx + D \tag{8.25}$$

在式(8.25)中,$C$,$D$ 为积分常数,其数值可由梁的变形协调条件确定。

计算截面的挠度与转角的基本步骤如下:

①求出梁的弯矩方程 $M=M(x)$。

②建立挠曲线近似微分方程 $EI_z y''(x) = -M(x)$。

③应用积分法解挠曲线近似微分方程得到转角方程与挠度方程。

④根据梁的实际变形协调条件,确定积分常数 $C$,$D$。

⑤根据转角方程与挠度方程,可计算出任意截面的转角与挠度。

【例 8.10】 如图 8.40(a)所示的一等截面悬臂梁长度为 $l$,受均布荷载 $q$ 作用,梁的弯曲刚度为 $EI_z$。试求:

①梁的转角方程和挠度方程。

②自由端截面的转角 $\theta_B$ 和挠度 $y_B$。

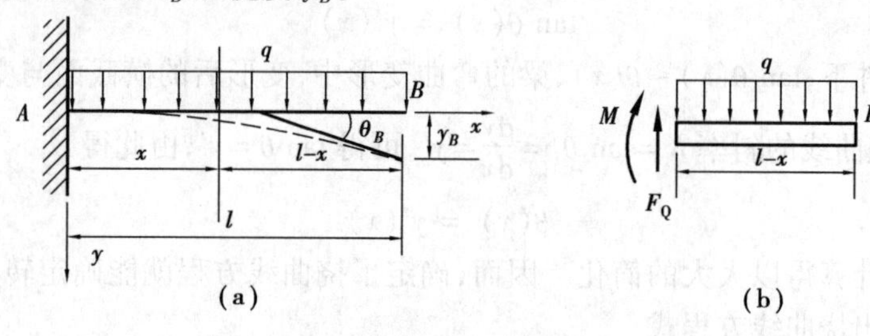


图 8.40 悬臂梁的变形计算

【解】 在梁上应用截面法将梁截为两部分,可选取右段部分计算,如图 8.40(b)所示。由静力平衡的力矩方程,得

$$-M(x) - q \times (l-x) \times \frac{l-x}{2} = 0$$

梁的弯矩方程为

$$M(x) = -\frac{q}{2}x^2 + qlx - \frac{q}{2}l^2$$

根据式(8.21),挠曲线近似微分方程为

$$EI_z y''(x) = -M(x) = \frac{q}{2}x^2 - qlx + \frac{q}{2}l^2$$

积分一次得转角方程为

$$EI_z y' = EI_z \theta = \frac{q}{6}x^3 - \frac{qlx^2}{2} + \frac{q}{2}l^2 x + C \tag{a}$$

再积分一次得挠度方程为

$$EI_z y = \frac{q}{24}x^4 - \frac{qlx^3}{6} + \frac{q}{4}l^2 x^2 + Cx + D \tag{b}$$

在固定端约束 $A$ 处,截面的变形协调条件是截面的转角与挠度均等于零,即:

$$x = 0 \text{ 时}, \theta_A = y'_A = 0$$

$$x = 0 \text{ 时}, y = 0$$

将此边界条件代入上面的式(a)和式(b),可解得

$$C = 0, D = 0$$

再将 $C,D$ 分别代入式(a)和式(b),则

$$EI_z\theta = \frac{q}{6}x^3 - \frac{qlx^2}{2} + \frac{q}{2}l^2x \tag{c}$$

$$EI_zy = \frac{q}{24}x^4 - \frac{qlx^3}{6} + \frac{q}{4}l^2x^2 \tag{d}$$

则梁的转角方程和挠度方程分别为

$$\theta = \frac{1}{EI_z}\left(\frac{q}{6}x^3 - \frac{qlx^2}{2} + \frac{q}{2}l^2x\right) \tag{e}$$

$$y = \frac{1}{EI_z}\left(\frac{q}{24}x^4 - \frac{qlx^3}{6} + \frac{q}{4}l^2x^2\right) \tag{f}$$

自由端截面的转角 $\theta_B$ 和挠度 $y_B$ 可通过将 $x = l$ 代入转角方程式(e)与挠度方程式(f)得到,即

$$\theta_B = \frac{ql^3}{6EI}, \quad y_B = \frac{ql^4}{8EI}$$

$\theta_B$ 为正,表明 $B$ 截面顺时针转;$y_B$ 为正,表明 $B$ 截面的挠度向下。

【例 8.11】 如图 8.41 所示一等截面简支梁,长度为 $l$,在梁上 $K$ 截面处受集中力 $F$ 作用,梁的弯曲刚度为 $EI_z$。

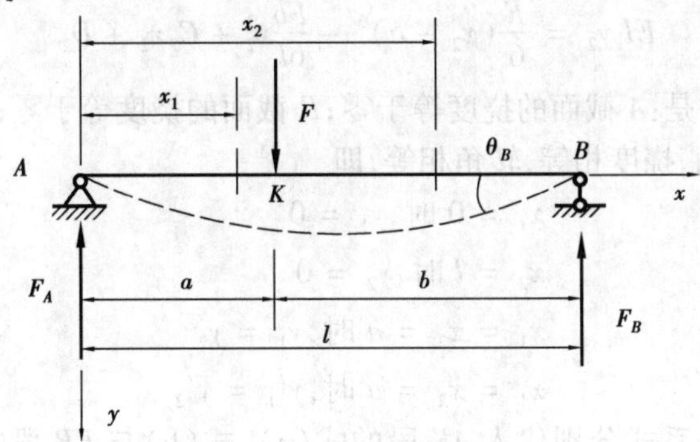


图 8.41 简支梁的变形计算

求 $K$ 截面的挠度 $y_K$ 和 $B$ 截面的转角 $\theta_B$。

【解】 根据整体梁的静力平衡条件,可得梁的支反力为

$$F_A = \frac{b}{l}F, F_B = \frac{a}{l}F$$

梁上 $AK$ 段与 $KB$ 段的弯矩表达式不同,应分段计算。

$AK$ 段: $0 \leqslant x_1 \leqslant a$

其弯矩方程为

$$M(x_1) = \frac{Fb}{l}x_1$$

挠曲线近似微分方程为

$$EI_z y''_1(x_1) = -M(x_1) = -\frac{Fb}{l}x_1$$

积分一次得

$$EI_z y'_1 = EI_z\theta_1 = -\frac{Fb}{2l}x^2 + C_1 \tag{a}$$

再积分一次得

$$EI_z y_1 = -\frac{Fb}{6l}x^3 + C_1 x + D_1 \tag{b}$$

$KB$ 段:$a \leqslant x_2 \leqslant l$

其弯矩方程为

$$M(x_2) = \frac{Fb}{l}x_2 - F(x_2 - a)$$

挠曲线近似微分方程为

$$EI_z y''_2(x_2) = -M(x_2) = F(x_2 - a) - \frac{Fb}{l}x_2$$

积分一次得

$$EI_z y'_2 = EI_z\theta_2 = \frac{F}{2}(x_2 - a)^2 - \frac{Fb}{2l}x_2^2 + C_2 \tag{c}$$

再积分一次得

$$EI_z y_2 = \frac{F}{6}(x_2 - a)^3 - \frac{Fb}{6l}x_2^3 + C_2 x_2 + D_2 \tag{d}$$

梁的变形协调条件是:$A$ 截面的挠度等于零;$B$ 截面的挠度等于零;$AK$ 段的 $K$ 截面与 $KB$ 段的 $K$ 截面是同一截面,挠度相等,转角相等,即

$$x_1 = 0 \text{ 时}, y_1 = 0$$

$$x_2 = l \text{ 时}, y_2 = 0$$

$$x_1 = x_2 = a \text{ 时}, y_1 = y_2$$

$$x_1 = x_2 = a \text{ 时}, y'_1 = y'_2$$

将上述变形协调关系式分别代入 $AK$ 段的式(a)、式(b)与 $KB$ 段的式(c)、式(d),联立解得

$$C_1 = C_2 = \frac{Fb}{6l}(l^2 - b^2)$$

$$D_1 = D_2 = 0$$

将 $C_1, C_2, D_1, D_2$ 代入式(a)、式(b)、式(c)、式(d)可得转角方程和挠度方程。

$AK$ 段:

转角方程为

$$\theta_1 = y'_1 = \frac{Fb}{6lEI_z}(l^2 - b^2 - 3x_1^2) \tag{e}$$

挠度方程为

$$y_1 = \frac{Fb}{6lEI_z}(l^2 - b^2 - x_1^2)x_1 \tag{f}$$

$KB$ 段：

转角方程为

$$\theta_2 = y_2' = \frac{Fb}{EI_z}\left[\frac{b}{6l}(l^2 - b^2 - 3x_2^2) + \frac{1}{2}(x_2 - a)^2\right] \tag{g}$$

挠度方程为

$$y_2 = \frac{Fb}{EI_z}\left[\frac{b}{6l}(l^2 - b^2 - x_2^2)x_2 + \frac{1}{6}(x_2 - a)^3\right] \tag{h}$$

将 $x_1 = a$ 代入 $AK$ 段的挠度方程式(f)，或将 $x_2 = a$ 代入 $KB$ 段的挠度方程式(h)，经整理均可求得 $K$ 截面的挠度为

$$y_K = \frac{Fab}{6lEI_z}(l^2 - b^2 - a^2)$$

将 $x_2 = l$ 代入 $KB$ 段的转角方程式(g)，经整理可求得 $B$ 截面的转角为

$$\theta_B = -\frac{Fb}{6lEI_z}(l^2 - b^2)$$

积分法是计算梁变形的基本方法，它所采用的经典理论和思维方法充分表现出科学、严密、完整的特性，只是计算较为繁杂。

## ▶ 8.9.4 用叠加法求梁的变形

这里再次用到叠加原理，在作梁的内力图时，详细地分析了叠加原理和具体作法。当应用叠加法计算梁的位移时，可使计算过程大大地简化，其中心思想是梁在组合荷载作用下的位移等于每单一荷载作用下位移的代数和。叠加法的关键是每单一荷载作用下的位移应该是已知的，否则达不到简化的目的。显然，典型梁受典型荷载时的位移数值可作为已知量，见表 8.2。

**表 8.2 典型梁受典型荷载时的最大挠度与转角**

| 支承和荷载状况 | 最大挠度 | 最大转角 |
|---|---|---|
| A, F, B, $\theta_B$, $y_B$, x, l, y | $y_B = \frac{Fl^3}{3EI}$ | $\theta_B = \frac{Fl^2}{2EI}$ |
| A, q, B, $\theta_B$, $y_B$, x, l, y | $y_B = \frac{ql^4}{8EI}$ | $\theta_B = \frac{ql^3}{6EI}$ |

续表

| 支承和荷载状况 | 最大挠度 | 最大转角 |
|---|---|---|
| 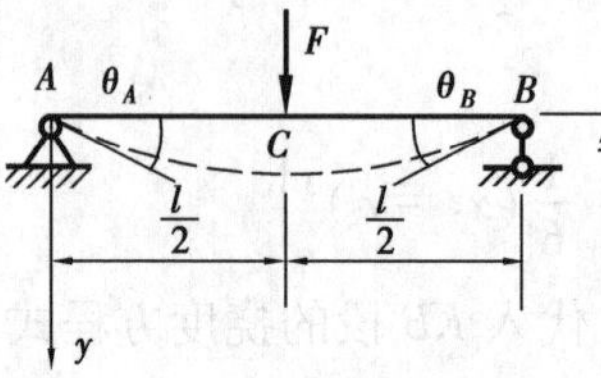  | $y_C=\dfrac{Fl^3}{48EI}$ | $\theta_A=-\theta_B=\dfrac{Fl^2}{16EI}$ |
| 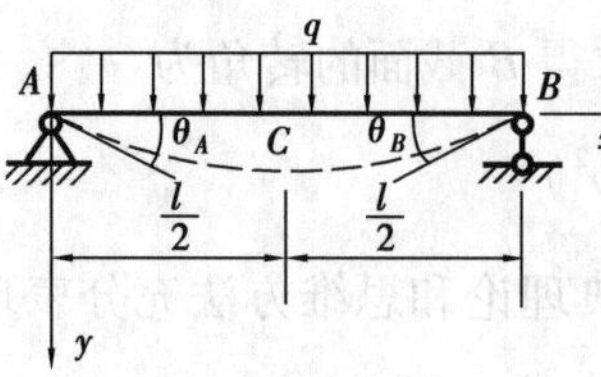  | $y_C=\dfrac{5ql^4}{384EI}$ | $\theta_A=-\theta_B=\dfrac{ql^3}{24EI}$ |

【例 8.12】 如图 8.42(a)所示的简支梁受均布荷载和集中力作用，用叠加法计算梁中间截面的挠度 $y_C$ 和 $A$ 截面的转角 $\theta_A$。

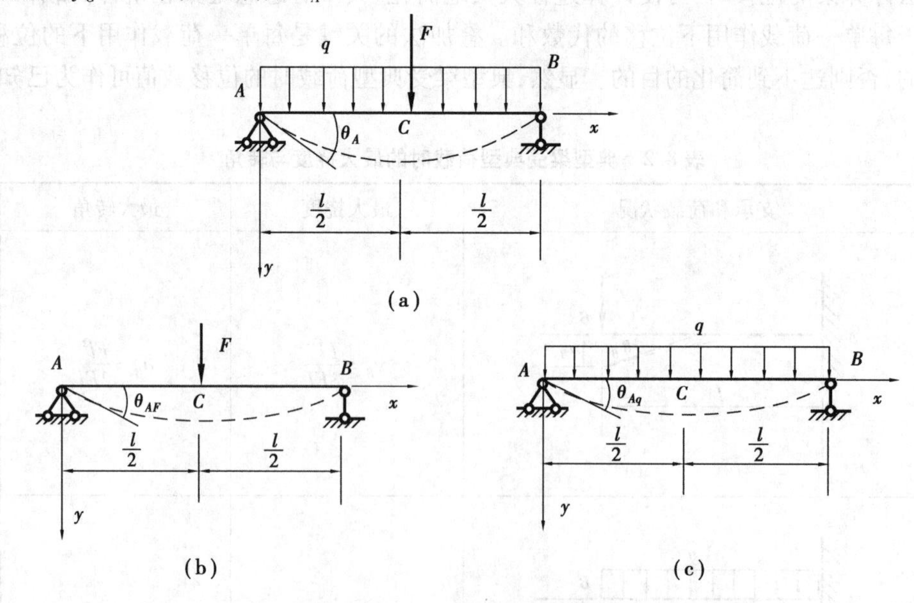


图 8.42 叠加法计算梁的变形

【解】 首先分析在集中力和分布力单独作用下的位移。

在集中力 $F$ 作用下的变形分析如图 8.42(b)所示，根据表 8.2 可得中间截面的挠度 $y_{CF}$ 和 $A$ 截面的转角 $\theta_{AF}$ 分别为

$$y_{CF}=\frac{Fl^3}{48EI},\theta_{AF}=\frac{Fl^2}{16EI}$$

在分布力 $q$ 作用下的变形分析如图 8.42(c)所示，根据表 8.2 可得中间截面的挠度 $y_{Cq}$ 和 $A$ 截面的转角 $\theta_{Aq}$ 分别为

$$y_{Cq}=\frac{5ql^4}{384EI},\theta_{Aq}=\frac{ql^3}{24EI}$$

图 8.42(a)由图 8.42(b)与图 8.42(c)组合而成，根据叠加原理可得

$$y_C=y_{CF}+y_{Cq}=\frac{Fl^3}{48EI}+\frac{5ql^4}{384EI}$$

$$\theta_A=\theta_{AF}+\theta_{Aq}=\frac{Fl^2}{16EI}+\frac{ql^3}{24EI}$$

# 习题 8

8.1 试用截面法求如图 8.43 所示各梁 1—1 截面上的剪力和弯矩。

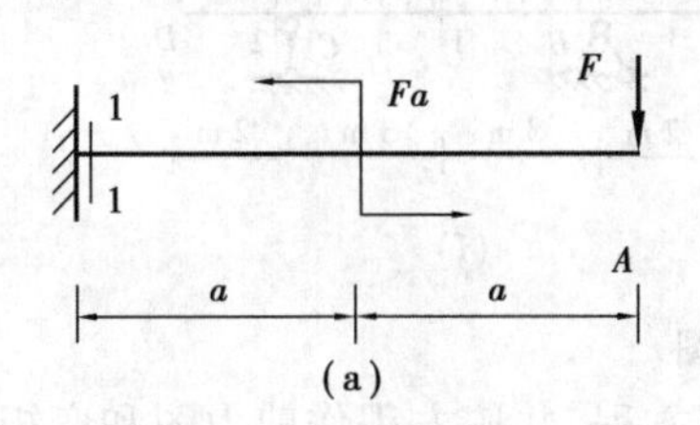


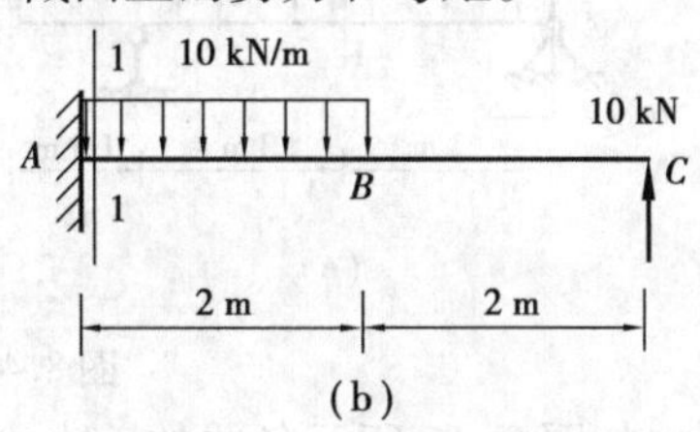


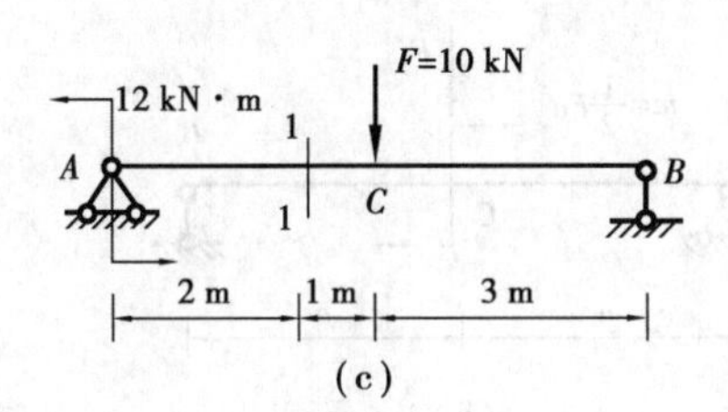


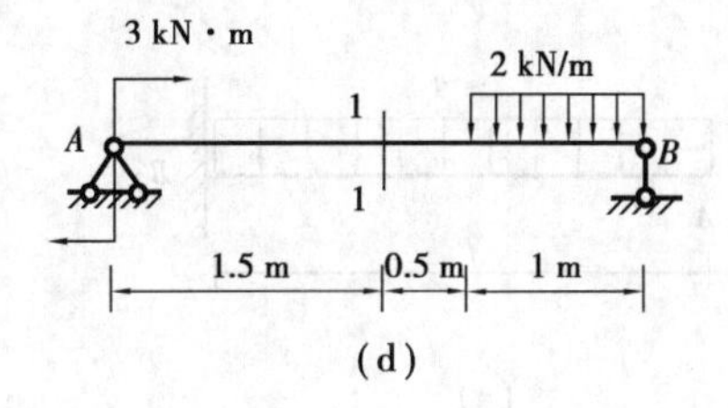


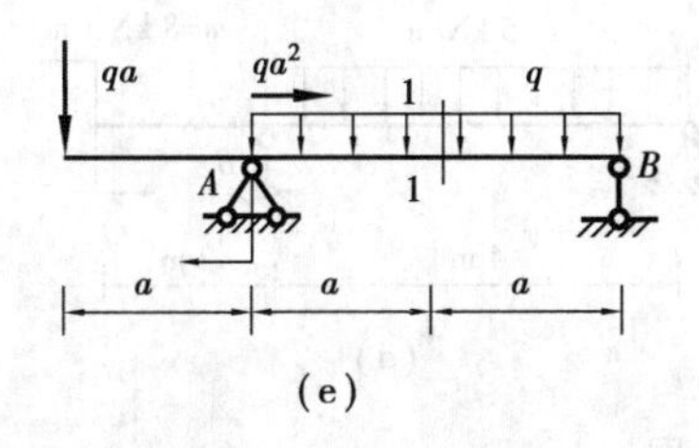


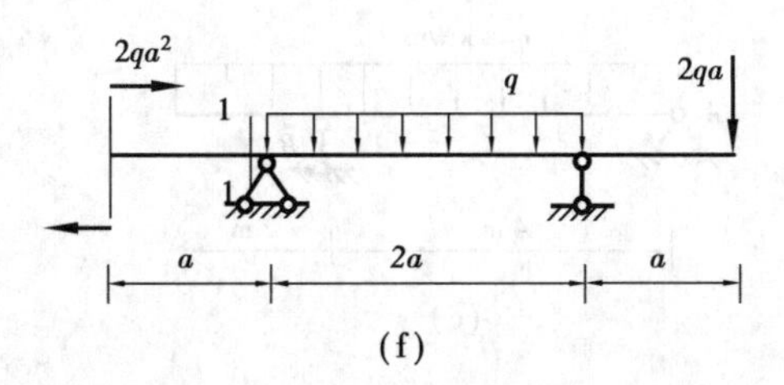


图 8.43 题 8.1 图

8.2　试求如图 8.44 所示各梁指定截面上的剪力和弯矩。

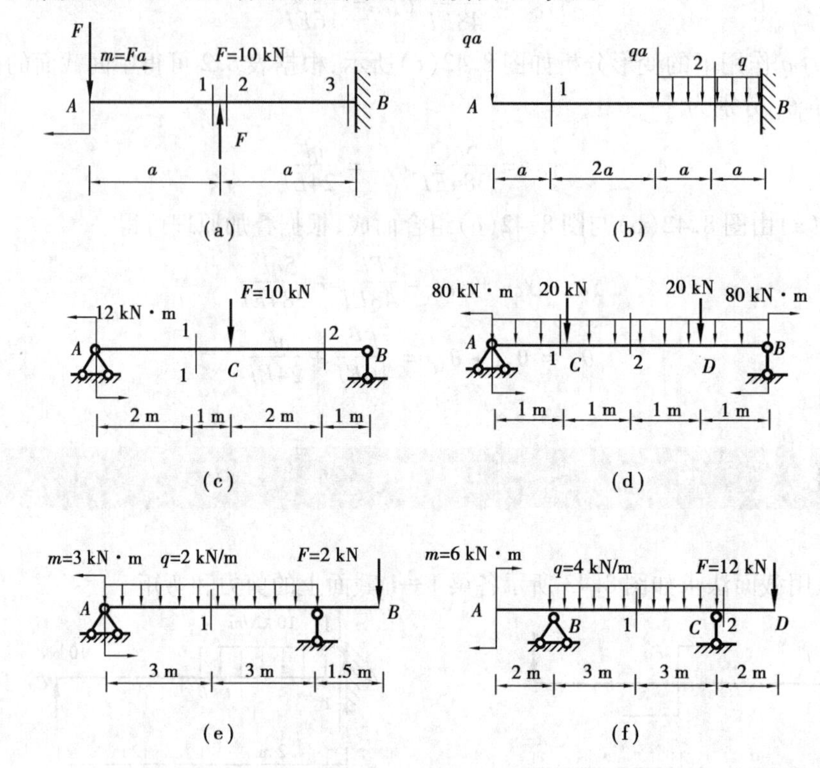


图 8.44　题 8.2 图

8.3　写出如图 8.45 所示各梁的剪力方程和弯矩方程，并按方程作剪力图和弯矩图。

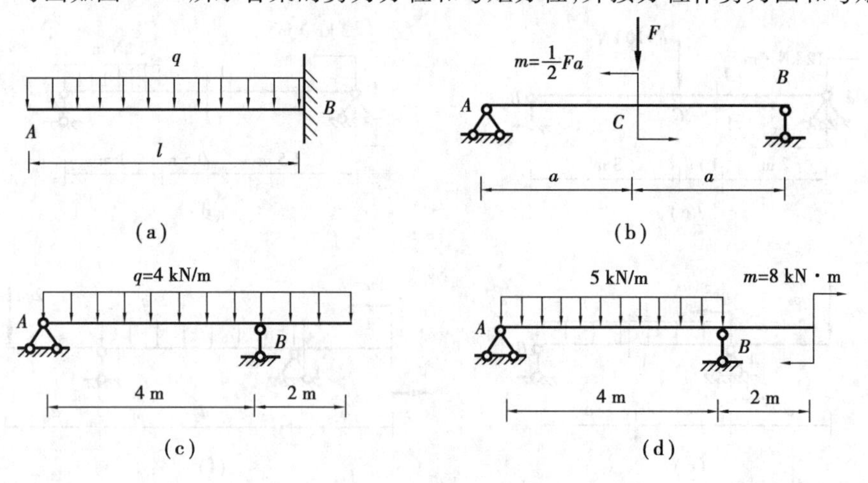


图 8.45　题 8.3 图

8.4　试用简易法作如图 8.46 所示各梁的剪力图和弯矩图，并求出绝对值最大的剪力和弯矩。

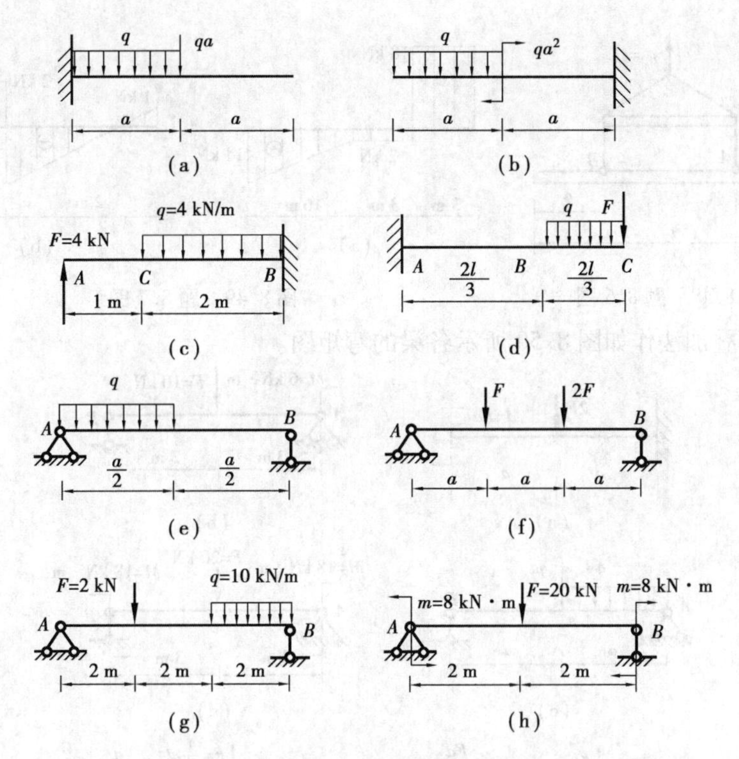


图 8.46　题 8.4 图

8.5　试根据弯矩、剪力和荷载集度之间的微分关系指出如图 8.47 所示剪力图和弯矩图的错误。

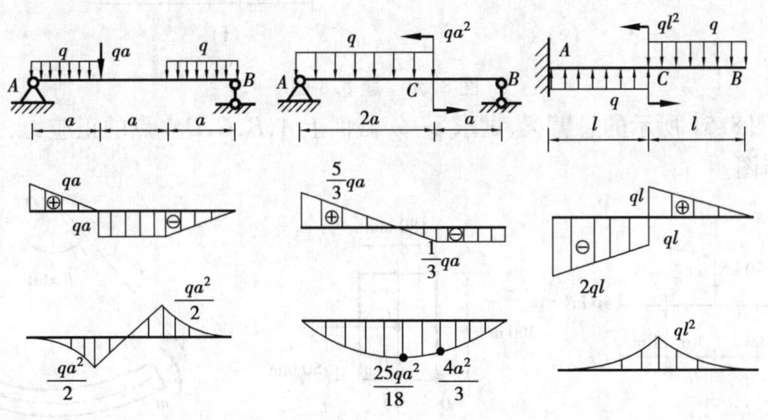


图 8.47　题 8.5 图

8.6　如图 8.48 所示，起吊一根单位长度质量为 $q$ kN/m 的等截面钢筋混凝土梁，要想在起吊中使梁内产生的最大正弯矩与最大负弯矩绝对值相等。试确定起吊点 $A$，$B$ 的位置 $a$。

8.7　已知梁的剪力图如图 8.49 所示，且梁上无集中力偶作用。试根据剪力图作梁的弯矩图和荷载图。

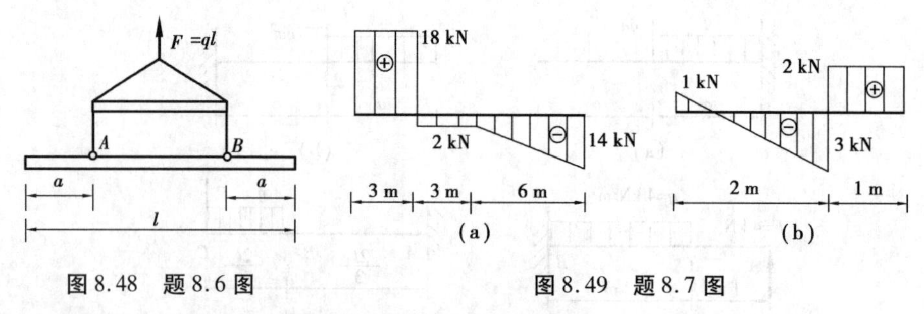


图 8.48　题 8.6 图　　　　图 8.49　题 8.7 图

8.8　试用叠加法作如图 8.50 所示各梁的弯矩图。

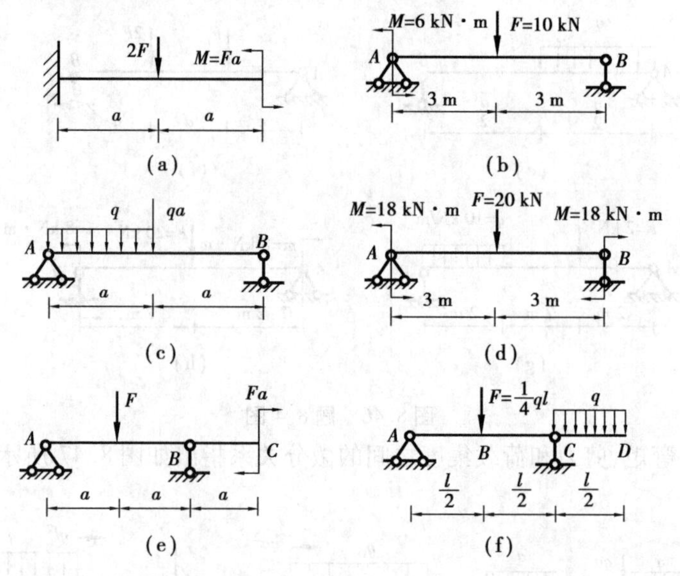


图 8.50　题 8.8 图

8.9　如图 8.51 所示的悬臂梁，试求 $a—a$ 截面上 $A,B,C,D$ 4 点的正应力，并绘出该截面的正应力分布图。

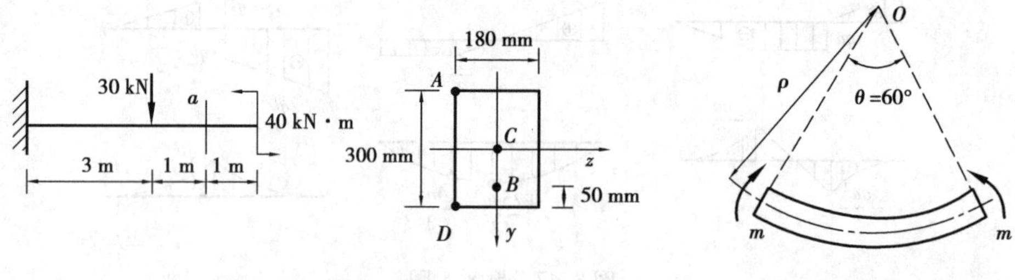


图 8.51　题 8.9 图　　　　图 8.52　题 8.10 图

8.10　如图 8.52 所示薄钢尺，长度为 250 mm，截面宽 $b=25$ mm，厚度 $h=0.8$ mm，由于两端外力偶的作用而弯成圆心角 60°的圆弧。已知薄钢尺材料的弹性模量 $G=210$ GPa。试求钢尺横截面上的最大正应力。

8.11　如图 8.53(a)所示 T 形截面梁受均布荷载作用，梁的尺寸如图 8.53(b)所示。已知 $l=1.5$ m，$q=8$ kN/m。求梁的最大拉应力和最大压应力。

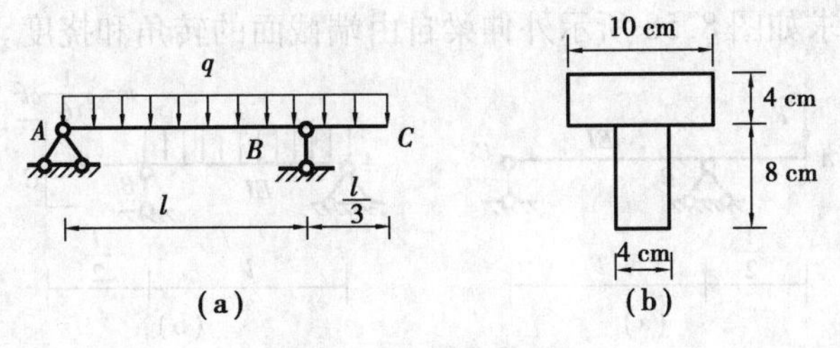


图 8.53　题 8.11 图

8.12　如图 8.54 所示，两个矩形截面的简支木梁，其跨度、荷载及截面尺寸都相同，一个是整体，另一个是由两根方木叠摞而成（两根方木之间不加任何联系）。试分别计算两个梁的最大正应力，并分别画出横截面上正应力分布规律图。

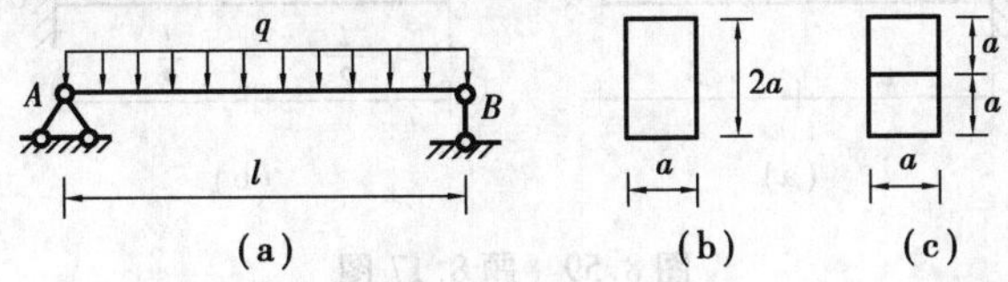


图 8.54　题 8.12 图

8.13　如图 8.55 所示，一矩形截面简支梁跨度 $l=4$ m，承受荷载 $F=20$ kN，截面尺寸 $h=200$ mm，$b=120$ mm。求梁的最大正应力和最大切应力。

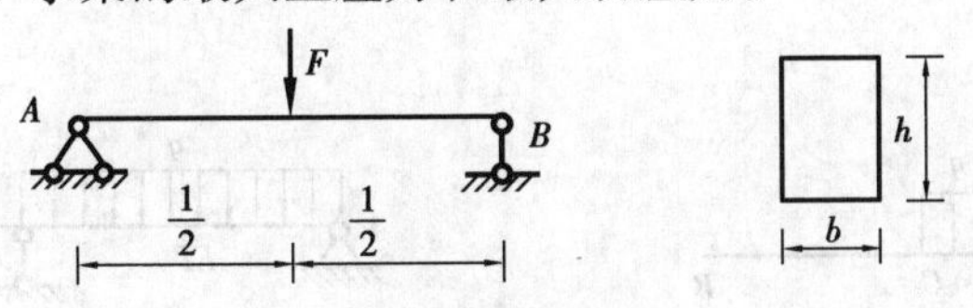


图 8.55　题 8.13 图

8.14　用积分法求如图 8.56 所示悬臂梁自由端截面的转角和挠度。

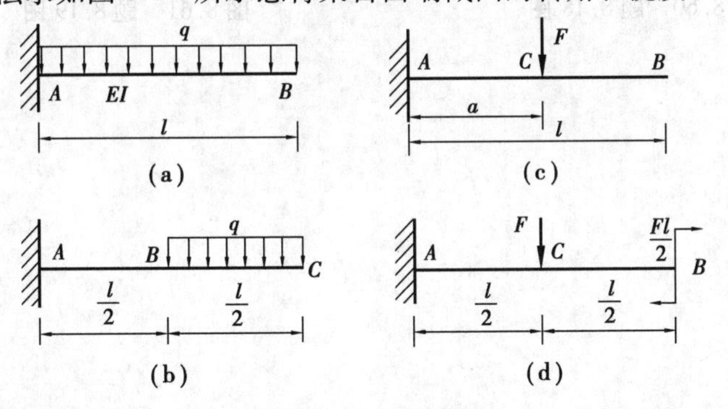


图 8.56　题 8.14 图

8.15　用积分法求如图 8.57 所示简支梁 $A$，$B$ 截面的转角和跨中 $C$ 截面的挠度。

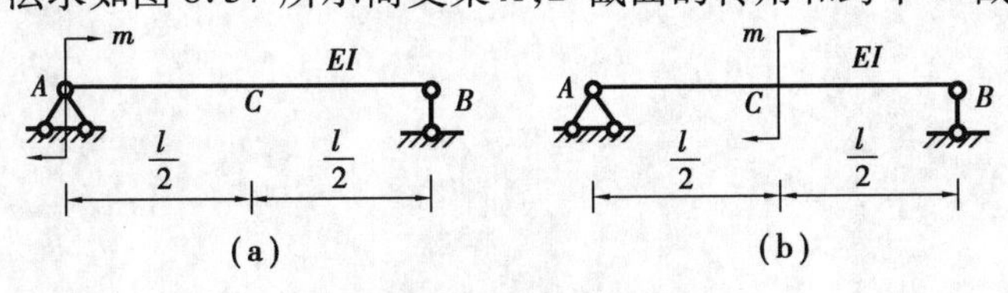


图 8.57　题 8.15 图

8.16 用积分法求如图 8.58 所示外伸梁自由端截面的转角和挠度。

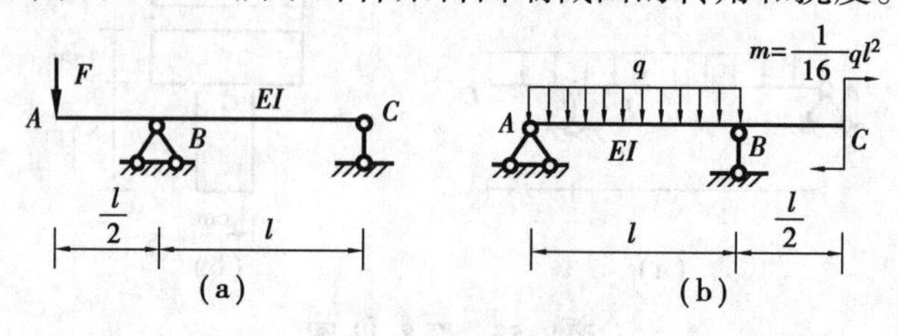


图 8.58 题 8.16 图

8.17 试用叠加法求如图 8.59 所示梁自由端截面的转角和挠度。

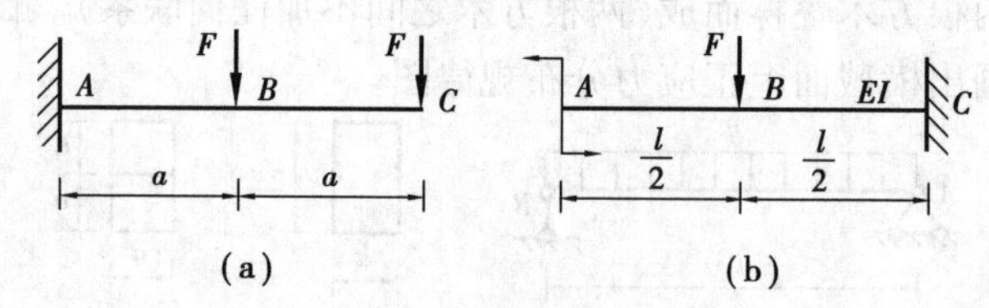


图 8.59 题 8.17 图

8.18 抗弯刚度为 $EI$ 的悬臂梁如图 8.60 所示。试用叠加法求梁自由端 $B$ 的挠度。

8.19 在如图 8.61 所示外伸梁中，$F=\dfrac{ql}{6}$，梁的抗弯刚度为 $EI$。试用叠加法求自由端截面的挠度和转角。

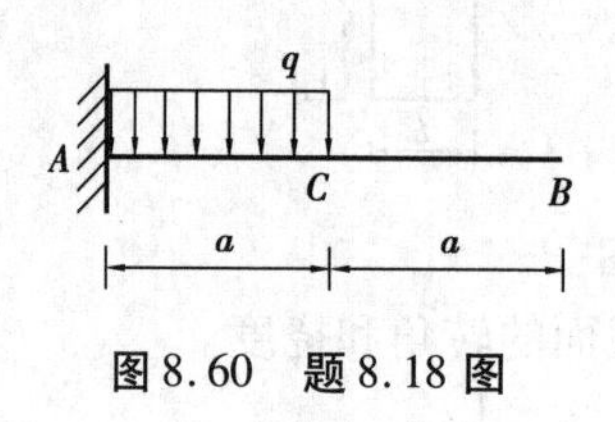


图 8.60 题 8.18 图

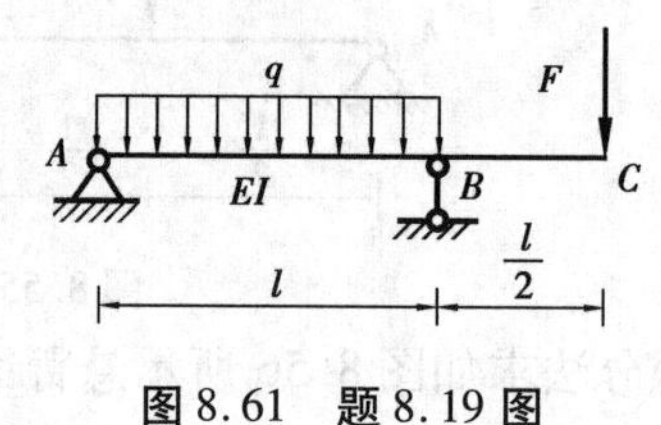


图 8.61 题 8.19 图

# 9 静定平面结构

建筑物中由若干杆件(或构件)相连接所组成用来传递和承受荷载作用的几何不变体系称为结构。如果体系没有多余约束则称静定结构,静定结构的约束反力、内力都可通过静力平衡方程计算,因此静定结构的计算相对简便,本章将讨论静定平面结构的计算方法。如果体系有多余约束则称超静定结构,下一章将专门讨论超静定平面结构的计算。

房屋建筑中最常见的结构包括梁、刚架、拱及桁架。这里主要研究其内力和变形。

## 9.1 静定平面桁架的内力

### ▶ 9.1.1 桁架概况

桁架结构在土木工程中应用很广泛。特别是在大跨度结构中,桁架更是一种重要的结构形式。如图9.1(a)所示的钢筋混凝土屋架也属于桁架结构。

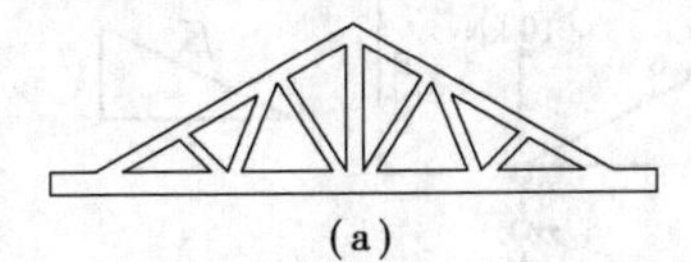
(a)

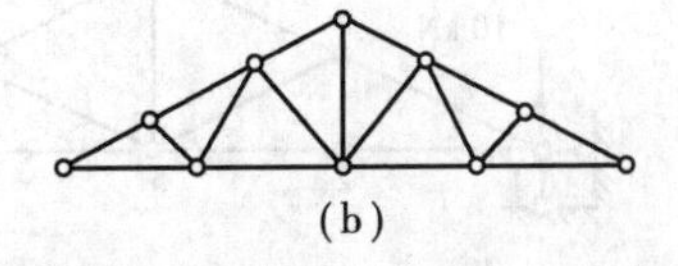
(b)

图9.1 桁架结构

桁架的计算简图往往都是理想化的桁架,称为理想桁架。所谓理想桁架,就是全部由直杆(其质量可忽略不计)在两端用理想的光滑铰连成的几何不变体系,而所有外力都作用在铰结点上。理想桁架的特征是:所有的杆都是链杆,所有结点都是理想的光滑铰结点,结点上各杆轴线都汇交于结点中心,所有外力都作用在结点上。如图9.1(a)所示的钢筋混凝土屋架的计算简图可近似表示为图9.1(b)。

桁架中各杆可按所处位置分为上弦杆、下弦杆和腹杆(包括斜杆和竖杆),如图9.2所示。弦杆上两相邻结点间的区间称为节间,其长度称为节间长度。

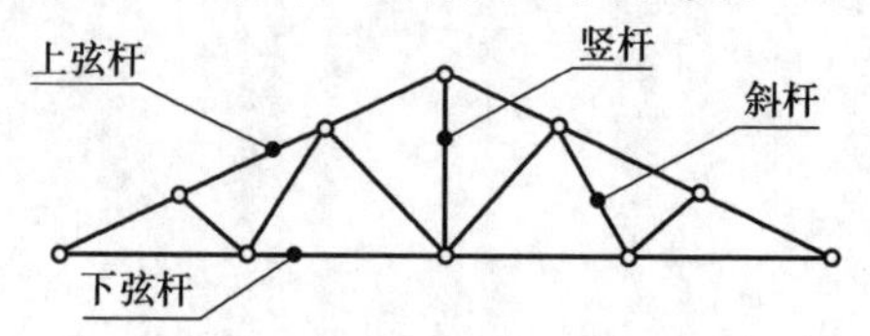


图9.2 桁架中各杆的名称

静定平面桁架按其几何构成方法分为以下3类:

①简单桁架。在"基础"刚片或一个铰接三角形上依次增加"二元体"而构成的铰接三角形体系。

②联合桁架。由两个或两个以上"简单桁架"刚片按无多余约束几何不变体系规则组成的体系。

③复杂桁架。不属于上述两种情况的无多余约束的几何不变体系。

## ▶ 9.1.2 静定平面桁架的内力计算

桁架内力就是指桁架各杆的内力。由于桁架各杆都是链杆,其内力只有轴力,故桁架内力也就是各杆的轴力。

桁架内力计算的方法主要有结点法和截面法。

**1)结点法**

结点法的要点是:一般先以整个桁架为研究对象,列出桁架整体的平衡方程,解出支座的约束反力,然后按照一定的顺序取各结点为研究对象,并据此建立平衡方程求解桁架杆件的轴力。由于桁架的外力(荷载和支座反力)都作用于铰结点上,而各杆件轴线又都汇交于铰结点,故铰结点所受的各力构成一平面汇交力系。因此,以铰结点为分析对象时,只能列出两个平衡方程,最多只能求出两个未知轴力。故用结点法计算桁架内力时,选取的分析结点上未知轴力一般不能超过两个。必须注意的是,画受力图时,未知轴力一般设为正向(拉力)。

【例9.1】 试用结点法求如图9.3所示桁架的内力。

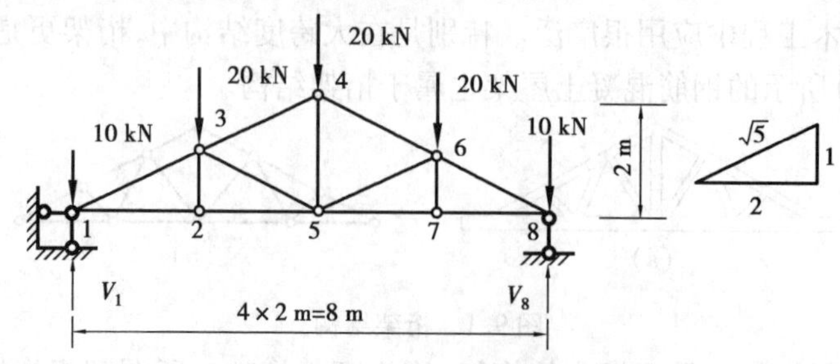


图9.3 结点法计算桁架内力

【解】 ①求支座反力,根据静力平衡条件可求得

$$V_1 = V_8 = 40 \text{ kN}$$

设上弦杆的倾角为 $\alpha$,则

$$\sin\alpha = \frac{1}{\sqrt{2^2+1^2}} = \frac{\sqrt{5}}{5}, \cos\alpha = \frac{2}{\sqrt{2^2+1^2}} = \frac{2\sqrt{5}}{5}$$

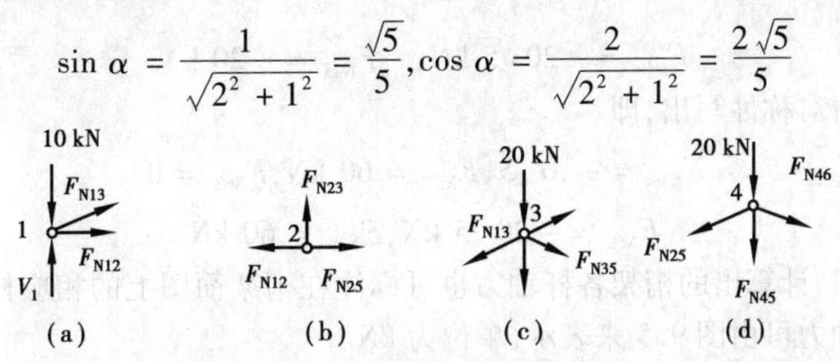


图 9.4　各结点受力分析

②计算各杆的内力。首先从只有两个未知轴力的结点开始,如 1 结点。注意本题的特点:结构和荷载都是对称的,因此内力也是对称的,只需计算 1,2,3,4 结点就可求出所有杆的内力。

按规定画出 1,2,3,4 结点的受力分析图,如图 9.4(a),(b),(c),(d)所示,特别注意各杆的轴力均假设为正向(拉力)。

计算 1 结点:

由

$$\sum X = 0, F_{N12} + F_{N13}\cos\alpha = 0$$

$$\sum Y = 0, F_{N13}\sin\alpha + V_1 - 10 = 0$$

解得

$$F_{N12} = 60 \text{ kN} \quad F_{N13} = -30\sqrt{5} \text{ kN}$$

计算 2 结点:

由

$$\sum X = 0, -F_{N12} + F_{N25} = 0$$

$$\sum Y = 0, F_{N23} = 0$$

解得

$$F_{N23} = 0, F_{N25} = 60 \text{ kN}$$

计算 3 结点:

由

$$\sum X = 0, -F_{N13}\cos\alpha + F_{N34}\cos\alpha + F_{N35}\cos\alpha = 0$$

$$\sum Y = 0, -F_{N13}\sin\alpha + F_{N34}\sin\alpha - F_{N35}\sin\alpha - F_{N23} - 20 = 0$$

解得

$$F_{N34} = -20\sqrt{5} \text{ kN} \quad F_{N35} = -10\sqrt{5} \text{ kN}$$

计算 4 结点:

由

$$\sum X = 0, -F_{N34}\cos\alpha + F_{N46}\cos\alpha = 0$$

$$\sum Y = 0, -F_{N34}\sin\alpha - F_{N46}\sin\alpha - F_{N45} - 20 = 0$$

解得

$$F_{N46} = -20\sqrt{5}\ \text{kN}, \quad F_{N45} = -20\ \text{kN}$$

其余各杆的内力由对称性写出,即

$$F_{N56} = -10\sqrt{5}, F_{N57} = 60\ \text{kN}, F_{N67} = 0$$

$$F_{N68} = -30\sqrt{5}\ \text{kN}, F_{N78} = 60\ \text{kN}$$

根据工程习惯,计算出的桁架各杆轴力也可标注在桁架简图上的相应杆件旁。如图 9.3 所示桁架各杆的轴力可由图 9.5 来表示,单位为 kN。

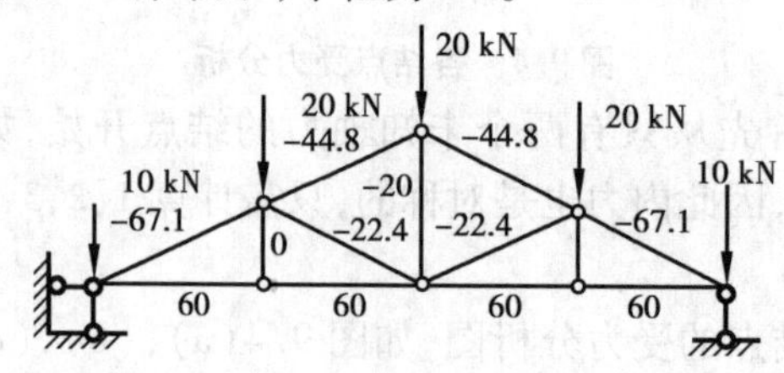


图 9.5　桁架内力表示

2)**截面法**

用某一截面(可为平面或曲面)截取桁架的一部分为分析对象,画出其受力图,并据此建立平衡方程来求解桁架杆件的轴力。截面法的分析对象是桁架的一部分,它可以是一个铰或一根杆,也可以是联系在一起的多个铰或多根杆。所谓"截取",就是假想地截断所选定的部分与周围其余部分联系的杆件来取出分析对象。

若截面法截取的分析对象是单个铰,此时的截面法就是结点法。截面法截取的分析对象通常不是单个铰,而是含铰和杆件的更大的部分,这样就能发挥截面法的优势。此时分析对象所受的力系通常是平面一般力系,故能且只能列出 3 个独立的平衡方程,最多可求解 3 个未知轴力。在运算的技巧上,有时可通过选取适当的投影轴与矩心,或许可使一个平衡方程中只含一个未知量,进而简化计算过程。

【例 9.2】　应用截面法计算上例中 3—5,3—4,2—5 杆的轴力。

【解】　①求支座反力,根据静力平衡条件可求得

$$V_1 = V_8 = 40\ \text{kN}$$

②用截面法求 3—5 杆的轴力。用截面取得桁架的一部分,如图 9.6(b)所示。

该部分满足平衡方程,即

$$\sum X = 0, F_{N25} + F_{N34}\cos\alpha + F_{N35}\cos\alpha = 0$$

$$\sum Y = 0, V_1 - 10 + F_{N34}\sin\alpha - F_{N35}\sin\alpha - 20 = 0$$

$$\sum m_1(F) = 0, -(20 + F_{N35}\sin\alpha) \times 2 - F_{N35}\cos\alpha \times 1 = 0$$

解得

$$F_{N25} = 60\ \text{kN}, \ F_{N34} = -20\sqrt{5}\ \text{kN}, F_{N35} = -10\sqrt{5}\ \text{kN}$$

3)**综合法**

在桁架的计算过程中,有时要同时应用到结点法和截面法,即所谓的综合法。例如,要计

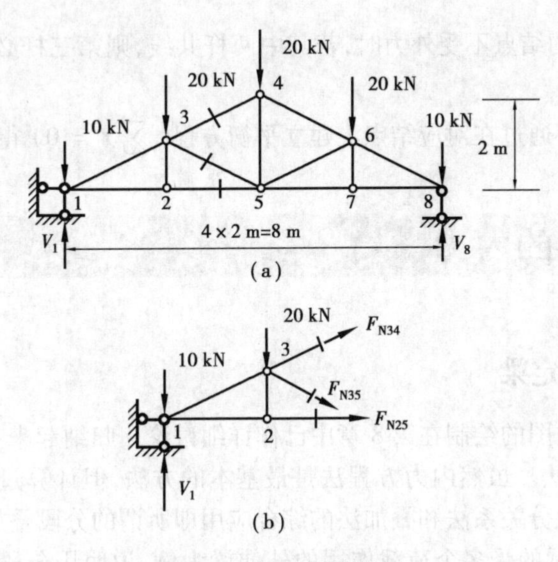


图 9.6　截面法计算桁架

算如图 9.7 所示桁架中 4—5 杆的轴力,就可用综合法较为简便。

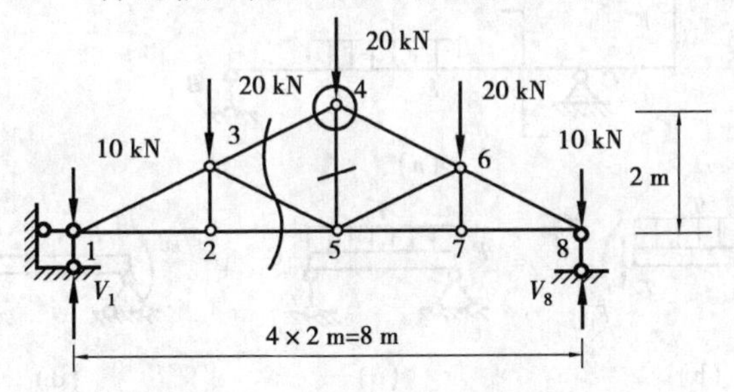


图 9.7　综合法计算桁架内力

计算过程如下:首先应用截面法如图 9.7 所示截取,可计算出 3—4 杆的轴力;然后在结点 4 应用结点法可进一步计算出 4—5 杆的轴力。

4)零杆

零杆是指桁架中轴力为零的杆,如上例中的 2—3 杆和 6—7 杆。在桁架内力计算时,如果能事先判断出零杆,则可以简化计算步骤,提高计算效率。

判断零杆的依据,实质上就是应用结点法对特殊结点进行平衡方程计算,从而得到轴力为零的杆件。

规律 1:二元体结点上不受外力时,两杆均为零杆,又称“V”结点,如图 9.8(a)所示。

规律 2:二元体结点上受一外力作用,且外力沿其中一杆,则该杆有轴力,且轴力的绝对值等于该外力的大小,另一杆必为零杆,如图 9.8(b)所示。

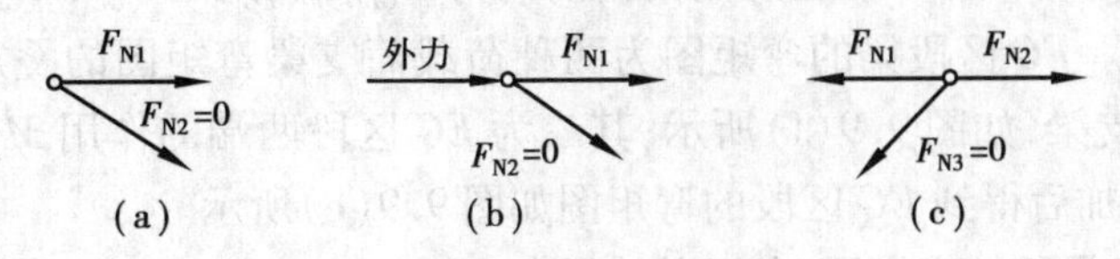


图 9.8　零杆的判断

规律3:三杆汇交的结点不受外力时,若其中两杆共线,则第三杆必为零杆,如图9.8(c)所示。

以上3个规律均可通过在对应结点上建立平衡方程($\sum Y = 0$)得到。

## 9.2 静定梁的内力

### ▶ 9.2.1 单跨静定梁

单跨静定梁的内力图的绘制在第8章中已作详细讨论。归纳起来有3种方法:内力方程法、微分关系法和叠加法。虽然内力方程法是最基本的方法,但计算过程较繁杂,相对而言,应用几率较低。而对微分关系法和叠加法的综合应用即所谓的分段叠加法,则比较普遍。

以如图9.9(a)所示的受多个荷载作用的外伸梁为例,说明用分段叠加法画梁的剪力图与弯矩图的作法和过程。

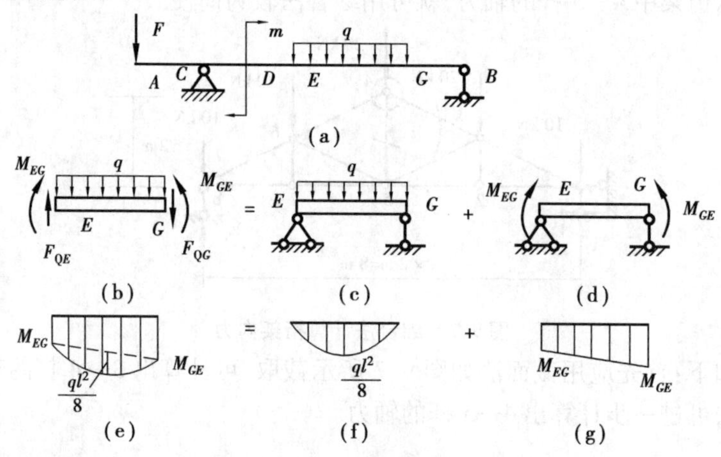


图9.9 分段叠加法

根据荷载作用特点将梁分为各个区段,各个区段的划分是以梁的分类为基础的,简支梁、悬臂梁、多层多跨梁等,并以区段分界处截面和一切内力关系发生变化的截面为控制截面。例如,在图9.9(a)中可将梁分为$AC$,$CD$,$DE$,$EG$和$GB$段。根据内力与荷载之间的微分关系可知,梁的剪力图由各直线段构成,直线图形只需计算两点纵坐标值就可连线作出;对于弯矩图,除有均布荷载的梁段的弯矩图为二次抛物线以外,其余各区段的弯矩图都是直线。于是这里的中心问题仅是有均布荷载区段的弯矩图,具体作法如下:

首先由图9.9(a)算出$EG$区段两端截面的内力$F_{QEG}$,$M_{EG}$和$F_{QGE}$,$M_{GE}$。然后截取$EG$区段如图9.9(b)所示。$EG$区段梁的弯矩图为两种荷载简支梁弯矩图的叠加:其一为$EG$区段分布荷载为$q$的简支梁,如图9.9(f)所示;其二为$EG$区段两端的作用$M_{EF}$和$M_{FE}$简支梁,如图9.9(g)所示。叠加后得到$EG$区段的弯矩图如图9.9(e)所示。

按叠加法作$EG$梁段的弯矩图,其具体步骤如下:

①以计算出的$M_{EF}$和$M_{FE}$,作出两端的纵坐标线。

②以虚线连接两端。

③以虚线为基线，叠加上 $EG$ 区段分布荷载为 $q$ 的简支梁弯矩图。该过程中，两端是加零，只需以 $\frac{1}{8}ql^2$ 确定曲线的第三个点（在 $EG$ 区段的中点），即可作出曲线。

至此可得知，EG 区段的弯矩图就是以两端截面弯矩纵坐标连线为基线，叠加上该段梁上荷载作用在简支梁上的弯矩图。这个结论不仅用于这种具有均布荷载的区段，而且也适用于其他任何区段。

这也是对梁分段运用叠加原理，这种作梁内力图的方法称为分段叠加法。

总结起来，将梁划分区段并确定控制截面及控制截面上的内力是关键。

剪力图只需分两步作出，由剪力与荷载之间的微分关系可知，对于无荷载或有均布荷载的区段，剪力图都是直线，因此首先用算得的各控制面的 $F_Q$ 值在相应各处作出 $F_Q$ 图的纵标线，然后在各区段两端纵标线之间分别连线，即得 $F_Q$ 图。

弯矩图需分 3 步作出，首先，用算得的各控制面的 $M$ 值作出各纵标线；其次，在无荷载的区段直接连实线，而在有叠加弯矩的区段连虚线；最后，以虚线为基线，把算得的该段梁上荷载作用在简支梁上的弯矩图叠加值加上去，连成实线，得弯矩图。应注意：叠加是纵标值的相加，因此叠加值必须垂直于横坐标轴线按竖直方向画出，而不是垂直于虚线。

【例 9.3】 外伸梁如图 9.10(a)所示，已知 $q=5$ kN/m，$P=15$ kN，试画出该梁的内力图。

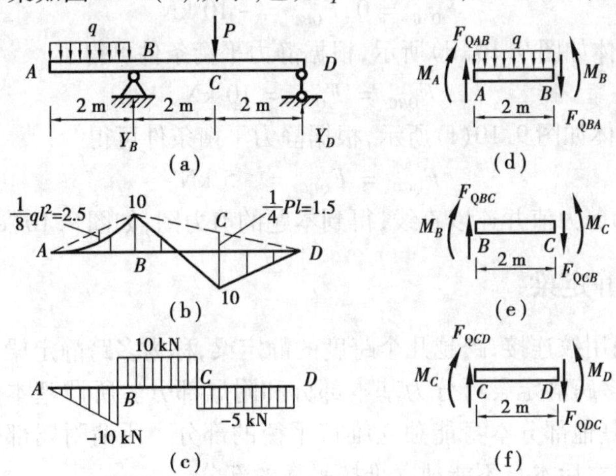


图 9.10 分段叠加法作内力图

【解】 假设梁段上使之向下弯（下部受拉）的弯矩为正，正弯矩画在梁轴线的下侧，负弯矩画在梁轴线的上侧。

①计算在全部荷载作用下控制截面的弯矩值。本题的控制截面为 $A,B,D$ 截面。$A$ 端为自由端，$D$ 端为铰支端，$AB$ 为悬臂梁，其控制截面弯矩分别为

$$M_A = 0; M_D = 0; M_B = -\frac{q \times 2^2}{2} = -10 \text{ kN} \cdot \text{m}$$

②分段画弯矩图。根据 $M_A,M_D,M_B$ 的数据，用虚线连接，可得分段弯矩图，如图 9.10(b)所示的虚线部分。

③分段叠加法叠加外荷载引起的弯矩。在 $AB$ 段的虚线上叠加均布荷载 $q$ 引起的弯矩，

叠加后的最后结果如图9.10(b)所示的$AB$段实弧线(抛物线)部分。其中,均布荷载$q$引起$AB$段的弯矩图为抛物线,其中间截面上的弯矩数值为

$$M_{AB中} = \frac{q \times 2^2}{8} = 2.5\ \text{kN} \cdot \text{m}$$

因此,叠加后的最后结果中的$AB$段的中间截面的弯矩为

$$M_{中} = \frac{1}{2}(M_A + M_B) + M_{AB中} = \frac{1}{2}(0 - 10)\ \text{kN} \cdot \text{m} + 2.5\ \text{kN} \cdot \text{m} = -2.5\ \text{kN} \cdot \text{m}$$

$BD$段的虚线上叠加集中力$P$引起的弯矩,叠加后的最后结果如图9.10(b)所示的$BD$段的实线(直线段)部分。其中,集中力$P$引起$BD$段的弯矩图为直线段,其中间截面上的弯矩数值为

$$M_{BD中} = P \times 4/4 = 15\ \text{kN} \cdot \text{m}$$

因此,叠加后的最后结果中的$C$截面弯矩为

$$M_C = -\frac{1}{2}(M_B + M_D) + M_{BD中} = -\frac{1}{2}(10 + 0)\text{kN} \cdot \text{m} + 15\ \text{kN} \cdot \text{m} = 10\ \text{kN} \cdot \text{m}$$

梁的实际弯矩图如图9.10(c)所示的实线部分。

④确定$A,B,C,D$截面的剪力值。

取$AB$段的分离体如图9.10(b)所示,根据静力平衡条件可得

$$F_{QAB} = 0, F_{QBA} = -10\ \text{kN}$$

取$BC$段的分离体如图9.10(d)所示,根据静力平衡条件可得

$$F_{QBC} = F_{QCB} = 10\ \text{kN}$$

取$CD$段的分离体如图9.10(f)所示,根据静力平衡条件可得

$$F_{QCD} = F_{QDC} = -5\ \text{kN}$$

⑤取以上各点的剪力值并连以直线,得到本题的剪力图,如图9.10(e)所示。

### ▶ 9.2.2 多跨静定梁

多根梁段相互间用铰连接,跨越几个跨度的静定梁,称为多跨静定梁。

从几何组成看,多跨静定梁可分为基本部分和附属部分。所谓基本部分,是指在竖向荷载的作用下,不依赖其他部分本身能独立维持平衡的部分。所谓附属部分,是指在去掉该部分与其他部分的联系之后本身不能独立维持平衡的部分。

为了更清楚地了解各部分之间的依存关系,通常要画出多跨静定梁的层次图。把基本部分画在最下层,附属部分画在它所依赖部分的上层,如图9.11(c)所示。

从层次图图9.11(c)中可知,基本部分的荷载不影响附属部分,而附属部分的荷载必然传至基本部分。因此,在计算多跨静定梁所有的约束反力和内力时,应先计算附属部分,再计算基本部分,而每一部分的剪力图和弯矩图与相应的单跨静定梁的剪力图和弯矩图的绘制方法相同。

**【例9.4】** 试作图9.12(a)所示多跨静定梁的内力图。

**【解】** ①分清层次。$AB$梁是多跨静定梁的基本部分,$BD$梁是中间层附属部分,$DG$梁是最高层附属部分。因此,应先对$DG$梁求支座反力,然后$BD$梁,最后$AB$梁。按此层次关系依次画出3根梁的单独受力图如图9.12(b)、(c)、(d)所示。

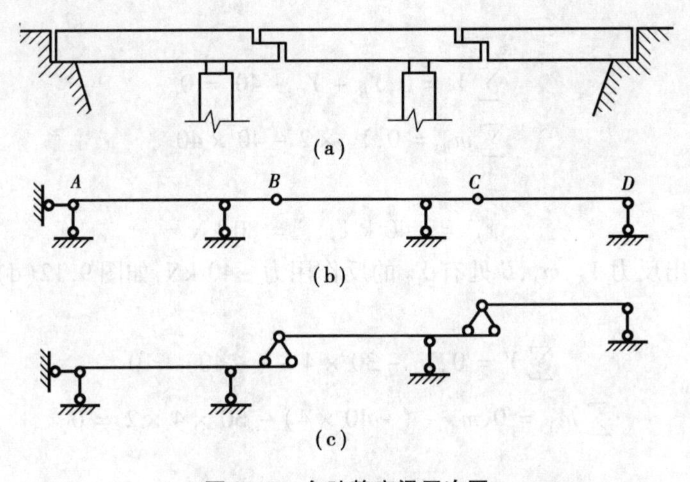


图 9.11　多跨静定梁层次图

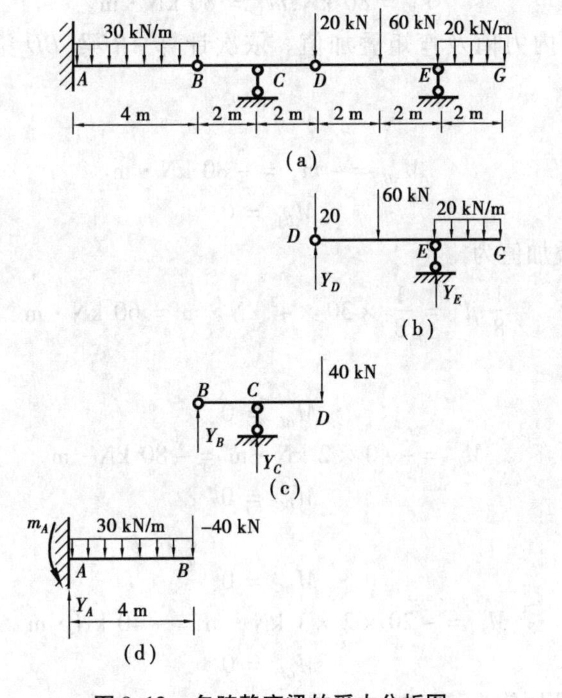


图 9.12　多跨静定梁的受力分析图

②求支座反力。对 $DG$ 梁,画出竖向反力 $Y_D, Y_E$。$D$ 处显然无水平反力,如图 9.12(b)所示。

由

$$\sum Y = 0, Y_D + Y_E - 60 - 20 \times 2 = 0$$

$$\sum m_D = 0, Y_E \times 4 - 60 \times 2 - 20 \times 2 \times 5 = 0$$

解得

$$Y_D = 40 \text{ kN}, Y_E = 80 \text{ kN}$$

对 $BD$ 梁,画出反力 $Y_B, Y_C$,$D$ 处有 $Y_D$ 的反作用力 40 kN,如图 9.12(c)所示。

由

$$\sum Y = 0, Y_B + Y_C - 40 = 0$$

$$\sum m_B = 0, Y_C \times 2 - 40 \times 40$$

解得

$$Y_B = -40 \text{ kN}, Y_C = 80 \text{ kN}$$

对 $AB$ 梁，画出反力 $Y_A, m_A, B$ 处有 $Y_B$ 的反作用力 $-40$ kN，如图 9.12(d)所示。

由

$$\sum Y = 0, Y_A - 30 \times 4 - (-40) = 0$$

$$\sum m_A = 0, m_A - (-40 \times 4) - 30 \times 4 \times 2 = 0$$

解得

$$Y_A = 80 \text{ kN}, m_A = 80 \text{ kN} \cdot \text{m}$$

③求各控制截面内力值及弯矩叠加值。依次计算 $AB$ 梁、$BD$ 梁、$DG$ 梁各控制截面内力值。

$AB$ 梁：

$$M_{AB} = -m_A = -80 \text{ kN} \cdot \text{m}$$

$$M_{BA} = 0$$

$AB$ 段中点弯矩叠加值为

$$\frac{1}{8}ql^2 = \frac{1}{8} \times 30 \times 4^2 \text{ kN} \cdot \text{m} = 60 \text{ kN} \cdot \text{m}$$

$BD$ 梁：

$$M_{BC} = 0$$

$$M_C = -40 \times 2 \text{ kN} \cdot \text{m} = -80 \text{ kN} \cdot \text{m}$$

$$M_{DC} = 0$$

DG 梁：

$$M_{DG} = 0$$

$$M_E = -20 \times 2 \times 1 \text{ kN} \cdot \text{m} = -40 \text{ kN} \cdot \text{m}$$

$$M_{GE} = 0$$

$DE$ 段中点弯矩叠加值为

$$\frac{1}{4}Pl = \frac{1}{4} \times 60 \times 4 \text{ kN} \cdot \text{m} = 60 \text{ kN} \cdot \text{m}$$

$EG$ 段中点弯矩叠加值为

$$\frac{1}{8}ql^2 = \frac{1}{8} \times 20 \times 2^2 \text{ kN} \cdot \text{m} = 10 \text{ kN} \cdot \text{m}$$

④根据以上计算值作出多跨梁 $M$ 图如图 9.13(a)所示，$F_Q$ 图如图 9.13(b)所示。

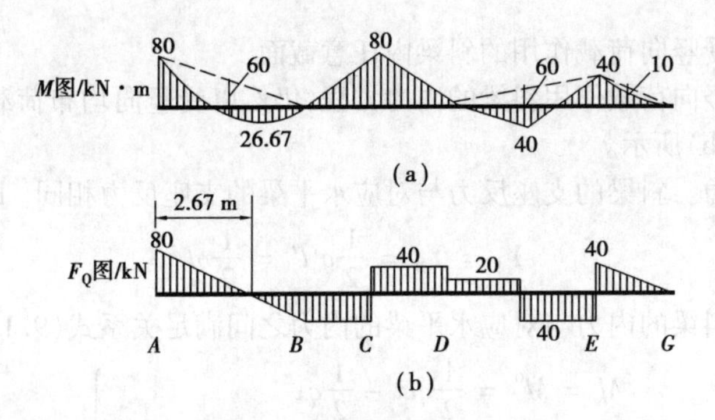


图9.13 多跨静定梁的内力图

## ▶ 9.2.3 斜梁

轴线与水平面间有一夹角 α 的梁称为斜梁,重点分析**只受竖向均布荷载作用的斜简支梁**,如楼梯梁等,其力学计算简图如图9.14(a)所示。斜梁的内力包括轴力 $F_N$、剪力 $F_Q$ 和弯矩 $M$。如图9.14(b)所示。用截面法完全能计算静定斜梁的内力。

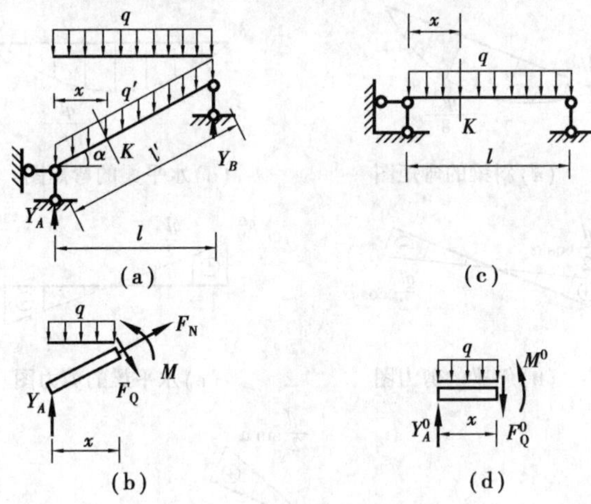


图9.14 斜梁与对应水平梁

如果设沿斜梁轴线长度 $l'$ 的均布荷载的分布集度为 $q'$,则同样的荷载按斜梁水平跨度 $l$ 计算的分布集度为 $q$,有

$$q = \frac{q'}{\cos\alpha} \qquad l = l'\cos\alpha$$

显然有

$$ql = q'l'$$

与斜梁对应的水平简支梁如图9.14(c)所示,其内力为剪力 $F_Q^0$ 和弯矩 $M^0$,如图9.6(d)所示。应用截面法可计算出斜梁的内力,斜梁的内力数值与对应的水平简支梁的内力有如下关系,即

$$\left.\begin{aligned} M &= M^0 \\ F_Q &= F_Q^0\cos\alpha \\ F_N &= -F_Q^0\sin\alpha \end{aligned}\right\} \tag{9.1}$$

该关系适于只受竖向荷载作用的斜梁内任意截面。

下面讨论只受竖向荷载作用斜梁的内力方程,仍然以受竖向均布荷载作用的斜简支梁为例,如图9.14(a)、(b)所示。

①计算支座反力。斜梁的支座反力与对应水平梁的支座反力相同。即

$$Y_A = Y_B = \frac{1}{2}q'l' = \frac{1}{2}ql$$

②计算内力。斜梁的内力与对应水平梁的内力之间满足关系式(9.1),即

$$\left.\begin{aligned} M &= M^0 = \frac{1}{2}qlx - \frac{1}{2}qx^2 \\ F_Q &= F_Q^0 \cos\alpha = \left(\frac{1}{2}ql - qx\right)\cos\alpha \\ F_N &= -F_N^0 \sin\alpha = -\left(\frac{1}{2}ql - qx\right)\sin\alpha \end{aligned}\right\} \qquad \text{(a)}$$

③作斜梁的内力图。根据关系式(a),在对应水平梁的内力图如图9.15(d)、(e)所示的基础上,作斜梁的内力图如图9.15(a)、(b)、(c)所示。

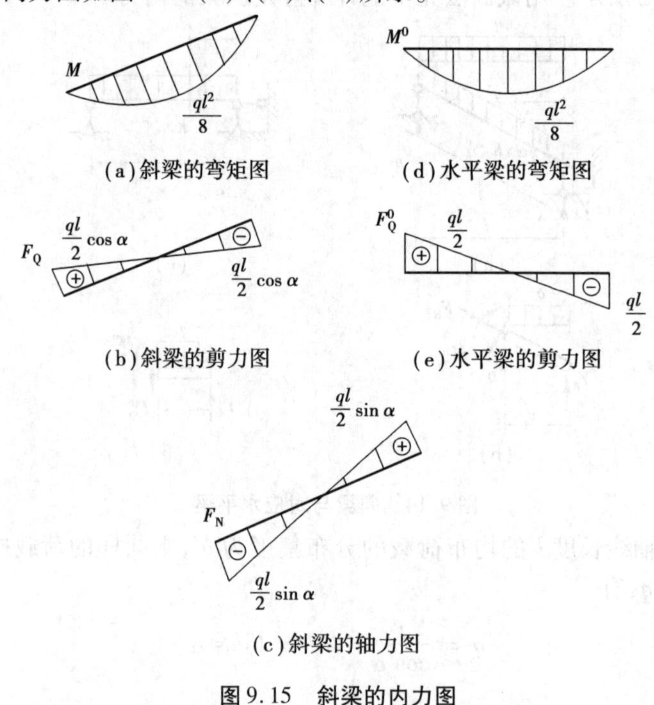


图9.15　斜梁的内力图

## 9.3　静定平面刚架的内力

### ▶ 9.3.1　概述

静定平面刚架是在同一平面内若干杆件主要以刚结点相连接且轴线共面的方式构成的

静定结构。其基本特点是:在结构变形过程中,各杆件以弯曲变形为主;刚性连接的杆件之间在刚结点处的夹角保持不变;全部支座反力和内力都能由静力平衡条件求得。建筑工程中除采用静定刚架外,更多的是采用超静定刚架。对静定刚架内力的分析,不仅是其自身,而且是进一步讨论超静定刚架的基础。

**1)静定平面刚架的常见类型**

静定平面刚架的常见类型有悬臂刚架(见图9.16(a))、简支刚架(见图9.16(b))和三铰刚架(见图9.16(c))等。

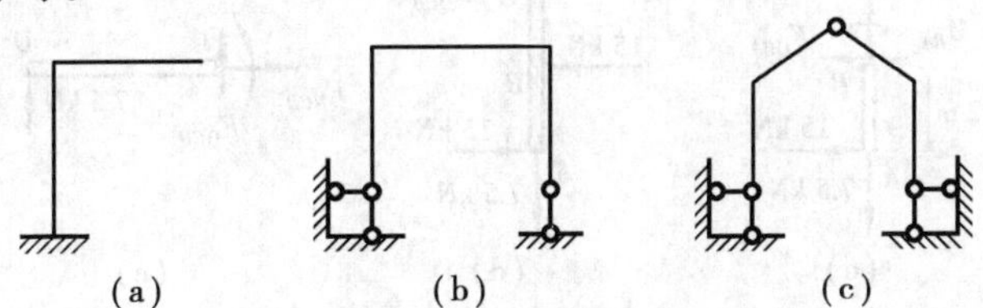


图9.16　静定平面刚架

刚架中的横杆一般称为横梁;竖杆称为立柱。

**2)刚架的特点**

刚架的内部空间大,便于使用。刚结点将梁柱连成一整体,增大了结构的刚度,变形小。当杆件变形时,刚结点处各杆轴线的夹角(一般为直角)保持不变。这也就使得在考虑刚架的内力时重点是弯矩,而剪力和轴心力很可能是次要的或很次要的。刚架中的弯矩分布较为均匀,节省材料。

## ▶ 9.3.2　刚架的内力和内力图

刚架的内力是指各杆件中垂直于杆轴的横截面上的弯矩 $M$、剪力 $F_Q$ 和轴力 $F_N$。在计算静定刚架时,通常应由整体或某些部分的平衡条件,求出各支座反力和各铰接处的约束力,然后逐杆绘制内力图。前述有关梁的内力图的绘制方法,对于刚架中的每一杆件同样适用。刚架杆件中一般有轴力,这是它们与梁的主要区别。在一般情况下,荷载与杆轴垂直,此时,此杆的轴力沿杆轴无变化,只要将它的任一截面的轴力求得,便可绘出其轴力图。

刚架的内力计算步骤如下:

①求支座反力。简单刚架可由3个整体平衡方程求出支座反力,如三铰刚架等属于物体系统平衡问题,一般要利用整体平衡和局部平衡求支座反力。

②求控制截面的内力。控制截面一般选在支承点、结点、集中荷载作用点、分布荷载不连续点。控制截面把刚架划分成受力简单的区段。运用截面法或直接由截面一边的外力求出控制截面的内力值。

③根据每区段内的荷载情况,利用分段叠加法作出弯矩图。通过求控制截面的内力作刚架的剪力和轴力图。

④结点处有不同的杆端截面。各截面上的内力用该杆两端字母作为下标来表示,并把该端字母列在前面。

【例9.5】　绘制如图9.17(a)所示刚架的内力图。

【解】　刚架上无分布荷载作用,内力图均为直线段构成,可用微分关系法绘制内力图。

①求支座反力。刚架的受力分析如图9.17(b)所示,可通过考虑整体平衡,计算出各支

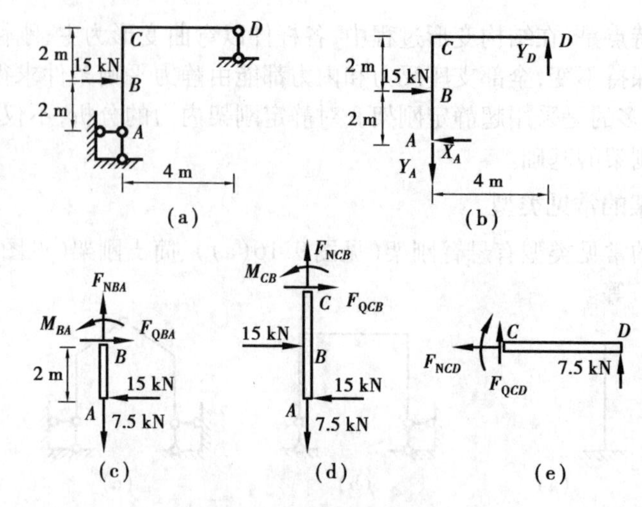


图 9.17　刚架内力分析

座反力,即

$$\sum X = 0,\ -X_A + 15 = 0$$

$$\sum Y = 0,\ -Y_A + Y_D = 0$$

$$\sum M_A = 0,\ -15 \times 2 + Y_D \times 4 = 0$$

解得

$$X_A = 15\ \text{kN}, Y_A = 7.5\ \text{kN}, Y_D = 7.5\ \text{kN}$$

②计算各控制截面的内力。轴力以拉力为正,剪力仍规定以使隔离体有顺时针方向转动趋势的为正,弯矩可假设以使刚架内侧受拉为正。

根据如图 9.17(c)所示的平衡条件,可得

$$F_{NBA} = 7.5\ \text{kN(受拉)}$$

$$F_{QBA} = 15\ \text{kN}$$

$$M_{BA} = 30\ \text{kN}\cdot\text{m(内侧受拉)}$$

由于 $A$ 处为铰支座,可得

$$M_{AB} = 0$$

根据如图 9.17(d)所示的平衡条件,可得

$$F_{NBA} = 7.5\ \text{kN(受拉)}$$

$$F_{QCB} = 0$$

$$M_{CB} = 30\ \text{kN}\cdot\text{m(内侧受拉)}$$

根据如图 9.17(e)所示的平衡条件,可得

$$F_{NCD} = 0$$

$$F_{QCD} = -7.5\ \text{kN}$$

$$M_{CD} = 30\ \text{kN}\cdot\text{m(内侧受拉)}$$

由于 $D$ 处为链杆约束,可得

$$M_{DC} = 0$$

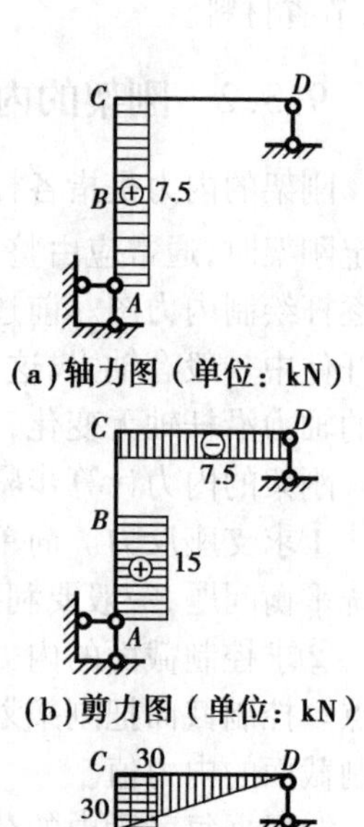


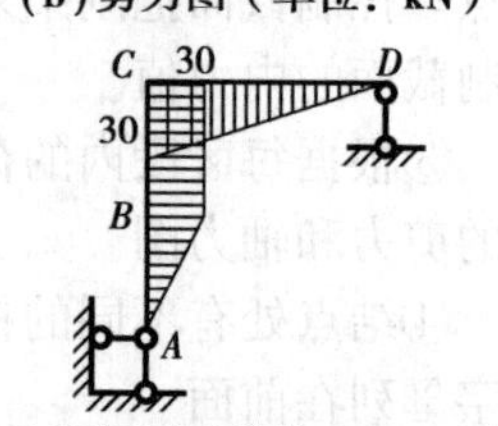


图 9.18　刚架的内力图

③作内力图。根据微分方程法和控制截面的内力数值可绘制轴力图如图9.18(a)所示、剪力图如图9.18(b)所示、弯矩图如图9.18(c)所示。

【例9.6】 绘制如图9.19(a)所示刚架的内力图。

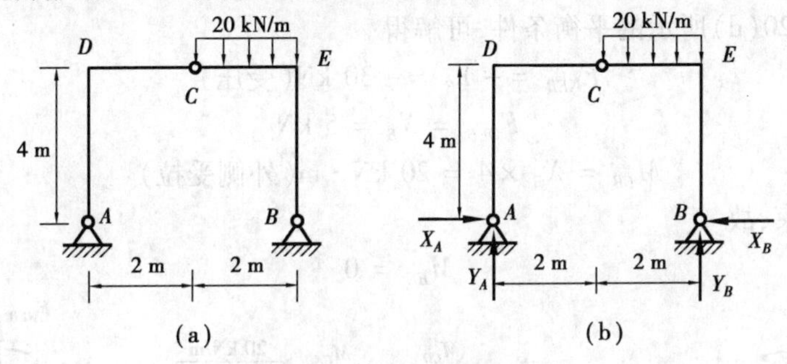


图9.19 三铰刚架

【解】 ①求支座反力。如图9.19(b)所示为刚架整体受力图,由平衡方程得

$$\sum X = 0, X_A - X_B = 0$$

$$\sum Y = 0, Y_A + Y_B - 20 \times 2 = 0$$

$$\sum m_A = 0, Y_B \times 4 - 20 \times 2 \times 3 = 0$$

解得

$$X_A = X_B, Y_A = 10\ \text{kN}, Y_B = 30\ \text{kN}$$

再以$AC$为分离体,根据平衡方程可得

$$X_A = X_B = 5\ \text{kN}$$

②计算各控制截面的内力。轴力以拉力为正,剪力仍规定以使隔离体有顺时针方向转动趋势的为正,弯矩可假设以使刚架内侧受拉为正。

根据如图9.20(a)所示的平衡条件,可解得

$$F_{NDA} = -Y_A = -10\ \text{kN}(受压)$$

$$F_{QDA} = -X_A = -5\ \text{kN}$$

$$M_{DA} = -X_A \times 4 = -20\ \text{kN} \cdot \text{m}(外侧受拉)$$

$A$处为铰约束,故

$$M_{AD} = 0$$

根据如图9.20(b)所示的平衡条件,可解得

$$F_{NCD} = -X_A = -5\ \text{kN}(受压)$$

$$F_{QCD} = Y_A = 10\ \text{kN}$$

又$C$处为铰约束,可直接得

$$M_{CD} = 0$$

根据如图9.20(c)所示的平衡条件,可解得

$$F_{NCE} = -X_B = -5\ \text{kN}(受压)$$

$$F_{QCE} = 20 \times 2 - Y_B = 10\ \text{kN}$$

又$C$处为铰约束,可直接得

$$M_{CE} = 0$$

进一步可发现,有

$$F_{QEC} = -Y_B = -30\ \text{kN}$$

根据如图9.20(d)所示的平衡条件,可解得

$$F_{NEB} = -Y_B = -30\ \text{kN}(\text{受压})$$

$$F_{QEB} = X_B = 5\ \text{kN}$$

$$M_{EB} = X_B \times 4 = 20\ \text{kN} \cdot \text{m}(\text{外侧受拉})$$

$B$ 处为铰约束,故

$$M_{BE} = 0$$

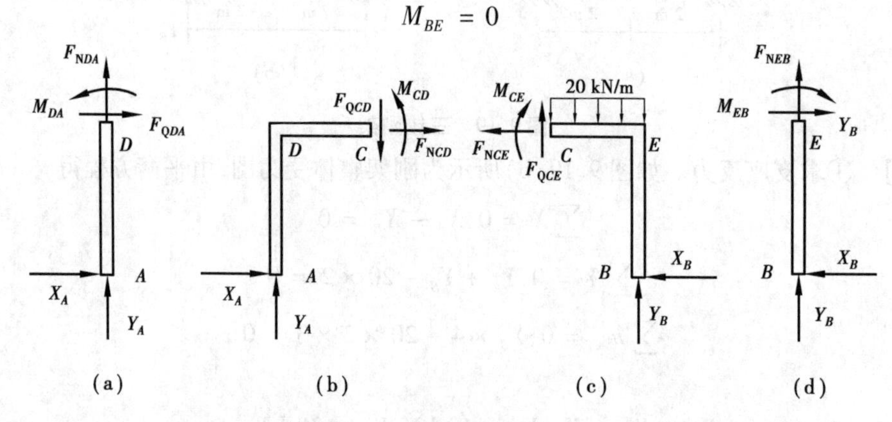


图9.20　三铰刚架内力分析

③内力图形特征分析。根据外荷载与内力之间的微分关系可知,对于剪力图,$CE$ 段上因为受均布荷载作用为倾斜直线,其余各段的剪力图均为与其轴线平行的直线段;对于弯矩图,$CE$ 段上因为受均布荷载作用为抛物线,其余各段的弯矩图均为直线段。抛物线的画法可用叠加法,首先将 $C$ 和 $E$ 点的弯矩值用直线连接成如图9.21(c)所示的虚线部分,然后叠加均布荷载作用,在均布荷载作用下的弯矩图为开口向上的抛物线,顶点的数据为

$$M_{\text{顶点}} = \frac{ql^2}{8} = \frac{20 \times 2^2}{8}\text{kN} \cdot \text{m} = 10\ \text{kN} \cdot \text{m}$$

$CE$ 段弯矩图叠加后的最后结果如图9.21(c)所示的实线部分。

④作内力图。应用分段叠加法,根据微分方程法和控制截面的内力数值可绘制轴力图如图9.21(a)所示、剪力图如图9.21(b)所示、弯矩图如图9.21(c)所示。

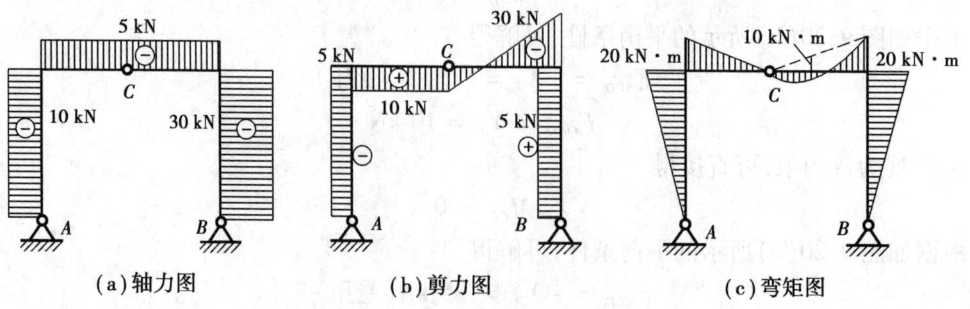


图9.21　三铰刚架内力图

# 9.4 三铰拱

## ▶ 9.4.1 概述

三铰拱是一种静定的拱式结构,拱式结构曾经在桥梁和房屋建筑中得到广泛的应用,在建筑历史上占有重要地位。但近年来,由于建筑材料的改变,在房屋建筑中已很少采用拱式结构。

常见的拱结构有 3 种类型:无铰拱如图 9.22(a)所示,两铰拱如图 9.22(b)所示,三铰拱如图 9.22(c)、(d)所示。无铰拱和两铰拱为超静定拱,三铰拱(包括拉杆拱)则为静定拱,其全部反力和内力都可由静力平衡方程求出。

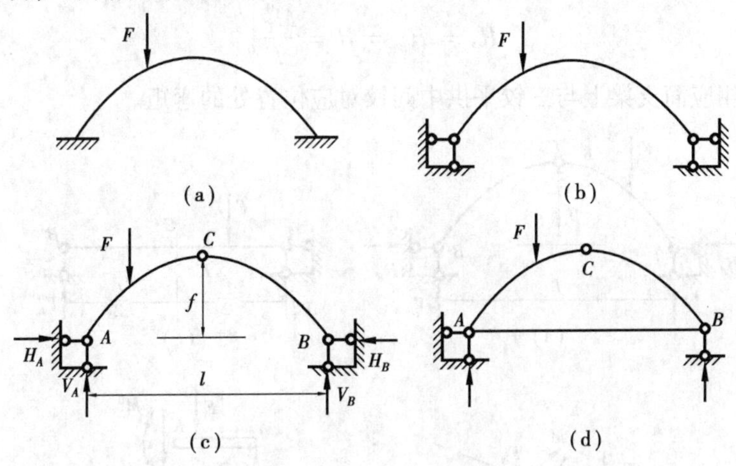


图 9.22 拱结构的类型

拱的主要受力特点是:在竖向荷载作用下支座处能产生水平反力(水平推力)的结构,如图 9.22(c)所示的水平推力 $H_A$ 和 $H_B$,水平推力减小了横截面的弯矩,使得拱主要承受轴向压力作用,因而可利用抗压性能好而抗拉性能差的材料(砖、石、混凝土等)建造。另外,由于水平推力的存在,要求有坚固的基础,给施工带来困难。为克服这一缺点,常采用带拉杆的三铰拱,水平推力由拉杆来承受,如图 9.22(d)所示。如房屋的屋盖通常采用带拉杆的拱结构,在竖向荷载的作用下,只产生竖向支座反力,对墙体不产生水平推力。

构成拱的曲杆称为拱肋,拱肋的轴线称为拱轴线。拱的两端与支座的连接处称为拱趾,两个拱趾的连线称为起拱线。起拱线为水平线的拱称为平拱,起拱线为斜线的拱称为斜拱。拱轴线上距起拱线最远的点称为拱顶,两个拱趾间的水平距离 $l$ 称为跨度,拱顶到起拱线的竖向距离称为拱高 $f$,如图 9.22(c)所示。拱的高度 $f$ 与跨度 $l$ 之比称为高跨比,高跨比是拱的基本参数,通常高跨比控制为 1/10 ~1。

## ▶ 9.4.2 三铰拱的计算

### 1)支座反力的计算

三铰拱有4个支座反力分量,分别以三铰拱整体和其局部为研究对象列静力平衡方程,可解出三铰拱的所有支座反力,这与求解三铰刚架支反力的方法相同。

通常将跨度及所承受的荷载与三铰拱相同的简支梁称为三铰拱的相应简支梁。例如,如图9.23(a)所示的三铰拱,其相应简支梁如图9.23(c)所示。这样可将三铰拱的支座反力与相应简支梁的支座反力作比较,从而可通过相应简支梁的支座反力的计算来表示三铰拱的支座反力。比较如图9.23(a)所示的三铰拱与其相应简支梁图9.23(c),则关系为

$$\left.\begin{aligned} V_A &= V_A^0 \\ V_B &= V_B^0 \\ H_A &= H_B = H = \frac{M_C^0}{f} \end{aligned}\right\} \tag{9.2}$$

式中 $M_C^0$——相应简支梁上与三铰平拱中间铰对应位置处的弯矩。

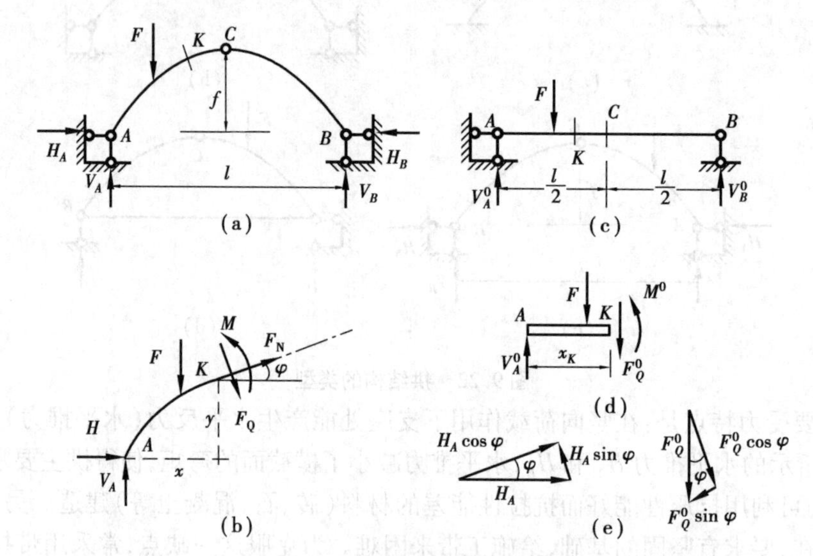


图9.23 三铰拱的支座反力

### 2)三铰拱的内力计算

支座反力求出之后,可用截面法求得三铰拱拱肋任一截面上的内力,其内力一般包括轴力 $F_N$、弯矩 $M$ 和剪力 $F_Q$,如图9.23(b)所示。轴力以拉力为正,剪力仍规定以使隔离体有顺时针方向转动趋势的为正,弯矩可假设以使三铰拱内侧受拉为正,左半拱 $\varphi$ 取正,右半拱 $\varphi$ 取负。在距左端 $A$ 距离为 $x$ 位置,用横截面 $K$ 假想截开,有内力 $M$,$F_Q$,$F_N$,左段分离体的受力分析如图9.23(b)所示。分别建立图9.23(b)和图9.23(d)的平衡方程并加以比较,同时考虑到图9.23(e)的分解关系,可得

$$\left.\begin{aligned} M &= M^0 - Hy \\ F_Q &= F_Q^0 \cos\varphi - H\sin\varphi \\ F_N &= -F_Q^0 \sin\varphi - H\cos\varphi \end{aligned}\right\} \tag{9.3}$$

在拱的内力图作法实际计算中，可将拱沿跨度分成若干份，利用截面法求得各等分点处的内力填入表格，再以拱轴线或水平线为基线描点作图，即得拱的内力图。

【例9.7】 如图9.24(a)、(b)所示的三铰拱及对应简支梁，拱的轴线为$y=\frac{4f}{l^2}x(l-x)$。求三铰拱的支反力，并绘制内力图。

【解】 ①支反力计算。三铰拱的对应简支梁如图9.24(b)所示，根据静力平衡条件可解得简支梁的支反力及$C$截面上的弯矩分别为

$$V_A^0 = 7\ \text{kN}\downarrow, V_B^0 = 5\ \text{kN}\uparrow, M_C^0 = 24\ \text{kN}\cdot\text{m}$$

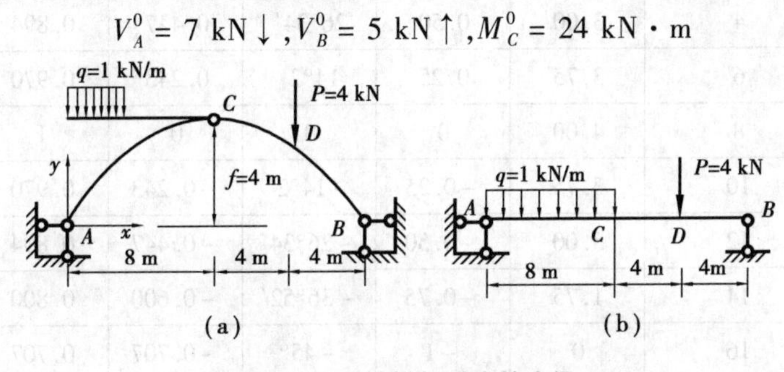


图9.24 三铰拱与对应简支梁

根据式(9.2)，可得三铰拱的支反力为

$$V_A = V_A^0 = 7\ \text{kN}\downarrow, V_B = V_B^0 = 5\ \text{kN}\uparrow, H_A = H_B = M_C^0/f = 6\ \text{kN}\cdot\text{m}$$

②内力计算。为绘制内力图，将拱沿跨度方向分成8等份（共计9个截面），并算出每个截面上的弯矩、剪力和轴力的数值。以$x=12$ m的$D$截面为例来表明计算方法和步骤。

$D$截面的几何参数：

根据拱的轴线方程得

$$y = \frac{4f}{l^2}x(l-x) = \frac{4\times 4}{16^2}\times 12(16-12)\ \text{m} = 3\ \text{m}$$

$$\tan\varphi = \frac{\mathrm{d}y}{\mathrm{d}x} = \frac{4f}{l^2}(l-2x) = \frac{4\times 4}{16^2}(16-2\times 12) = -0.5$$

因此得

$$\varphi = -26°34', \sin\varphi = -0.447, \cos\varphi = 0.894$$

$D$截面的内力：

根据式(9.3)可得

$$M = M^0 - Hy = 5\times 4\ \text{kN}\cdot\text{m} - 6\times 3\ \text{kN}\cdot\text{m} = 2\ \text{kN}\cdot\text{m}$$

$D$截面处作用了集中荷载，$F_Q^0$有突变，应分别计算其左右截面上的剪力和轴力，即

$$\begin{cases} F_{Q左} = F_{Q左}^0 \cos\varphi - H\sin\varphi = -1\times 0.894\ \text{kN} - 6\times(-0.447)\ \text{kN} = 1.79\ \text{kN} \\ F_{N左} = -F_{N左}^0 \sin\varphi - H\cos\varphi = -(-1)\times(-0.447)\ \text{kN} - 6\times 0.894\ \text{kN} = -5.81\ \text{kN} \end{cases}$$

$$\begin{cases} F_{Q右} = F^0_{Q右}\cos\varphi - H\sin\varphi = -5\times0.894\ \text{kN} - 6\times(-0.447)\ \text{kN} = -1.79\ \text{kN} \\ F_{N右} = -F^0_{N右}\sin\varphi - H\cos\varphi = -(-5)\times(-0.447)\ \text{kN} - 6\times0.894\ \text{kN} = -7.6\ \text{kN} \end{cases}$$

其余指定截面的几何参数和内力：

按照 $D$ 截面的几何参数和内力的计算方法，可得其余指定截面的几何参数和内力，其具体数值见表9.1和表9.2。

**表9.1 三铰拱指定截面的几何参数表**

| 截面位置/m | 几何参数 | | | | |
|---|---|---|---|---|---|
| $x$ | $y$ | $\tan\varphi$ | $\varphi$ | $\sin\varphi$ | $\cos\varphi$ |
| 0 | 0 | 1 | 45° | 0.707 | 0.707 |
| 2 | 1.75 | 0.75 | 36°52′ | 0.600 | 0.800 |
| 4 | 3.00 | 0.50 | 26°34′ | 0.447 | 0.894 |
| 6 | 3.75 | 0.25 | 14°2′ | 0.243 | 0.970 |
| 8 | 4.00 | 0 | 0 | 0 | 1 |
| 10 | 3.75 | −0.25 | −14°2′ | −0.243 | 0.970 |
| 12 | 3.00 | −0.50 | −26°34′ | −0.447 | 0.894 |
| 14 | 1.75 | −0.75 | −36°52′ | −0.600 | 0.800 |
| 16 | 0 | −1 | −45° | −0.707 | 0.707 |

**表9.2 三铰拱指定截面的内力参数表**

| 截面 $x$ | $F^0_Q$ | 弯矩计算 | | | 剪力计算 | | | 轴力计算 | | |
|---|---|---|---|---|---|---|---|---|---|---|
| | | $M^0$ | $-Hy$ | $M$ | $F^0_Q\cos\varphi$ | $-H\sin\varphi$ | $F_Q$ | $-F^0_Q\sin\varphi$ | $-H\cos\varphi$ | $F_N$ |
| 0 | 7 | 0 | 0 | 0 | 4.95 | −4.24 | 0.71 | −4.95 | −4.24 | −9.19 |
| 2 | 5 | 12 | −10.5 | 1.5 | 4.00 | −3.60 | 0.40 | −3.00 | −4.80 | −7.80 |
| 4 | 3 | 20 | −18.0 | 2 | 2.68 | −2.68 | 0 | −1.34 | −5.36 | −6.70 |
| 6 | 1 | 24 | −22.5 | 1.5 | 0.97 | −1.46 | −0.49 | −0.24 | −5.82 | −6.06 |
| 8 | −1 | 24 | −24.0 | 0 | −1.00 | 0 | −1.00 | 0 | −6.00 | −6.00 |
| 10 | −1 | 22 | −22.5 | −0.5 | −0.97 | 1.46 | 0.49 | −0.24 | −5.82 | −6.06 |
| 12 | −1 | 20 | −18.0 | 2 | −0.87 | 2.68 | 1.79 | −0.45 | −5.36 | −5.81 |
| | −5 | | | | −4.47 | | −1.79 | −2.24 | | −7.60 |
| 14 | −5 | 10 | −10.5 | −0.5 | −4.00 | 3.60 | −0.40 | −3.00 | −4.80 | −7.80 |
| 16 | −5 | 0 | 0 | 0 | −3.54 | 4.24 | 0.70 | −3.54 | −4.24 | −7.78 |

③作内力图。其弯矩图、剪力图、轴力图分别如图9.25，图9.26，图9.27所示。

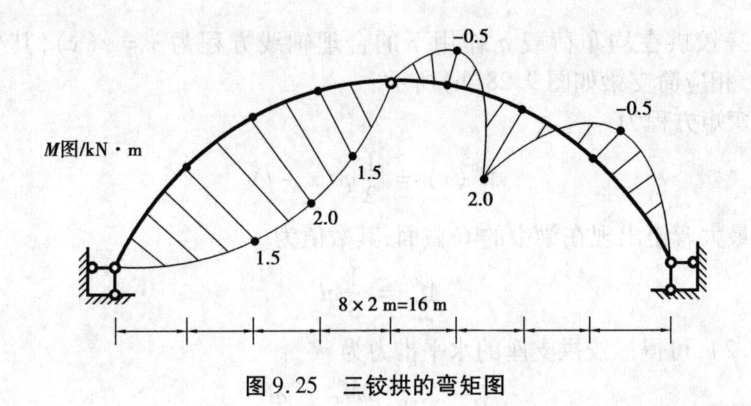


图 9.25　三铰拱的弯矩图

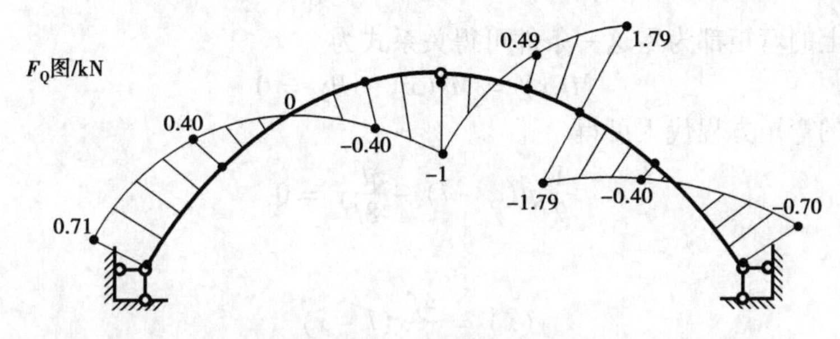


图 9.26　三铰拱的剪力图

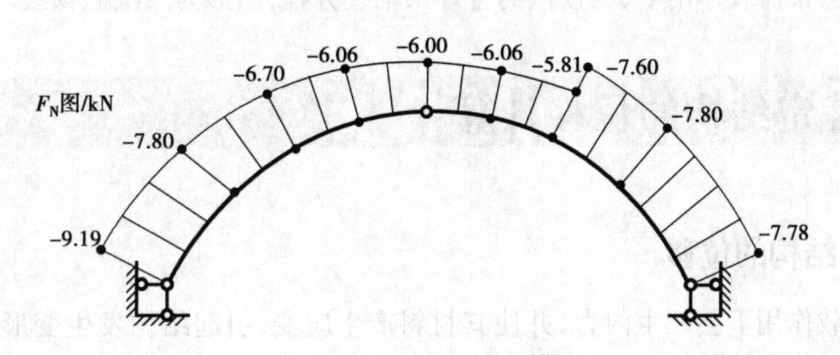


图 9.27　三铰拱的轴力图

3)合理拱轴线

荷载作用下,如果拱的所有截面上的弯矩都为零,这样的拱的轴线称为合理拱轴线。

【例 9.8】　试求如图 9.28(a)所示的三铰拱在均布荷载 $q$ 作用下的合理轴线。

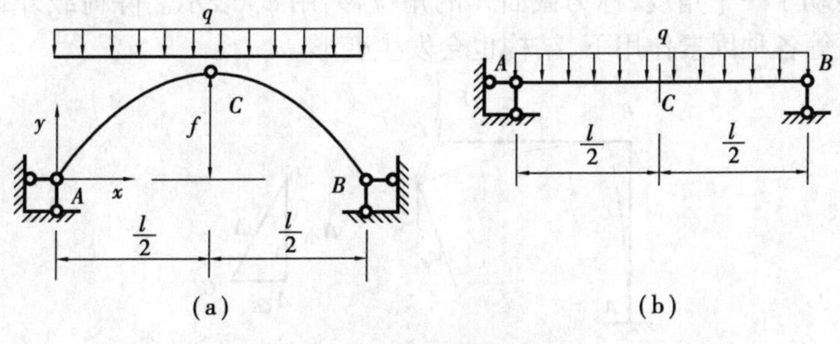


图 9.28　三铰拱在均布荷载作用下的合理轴线

【解】 设三铰拱在均布荷载 $q$ 作用下的合理轴线方程为 $y=y(x)$,其坐标体系如图9.28(a)所示。相应简支梁如图9.28(b)所示。

简支梁的弯矩方程为

$$M^0(x)=\frac{1}{2}ql(x-l)$$

简支梁的最大弯矩出现在梁中的 $C$ 截面,其数值为

$$M_C^0=\frac{1}{8}ql^2$$

根据式(9.2),可得三铰拱支座的水平推力为

$$H_A=H=\frac{M_C^0}{f}=\frac{ql^2}{8f}$$

根据截面上的弯矩都为零这一条件可得关系式为

$$M(x)=M^0(x)-Hy=0$$

将简支梁的弯矩方程代入可得

$$\frac{1}{2}ql(x-l)-\frac{ql^2}{8f}y=0$$

解得

$$y(x)=\frac{4f}{l^2}x(l-x)$$

此即为在满跨均布荷载作用下,三铰拱的合理拱轴线方程,图形为二次抛物线。

## 9.5 静定结构的位移计算

### ▶ 9.5.1 结构的位移

结构在荷载作用下会产生内力,并使其材料产生应变,引起结构发生变形。由于变形结构上各点的位置将会移动,杆件的横截面会转动。结构的位移有两种:一种是截面的移动称为线位移,另一种是截面的转动称为角位移。如图9.29(a)所示刚架,在荷载作用下发生图中虚线所示的变形,使截面 $C$ 的形心 $C$ 点移到 $C'$ 点,线段 $CC'$ 称为 $C$ 点的线位移,记为 $\Delta_C$。若将 $\Delta_C$ 沿水平和竖向分解,则其分量 $\Delta_{CH}$ 和 $\Delta_{CV}$ 分别称为 $C$ 点的水平线位移和竖向线位移;同时截面 $A$ 还转动了一个角度,称为截面 $A$ 的角位移,用 $\varphi_C$ 表示。除荷载外,温度变化、支座移动及制造误差等各种因素作用下,结构也会发生变形。

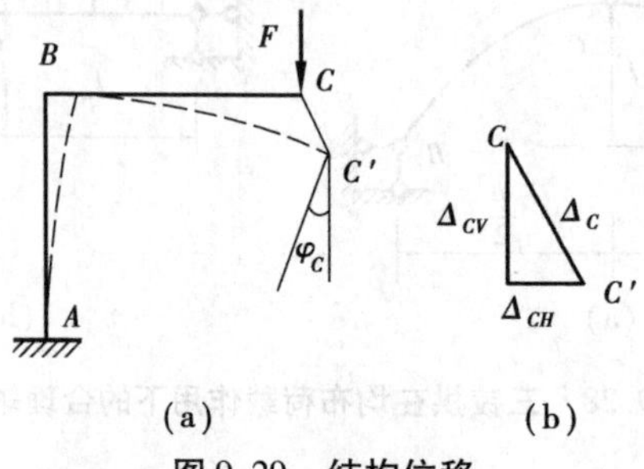


图9.29 结构位移

重点分析线性变形体系位移的计算。所谓线性变形体系，是指位移与荷载成正比例的结构体系，荷载对这种体系的影响可以叠加，而且当荷载全部撤除时，由荷载引起的位移也完全消失。这样的体系变形是微小的，且应力与应变的关系符合胡克定律。由于变形是微小的，因此在计算结构的反力和内力时，可认为结构的几何形状和尺寸以及荷载的位置和方向保持不变。

在工程设计和施工过程中，结构的位移计算是很重要的，在结构设计中，除了要考虑结构的强度外，还要计算结构的位移以验算其刚度，而验算刚度的目的是保证结构物在使用过程中不致发生过大的位移。

计算结构位移的另一重要目的是为超静定结构的计算打下基础。在计算超静定结构的反力和内力时，除利用静力平衡条件外，还必须考虑结构的位移条件，这样位移的计算就成为解算超静定结构时必然会遇到的问题。

此外，在结构的制作、架设等过程中，常须预先知道结构位移后的位置，以便采取一定的施工措施，因而也需要计算其位移。

### ▶ 9.5.2 虚功原理和单位荷载法

结构的位移计算方法有多种，而以虚功原理为基础的单位荷载法是最为常见的。

**1)虚功的概念**

力学上，功被定义为力在其作用的路程上的累积，力所做的功等于该力的大小与其作用点沿力作用方向上所发生的位移的乘积。即

$$W = F\Delta \tag{9.4}$$

这里的力 $F$ 与位移 $\Delta$ 可以是“广义力与广义位移”，即是线位移对应集中力、角位移对应集中力偶、两点间的相对位移则对应两点上并沿两点连线的一对等值反向力。

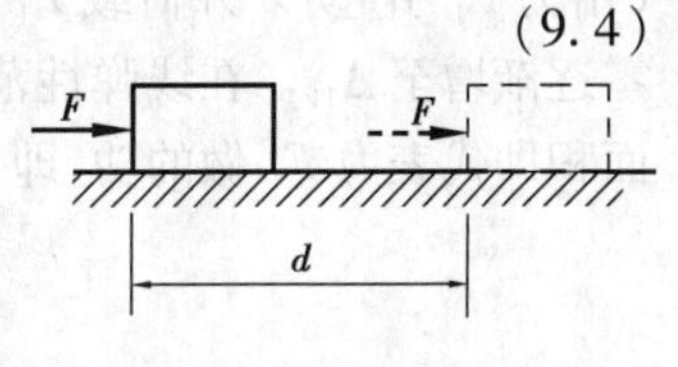

图 9.30 力对物体做功

如图 9.30 所示，置于水平面上的物体受 $F$ 力作用发生水平位移 $d$，则力对物体做功为

$$W = Fd$$

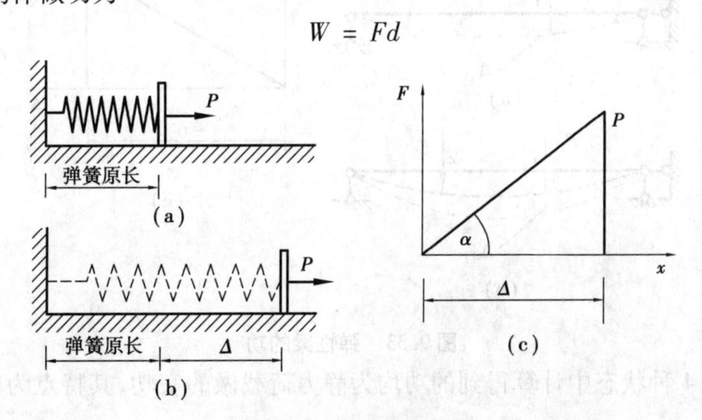

图 9.31 弹簧力做功

如图 9.31(a)所示弹簧的弹性系数为 $k$，外力 $P$ 为静力荷载并由零逐渐增至 $P$，弹簧伸长也由零逐渐增至 $\Delta$，如图 9.31(b)所示。在线弹性范围内，根据胡克定律 $F = kX$，可作出任意

外力 $F$ 与其对应伸长量 $X$ 之间的关系图,如图 9.31(c)所示。图 9.31(c)中,倾角 $\alpha$ 满足 $\tan\alpha = k$,三角形的面积即代表力 $P$ 做的功,即

$$W = \frac{1}{2}P\Delta$$

如图 9.32(a)所示为轴向拉杆,外力 $P$ 为静力荷载并由零逐渐增至 $P$。与之对应,杆件伸长也由零逐渐增至 $\Delta$。在线弹性范围内,荷载与杆件伸长变形的关系曲线如图 9.32(b)所示。图 9.32(b)中三角形的面积即代表力 $P$ 做的功。即

$$W = \frac{1}{2}P\Delta$$

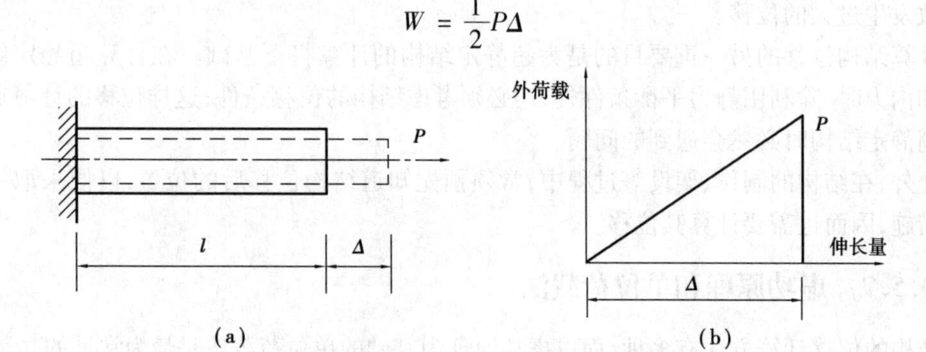


图 9.32　弹性杆做功

如图 9.33(a)所示的简支梁,集中荷载 $F_1$ 的作用点 1 沿力方向的线位移用 $\Delta_{11}$ 表示,$\Delta_{11}$ 下标中的第一项表示位移的性质(点 1 沿力 $F_1$ 方向的位移),第二项表示产生该位移的原因(由力 $F_1$ 引起)。外荷载 $F_1$ 为静力荷载并由零逐渐增至 $F_1$,与之对应,梁上 1 点的位移也由零逐渐增至 $\Delta_{11}$。在线弹性范围内,荷载与变形的关系曲线如图 9.33(c)所示,其中三角形的面积即代表力 $F_1$ 做的功,即

$$W_{11} = \frac{1}{2}F_{11}\Delta_{11}$$

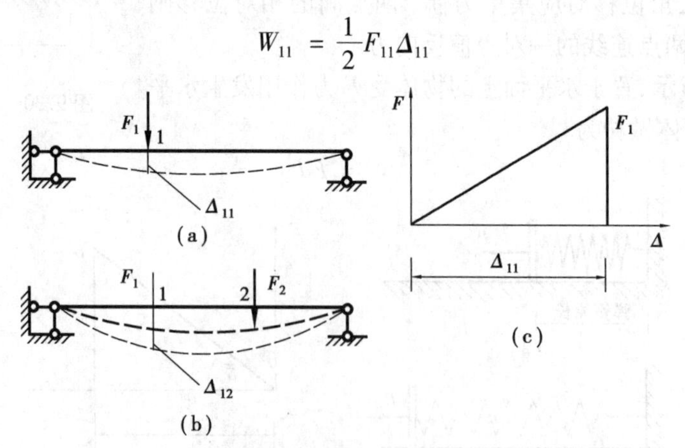


图 9.33　弹性梁的功

在以上计算 4 种状态中计算得到的功均为静力荷载做的实功,其特点为做功的力与其相应的位移有关。

力在其他因素引起的位移上做的功称为虚功,即是做功的力与其相应的位移无关。虚功是常力做的功,其力不存在由零逐渐增至多少的问题,虚功的计算可直接引用公式而在其前

无“1/2”系数。由于是其他因素引起的位移,可能与力同向,也可能反向,因此虚功可为正,也可为负。

在图9.33(a)中,梁受到荷载 $F_1$ 并已发生了变形的基础上,再将荷载 $F_2$ 作用在梁上的2点,梁将发生新的弯曲变形,如图9.33(b)所示。在 $F_2$ 作用下引起的 $F_1$ 作用点沿 $F_1$ 方向的位移记为 $\Delta_{12}$。力 $F_1$ 在位移 $\Delta_{12}$ 上做了功,此过程中 $F_1$ 的大小未变,功的大小为

$$W_{12} = F_1\Delta_{12}$$

此过程中,由于 $F_1$ 做功中的位移 $\Delta_{12}$ 不是由 $F_1$ 产生,而是由其他因素 $F_2$ 引起,故 $W_{12}$ 为 $F_1$ 在位移 $\Delta_{12}$ 上做的**虚功**。显然,此过程中力状态即如图9.33(b)所示的力状态是实,位移状态是虚;反之,对于力状态是虚,位移状态是实的状态,也可计算其虚功。

综上所述:做虚功也是做功,只是做功过程中的力与其相应的位移无关(位移的原因可以是虚设的其他原因),进而把做功进行了虚、实之分。

**2)广义力与广义位移**

在功的计算式(9.4)中,力 $F$ 不仅可以是集中力,位移 $\Delta$ 也不仅可以是线位移,而且力可以是与力相应的因子(广义力),位移也可以是与位移相应的因子(广义位移)。这样便于用统一而紧凑的形式,即式(9.4),将功表示为广义力与广义位移的乘积。下面对几种力系所做的功加以说明。

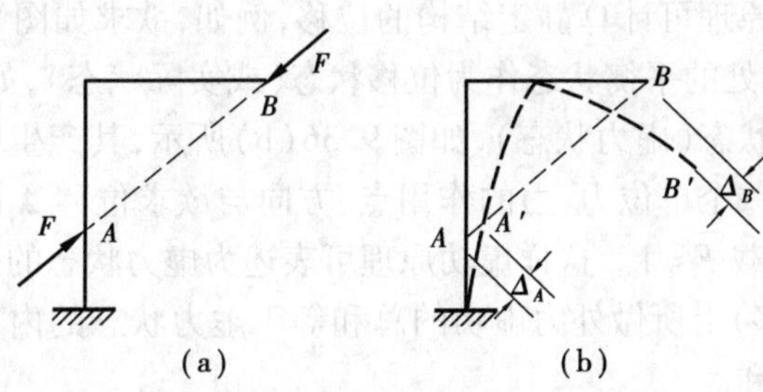


图9.34 广义力与广义位移

一个集中力 $F$ 做功,其功的计算式为 $W=F\Delta$,$\Delta$ 为力作用点沿力方向发生的线位移;一个集中力偶 $M$ 做功,其功的计算式为 $W=M\varphi$,$\varphi$ 为力偶作用处杆件发生的角位移;一对平衡集中力做功,如图9.34(a)所示结构,在 $A,B$ 两点受一对大小相等、方向相反并沿 $AB$ 连线作用的力 $F$,当此结构由于某种其他原因发生如图9.34(b)所示的虚线变形时,$A,B$ 两点分别移动到 $A'$ 和 $B'$ 点,设以 $\Delta_A$ 和 $\Delta_B$ 分别代表 $A$、$B$ 两点沿 $AB$ 连线方向的分位移,则这一对力 $F$ 所做之功(过程中二力的大小及方向保持不变)为

$$W = F\Delta_A + F\Delta_B = F(\Delta_A + \Delta_B) = F\Delta$$

式中,$\Delta=\Delta_A+\Delta_B$ 代表 $A,B$ 两点沿其连线方向的相对位移。由此可知,广义力是作用在 $A,B$ 两点并沿该两点连线作用的一对等值而反向的力 $F$,并取 $A,B$ 两点沿力的方向的相对线位移作为广义位移。一对平衡力偶 $(M,M)$ 做功,如图9.35(a)所示结构,在 $A,B$ 两点受一对大小相等、转向相反的力偶 $(M,M)$,当此结构由于某种其他原因发生如图9.35(b)所示的虚线变形时,其两端力偶做功总和(过程中二力偶的大小及方向保持不变)为

$$W = M\varphi_A + M\varphi_B = M(\varphi_A + \varphi_B) = M\varphi$$

式中 $\varphi$——$A,B$ 两端截面的相对转角。

由此可知，广义力是作用在 $A$，$B$ 两端的一对等值而反向的力偶（$M$，$M$），并取 $A$，$B$ 两端截面的相对转角 $\varphi$ 作为广义位移。

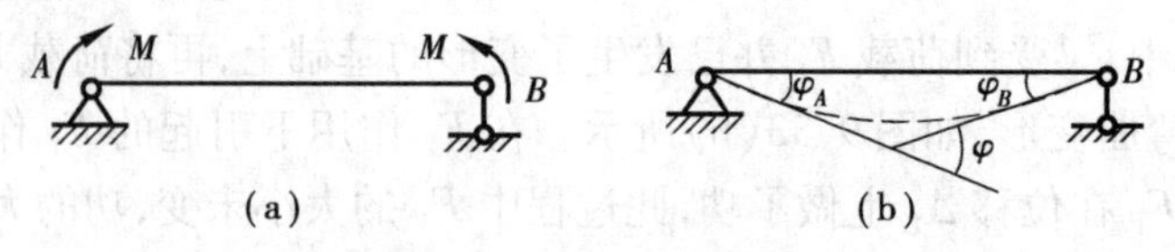


图 9.35　力偶与转角

### 3）虚功原理

利用变形体的虚功原理可计算结构位移，虚功原理包括虚力原理与虚位移原理。在虚功原理中，若要计算力则虚设位移；若要计算位移则虚设力。

变形体的虚功原理表述如下：

变形体在力系作用下处于平衡状态，设变形体由于别的原因产生了符合约束条件的微小的连续变形（虚位移），则变形体所受外力在虚位移所做的虚功的总和恒等于变形体的内力在虚位移状态下的相应变形上所做虚功的总和，简称外力虚功等于内力虚功。即

$$W = W_i$$

### 4）单位荷载法

根据变形体的虚功原理可计算静定结构的位移，例如，欲求如图 9.36（a）所示梁上 $C$ 点的竖向位移 $\Delta$，将结构所处的平衡状态作为位移状态（或实际状态），如图 9.36（a）所示；结构的另外一种状态为虚拟状态（虚力状态），如图 9.36（b）所示，其产生的位移称为虚位移。在虚拟状态上只假设作用一个单位力，力的作用点、方向与欲求位移 $\Delta$ 的位置、方向相同，大小为"1"，即该力为单位荷载 $\overline{F}=1$。这样虚功原理可表述为虚力状态的外力（包括支座反力）在位移状态（包括支座位移）上所做外力虚功的总和等于虚力状态的内力在原位移状态相应变形上所做内力虚功的总和。

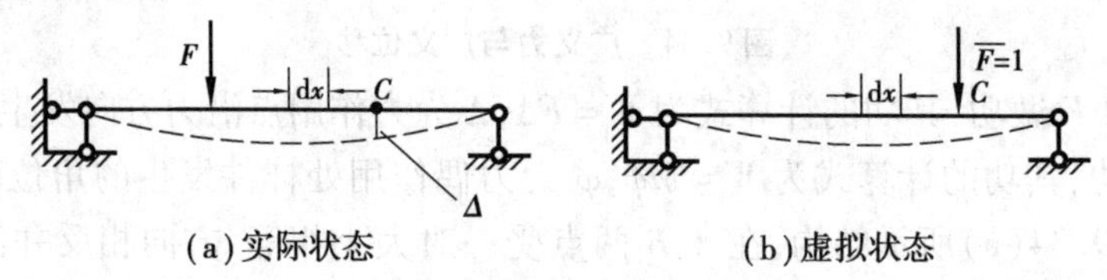


图 9.36　虚功

各支座做虚功之和记为 $\sum \overline{R}\cdot c$。式中，$\overline{R}$ 表示虚拟状态中的广义支座反力，$c$ 表示实际状态中的广义支座位移。

显然，虚力 $\overline{F}$ 在位移状态做虚功为 $\overline{F}\Delta$。内力虚功包括梁内力弯矩做虚功、轴力做虚功和剪力做虚功。设虚力状态的各微段内力弯矩、轴力、剪力分别为 $\overline{M}$，$\overline{F}_N$，$\overline{F}_Q$，如图 9.37（b）、（d）、（f）所示。实际状态中，各微段两端两个横截面绕中性轴的相对转角记为 $d\varphi$，如图 9.37（a）所示；各微段的轴向变形记为 $du$，如图 9.37（c）所示；各微段的剪切变形为 $dv$，如图 9.37（e）所示。

内力弯矩做虚功为 $\sum\int_l \overline{M}d\varphi$，内力轴力做虚功为 $\sum\int_l \overline{F}_N du$，内力剪力做虚功为

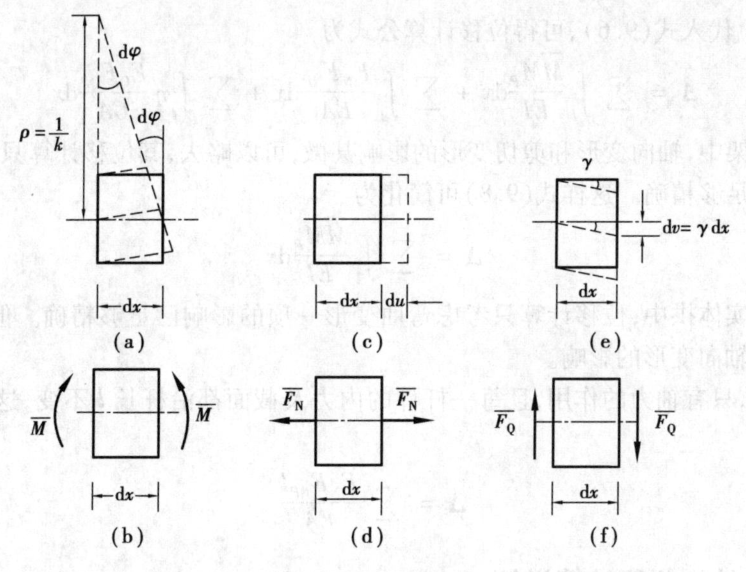


图 9.37 内力虚功

$\sum \int_l \overline{F_Q} \mathrm{d}v$。根据虚功原理可得

$$\overline{F}\Delta + \sum \overline{R} = \sum \int_l \overline{M} \mathrm{d}\varphi + \sum \int_l \overline{F}_N \mathrm{d}u + \sum \int_l \overline{F}_Q \mathrm{d}v$$

即

$$\Delta = \sum \int_l \overline{M} \mathrm{d}\varphi + \sum \int_l \overline{F}_N \mathrm{d}u + \sum \int_l \overline{F}_Q \mathrm{d}v - \sum \overline{R} \tag{9.5}$$

这种利用虚功原理求结构位移的方法称为**单位荷载法**。应用单位荷载法每次只能求得一个位移。虚拟单位荷载与所求位移之间应该是广义力与对应广义位移的关系。

## ▶ 9.5.3 静定结构在荷载作用下的位移公式

在结构位移计算公式中，无支座移动的理想约束不做虚功，即 $\sum \overline{R} \cdot c = 0$，根据式(9.5)可知，位移计算公式为

$$\Delta = \sum \int_l \overline{M} \mathrm{d}\varphi + \sum \int_l \overline{F}_N \mathrm{d}u + \sum \int_l \overline{F}_Q \mathrm{d}v \tag{9.6}$$

根据变形关系并参考图 9.37(a)、(c)、(e)可知，有

$$\left.\begin{aligned} \mathrm{d}\varphi &= k\mathrm{d}x = \frac{M_P}{EI}\mathrm{d}x \\ \mathrm{d}u &= \varepsilon \mathrm{d}x = \frac{F_{NP}}{EA}\mathrm{d}x \\ \mathrm{d}v &= \gamma \mathrm{d}x = \eta \frac{F_{QP}}{GA}\mathrm{d}x \end{aligned}\right\} \tag{9.7}$$

式中 $EI, EA, GA$——杆件的抗弯、抗拉和抗剪刚度；

$\eta$——截面的剪应力分布不均匀系数，它只与截面的形状有关，当截面为矩形截面时，$\eta = 1.2$。

将式(9.7)代入式(9.6),可得位移计算公式为

$$\Delta = \sum \int_l \frac{\overline{M}M_P}{EI}\mathrm{d}x + \sum \int_l \frac{\overline{F}_N F_{NP}}{EA}\mathrm{d}x + \sum \int_l \eta \frac{\overline{F}_Q F_{QP}}{GA}\mathrm{d}x \tag{9.8}$$

在梁和刚架中,轴向变形和剪切变形的影响甚微,可以略去,其位移计算只考虑弯曲变形一项的影响已足够精确。这样式(9.8)可简化为

$$\Delta = \sum \int_l \frac{\overline{M}M_P}{EI}\mathrm{d}x \tag{9.9}$$

在一般的实体拱中,位移计算只考虑弯曲变形一项的影响已足够精确。但在扁平拱中,有时还需考虑轴向变形的影响。

在桁架中,只有轴力的作用,且每一杆件的内力及截面都沿杆长 $l$ 不变,这样式(9.8)简化为

$$\Delta = \sum \frac{\overline{F}_N F_{NP} l}{EA} \tag{9.10}$$

### ▶ 9.5.4 结构位移计算举例

**【例 9.9】** 如图 9.38(a)所示的悬臂梁受均匀分布荷载 $q$ 作用,$EI$ 为常数。试求 $A$ 端的竖向位移 $\Delta_A$。

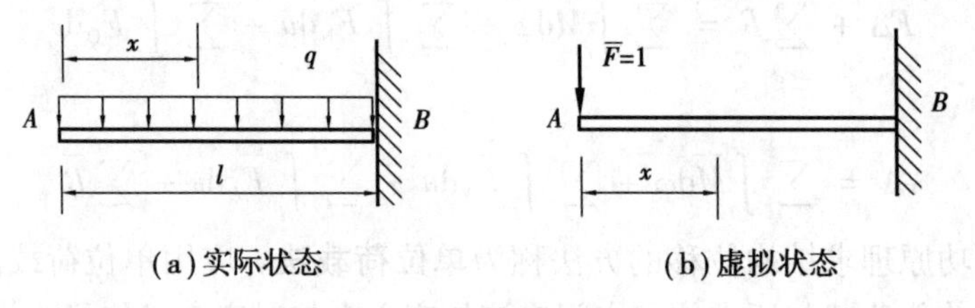


图 9.38 悬臂梁的位移

**【解】** 取 $A$ 点为坐标原点,任意截面到坐标原点的距离为 $x$。

实际状态中,任意截面的弯矩为

$$M_P = -\frac{qx^2}{2}$$

虚拟状态如图 9.38(b)所示,虚设单位力 $\overline{F}$ 与欲求位移 $\Delta_A$ 对应。任意截面的弯矩为

$$\overline{M} = -x$$

由式(9.9)可得

$$\Delta_A = \sum \int_l \frac{\overline{M}M_P}{EI}\mathrm{d}x = \int_0^l \frac{(-x)\times(-qx^2/2)}{EI}\mathrm{d}x = \frac{ql^4}{8EI}(\downarrow)$$

计算出的数值为正,说明 $\Delta_A$ 与虚力的方向相同即竖直向下。

**【例 9.10】** 如图 9.39(a)所示的简支梁受均布荷载作用,$EI$ 为常数。试求 $A$,$B$ 两端横截面的相对转角 $\Delta_{AB}$。

**【解】** $A$,$B$ 两端横截面的相对转角 $\Delta_{AB}=\alpha_A+\alpha_B$,故虚拟状态中的虚拟力是广义力,取与 $A$,$B$ 两端横截面的相对转角相对应的力为单位 1,即是 $A$,$B$ 两端各作用大小为单位 1 的力偶,如图 9.39(b)所示。点 $A$ 为坐标原点,任意截面到坐标原点的距离为 $x$。

在图 9.39(a)实际状态中,任意截面的弯矩为

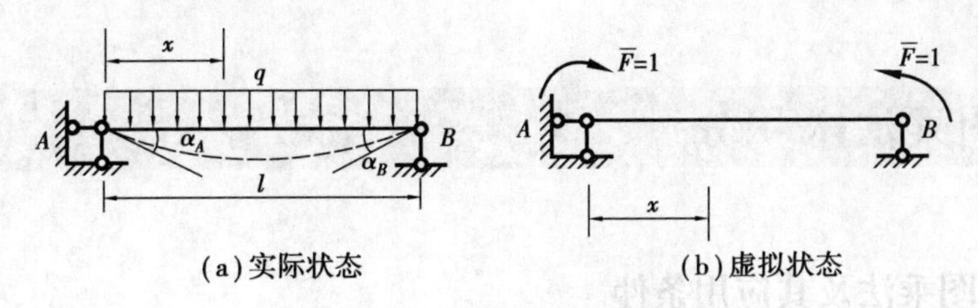


(a)实际状态　　(b)虚拟状态

图9.39　简支梁的角位移

$$\overline{M}_P = \frac{qlx}{2} - \frac{qx^2}{2}$$

在图9.39(b)虚拟状态中，任意截面的弯矩为

$$\overline{M} = 1$$

由式(9.9)可得

$$\Delta_{AB} = \sum \int_l \frac{\overline{M}M_P}{EI}\mathrm{d}x = \int_0^l \frac{1 \times \left(\frac{qlx}{2} - \frac{qx^2}{2}\right)}{EI}\mathrm{d}x = \frac{ql^3}{12EI}$$

【例9.11】　如图9.40(a)所示的桁架结构，在$C$处受集中力$F$作用，各杆的抗拉刚度$EA$为常数。试求$C$处的竖向位移$\Delta_C$。

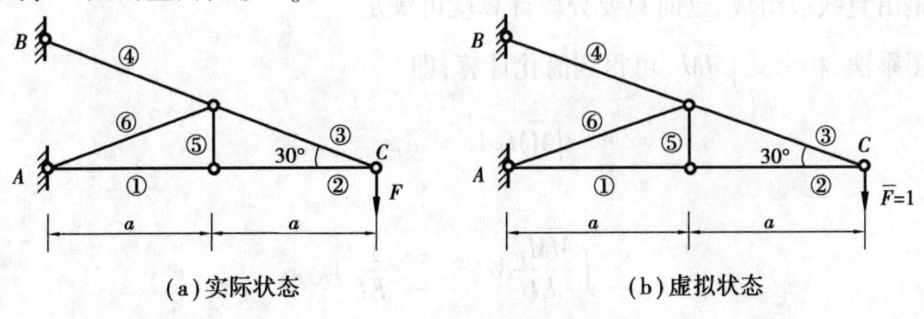


(a)实际状态　　(b)虚拟状态

图9.40　桁架的位移

【解】　在$C$处加一单位荷载$\overline{F}=1$，并建立虚拟状态，如图9.40(b)所示。在桁架中，只有轴力的作用，将实际状态和虚拟状态下各杆轴力的计算结果列于表9.3。

表9.3

| 编号 | ①杆 | ②杆 | ③杆 | ④杆 | ⑤杆 | ⑥杆 |
|---|---|---|---|---|---|---|
| 杆的长度 | $a$ | $a$ | $\frac{2\sqrt{3}a}{3}$ | $\frac{2\sqrt{3}a}{3}$ | — | — |
| 实际状态下轴力 | $-\sqrt{3}F$ | $-\sqrt{3}F$ | $2F$ | $2F$ | 0 | 0 |
| 虚拟状态下轴力 | $-\sqrt{3}$ | $-\sqrt{3}$ | 2 | 2 | 0 | 0 |

由式(9.10)可得

$$\Delta_C = \sum \frac{\overline{F}F_{NP}l}{EA} = \frac{1}{EA} \times 2 \times \left[(-\sqrt{3}) \times (-\sqrt{3}F) \times a + \left(2 \times 2F \times \frac{2\sqrt{3}a}{3}\right)\right] = \frac{9 + 8\sqrt{3}}{3}\frac{aF}{EA}$$

计算出的数值为正，说明$\Delta_C$与虚力的方向相同即竖直向下。

## 9.6 图乘法求积分

### ▶ 9.6.1 图乘法及其应用条件

在应用单位荷载法计算梁和刚架结构的位移时，不可避免遇到如下积分式，即

$$\Delta = \sum \int_l \frac{\overline{M}M_P}{EI} \mathrm{d}x$$

上式可通过将 $\overline{M}$ 和 $M_P$ 两个弯矩图之间逐段相乘的方法而得到解答。其应用条件有以下3个：

①各杆段的抗弯刚度 $EI$ 为常数。

②各杆段的轴线为直线。

③各杆段的 $\overline{M}$ 和 $M_P$ 图中至少有一个弯矩图为直线图形。

对于等截面直杆，条件一和二自然满足，至于条件三，虽然 $M_P$ 有可能是曲线图形，但其 $\overline{M}$ 图通常总是由直线段组成，这时只要分段计算就可满足。

利用图乘法，积分式 $\int \overline{M}M_P$ 可得到简化计算，即

$$\int \overline{M}M_P \mathrm{d}x = A_P y_C$$

则

$$\sum \int \frac{\overline{M}M_P}{EI} \mathrm{d}x = \sum \frac{1}{EI} A_P y_C \tag{a}$$

式中 $A_P$——$M_P$ 图形的面积；

$y_C$——$\overline{M}$ 图中特殊点处的弯矩数值，该特殊点的位置与 $M_P$ 图形的形心位置对应。

应用图乘法得到的计算位移的公式为

$$\Delta = \sum \frac{1}{EI} A_P y_C \tag{9.11}$$

例如，某段梁的 $M_P$ 图与 $\overline{M}$ 图如图9.41所示，则可从图中确定 $y_C$。

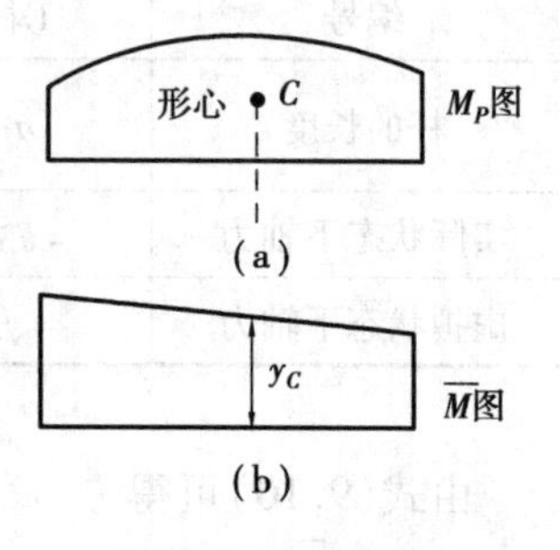


图9.41 弯矩图

图乘的符号规定：当 $M_P$ 与 $y_C$ 在杆轴的同一侧时为正；反之相反。若 $M_P$ 与 $\overline{M}$ 图均为直线段构成，也可在 $M$ 图中取面积，在 $M_P$ 图中取 $y_C$。如果 $M_P$ 与 $\overline{M}$ 图均为梯形，图形的形心不易确定，则可将梯形分解为矩形与三角形组合，然后应用叠加原理进行计算等。

位移计算中几种常见图形的面积和形心的位置，可参看图9.43。

## ▶ 9.6.2 图乘法的推导分析

以如图 9.42 所示杆段的两个弯矩图作说明，不妨假设其中的 $\overline{M}$ 图为直线，而 $M_P$ 图可以是任何形状的图形。

取 $\overline{M}=x\tan\alpha+b$，如图 9.43(b) 所示代入积分式，则有

$$\int\frac{\overline{M}M_P}{EI}\mathrm{d}x=\frac{1}{EI}\left(\tan\alpha\int xM_P\mathrm{d}x+b\int M_P\mathrm{d}x\right)=\frac{1}{EI}\left(\tan\alpha\int x\mathrm{d}A_P+b\int\mathrm{d}A_P\right)$$

式中　$\mathrm{d}A_P$——$M_P$ 图的微分面积，因而积分 $\int x\mathrm{d}A_P$ 表示 $M_P$ 图的面积 $A_P$ 对于 $O_1O_2$ 轴的静矩。

该静矩还可进一步表示为

$$\int x\mathrm{d}A_P=A_Px_C$$

式中　$x_C$——$M_P$ 图的形心到 $O_1O_2$ 轴的距离，而 $\int\mathrm{d}A_P$ 则为 $M_P$ 图的面积 $A_P$。因此有

$$\int\frac{\overline{M}M_P}{EI}\mathrm{d}x=\frac{1}{EI}A_P(x_C\tan\alpha+b)=y_C$$

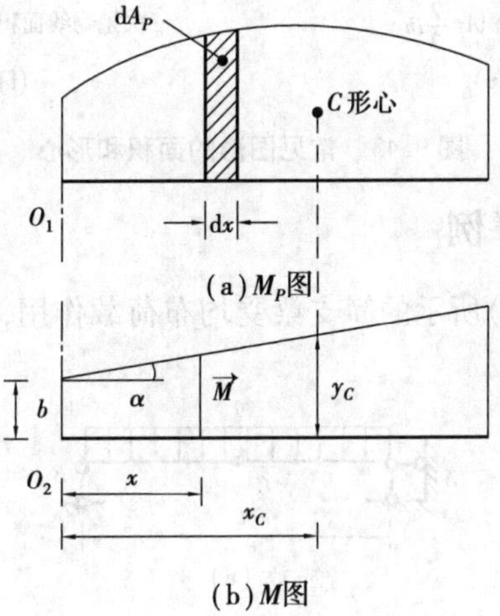

(a) $M_P$图

(b) $M$图

图 9.42　图乘法的分析

显然，$y_C$ 为 $\overline{M}$ 图中与 $M_P$ 图形心相对应的竖标，可得

$$\int\frac{\overline{M}M_P}{EI}\mathrm{d}x=\frac{1}{EI}A_Py_C$$

考虑到多根杆件等因素，可进一步表示为

$$\sum\int\frac{\overline{M}M_P}{EI}\mathrm{d}x=\sum\frac{1}{EI}A_Py_C$$

这样图乘法公式得到了证明。其优点即是将烦琐的积分计算转化为简单的图形面积和形心确定问题，常见图形的面积和形心如图 9.43 所示。

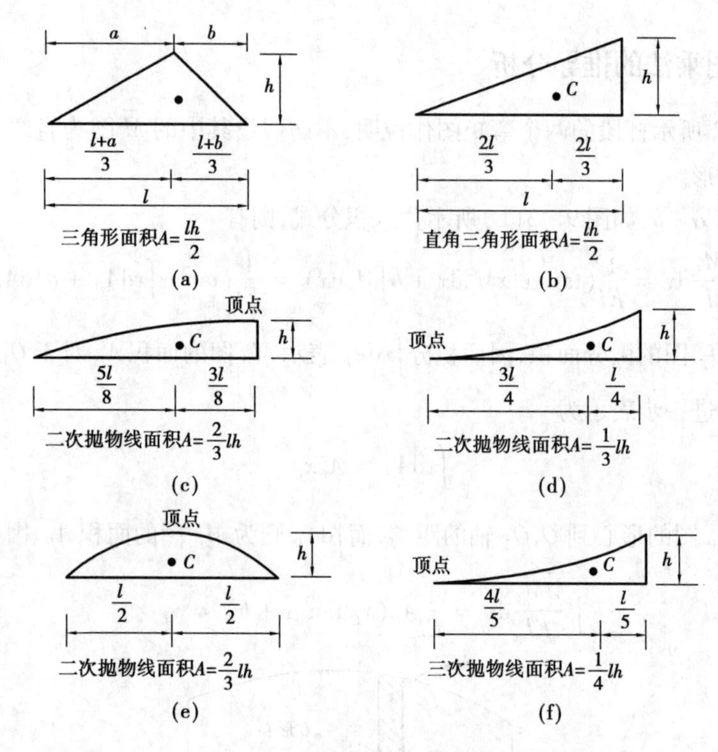


图 9.43　常见图形的面积和形心

## ▶ 9.6.3　图乘法应用举例

【例 9.12】　如图 9.44(a)所示的简支梁受均布荷载作用，梁的抗弯刚度 $EI$ 为已知。试求梁上中点 $C$ 的竖直位移 $\Delta_C$。

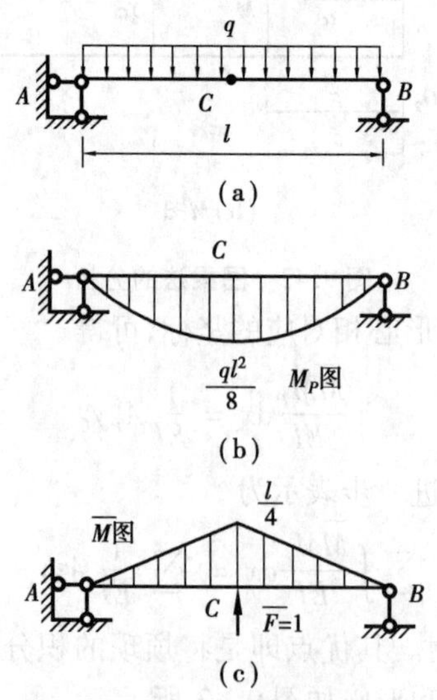


图 9.44　图乘法计算梁的位移

【解】　作梁的弯矩图，如图 9.44(b)所示。在 $C$ 点虚加一单位水平力 $\overline{F}=1$，作 $\overline{M}$ 图，如图 9.44(c)所示。应将梁分为两段并直接引用图 9.43 给出的位移计算中几种常见图形的面积和形心位置关系作计算，因为 $M_P$ 图的面积与 $\overline{M}$ 图的 $y_C$ 不在轴线的同一侧，故图乘的符号为负，根据图乘法可知，有

$$\begin{aligned}\Delta_C &= \sum \int_l \frac{\overline{M}M_P}{EI}\mathrm{d}x \\ &= -\frac{1}{EI} \times 2 \times \left(\frac{2}{3} \times \frac{l}{2} \times \frac{ql^2}{8} \times \frac{5}{8} \times \frac{l}{4}\right) \\ &= -\frac{5ql^4}{384EI}(\downarrow)\end{aligned}$$

计算结果为负，说明 $C$ 点的位移与虚设力 $\overline{F}$ 的方向相反，即竖直向下。

【例9.13】 试求如图9.45(a)所示刚架结点 $B$ 的水平位移 $\Delta$。各杆的抗弯刚度 $EI$ 为常数。

【解】 在 $C$ 点虚加一单位水平力 $\overline{F}=1$，作 $M_P$ 图与 $\overline{M}$ 图，如图9.45(b)、(c)所示，根据图乘法可知，有

$$\Delta = \sum \int_l \frac{\overline{M}M_P}{EI}\mathrm{d}x = \frac{1}{EI}\left(\frac{2}{3}l \times \frac{ql^2}{2} \times \frac{5l}{8} + \frac{1}{2}l \times \frac{ql^2}{2} \times \frac{2l}{3}\right) = \frac{3ql^4}{8EI}$$

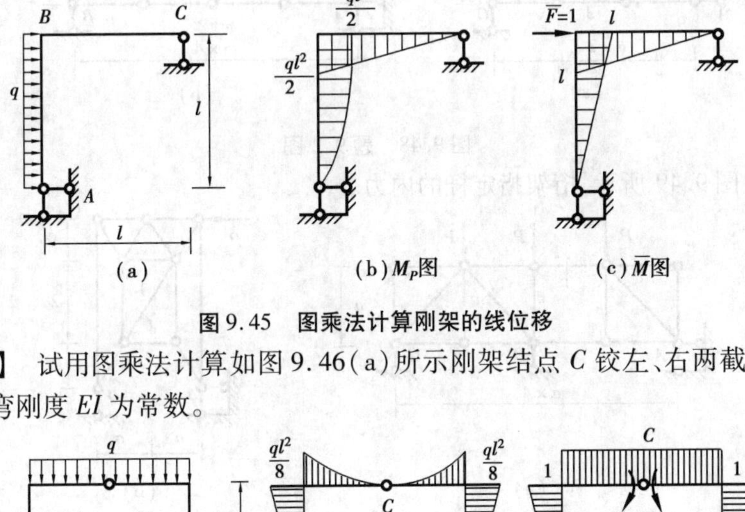

(a)　(b) $M_P$图　(c) $\overline{M}$图

图9.45　图乘法计算刚架的线位移

【例9.14】 试用图乘法计算如图9.46(a)所示刚架结点 $C$ 铰左、右两截面的相对转角 $\varphi$。各杆的抗弯刚度 $EI$ 为常数。

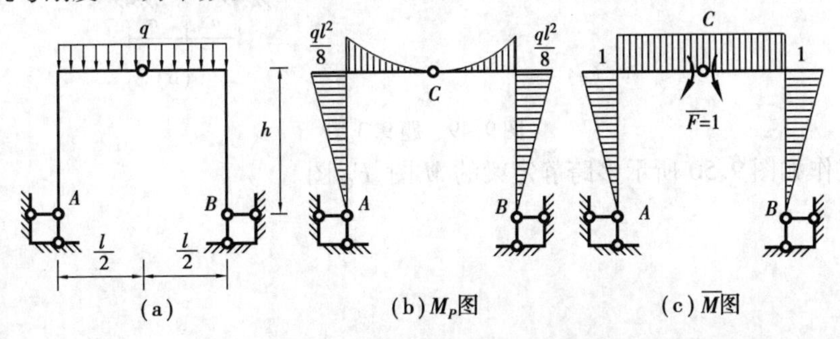


(a)　(b) $M_P$图　(c) $\overline{M}$图

图9.46　图乘法计算刚架的角位移

【解】 在铰 $C$ 两侧截面虚加一对方向相反的单位力偶 $\overline{F}=1$，与欲求相对转角 $\varphi$ 相对应，作 $M_P$ 图与 $M$ 图，如图9.46(b)、(c)所示，根据图乘法并利用对称性可知，有

$$\varphi = \sum \int_l \frac{\overline{M}M_P}{EI}\mathrm{d}x = \frac{1}{EI} \times 2\left(\frac{1}{2}h \times \frac{ql^2}{8} \times \frac{2}{3} + \frac{1}{3} \times \frac{l}{2} \times \frac{ql^2}{8} \times 1\right) = \frac{ql^2}{24EI}(2h + l)$$

## 习题 9

9.1 计算如图 9.47 所示桁架各杆的内力。

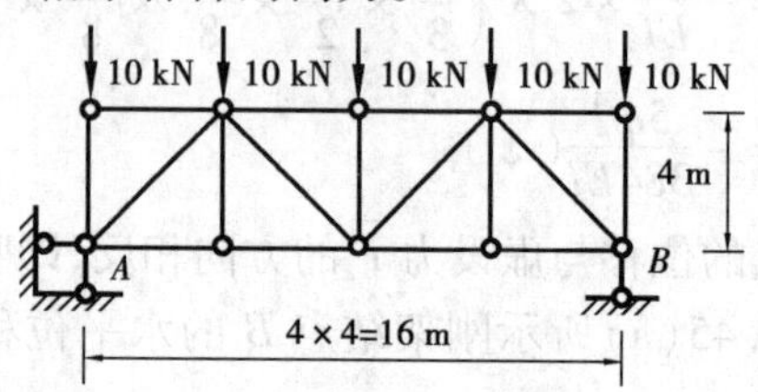


图 9.47 题 9.1 图

9.2 如图 9.48 所示求桁架指定杆的内力。

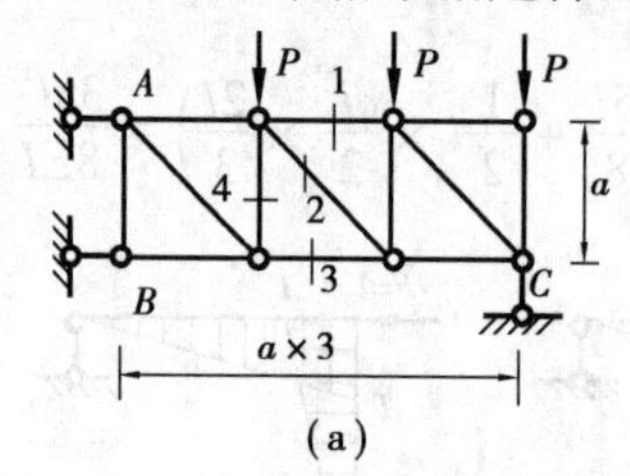


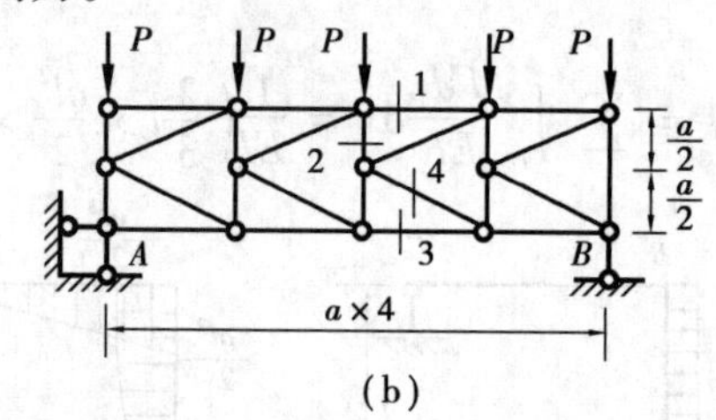


图 9.48 题 9.2 图

9.3 求如图 9.49 所示,桁架指定杆的内力。

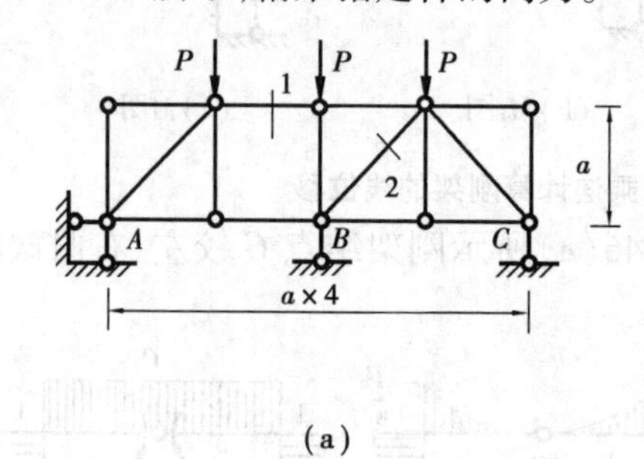


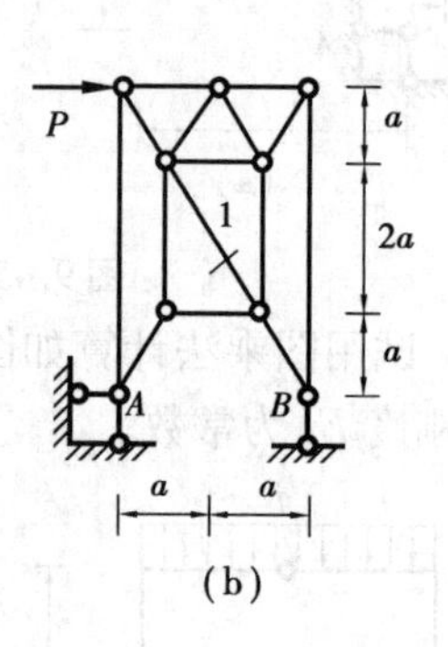


图 9.49 题 9.3 图

9.4 试作如图 9.50 所示多跨静定梁的 $M$ 图、$F_Q$ 图。

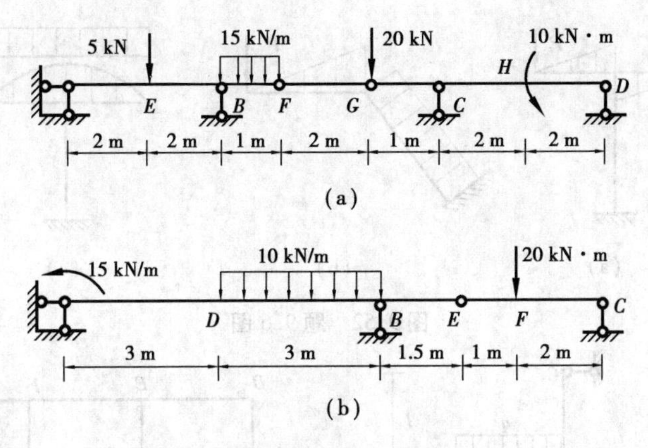


图 9.50 题 9.4 图

9.5 作如图 9.51 所示刚架的内力($M,F_Q,F_N$)图。

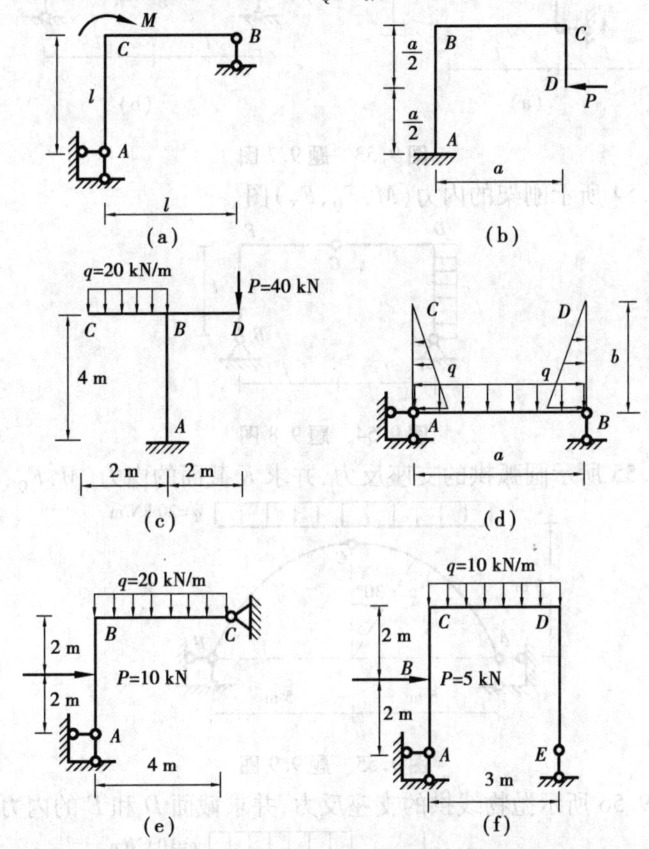


图 9.51 题 9.5 图

9.6 验证如图 9.52 所示弯矩图是否正确。若有错误给予改正。

9.7 作如图 9.53 所示结构的内力($M,F_Q,F_N$)图。

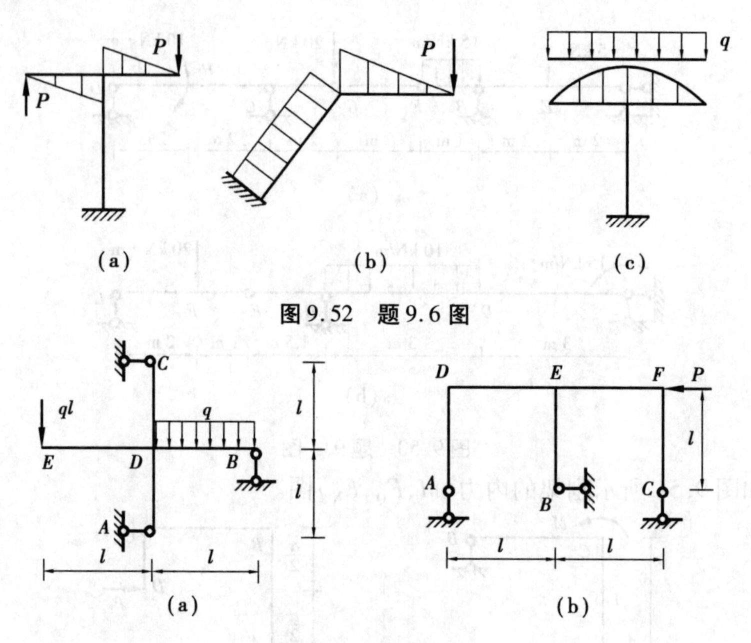


图 9.52　题 9.6 图

图 9.53　题 9.7 图

9.8　作如图 9.54 所示刚架的内力($M,F_Q,F_N$)图。

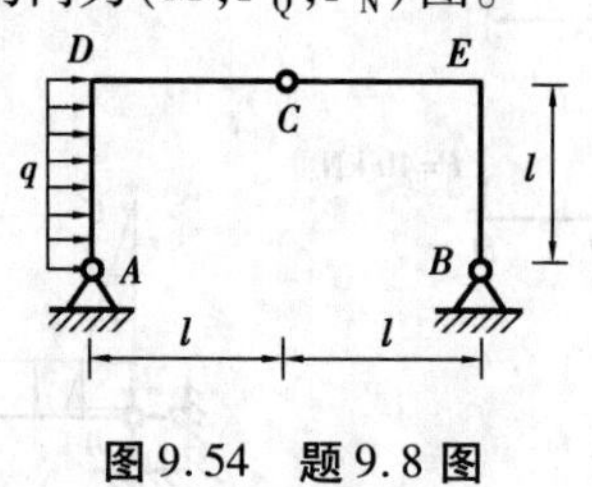


图 9.54　题 9.8 图

9.9　求如图 9.55 所示圆弧拱的支座反力,并求 $K$ 截面的内力($M,F_Q,F_N$)。

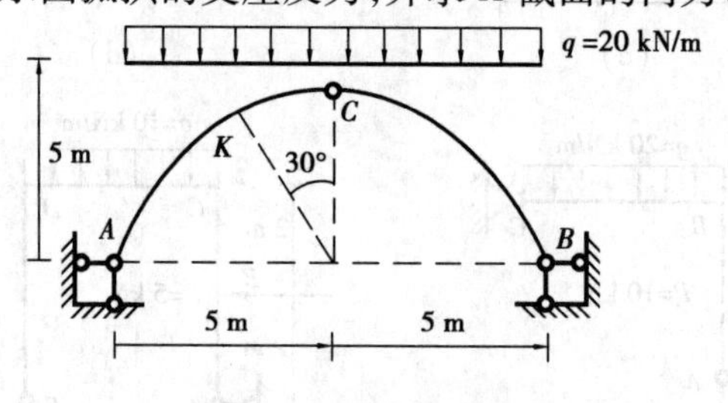


图 9.55　题 9.9 图

9.10　求如图 9.56 所示抛物线拱的支座反力,并求截面 $D$ 和 $E$ 的内力。

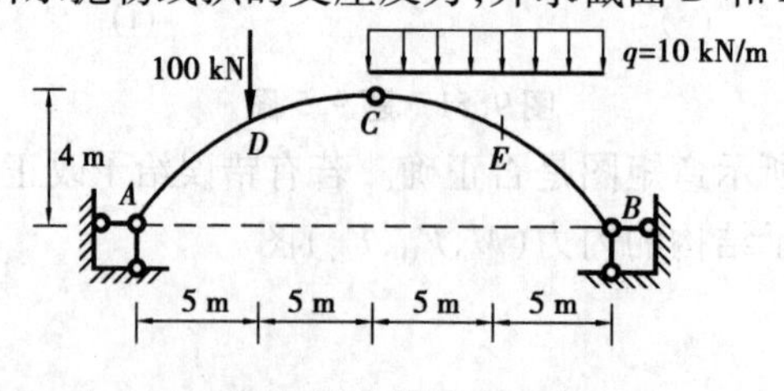


图 9.56　题 9.10 图

9.11　求如图 9.57 所示外伸梁 $C$ 端的竖向位移 $\Delta_{CV}$。梁的 $EI$ 为常数。

9.12　求如图 9.58 所示外伸梁中 $AB$ 段中点的转角 $\varphi_{l/2}$。

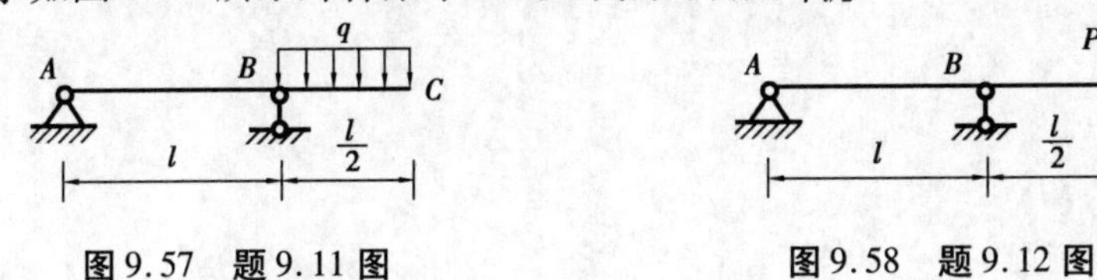


图 9.57　题 9.11 图　　　图 9.58　题 9.12 图

9.13　求如图 9.59 所示悬臂梁自由端的竖向位移 $\Delta_V$。

9.14　求如图 9.60 所示桁架结点 $B$ 和结点 $C$ 的水平位移。其中各杆 $EA$ 相同。

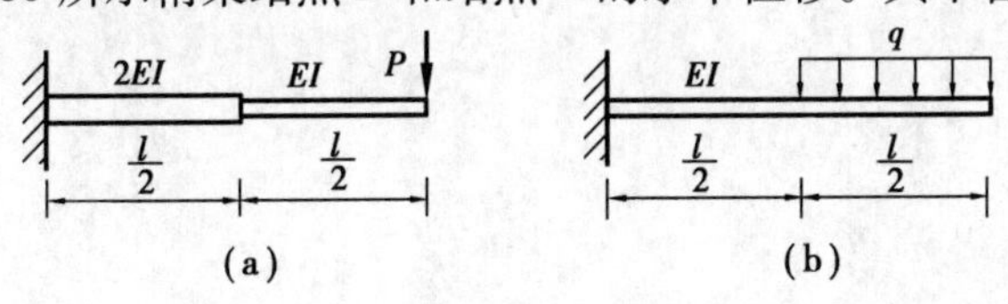


图 9.59　题 9.13 图

9.15　求如图 9.61 所示桁架 1 结点的竖向位移。两个下弦杆抗拉(压)刚度为 $2EA$,其他各杆的抗拉(压)刚度为 $EA$。

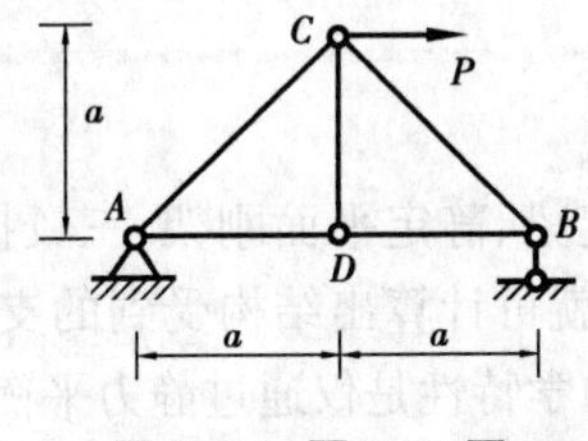


图 9.60　题 9.14 图

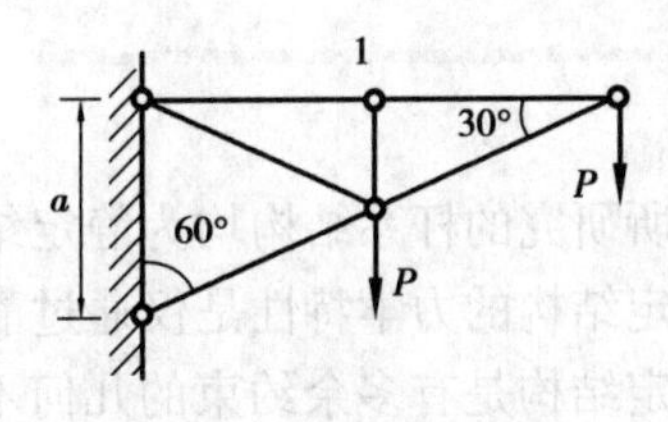


图 9.61　题 9.15 图

9.16　求如图 9.62 所示刚架横梁中点的竖向位移。各段杆长均为 $l$,且 $EI$ 相同。

9.17　求如图 9.63 所示悬臂折杆自由端的竖向位移。各段杆 $EI$ 相同,长度均为 $l$。

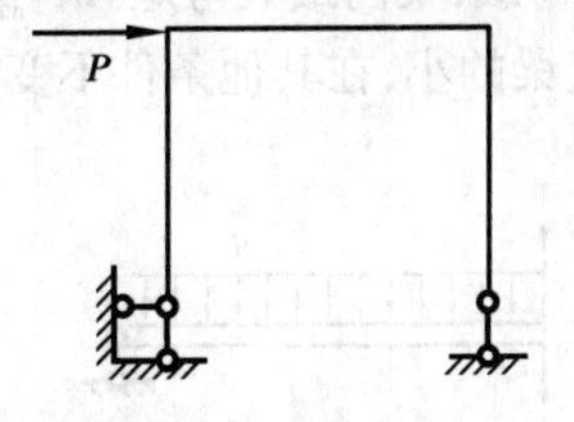


图 9.62　题 9.16 图

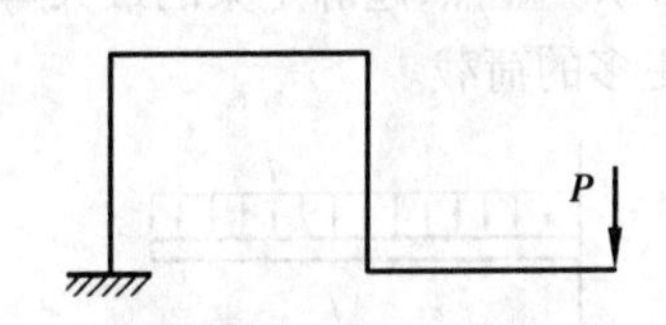


图 9.63　题 9.17 图

9.18　求如图 9.64 所示刚架 $C$ 结点的转角。各段杆 $EI$ 相同,长度均为 $l$。

9.19　求如图 9.65 所示刚架 $C$ 支座处截面的转角。各段杆 $EI$ 相同,长度均为 $l$。

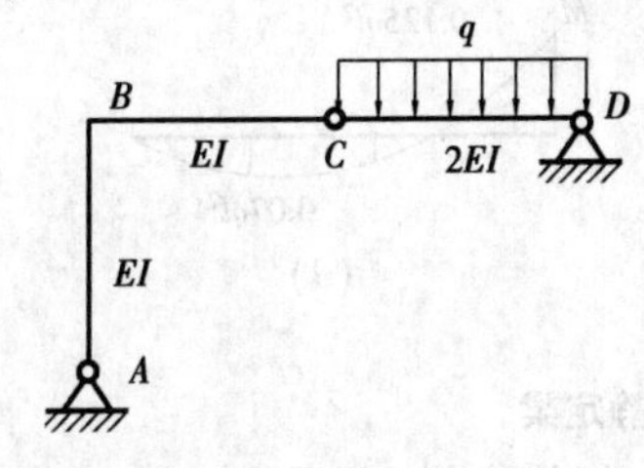


图 9.64　题 9.18 图

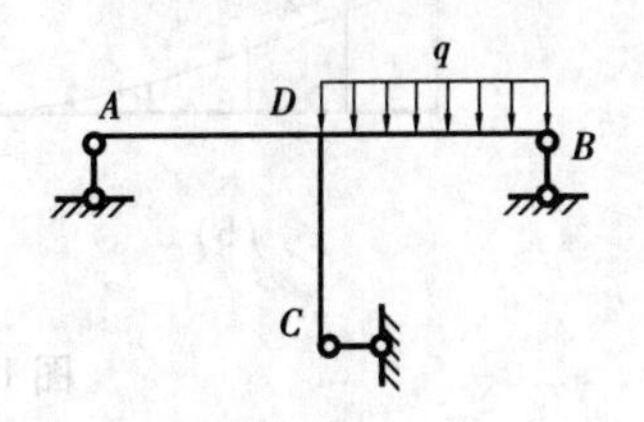


图 9.65　题 9.19 图

# 10 超静定结构

第9章所研究的杆系结构均为静定结构,包括静定梁、静定平面刚架、三铰拱、静定平面桁架等。静定结构的力学特性是仅通过静力平衡条件就可计算出结构受到的支反力和全部内力。超静定结构是有多余约束的几何不变体系,其力学特性是仅通过静力平衡条件不可能计算出结构受到的所有支反力和全部内力。这些“多余约束”既改善了结构的力学特性,也增加了结构计算的复杂性。如图10.1(a)所示的静定梁受均布荷载,梁内最大弯矩$|M|_{\max}=0.5ql^2$,如图10.1(b)所示;如图10.1(c)所示的超静定梁受均布荷载,梁内最大弯矩$|M|_{\max}=0.125ql^2$,如图10.1(d)所示。显然,超静定梁的最大弯矩值比静定梁的小,在其他条件不变的情况下,超静定梁可承受更多的荷载。

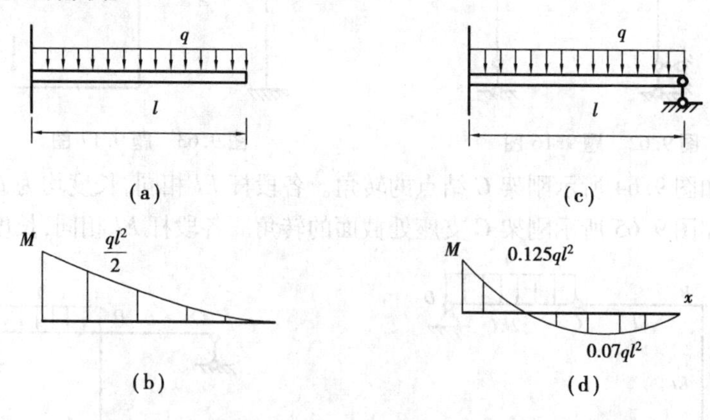


图10.1　静定与超静定梁

超静定杆系结构包括超静定梁(见图10.2(a))、超静定拱(见图10.2(b))、超静定刚架

(见图 10.2(c))、超静定桁架(见图 10.2(d))、超静定组合结构(见 10.2(e))及超静定铰接排架(见图 10.2(f))等。

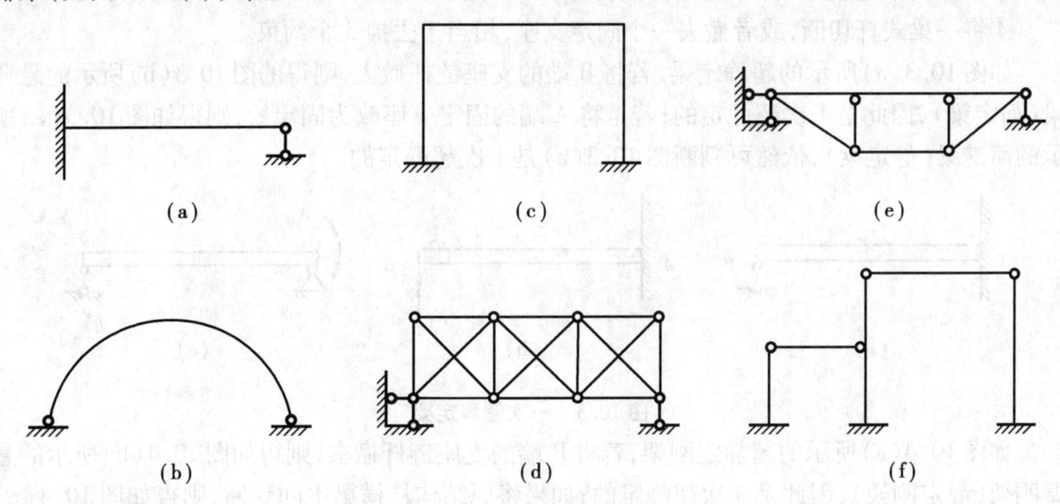


图 10.2 超静定结构

超静定结构的超静定次数就是结构的多余约束的个数,也就是把原超静定结构转化为静定结构时所需撤除的约束个数。如图 10.1(c)所示的超静定梁,只需撤除右端的链杆约束,就转化为如图 10.1(a)所示的静定梁了,相当于撤除了一个约束(一根链杆为一个约束),因此,超静定次数为 1。同时,这种判断超静定结构次数的思路,也揭示了一种求解超静定结构的基本方法——力法。

## 10.1 力法

### ▶ 10.1.1 力法的基本原理与基本方程

静定结构可通过静力平衡方程求解结构的约束反力,进而求解结构的内力,在第 9 章即是依此进行的。但是超静定结构中由于有多余约束,已不可能通过静力平衡方程求解结构所有的约束反力和内力。如果通过某种渠道能计算出多余约束反力,在此基础上将多余约束反力视为已知外力,就相当于没有多余约束的静定问题,超静定结构就“转化”为“静定”结构。这就是力法的基本思路。

但是求解结构约束反力、内力的基本方法静力平衡条件已不够用,应补充新的条件。我们注意到约束不仅产生约束反力,而且约束对被约束结构还有位移限制。显然,从被限制位移出发,去求解多余约束的约束反力是一条可能的路径。

**1)超静定次数的确定**

超静定结构中的多余约束数就是超静定结构次数。在超静定结构中若将多余约束撤除即为静定结构。在结构上去掉多余约束的方法,通常有以下 4 种:

①切断一根链杆,或撤去一个支座链杆,相当于去掉一个约束。

②将一固定支座改为固定铰,或者将受弯杆件某处改为铰接,相当于去掉一个约束。

③去掉一个连接两刚片的铰,或者撤去一个固定铰支座,相当于去掉两个约束。

④将一梁式杆切断,或者撤去一个固定支座,相当于去掉3个约束。

如图10.3(a)所示的超静定梁,若将B端的支座链杆撤去,则得的图10.3(b)所示的悬臂梁(静定梁),因此是1次超静定的;若是将A端的固定支座改为固定铰,则得如图10.3(c)所示的简支梁(静定梁),依然可判断图10.3(a)是1次超静定的。

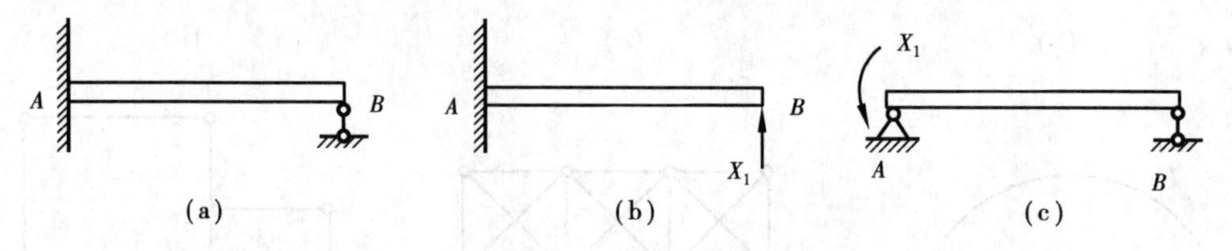


图10.3　一次超静定梁

如图10.4(a)所示的超静定刚架,若将B端的支座链杆撤去,则得如图10.4(b)所示的悬臂刚架(静定刚架),因此是3次超静定的;如果将原结构从横梁中间切断,则得如图10.4(c)所示的两个悬臂刚架(均为静定刚架),因此将一梁式杆切断,就相当于去掉3个约束,即阻止切口两侧截面发生相对水平位移和相对竖向位移以及相对转角位移的约束;还可将原结构横梁的中点及两固定支座处改成铰接,得如图10.4(d)所示的三铰刚架,相当于在$A$,$B$,$C$处各去掉一个约束。通过以上几种方法,都可说明原结构为超静定3次刚架。

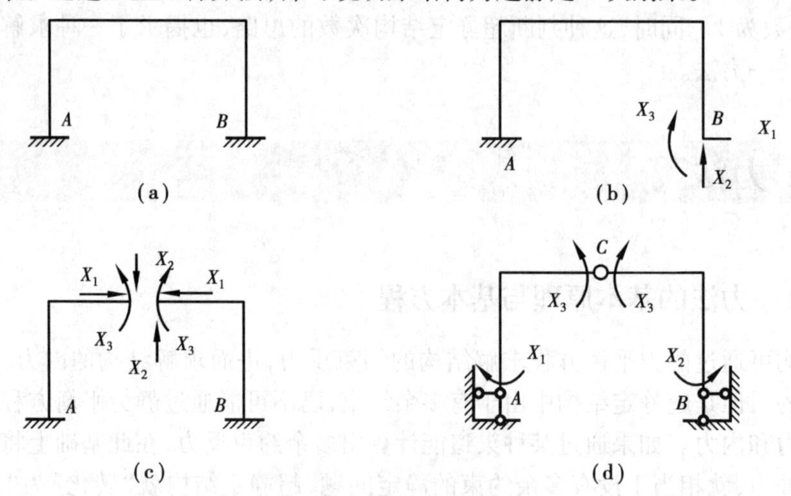


图10.4　3次超静定结构

**2)力法的基本原理与基本方程**

如图10.5(a)所示的超静定梁,若将B端的支座链杆撤去,可判断超静定次数为1。

首先将$B$处的链杆视为多余约束,多余约束的约束反力记为$X_1$,撤除多余约束并以其约束反力$X_1$代之,如图10.5(b)所示。要求图10.5(a)与图10.5(b)等效,还必须考虑约束对梁在约束处($B$处)的位移的限制作用,即梁在被约束处($B$处)沿约束反力$X_1$方向的位移$\Delta_1$等于零,即

$$\Delta_1 = 0$$

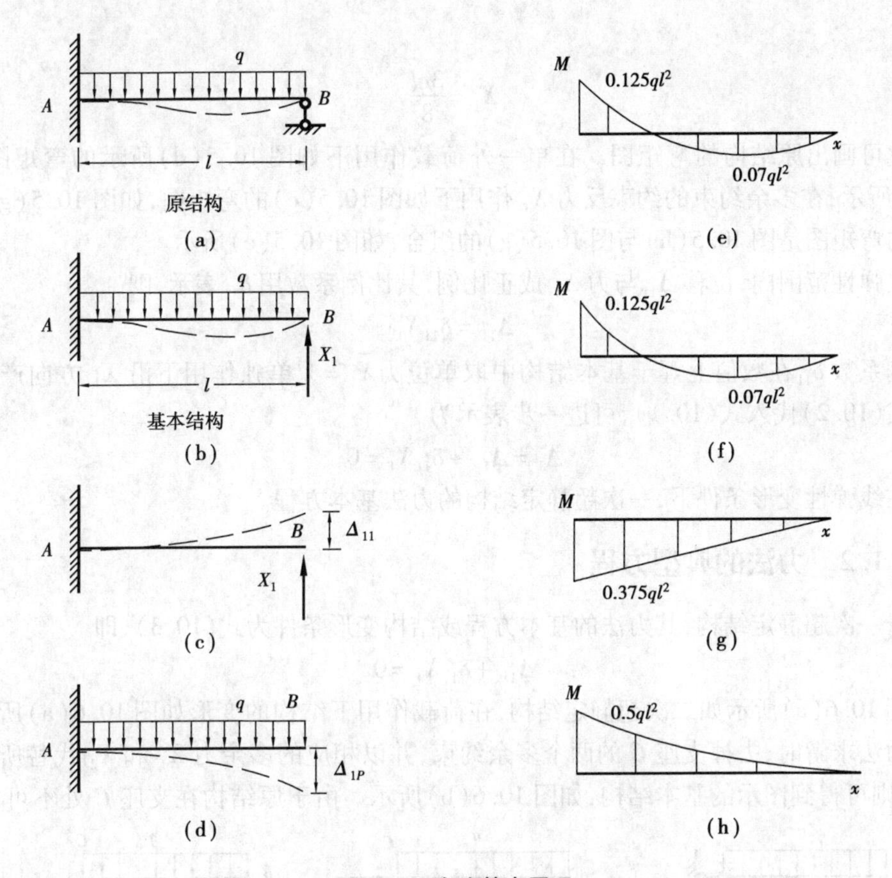


图 10.5　力法基本原理

此时图 10.5(a)与图 10.5(b)等效。在图 10.5(b)中,根据 $\Delta_1=0$ 的补充方程即可求解多余约束的约束反力 $X_1$。

如图 10.5(b)所示的解法一般采用叠加原理,其叠加关系为基本结构图 10.5(b)是图 10.5(c)与图 10.5(d)的组合,图 10.5(c)与图 10.5(d)均属于静定结构问题,即静定梁。图 10.5(d)中的 $\Delta_{1P}$表示基本结构在原外荷载作用下($X_1$ 作用处)的位移;图 10.5(c)中的 $\Delta_{11}$表示基本结构在 $X_1$ 力作用下该处的位移。其变形条件为

$$\Delta_1=\Delta_{1P}+\Delta_{11} \tag{10.1}$$

$\Delta_{1P}$与 $\Delta_{11}$的正负号规定:当位移与约束反力 $X_1$ 同方向时为正,反之为负。

具体解法是:可应用图乘法计算 $\Delta_{1P}$与 $\Delta_{11}$,而对于如图 10.5 所示的悬臂梁问题可直接引用前面悬臂梁的位移计算结果,并注意位移的正负号关系,可得:

$$\Delta_{1P}=-\frac{ql^4}{8EI}$$

$$\Delta_{11}=\frac{X_1l^3}{3EI}$$

将其代入式(10.1),得

$$0=-\frac{ql^4}{8EI}+\frac{X_1l^3}{3EI}$$

解得

$$X_1 = \frac{3ql}{8}$$

由此可画出原结构的弯矩图。在单一外荷载作用下如图 10.5(d)所示的弯矩图,如图 10.5(h)所示;在多余约束的约束反力 $X_1$ 作用下如图 10.5(c)的弯矩图,如图 10.5(g)所示;原结构的弯矩图是图 10.5(h)与图 10.5(g)的组合,如图 10.5(e)所示。

在线弹性范围内,位移 $\Delta_{11}$ 与力 $X_1$ 成正比例,其比例系数用 $\delta_{11}$ 表示,则

$$\Delta_{11} = \delta_{11} X_1 \tag{10.2}$$

比例系数 $\delta_{11}$ 在数值上等于基本结构中取单位力 $\overline{X}_1 = 1$ 单独作用下沿 $X_1$ 方向产生的位移。将式(10.2)代入式(10.1),可进一步表示为

$$\Delta_1 = \Delta_{1P} + \delta_{11} X_1 = 0 \tag{10.3}$$

此即为在线弹性变形条件下,一次超静定结构的力法基本方程。

## ▶ 10.1.2 力法的典型方程

对于一次超静定结构,其力法的基本方程或结构变形条件为式(10.3),即

$$\Delta_{1P} + \delta_{11} X_1 = 0$$

如图 10.6(a)所示如二次超静定结构,在荷载作用下结构的变形如图 10.6(a)所示的虚线。用力法求解时,去掉支座 $C$ 的两个多余约束,并以相应的多余力 $X_1$ 和 $X_2$ 代替所去约束的作用,则可得到图示的基本结构,如图 10.6(b)所示。由于原结构在支座 $C$ 处不可能有 $X_1$

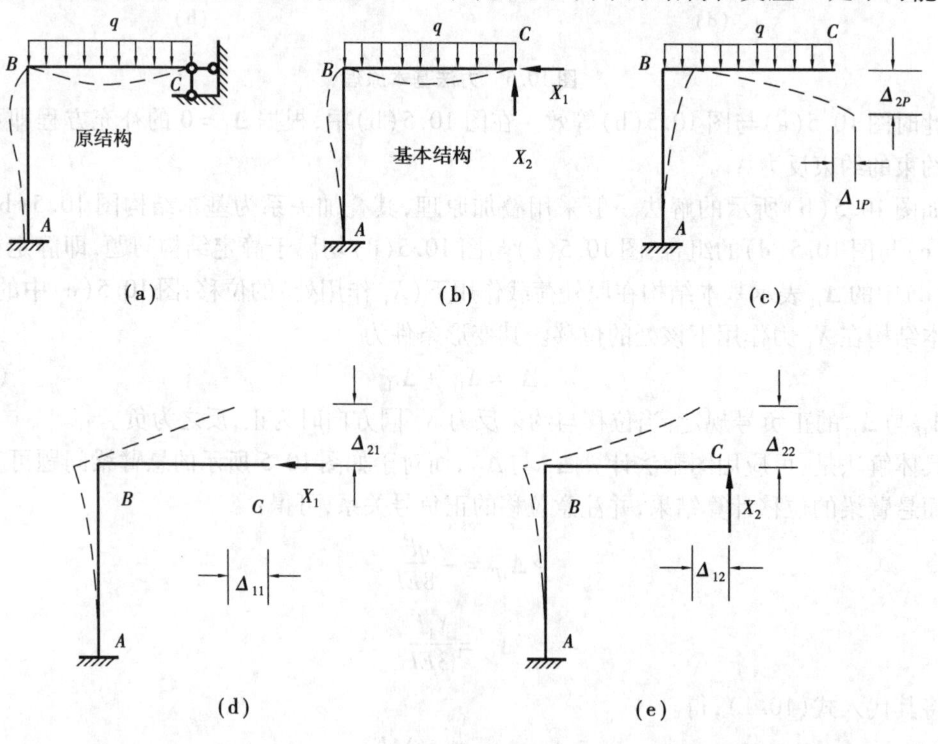


图 10.6 二次超静定结构

方向(水平方向)和 $X_2$ 方向(竖直方向)上的线位移,因此,在承受原荷载和全部多余力的基本结构上,还必须与原结构变形相符合,即是在 $C$ 点处沿多余力 $X_1$ 和 $X_2$ 方向上的相应线位移 $\Delta_1$ 和 $\Delta_2$ 都应等于零。根据叠加原理,原结构可由 3 部分组合而成:单独的荷载作用部分如图 10.6(c)所示;单独的 $X_1$ 力作用部分如图 10.6(d)所示;单独的 $X_2$ 力作用部分如图 10.6(e)所示。设 $\Delta_{iP}$ 为在单独荷载作用下,在 $X_i$ 力方向上产生的位移;$\Delta_{ij}$ 为在单独 $X_j$ 力作用下,在 $X_i$ 力方向上产生的位移;此时,基本结构满足的位移条件可表示为

$$\left.\begin{aligned}\Delta_1 = \Delta_{11} + \Delta_{12} + \Delta_{1P} = 0\\ \Delta_2 = \Delta_{21} + \Delta_{22} + \Delta_{2P} = 0\end{aligned}\right\} \tag{10.4}$$

进一步假设 $\delta_{ij}$ 为在 $C$ 点的力 $X_j$ 方向单独作用单位力 1(而不是 $X_j$)情况下,在力 $X_i$ 方向上产生的位移。那么,二次超静定结构满足的位移条件(或力法基本方程)公式标准化为

$$\left.\begin{aligned}\Delta_1 = \delta_{11}X_1 + \delta_{12}X_2 + \Delta_{1P} = 0\\ \Delta_2 = \delta_{21}X_1 + \delta_{22}X_2 + \Delta_{2P} = 0\end{aligned}\right\} \tag{10.5}$$

同理,可建立力法的一般方程。对于 $n$ 次超静定结构,用力法计算时,可去掉 $n$ 个多余约束得到静定的基本结构,在去掉 $n$ 个多余约束处代之以 $n$ 个多余约束未知力。当原结构在去掉 $n$ 个多余约束联系处的位移为零时,也就相应地有 $n$ 个已知的位移条件:$\Delta_i = 0(i = 1,2,3,\cdots,n)$。据此可以建立 $n$ 个关于求解多余力的方程为

$$\left.\begin{aligned}\Delta_1 &= \delta_{11}X_1 + \delta_{12}X_2 + \delta_{13}X_3 + \cdots + \delta_{1n}X_n + \Delta_{1P} = 0\\ \Delta_2 &= \delta_{21}X_1 + \delta_{22}X_2 + \delta_{23}X_3 + \cdots + \delta_{2n}X_n + \Delta_{2P} = 0\\ &\vdots\\ \Delta_n &= \delta_{n1}X_1 + \delta_{n2}X_2 + \delta_{n3}X_3 + \cdots + \delta_{nn}X_n + \Delta_{nP} = 0\end{aligned}\right\} \tag{10.6}$$

式(10.6)即为**力法的典型方程**。该方程组在组成上具有一定的规律,而且不论基本结构如何选取,只要是 $n$ 次超静定结构,它们在荷载作用下的力法方程是相同的。方程中,主对角线(自左上方的 $\delta_{11}$ 至右下方的 $\delta_{nn}$)上的系数 $\delta_{ii}$ 称为**主系数**,并表示当 $X_i$ 力取为单位 1($\overline{X}_i = 1$)、并单独作用在基本结构上时,沿其 $X_i$ 自身方向所引起的位移,它可利用 $\overline{M}_i$ 图($X_i$ 单独作用时的弯矩图)自乘求得,其值恒为正。位于主对角线两侧的其他系数 $\delta_{ij}(i \neq j)$,称为**副系数**,它是由于未知力 $X_j$ 为单位力 $\overline{X}_j = 1$ 单独作用在基本结构上时,沿未知力 $X_i$ 方向上所引起的位移,它可利用 $\overline{M}_i$ 图与 $\overline{M}_j$ 图的图乘求得。并且由位移互等定理可知,副系数 $\delta_{ij}$ 与 $\delta_{ji}$ 相等,即 $\delta_{ij} = \delta_{ji}$。方程组中最后一项 $\Delta_{iP}$ 不含未知力,称为**自由项**,它是由荷载单独作用在基本结构上时,沿多余力 $X_i$ 方向上产生的位移,它可通过 $\overline{M}_P$ 图与 $\overline{M}_i$ 图的图乘求得。副系数和自由项可正、可负,也可为零。

显然,按照求解静定结构的方法可求得典型方程中的主系数、副系数和自由项,然后在典型方程中可解出多余力 $X_i$。最后,可按照静定结构的内力分析方法逐一作出基本结构分别在荷载及 $X_i$ 作用的弯矩图,进而可作出原结构的弯矩图,并且有

$$M = \overline{M}_1X_1 + \overline{M}_2X_2 + \cdots + \overline{M}_nX_n + M_P$$

式中 $M_P$——当荷载单独作用在基本结构上时的弯矩。

至于结构的剪力、轴力的计算和剪力图、轴力图的画出,方法是类似的。

这里涉及的多余力 $X_i$ 是"广义力"的概念,可以是集中力也可以是集中力偶。集中力对

应的位移是线位移,集中力偶对应的位移则是角位移。

## ▶ 10.1.3 力法计算超静定结构举例

用力法计算超静定结构的步骤可归纳如下:

①判定结构超静定次数,明确结构的多余约束。

②去掉多余约束,以相应的多余力 $X_i$ 代替所去联系的作用,在基本结构图中加以表示。

③建立力法的典型方程。

④计算出典型方程中的主系数、副系数和自由项。

⑤在典型方程中可解出多余力 $X_i$。

⑥按求解静定结构的方法,分别计算出基本结构在单独的荷载作用和单独的多余力 $X_i$ 作用下的内力、或者作内力图。

⑦按叠加原理,计算结构在荷载及多余力 $X_i$ 共同作用下的内力或作内力图。

【例 10.1】 如图 10.7(a)所示超静定梁的刚度为 $EI$,受分布荷载 $q$ 作用。试用力法作梁的弯矩图。

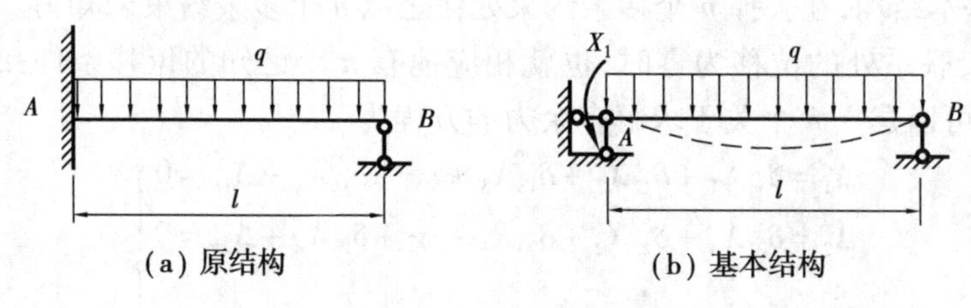


图 10.7 求解超静定梁

【解】 ①梁的超静定次数为 1。选定梁固定端 $A$ 处的转角约束为多余约束。

②去掉固定端 $A$ 处的转角约束,并以相应的多余力 $X_1$(集中力偶)代替所去掉约束的作用,并作基本结构如图 10.7(b)所示,其中虚线部分为梁变形后的实际变形状态。

③力法的典型方程即为 $A$ 处的变形条件,表现为 $A$ 处的转角等于零,即

$$\Delta_{1P}+\delta_{11}X_1=0$$

④求系数和自由项。

首先作 $\overline{X}_1=1$ 单独作用于基本结构的弯矩图 $\overline{M}_1$ 图,如图 10.8(a)所示;作荷载单独作用于基本结构的弯矩图 $M_P$ 图,如图 10.8(b)所示。然后利用图乘法计算系数和自由项为

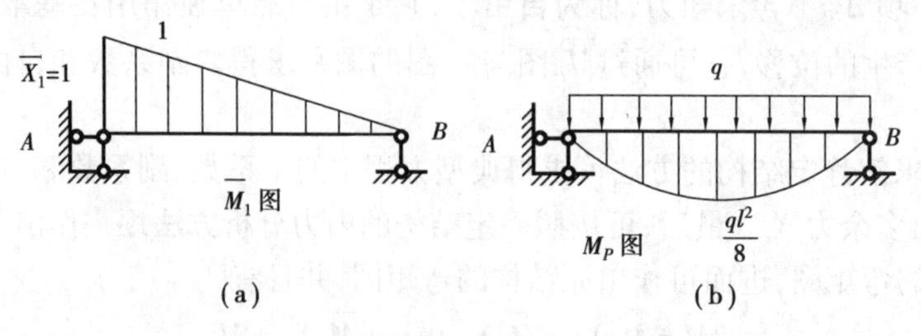


图 10.8 虚拟荷载与实际荷载弯矩图

$$\delta_{11}=\frac{1}{EI}\left(\frac{1}{2}\times l\times\frac{2}{3}\right)=\frac{l}{3EI}$$

$$\Delta_{1P}=-\frac{1}{EI}\left(\frac{2}{3}\times l\times\frac{ql^2}{8}\times\frac{1}{2}\right)=-\frac{ql^2}{24EI}$$

⑤在典型方程中解多余力 $X_1$。

将 $\delta_{11}$ 与 $\Delta_{1P}$ 代入典型方程可得

$$\frac{l}{3EI}X_1-\frac{ql^2}{24EI}=0$$

解得 $X_1=0.125\ \text{kN}\cdot\text{m}$(符号为正说明 $X_1$ 的实际方向与基本结构图中假设的 $X_1$ 方向相同,即逆时针转向)。

⑥按求解静定结构的方法画出结构在单独的荷载作用和单独的多余力 $X_1$ 作用下的弯矩图。

$M_1$ 图如图 10.9(a)所示,并且有

$$M_1=X_1\overline{M}_1$$

⑦按叠加原理,作梁的弯矩图如图 10.9(b)所示。并且有

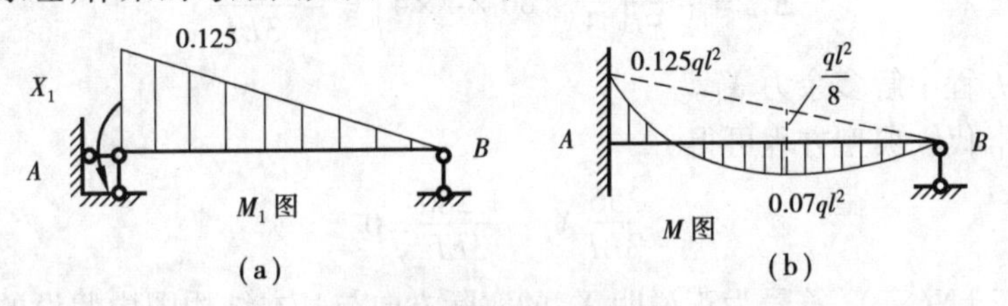


图 10.9 结构弯矩图

$$M=X_1\overline{M}_1+M_P$$

【例 10.2】 如图 10.10(a)所示的超静定刚架,刚度 $EI$ 为常数,$q=10\ \text{kN/m}$。试用力法作刚架的内力图。

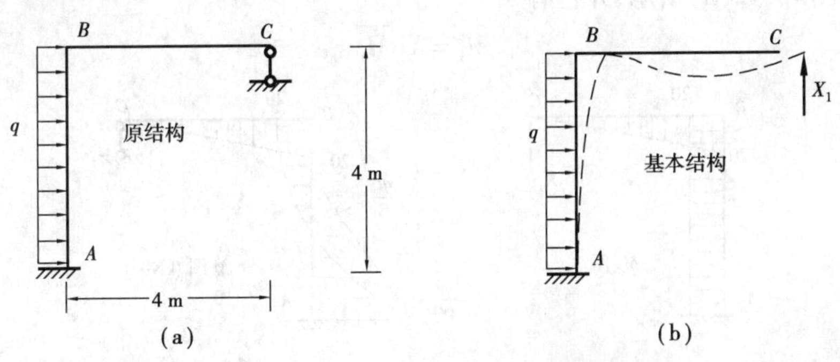


图 10.10 刚架的结构体系分析

【解】 ①该刚架的超静定次数为 1。选定结构 $C$ 处的链杆为多余约束。

②去掉 $C$ 处的链杆约束,并以相应的多余力 $X_1$ 代替所去链杆约束的作用,并作基本结构如图 10.10(b)所示,其中虚线部分为刚架变形后的实际状态。

③力法的典型方程即为 $C$ 处的变形条件,即

$$\Delta_{1P}+\delta_{11}X_1=0$$

④求系数和自由项。

首先作 $\overline{X}_1=1$ 单独作用于基本结构的弯矩图 $\overline{M}_1$ 图,如图 10.11(a)所示,作荷载单独作用

于基本结构的弯矩图 $M_P$ 图，如图 10.11(b)所示。然后利用图乘法计算系数和自由项为

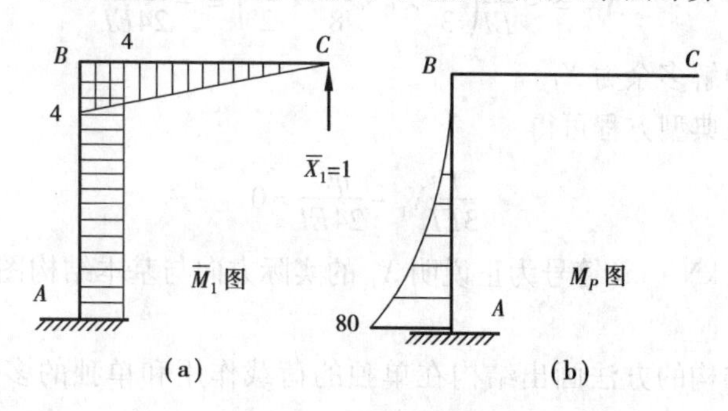


图 10.11　虚拟荷载与实际荷载弯矩图

$$\delta_{11}=\frac{1}{EI}\left(\frac{1}{2}\times4\times4\times\frac{2}{3}\times4+4\times4\times4\right)=\frac{256}{3EI}$$

$$\Delta_{1P}=-\frac{1}{EI}\left(\frac{1}{3}\times80\times4\times4\right)=-\frac{1\ 280}{3EI}$$

⑤在典型方程中解多余力 $X_1$。

将 $\delta_{11}$ 与 $\Delta_{1P}$ 代入典型方程可得

$$\frac{256}{3EI}X_1-\frac{1\ 280}{3EI}=0$$

解得 $X_1=5$ kN(↑)(符号为正说明 $X_1$ 的实际方向与基本结构图中假设的 $X_1$ 方向相同，即竖直向上)。

⑥按求解静定结构的方法画出结构在单独的荷载作用和单独的多余力 $X_1$ 作用下的弯矩图。

$M_1$ 图如图 10.12(a)所示，并且有

$$M_1=X_1\overline{M_1}$$

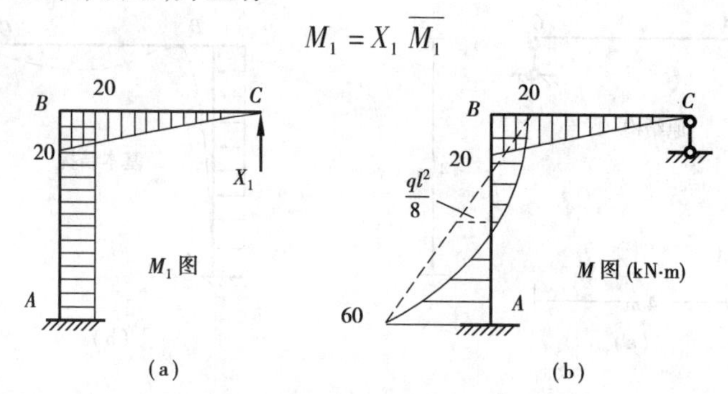


图 10.12　结构弯矩图

⑦按叠加原理，作刚架弯矩图如图 10.12(b)所示，并且有

$$M=X_1\overline{M}_1+M_P$$

刚架的剪力图与轴力图，可在确定了多余力 $X_1=5$ kN 的基础上，按静定结构剪力图与轴力图的作法作出，如图 10.13 所示。

【例 10.3】　如图 10.14(a)所示的超静定刚架，$AB$ 段的刚度为 $EI$，$BC$ 段的刚度为 $2EI$，受集中力 $F$ 作用。试用力法作刚架的内力图。

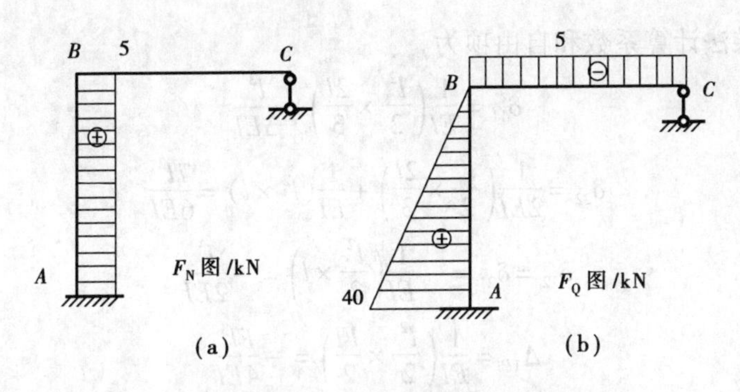


图 10.13 轴力图与剪力图

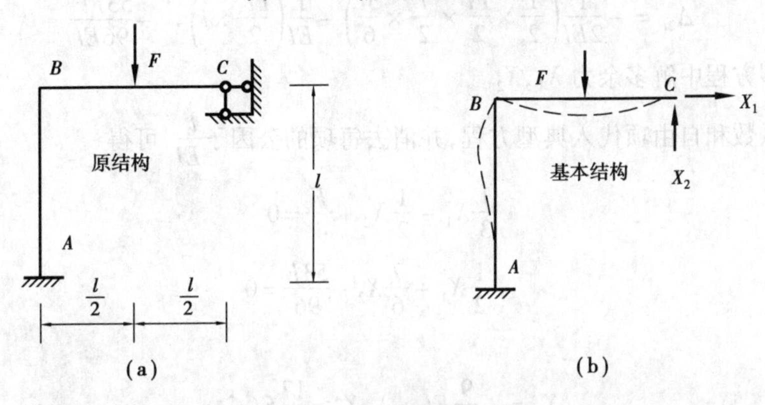


图 10.14 原结构与基本结构

【解】 ①该刚架的超静定次数为2。选定结构 $C$ 处的两根链杆为多余约束。

②去掉 $C$ 处的两根链杆约束,并以相应的多余力 $X_1$ 和 $X_2$ 代替所去链杆约束的作用,并作基本结构如图 10.14(b)所示,其中虚线部分为刚架变形后的实际状态。

③力法的典型方程为

$$\delta_{11}X_1+\delta_{12}X_2+\Delta_{1P}=0$$
$$\delta_{21}X_1+\delta_{22}X_2+\Delta_{2P}=0$$

④求系数和自由项。

首先作 $\overline{X}_1=1$ 单独作用于基本结构的弯矩图 $\overline{M}_1$ 图,如图 10.15(a)所示;作 $\overline{X}_2=1$ 单独作用于基本结构的弯矩图 $\overline{M}_2$ 图,如图 10.15(b)所示;作荷载单独作用于基本结构的弯矩图 $M_P$ 图,如图 10.15(c)所示。

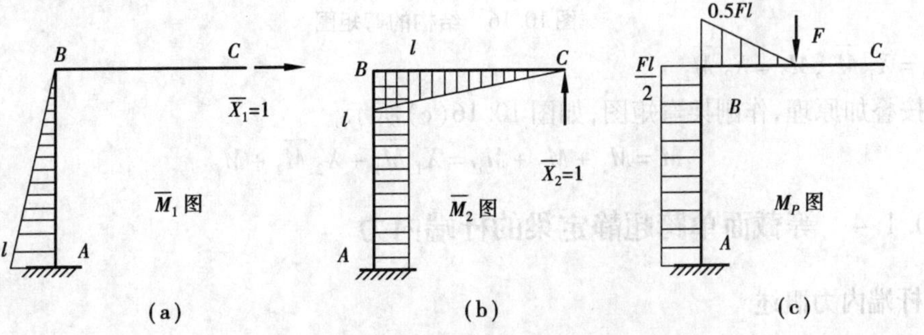


图 10.15 虚拟荷载与实际荷载弯矩图

然后利用图乘法计算系数和自由项为

$$\delta_{11}=\frac{1}{EI}\left(\frac{l^2}{2}\times\frac{2l}{3}\right)=\frac{l^3}{3EI}$$

$$\delta_{22}=\frac{1}{2EI}\left(\frac{l^2}{2}\times\frac{2l}{3}\right)+\frac{1}{EI}(l^2\times l)=\frac{7l^3}{6EI}$$

$$\delta_{12}=\delta_{21}=-\frac{1}{EI}\left(\frac{l^2}{2}\times l\right)=-\frac{l^3}{2EI}$$

$$\Delta_{1P}=\frac{1}{EI}\left(\frac{l^2}{2}\times\frac{Fl}{2}\right)=-\frac{Fl^3}{4EI}$$

$$\Delta_{2P}=-\frac{1}{2EI}\left(\frac{1}{2}\times\frac{Fl}{2}\times\frac{l}{2}\times\frac{5l}{6}\right)-\frac{1}{EI}\left(\frac{Fl^2}{2}\times l\right)=-\frac{53Fl^3}{96EI}$$

⑤在典型方程中解多余力 $X_1, X_2$。

将以上系数和自由项代入典型方程,并消去每项的公因子$\frac{l^3}{EI}$,可得

$$\frac{1}{3}X_1-\frac{1}{2}X_2+\frac{F}{4}=0$$

$$-\frac{1}{2}X_1+\frac{7}{6}X_2+\frac{53F}{96}=0$$

解得

$$X_1=-\frac{9}{80}F(\leftarrow),X_2=\frac{17}{40}F(\uparrow)$$

⑥按求解静定结构的方法作出结构在单独荷载和单独的多余力 $X_i$ 作用下的弯矩图。$M_1$ 图如图 10.16(a)所示,$M_2$ 图如图 10.16(b)所示。并且有

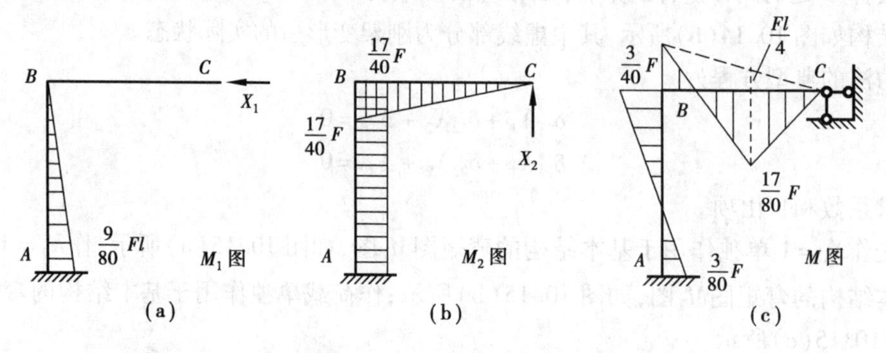


图 10.16　结构的弯矩图

$M_1=X_1\overline{M}_1, M_2=X_2\overline{M}_2$

⑦按叠加原理,作刚架弯矩图,如图 10.16(c)所示,

$$M=M_1+M_2+M_P=X_1\overline{M}_1+X_2\overline{M}_2+M_P$$

## ▶ 10.1.4　等截面单跨超静定梁的杆端内力

### 1)杆端内力概述

一般地,梁在荷载作用下将产生内力,杆端截面只是梁上一个特殊截面而已,超静定梁的

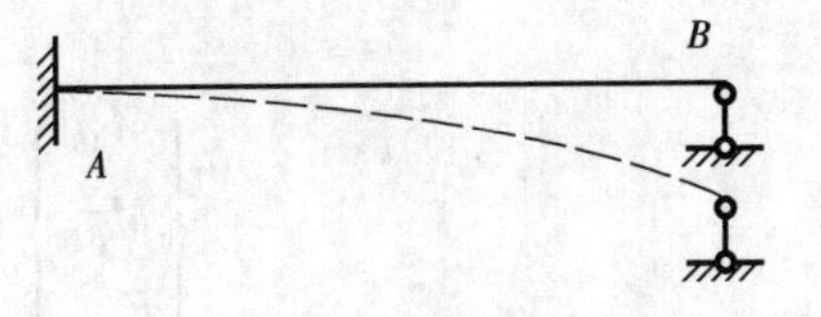


图 10.17 杆端位移

杆端内力依然可用前述的力法求得。在此之前,用力法求解超静定结构内力时,将内力产生的原因侧重于荷载作用,但是超静定结构的内力产生的原因绝不止于此,可以是因为支座位移、杆件温度变化等原因引起,而且正是由于支座位移或温度变化而引起结构内力过大,从而造成工程事故的案例是屡见不鲜的。如图 10.17 所示超静定梁,梁上无荷载作用,但 $B$ 端支座下沉也将引起梁的变形并产生内力。

在此侧重分析超静定梁在荷载作用与支座位移的双重条件下的杆端内力。

超静定梁的杆端内力包括杆端剪力与杆端弯矩。特别注意杆端弯矩的**正负号规定**。杆端弯矩的正负号规定,异于在此之前所作的内力弯矩或外力偶矩的正负号规定。杆端弯矩以顺时针转向为正、逆时针转向为负。在应用时,可采用下述方法:无论杆端弯矩的实际转向如何,均假设杆端弯矩为顺时针转向。若计算结果为正,说明杆端弯矩顺时针转向;若计算结果为负,说明杆端弯矩逆时针转向。这样在计算过程中就可按以前的方法进行,以避免在正负号规定上容易造成的混淆。当然,杆端剪力无新的正负号规定。例如,如图 10.18(b)所示的杆端剪力 $F_{QAB}$,$F_{QBA}$ 与杆端弯矩 $M_{AB}$,$M_{BA}$ 均取为正号。

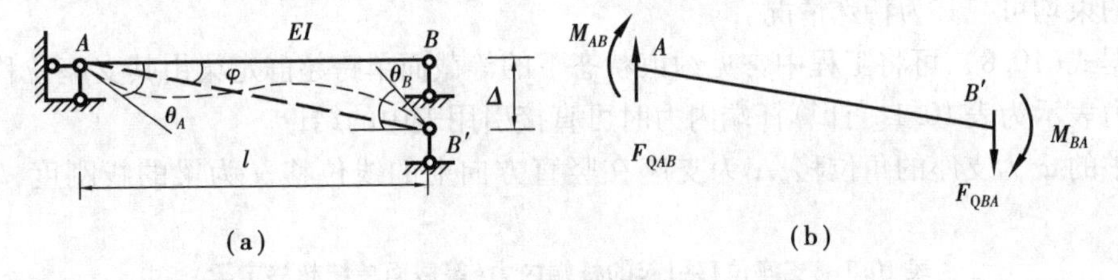


图 10.18 杆端内力

**2)支座位移引起的杆端内力**

(1)支座位移引起杆端内力的计算通式

问题:如图 10.18(a)所示一等截面杆 $AB$,截面的刚度 $EI$ 为常数,设其线刚度为 $i=\dfrac{EI}{l}$。已知端点 $A$ 和 $B$ 的角位移分别为 $\theta_A$ 和 $\theta_B$,两端沿与杆垂直方向的相对位移为 $\Delta$,拟求杆端弯矩 $M_{AB}$,$M_{BA}$ 及杆端剪力 $F_{QAB}$,$F_{QBA}$,如图 10.18(b)所示。

在小变形和小位移条件下,$\varphi=\dfrac{\Delta}{l}$。

杆端内力的计算式为

$$\left.\begin{aligned} M_{AB} &= 4i\theta_A + 2i\theta_B - 6i\frac{\Delta}{l} \\ M_{BA} &= 2i\theta_A + 4i\theta_B - 6i\frac{\Delta}{l} \\ F_{QAB} = F_{QBA} &= -\frac{6i}{l}\theta_A - \frac{6i}{l}\theta_B + \frac{12i}{l^2}\Delta \end{aligned}\right\} \tag{10.7}$$

此即为由杆端位移 $\theta_A$,$\theta_B$,$\Delta$ 求杆端弯矩和剪力的公式。进一步可用矩阵形式表示为

$$\begin{Bmatrix} M_{AB} \\ M_{BA} \\ F_{QAB} \end{Bmatrix} = \begin{bmatrix} 4i & 2i & -\dfrac{6i}{l} \\ 2i & 4i & -\dfrac{6i}{l} \\ -\dfrac{6i}{l} & -\dfrac{6i}{l} & \dfrac{12i}{l^2} \end{bmatrix} \begin{Bmatrix} \theta_A \\ \theta_B \\ \Delta \end{Bmatrix} \tag{10.8}$$

式中的系数矩阵,即

$$\begin{bmatrix} 4i & 2i & -\dfrac{6i}{l} \\ 2i & 4i & -\dfrac{6i}{l} \\ -\dfrac{6i}{l} & -\dfrac{6i}{l} & \dfrac{12i}{l^2} \end{bmatrix} \tag{10.9}$$

称为弯曲杆件的刚度矩阵。

(2)几种常见支座位移引起的杆端内力

式(10.8)由杆端位移计算杆端内力,适于杆端受到的最一般约束状态,结构中杆件两端受到的约束均可视其为特殊情况。

根据式(10.8),可将工程中常见约束状态下的等截面单跨超静定梁由其支座位移引起的杆端内力表示为表10.1。计算杆端内力时可直接引用表中的结论。

表中的 $\varphi$ 为支座的角位移,$\Delta$ 为支座在竖直方向上的线位移,$i$ 为梁的线刚度,$l$ 为梁的长度。

表10.1 支座位移引起的杆端内力(等截面单跨超静定梁)

| 序号 | 梁的简图 | 杆端弯矩 | | 杆端剪力 | |
|---|---|---|---|---|---|
| | | $M_{AB}$ | $M_{BA}$ | $F_{QAB}$ | $F_{QBA}$ |
| 1 | A φ i B φ l | $4i\varphi$ | $2i\varphi$ | $-6\dfrac{i}{l}\varphi$ | $-6\dfrac{i}{l}\varphi$ |
| 2 | A i B Δ l | $-6\dfrac{i}{l}\Delta$ | $-6\dfrac{i}{l}\Delta$ | $12\dfrac{i}{l^2}\Delta$ | $12\dfrac{i}{l^2}\Delta$ |
| 3 | A φ i B φ l | $3i\varphi$ | 0 | $-3\dfrac{i}{l}\varphi$ | $-3\dfrac{i}{l}\varphi$ |

续表

| 序号 | 梁的简图 | 杆端弯矩 | | 杆端剪力 | |
|---|---|---|---|---|---|
| | | $M_{AB}$ | $M_{BA}$ | $F_{QAB}$ | $F_{QBA}$ |
| 4 | A i B Δ l | $-3\dfrac{i}{l}\Delta$ | 0 | $3\dfrac{i}{l^2}\Delta$ | $3\dfrac{i}{l^2}\Delta$ |
| 5 | φ A i B φ l | $i\varphi$ | $-i\varphi$ | 0 | 0 |

3)**荷载作用引起的杆端内力**

由杆端位移(或杆端支座位移)求杆端内力的公式已作了分析,而由荷载求杆端内力还需作进一步的讨论。依然以杆端的约束特性或支座位移特性,可将杆件分为以下3类:

①两端固定的梁。

②一端固定,另一端简支的梁。

③一端固定,另一端滑动支承的梁。

根据力法,完全可以计算在荷载作用下梁的内力,进而可确定梁上特殊截面即杆端(截面)的内力。这里将其典型受力状态下计算得到的杆端内力的结论,用图表的形式直接给出(见表10.2),便于计算时引用。

**表10.2 荷载引起的杆端内力(等截面单跨超静定梁)**

| 杆端约束 | 梁的简图 | 杆端弯矩 | 杆端剪力 |
|---|---|---|---|
| 两端固支 | q A B l | $M_{AB}=-\dfrac{ql^2}{12}$ | $F_{QAB}=\dfrac{ql}{2}$ |
| | | $M_{BA}=\dfrac{ql^2}{12}$ | $F_{QBA}=-\dfrac{ql}{2}$ |
| | F A B a b | $M_{AB}=-\dfrac{Fab^2}{l^2}$ | $F_{QAB}=\dfrac{Fb^2}{l^2}\left(1+\dfrac{2a}{l}\right)$ |
| | | $M_{BA}=\dfrac{Fa^2b}{l^2}$ | $F_{QBA}=-\dfrac{Fa^2}{l^2}\left(1+\dfrac{2b}{l}\right)$ |

续表

| 杆端约束 | 梁的简图 | 杆端弯矩 | 杆端剪力 |
|---|---|---|---|
| 一端固支另一端铰支 | | $M_{AB}=-\dfrac{ql^2}{8}$ | $F_{QAB}=\dfrac{5}{8}ql$ |
| | | | $F_{QBA}=-\dfrac{3}{8}ql$ |
| | | $M_{AB}=-\dfrac{Fb(l^2-b^2)}{2l^2}$ | $F_{QAB}=\dfrac{Fb(3l^2-b^2)}{2l^2}$ |
| | | | $F_{QBA}=-\dfrac{Fa^2(3l-a)}{2l^2}$ |
| 一端固支另一端滑动支承 | | $M_{AB}=-\dfrac{ql^2}{3}$ | $F_{QAB}=ql$ |
| | | $M_{BA}=-\dfrac{ql^2}{6}$ | $F_{QBA}=0$ |
| | | $M_{AB}=-\dfrac{Fa}{2l}(2l-a)$ | $F_{QAB}=F$ |
| | | $M_{BA}=-\dfrac{Fa^2}{2l}$ | $F_{QBA}=0$ |

## 10.2 位移法

### 10.2.1 位移法概述

用力法可以计算各种类型的超静定结构,但是随着结构的日益复杂,出现了大量高次超静定刚架结构,若再用力法计算就显得十分烦琐。位移法是计算超静定结构的另一个基本方法,位移法特别适用于计算刚架和多跨连续梁。在用电子计算机计算复杂刚架时,采用位移法也比力法更为优越。

力法是以结构中的多余未知力为基本未知量,求出多余未知力后,再据此算得其他未知力和位移。而位移法是以位移(结点角位移及线位移)作为基本未知量,求解过程是先求结点位移,然后根据求得的结点位移再计算结构的未知内力和其他未知位移。位移法未知量的个数与超静定次数无关,这就使得对一个超静定结构的力学计算,有时候用位移法要比力法计算简单得多,尤其用于一些超静定刚架。

位移法认为超静定结构都是由单跨超静定梁(杆)构成。因此在位移法的计算中,需要用到单跨超静定梁在外荷载作用下杆端(梁端)内力以及梁端发生位移时所引起的杆端(梁端)内力,前者可通过载常数表(见表10.2)得到,后者可通过形常数表(见表10.1)得到。

对于单跨超静定梁,只要求出其梁端位移,即可以根据上一个知识点介绍的单跨超静定梁杆端内力的计算公式和图表(也称形常数和载常数),求出杆端弯矩和杆端剪力。然后梁内任一截面的内力均可以通过静力平衡方程确定。对于非单跨超静定结构,可用在结点上加约束的方法，将组成结构的各个杆件都变成单跨超静定梁，将这些单跨超静定梁的组合称为位移法的基本结构。基本结构中各杆件的汇交点称为结点，结点位移是位移法的基本未知量。一旦求得结点位移，则各杆件的杆端力同样可用单跨超静定梁的杆端内力计算公式和图表确定。

## ▶ 10.2.2 位移法的基本原理

下面通过简单的例子说明用位移法求结点位移的基本原理。

如图 10.19(a)所示的一两跨连续梁，在集中力 $P$ 的作用下，梁将发生如图 10.19(a)所示虚线的变形，汇交于结点 $B$ 的两个杆件 $AB$, $BC$ 的 $B$ 端，发生了相同的转角 $Z_1$。

用位移法求解时，在结点 $B$ 处加一限制转动的约束，该约束只限制转动，不限制移动，通称附加刚臂约束。引入附加刚臂约束后，原来的两跨连续梁变成两个单跨超静定梁，其中梁 $AB$ 为两端固定梁，梁 $BC$ 为一端固定一端铰支梁。这两个超静定梁的组合就是原结构的基本结构，如图 10.19(b)所示。基本结构与原结构的差别是限制了结点 $B$ 的转动，原结构上结点 $B$ 的转角 $Z_1$ 就是本题中的位移法基本未知量。

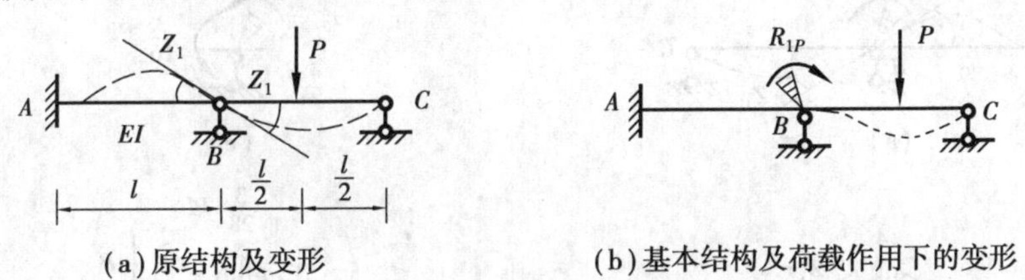


(a)原结构及变形　　(b)基本结构及荷载作用下的变形

图 10.19　梁发生的变形

位移法求解结点角位移 $Z_1$ 的思路如下：

①将原结构所受荷载 $P$ 加在基本结构上，基本结构的变形如图 10.19(b)所示的虚线。由于附加刚臂约束限制结点 $B$ 产生角位移，因此，在附加刚臂约束上因荷载 $P$ 的作用而产生约束反力矩 $R_{1P}$，规定约束反力矩以顺时针方向为正。在图中 $R_{1P}$ 按正向画出。

②为消除基本结构与原结构的差别，将约束转动一转角 $Z_1$，使得基本结构上结点 $B$ 的转角与原结构在荷载作用下结点 $B$ 的转角有相同值，如图 10.20(a)所示。由于结点 $B$ 发生转角 $Z_1$ 在附加刚臂约束上产生的约束反力矩用 $R_{Z1}$ 表示，$R_{Z1}$ 在图中也按正向画出。

③在基本结构上加荷载 $P$，这使得基本结构的约束状况与实际情况有相同值的转角 $Z_1$，此时基本结构的受力和变形状态已与原结构的受力和变形状态完全相同，而附加刚臂约束已不起约束作用。如将此时附加刚臂约束上的约束反力矩用 $R_1$ 表示，则应有

$$R_1 = 0$$

约束反力矩 $R_1$ 是由荷载 $P$ 和结点转角 $Z_1$ 共同作用的结果，如图 10.20(b)所示。按叠加原理有

$$R_1 = R_{Z1} + R_{1P} = 0 \qquad \text{(a)}$$

式中，$R_{Z1}$ 和 $R_{1P}$ 都能在基本结构上计算。

由于结点转角 $Z_1$ 的作用，在附加刚臂约束上产生的约束反力矩 $R_{Z1}$ 应这样确定：令 $r_{11}$ 为结点产生单位转角($Z_1 = 1$)时在附加刚臂约束上产生的约束反力矩，则

$$R_{Z1} = r_{11} Z_1 \tag{b}$$

将式(b)代入式(a)得

$$R_1 = r_{11} Z_1 + R_{1P} = 0 \tag{c}$$

为求系数 $r_{11}$,令附加刚臂约束转单位转角 $Z_1 = 1$,按前述图表10.1画出单跨超静定梁 $AB$ 和 $BC$ 的弯矩图,如图10.20(c)所示,此弯矩图称 $\overline{M}_1$ 图。本例中取结点 $B$ 为分离体,根据静力平衡条件可得

$$\sum m_B = 0, \qquad r_{11} - 3i - 4i = 0$$

解得

$$r_{11} = 3i + 4i = 7i$$

由于荷载 $P$ 的作用,在附加刚臂约束上产生的约束反力矩 $R_{1P}$ 应这样确定:按表10.2画出荷载 $P$ 作用下单跨超静定梁 $AB$ 和 $BC$ 的弯矩图,此弯矩图称 $M_P$ 图,如图10.20(d)所示。取结点 $B$ 为分离体,如图10.20(e)所示。由平衡条件可得

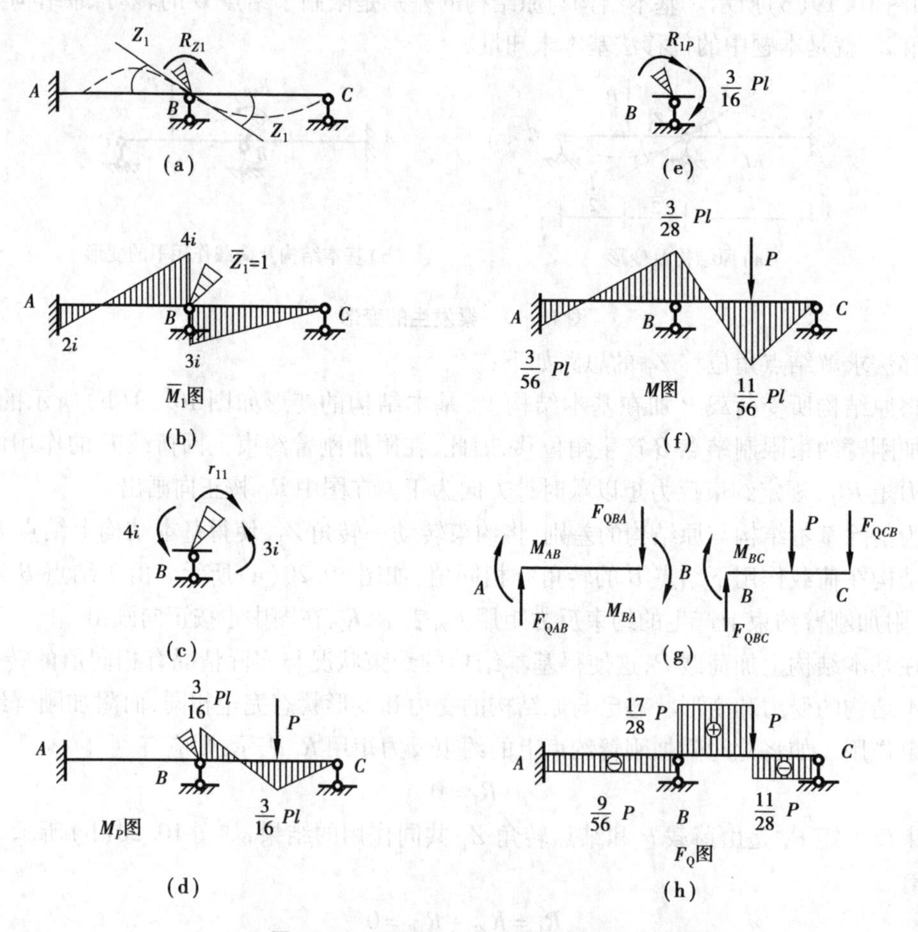


图10.20 位移法杆端内力与位移分析

$$\sum m_B = 0, \qquad R_{1P} + \frac{3}{16} Pl = 0$$

解得

$$R_{1P} = -\frac{3}{16}Pl$$

将 $r_{11}$ 和 $R_{1P}$ 的值代入 $R_1 = R_{Z_1} + R_{1P} = 0$，有

$$7iZ_1 - \frac{3}{16}Pl = 0$$

解得

$$Z_1 = \frac{3}{7i \times 16}Pl = \frac{3}{112}Pl$$

求出 $Z_1$ 后，可按迭加原理，作出结构的弯矩图，如图 10.20(f)所示。并且有

$$M = \overline{M}_1 Z_1 + M_P$$

$M$ 图确定后，可分别以杆件 $AB$ 和 $BC$ 为分离体，由平衡方程求解杆端剪力，如图 10.20(g)所示。得到原结构的剪力图如图 10.20(h)所示。

## ▶ 10.2.3 位移法基本未知量的确定

用位移法计算结构时，必须先确定结构独立的结点位移数目，这些结点位移是位移法计算结构内力时必须求出的。应用位移法可以计算静定结构和超静定结构，对于超静定结构，基本未知量的数目与超静定次数无直接关系。

**1)角位移数目的确定**

因为每个刚结点都有可能发生角位移，而汇交于刚结点的各杆端的转角就等于该刚结点的转角，所以角位移基本未知量的数目就等于刚结点的数目。只需计算刚结点的个数，即可确定角位移的数目。例如，在图 10.21 中，伸臂 $CD$ 部分，内力可根据静力平衡条件确定。若将伸臂 $CD$ 去掉，则杆件 $BC$ 就变成 $B$ 端固定、$C$ 端铰支的单跨超静定梁，$C$ 结点的角位移不算独立角位移。因此，确定位移法基本未知量的数目时，可将结构中的静定部分去掉，然后再予以考虑。

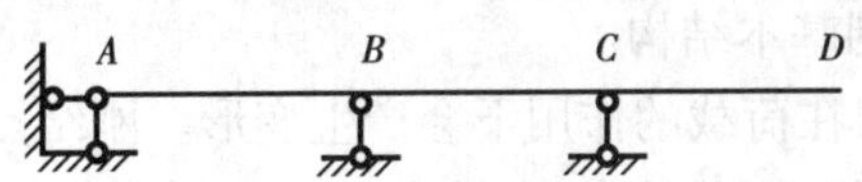


图 10.21　角位移数目的确定

**2)线位移数目的确定**

由于一点在平面内具有两个移动自由度，因此平面刚架的每个结点如不受约束，则有两个线位移。但为了简化计算，通常都假定结构的变形是微小的，受弯直杆在受力发生弯曲和轴向变形时，对杆件长度所产生的影响可以忽略不计。也就是说，受弯直杆受力发生变形时，其两端结点之间的距离保持不变。这就等同于每根受弯直杆提供了相当于一根刚性链杆的约束条件。因此，计算刚架结点的线位移个数时，可以先把所有的受弯直杆视为刚性链杆，同时把所有的刚结点和固定支座全部改为铰结点或固定铰支座，从而使刚架变成一个铰接体系。然后再分析该铰接体系的几何组成，凡是可动的结点，用增设附加链杆的方法使其不动，从而使整个铰接体系成为几何不变体系。最后计算出所需增设的附加链杆总数，即为刚架结点的独立线位移个数。例如，如图 10.22(a)所示的刚架改成铰接体系后，只需增设两根附加

链杆的约束就能变成几何不变体系(见图 10.22(b)),故有两个独立线位移。

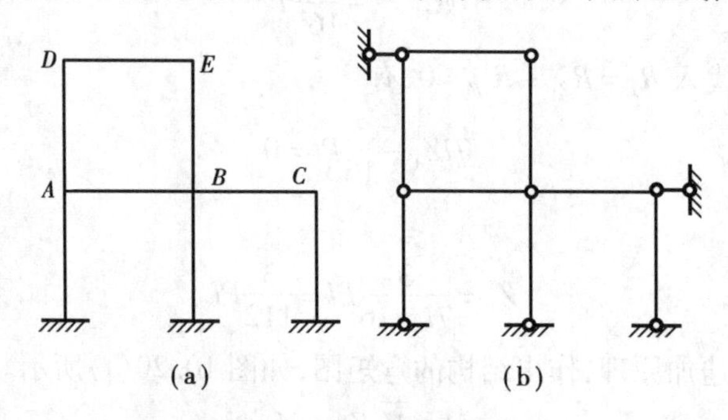


图 10.22　线位移数目的确定

3)位移法的基本未知量数目的确定

位移法的基本未知量数目应等于结构结点的独立角位移和线位移二者数目之和。例如,如图 10.22(a)所示的刚架,有 $A,B,C,D,E$ 5 个刚结点,即有 5 个角位移,刚架有两个线位移,故总共有 7 个基本未知量。应当往意,上面介绍的计算结点独立线位移数目的方法都是以不计杆件的轴向变形作为前提的。若要考虑杆件轴向变形的影响,则上述方法就不适用了。由于当要考虑杆件轴向变形的影响时,"杆件两端结点之间距离保持不变"的假设就被否定,因而也就不能再把受弯直杆当作刚性链杆约束来计算刚架的结点线位移数目。在这种情况下,除支座外,刚架的每个结点有两个线位移。如果刚架中有需要考虑其轴向变形影响的杆件,则用相应的铰接体系计算刚架的结点线位移数目时,就不能把这种杆件当作刚性链杆。

## ▶　10.2.4　位移法典型方程

1)位移法基本结构和基本未知量

在结构的刚结点和组合结点上加限制转动的约束;按结构的铰接体系成为几何不变体系的原则加链杆约束,即可得到基本结构。

如图 10.23(a)所示刚架在荷载的作用下会产生变形。刚结点 $B$ 的转角为 $Z_1$。$C$ 端线位移为 $Z_2$。在刚架结点 $B$ 处附加刚臂约束,在结点 $C$(或 $B$)处加一链杆约束,形成位移法的基本结构,如图 10.23(b)所示。并将未知的两种结点位移(转角、线位移)统称为位移法的基本未知量,用 $Z_i$ 表示。如图 10.23(b)所示的基本未知量为结点 $B$ 的转角 $Z_1$ 及结点 $C$ 的线位移 $Z_2$。

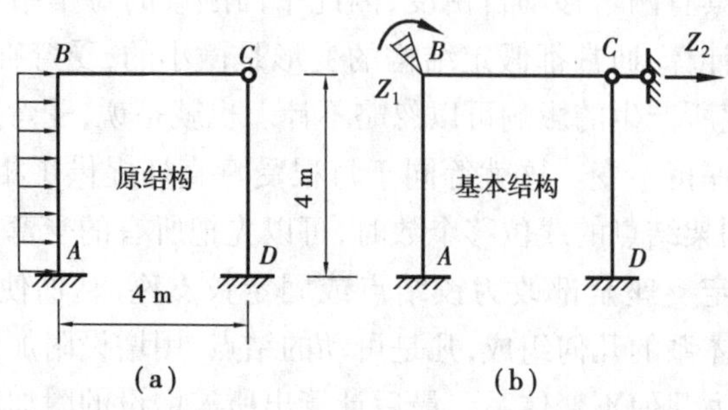


图 10.23　原结构与基本结构

**2)位移法典型方程**

如图 10.23(b)所示,设在基本结构中由于附加刚臂单独发生单位角位移$\overline{Z}_1=1$、附加链杆单独发生单位水平位移$\overline{Z}_2=1$ 时,在附加刚臂中产生的反力分别为 $r_{11}$ 和 $r_{12}$;在附加链杆中产生的反力分别为 $r_{21}$ 和 $r_{22}$,因荷载作用在 $B$ 结点的附加刚臂产生约束反力 $R_{1P}$;在 $C$ 结点的附加链杆产生约束反力 $R_{2P}$,令基本结构的附加约束产生与实际情况有相同值的位移,则基本结构的受力和变形状态已与原结构的受力和变形状态完全相同,此时附加刚臂约束已不起约束作用,或者说去掉附加刚臂约束后结点上的受力也已平衡,因此附加约束上的约束反力可表示为

$$\left.\begin{aligned} R_1 &= R_{Z_1} + R_{1P} = 0 \\ R_2 &= R_{Z_2} + R_{2P} = 0 \end{aligned}\right\} \tag{a}$$

式(a)中 $R_{Z_1}$ 和 $R_{Z_2}$ 分别为 $Z_1$ 与 $Z_2$ 位移时,在 $B$,$C$ 处附加约束产生的约束反力,即

$$\left.\begin{aligned} R_{Z_1} &= r_{11}Z_1 + r_{12}Z_2 \\ R_{Z_2} &= r_{21}Z_1 + r_{22}Z_2 \end{aligned}\right\} \tag{b}$$

将式(b)代入式(a)得

$$\left.\begin{aligned} r_{11}Z_1 + R_{12}Z_2 + R_{1P} &= 0 \\ r_{21}Z_1 + R_{22}Z_2 + R_{2P} &= 0 \end{aligned}\right\} \tag{c}$$

这就是位移法的基本方程,又称位移法的典型方程。

对于具有 $n$ 个独立结点位移的结构,共有 $n$ 个基本未知量,而为了控制每一个结点位移便需要加 $n$ 个附加约束,根据每一个附加约束的约束反力应等于零的条件,可建立 $n$ 个方程。这时位移法的典型方程可写为

$$\left.\begin{aligned} r_{11}Z_1 + r_{12}Z_2 + \cdots + r_{1i}Z_i + \cdots + r_{1n}Z_n + R_{1P} &= 0 \\ r_{21}Z_1 + r_{22}Z_2 + \cdots + r_{2i}Z_i + \cdots + r_{2n}Z_n + R_{2P} &= 0 \\ &\vdots \\ r_{i1}Z_1 + r_{i2}Z_2 + \cdots + r_{ii}Z_i + \cdots + r_{in}Z_n + R_{iP} &= 0 \\ &\vdots \\ r_{n1}Z_1 + r_{n2}Z_2 + \cdots + r_{ni}Z_i + \cdots + r_{nn}Z_n + R_{nP} &= 0 \end{aligned}\right\} \tag{10.10}$$

式中,$r_{ij}$称为约束反力系数,其中,$r_{ii}(i=1,2\cdots,n)$称为主系数,$r_{ij}(i\neq j)$称为副系数;$R_{iP}$称为自由项。副系数是互等的,$r_{ij}=r_{ji}$。系数和自由项的正负号规定:凡与所属附加约束所设的位移方向一致者为正。例如,若设附加刚臂为顺时针转动,则其反力矩以顺时针方向为正。由此可知,主系数恒为正值。而副系数和自由项则可能为正、为负或为零。

为了求出典型方程中的系数和自由项,可借助单跨超静定梁的杆端内力计算公式和图表,绘出基本结构分别在附加约束发生单位位移以及原有荷载单独作用下的弯矩图 $\overline{M}_i$ 和 $M_P$。然后根据结点的静力平衡条件计算系数及自由项。

将求得的系数及自由项代入位移法典型方程,进而求得结点位移,最后弯矩图可按叠加原理由下式计算,即

$$M = \sum_{i=1}^{n} \overline{M}_i Z_i + M_P$$

综上所述,采用位移法的基本结构替代原结构进行求解的步骤可归纳如下:

①在原结构上加入附加约束,阻止刚结点的转动和各结点的移动,从而得出一个由若干单跨超静定梁组成的组合体系作为基本结构。

②使基本结构承受与原结构同样的荷载,并令各附加约束发生与原结构相同的位移。然后根据此基本体系各附加约束上的反力矩或反力为零的条件,建立位移法典型方程。为此需要分别绘出基本结构由于每一附加约束发生单位位移时的 $\overline{M}_i$ 图和原有荷载作用下的 $M_P$ 图;利用平衡条件求出各系数及自由项。

③解算位移法典型方程,求出结点位移基本未知量。

④按叠加原理绘制最后弯矩图,再由平衡条件求出各杆杆端剪力和轴力,并作出剪力图和轴力图。

将力法与本节介绍的位移法作一比较,以加深理解。

①利用力法或位移法计算超静定结构时,都必须同时考虑静力平衡条件和变形谐调条件,才能确定结构的受力与变形状态。

②力法以多余未知力作为基本未知量,其数目等于结构的多余约束数目(即超静定次数);位移法以结构独立的结点位移作为基本未知量,其数目与结构的超静定次数无关。

③力法的基本结构是从原结构中去掉多余约束后所得到的静定结构;位移法的基本结构则是在原结构中加入附加约束,由单跨超静定梁构成的组合体系。

④在力法中,求解基本未知量的方程是根据原结构的位移条件建立的,体现了原结构的变形谐调;在位移法中,求解基本未知量的方程是根据原结构的平衡条件建立的,体现了原结构的静力平衡。

比较而言,力法典型方程中的系数表示单位力(广义单位力)在力法基本结构上所引起的某种位移(广义位移),此方程中各系数都可称为柔度系数,其系数矩阵称为柔度矩阵。位移法典型方程中的系数表示发生单位位移(广义单位位移)时在位移法基本结构的某附加约束上所需施加的力(广义力),此方程中各系数都可称为刚度系数,其系数矩阵称为刚度矩阵。因此,在结构矩阵分析中,又将矩阵力法称为柔度法,将矩阵位移法称为刚度法。

## ▶ 10.2.5 位移法的计算举例

**1)用位移法计算连续梁和无侧移刚架**

【例 10.4】 用位移法计算如图 10.24(a)所示连续梁的内力,$EI$ 为常数。

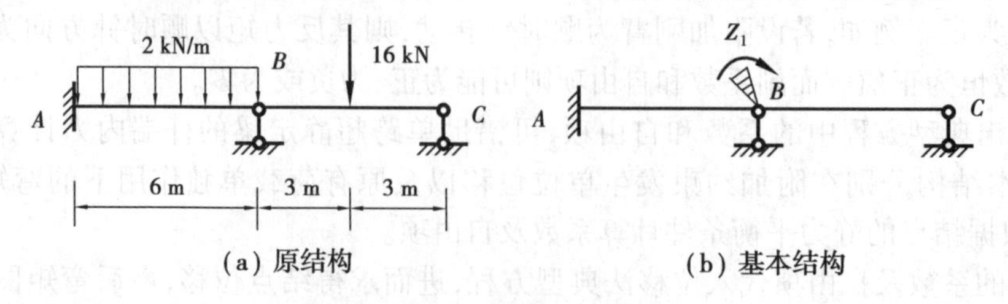


图 10.24 位移法计算连续梁

【解】 ①连续梁的基本结构和基本未知量的确定。

$B$ 结点的角位移 $Z_1$ 为连续梁的基本未知量，基本结构如图 10.24(b)所示。

②绘制 $\overline{M}_1$ 图和 $M_P$ 图。

$\overline{M}_1$ 图是 $\overline{Z}_1=1$ 时连续梁基本结构的弯矩图，如图 10.25(a)所示；$M_P$ 图为荷载作用在连续梁基本结构上的弯矩图，如图 10.25(c)所示；此时 $AB$，$BC$ 杆都是单跨超静定梁，弯矩图可通过查表 10.2 获得。

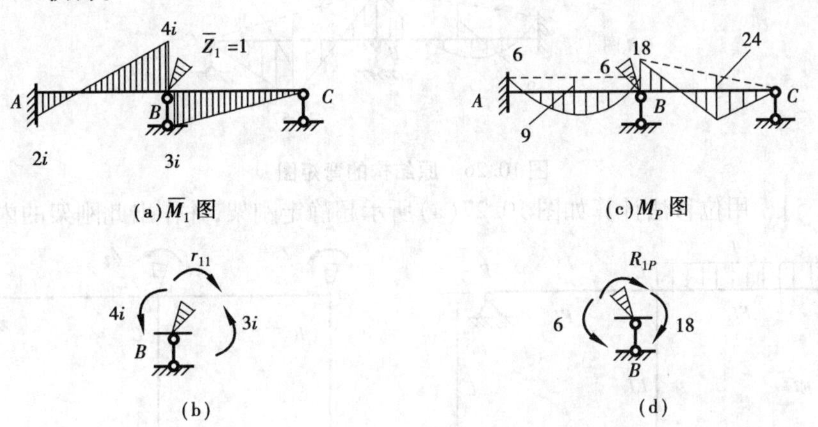


图 10.25 杆端内力分析

③通过 $\overline{M}_1$ 图和 $M_P$ 图并根据 $B$ 结点的平衡条件，计算系数项 $r_{11}$ 和自由项 $R_{1P}$。

$\overline{M}_1$ 图中，有

$$\sum m_B = 0, \qquad r_{11} - 3i - 4i = 0$$

解得

$$r_{11} = 3i + 4i = 7i$$

$M_P$ 图中，有

$$\sum m_B = 0, \qquad R_{1P} - 6 + 18 = 0$$

解得

$$R_{1P} = -12 \text{ kN} \cdot \text{m}$$

④根据连续梁的位移法典型方程，即

$$r_{11}Z_1 + R_{1P} = 0$$

解得

$$Z_1 = -\frac{R_{1P}}{r_{11}} = -\frac{-12}{7i} = 1.714\,\frac{1}{i}$$

⑤作连续梁的弯矩图。并且有

$$M = \overline{M}_1 Z_1 + M_P$$

计算各杆端弯矩为

$$M_{AB} = 2iZ_1 + M_{AB}^P = 2i\left(\frac{1.714}{i}\right) - 6 = -2.57 \text{ kN} \cdot \text{m}$$

$$M_{BA} = 4iZ_1 + M_{BA}^P = 4i\left(\frac{1.714}{i}\right) + 6 = 12.86 \text{ kN} \cdot \text{m}$$

$$M_{BC} = 3iZ_1 + M_{BC}^P = 3i\left(\frac{1.714}{i}\right) - 18 = -12.86\ \text{kN} \cdot \text{m}$$

$$M_{CB} = 0$$

按叠加原理，原结构的弯矩图如图 10.26 所示。

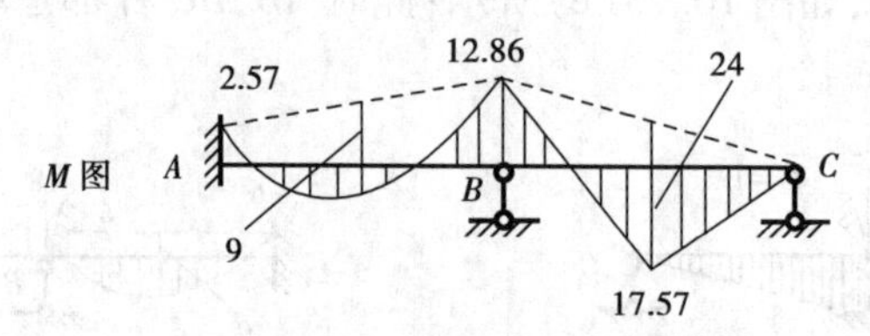


图 10.26　原结构的弯矩图

【例 10.5】　用位移法计算如图 10.27(a)所示超静定刚架，并作出此刚架的内力图。

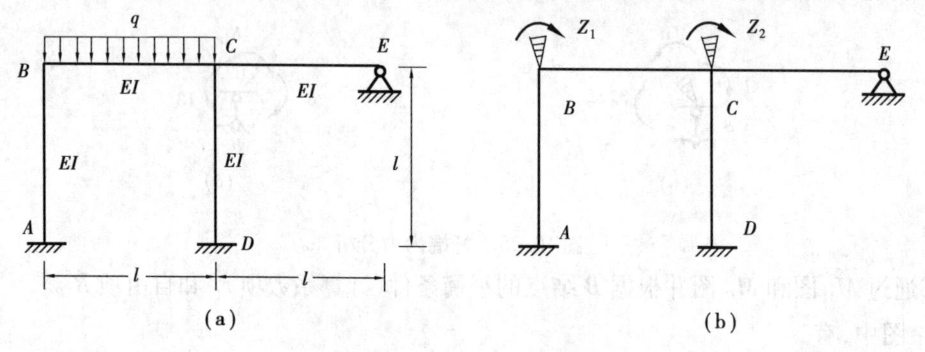


图 10.27　位移法计算刚架

【解】　① 确定基本未知量。此刚架有 $B$,$C$ 两个刚结点，因此有两个未知转角位移，分别记为 $Z_1$,$Z_2$，各杆的线刚度均相等，$B$,$C$ 点附加刚臂后的基本结构如图 10.27(b)所示。

②绘制 $B$ 结点产生单位转角 $\overline{Z}_1 = 1$ 时，刚架的 $\overline{M}_1$ 图，如图 10.28(a)所示，并根据 $B$,$C$ 结点的平衡条件计算出系数 $r_{11}$ 和 $r_{12}$。

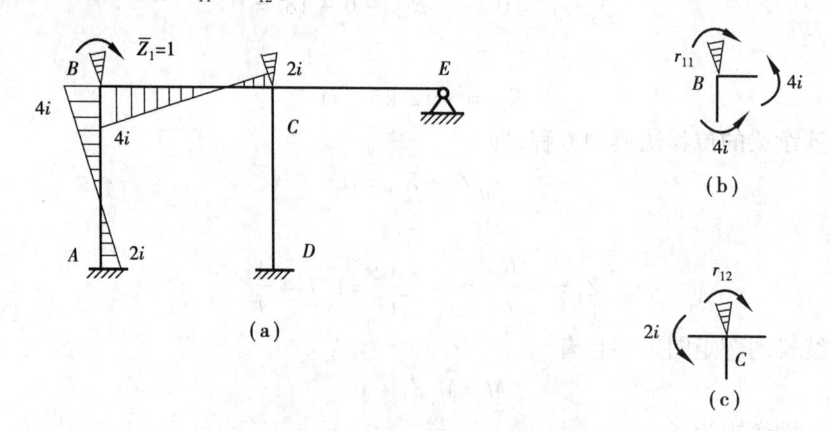


图 10.28　刚架结点内力分析一

对于 $B$ 结点，根据如图 10.28(b)所示，有

$$\sum m_B = 0, \qquad r_{11} - 4i - 4i = 0$$

解得

$$r_{11}=8i$$

对于 $C$ 结点，根据如图 10.28(c)所示，有

$$\sum m_c=0,\qquad r_{12}-2i=0$$

解得

$$r_{12}=2i$$

③绘制 $C$ 结点产生单位转角 $\overline{Z}_2=1$ 时，刚架的 $\overline{M}_2$ 图，如图 10.29(a)所示，并通过计算 $B$，$C$ 结点的平衡算出系数 $r_{21}$ 和 $r_{22}$。

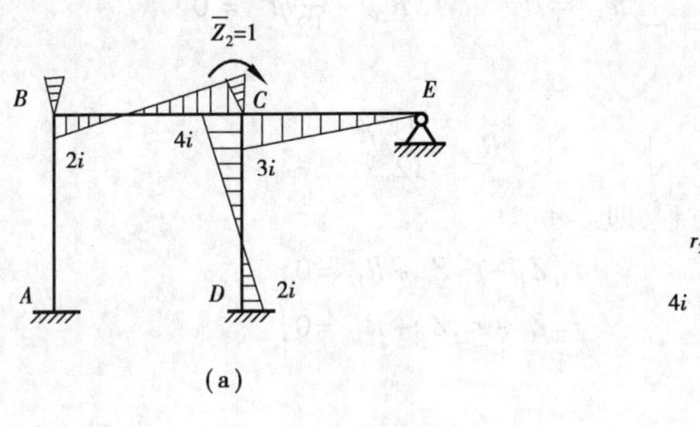


图 10.29 刚架结点内力分析二

对于 $B$ 结点，根据如图 10.29(b)所示，有

$$\sum m_B=0,\qquad r_{21}-2i=0$$

解得

$$r_{21}=2i$$

对于 $C$ 结点，根据如图 10.29(c)所示，有

$$\sum m_C=0,\qquad r_{22}-4i-4i-3i=0$$

解得

$$r_{22}=11i$$

④绘制原荷载作用在基本结构上时，刚架的 $M_P$ 图，如图 10.30(a)所示，并通过计算 $B$，$C$ 结点的平衡算出自由项 $R_{1P}$ 和 $R_{2P}$。

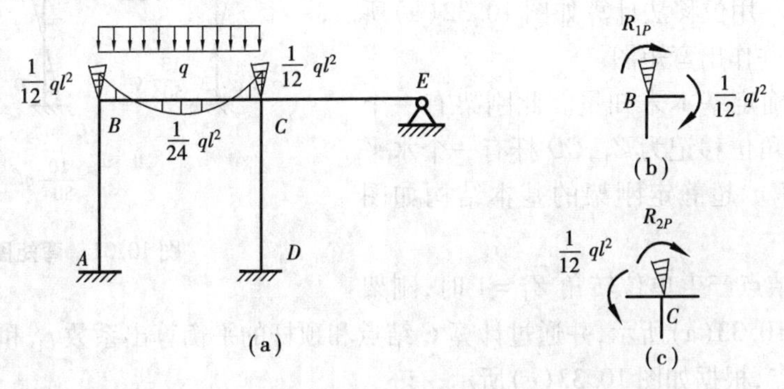


图 10.30 刚架的 $M_P$ 图

对于 $B$ 结点,根据如图 10.30(b)所示,有

$$\sum m_B = 0, \qquad R_{1P} + \frac{1}{12}ql^2 = 0$$

解得

$$R_{1P} = -\frac{1}{12}ql^2$$

对于 $C$ 结点,根据如图 10.30(c)所示,有

$$\sum m_C = 0, \qquad R_{2P} - \frac{1}{12}ql^2 = 0$$

解得

$$R_{2P} = \frac{1}{12}ql^2$$

⑤根据位移法的典型方程,即

$$\left.\begin{aligned} r_{11}Z_1 + r_{12}Z_2 + R_{1P} = 0 \\ r_{21}Z_1 + r_{22}Z_2 + R_{2P} = 0 \end{aligned}\right\}$$

代入数据可得

$$8iZ_1 + 2iZ_2 - \frac{1}{12}ql^2 = 0$$

$$2iZ_1 + 11iZ_2 + \frac{1}{12}ql^2 = 0$$

解得

$$Z_1 = \frac{13}{1\ 008i}ql^2$$

$$Z_2 = -\frac{5}{504i}ql^2$$

⑥用叠加法绘制原结构的弯矩图,如图10.31所示,并且有

$$M = \overline{M}_1 Z_1 + \overline{M}_2 Z_2 + M_P$$

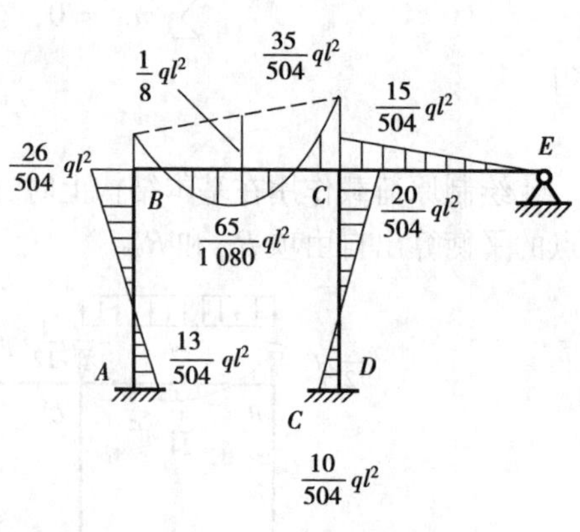


图 10.31 弯矩图

**2)用位移法计算无侧移刚架**

**【例 10.6】** 用位移法计算如图 10.32(a)所示超静定刚架,并作出弯矩图。

**【解】** ①确定基本未知量。此刚架有一个刚结点 $C$,其转角位移记为 $Z_1$,$CD$ 杆有一个水平线位移,记为 $Z_2$。超静定刚架的基本结构如图 10.32(b)所示。

②绘制 $C$ 结点产生单位转角 $\overline{Z}_1 = 1$ 时,刚架的 $\overline{M}_1$ 图,如图 10.33(a)所示,并通过计算 $C$ 结点和顶杆的平衡算出系数 $r_{11}$ 和 $r_{12}$。

对于 $C$ 结点,根据如图 10.33(e)所示,有

$$\sum m_C = 0, \qquad r_{11} - 4 - 6 = 0$$

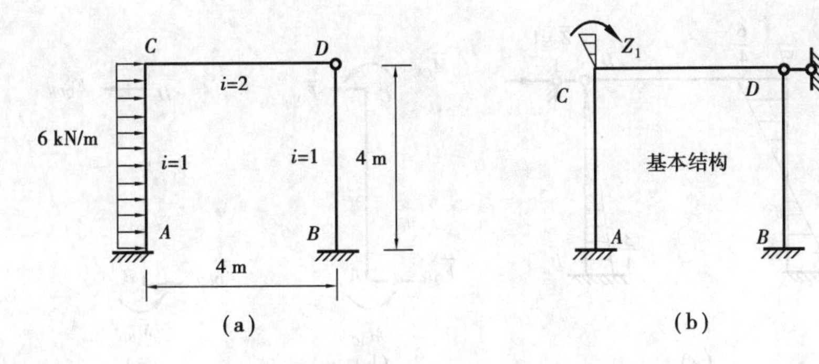


图 10.32　基本结构

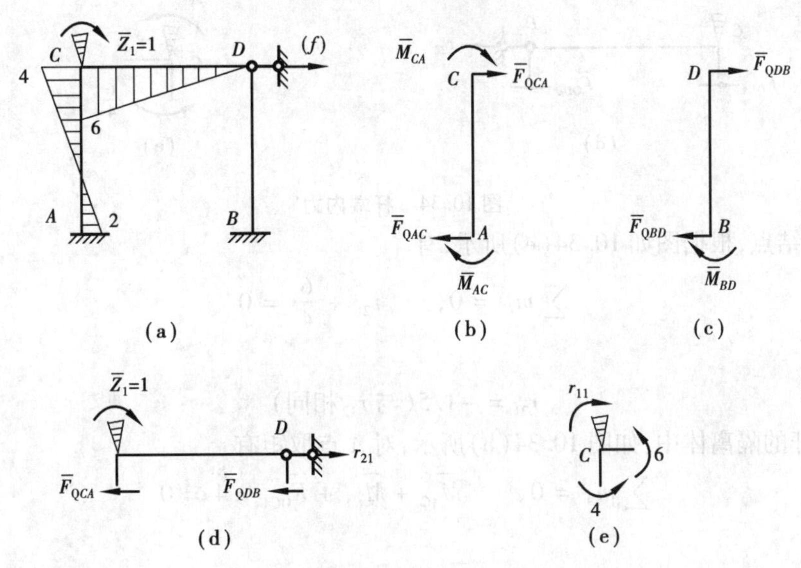


图 10.33　平衡系数分析

解得

$$r_{11}=10$$

在 $AC$ 杆的隔离体中，如图 10.33(b)所示，对 $A$ 点取矩有

$$\sum m_A = 0,\qquad \overline{M}_{AC}+\overline{M}_{CA}+\overline{F}_{QCA}\times 4 = 0$$

解得

$$\overline{F}_{QCA}=-1.5$$

在 $BD$ 杆的隔离体中，如图 10.33(c)所示，对 $B$ 点取矩得

$$\overline{F}_{QDB}=0$$

在顶杆 $CD$ 的隔离体中，如图 10.33(d)所示，根据平衡条件，有

$$\sum X = 0,\qquad -\overline{F}_{QCA}-\overline{F}_{QDB}+r_{12} = 0$$

解得

$$r_{12}=-1.5$$

③绘制 $D$ 结点产生单位线位移 $\overline{Z}_2=1$ 时，刚架的 $\overline{M}_2$ 图，如图 10.34(a)所示，并通过计算 $C$ 结点和顶杆的平衡算出系数 $r_{21}$ 和 $r_{22}$。

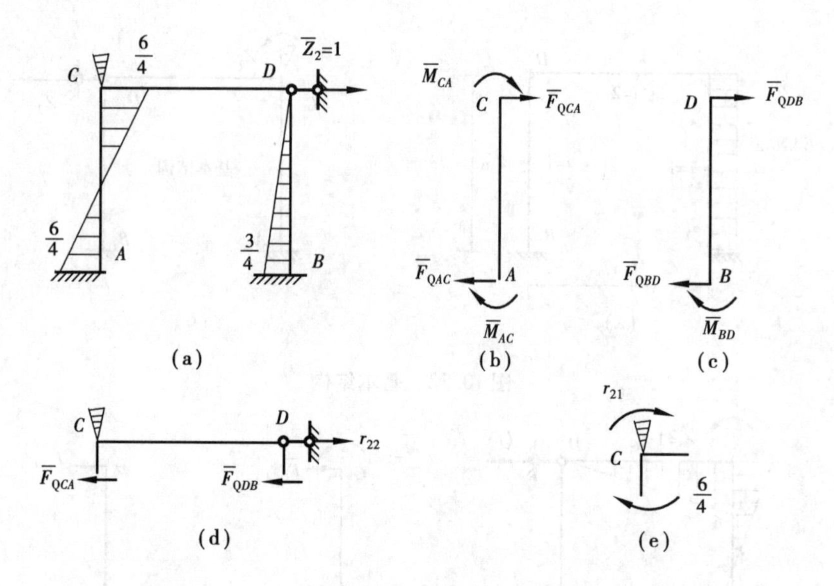

图 10.34 杆端内力

对于 $C$ 结点,根据图如 10.34(e)所示,有

$$\sum m_C = 0, \qquad r_{21} + \frac{6}{4} = 0$$

解得

$$r_{21} = -1.5(\text{与 } r_{12} \text{相同})$$

在 $AC$ 杆的隔离体中,如图 10.34(b)所示,对 $A$ 点取矩有

$$\sum m_A = 0, \qquad \overline{M}_{AC} + \overline{M}_{CA} + \overline{F}_{QCA} \times 4 = 0$$

解得

$$\overline{F}_{QCA} = 0.75$$

在 $BD$ 杆的隔离体中,如图 10.34(c)所示,对 $B$ 点取矩得

$$\sum m_A = 0, \quad \overline{M}_{AD} + \overline{F}_{QDB} \times 4 = 0$$

解得

$$\overline{F}_{QDB} = 0.1875$$

在顶杆 $CD$ 的隔离体中,如图 10.34(d)所示,根据平衡条件,有

$$\sum X = 0, \qquad -\overline{F}_{QCA} - \overline{F}_{QDB} + r_{22} = 0$$

解得

$$r_{22} = 0.9375$$

④绘制原荷载作用在基本结构上时,刚架的 $M_P$ 图,如图 10.35(a)所示,并通过计算 $C$ 结点和顶杆的平衡算出自由项 $R_{1P}$ 和 $R_{2P}$。

在结点 $C$,如图 10.35(c)所示,根据平衡条件,有

$$\sum m_C = 0, \qquad R_{1P} - 8 = 0$$

解得

$$R_{1P} = 8$$

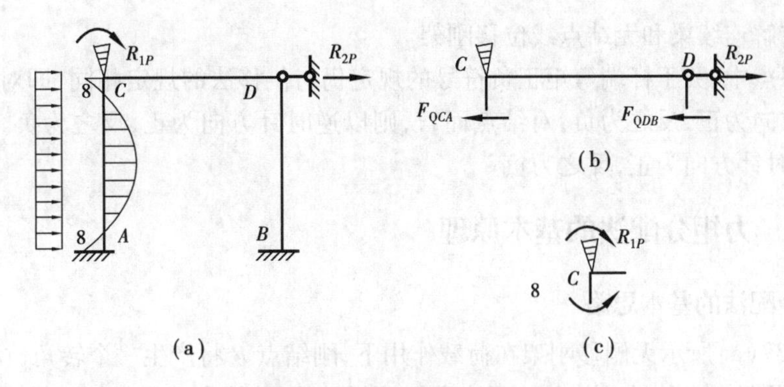


图 10.35　杆端剪力与弯矩

查表 10.1 得

$$F_{QCA}=-\frac{1}{2}ql=-12$$

$$F_{QDB}=0$$

在顶杆 $CD$ 的隔离体中，如图 10.35(b)所示，根据平衡条件，有

$$\sum X=0,\qquad -F_{QCA}-F_{QDB}+R_{2P}=0$$

解得

$$R_{2P}=-12$$

⑤根据位移法的典型方程，即

$$\left.\begin{aligned}r_{11}Z_1+r_{12}Z_2+R_{1P}=0\\r_{21}Z_1+r_{22}Z_2+R_{2P}=0\end{aligned}\right\}$$

代入数据可得

$$\left.\begin{aligned}10Z_1-1.5Z_2+8=0\\-1.5Z_1+0.937\,5Z_2-12=0\end{aligned}\right\}$$

解得

$$Z_1=1.47,\qquad Z_2=15.16$$

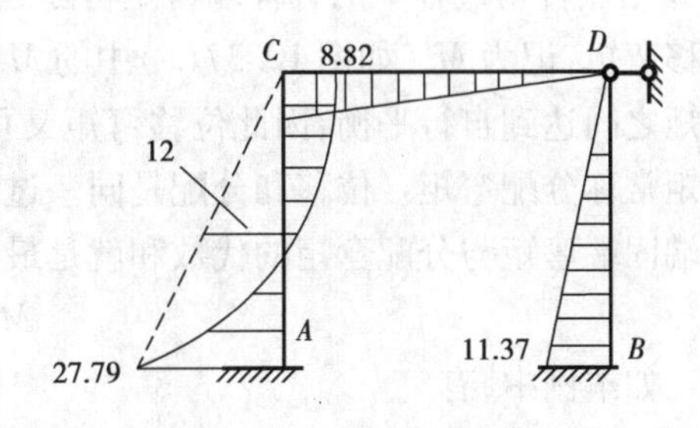


图 10.36　刚架结构弯矩图

⑥用叠加法绘制原结构的弯矩图，如图 10.36 所示，并且有

$$M=\overline{M}_1Z_1+\overline{M}_2Z_2+M_P$$

# 10.3　力矩分配法

## ▶ 10.3.1　概　述

力矩分配法是在位移法基础上发展起来的一种数值解法，不需要建立和解算联立方程组，可以在其计算简图上进行计算，或者列表进行计算，并能直接求得各杆杆端弯矩。其方法是采用轮流放松各结点的办法，使各刚结点逐步达到平衡。计算过程按照重复、机械的步骤进行。随着计算轮数的增加，结果将越来越接近真实的解答，因此属渐近法，理论上有精确解。由于力矩分配法的物理意义清楚、便于掌握且适合手算，故仍是工程计算中常用的方法，

特别适用于求解连续梁和无结点线位移刚架。

在本知识点中,关于杆端弯矩正负符号的规定仍与位移法的规定相同,即对杆端而言,弯矩以顺时针方向为正,反之为负;对结点而言,则以逆时针方向为正,反之为负。关于结点的转角,则以顺时针方向为正,反之为负。

## ▶ 10.3.2 力矩分配法的基本原理

### 1)力矩分配法的基本思路

如图10.37(a)所示无侧移刚架在荷载作用下,刚结点 $B$ 将产生一个转角位移 $\theta$。若此时在 $B$ 点附加刚臂约束,使转角位移 $\theta$ 不能产生,则附加刚臂约束就需承担固端弯矩($M_B^F$)。而 $B$ 点的固端弯矩($M_B^F$)是被附加刚臂约束隔离后各杆件在荷载单独作用下引起 $B$ 点处的杆端弯矩(如 $M_{BA}^F$,$M_{BC}^F$,$M_{BD}^F$,可查表10.2得到)之和。故图10.37(c)中 $M_B^F$ 为

$$M_B^F = M_{BA}^F + M_{BC}^F + M_{BD}^F$$

一般来说,刚结点的 $M^F$ 不等于零,故 $M^F$ 又称为结点不平衡力矩。

现放松转动约束,即去掉刚臂,这个状态称为放松状态,结点 $B$ 将产生角位移,并在各杆端(包括近端和远端)引起杆端弯矩的变化,直到达到平衡为止,此时 $B$ 点产生的转角恰为 $\theta$。在 $B$ 结点转角过程中的各杆端弯矩将随之变化,各杆端弯矩的变化是由位移引起的,故称为位移弯矩,记为 $M'$(如图10.37(e)中的 $M'_{BA}$,$M'_{BC}$,$M'_{BD}$);同时,在此过程中结点 $B$ 的各杆端弯矩之间达到自行平衡,因此位移弯矩又可看作是将结点不平衡力矩分配给各杆端,故位移弯矩常称分配弯矩。位移和分配是同一过程的两个方面,此为力矩分配法的核心思想。而各杆端固端弯矩与分配弯矩的代数和就是最终该杆端的真实弯矩,即

$$M = M^F + M'$$

如本例中,有

$$M_{BA} = M_{BA}^F + M'_{BA}$$

由此可知,杆端分配弯矩 $M'$(如 $M'_{BA}$)的计算是力矩分配法的关键。对结点而言,如 $B$ 结点,由 $B$ 点的平衡条件,有

$$\sum m_B = 0, \qquad M_B^F + M'_B = 0$$

解得

$$M'_B = -M_B^F$$

即结点的分配弯矩 $M'$ 等于结点不平衡力矩 $M^F$ 的相反向力矩。同一结点处各杆端分配弯矩的代数和等于该结点的分配弯矩,每一杆端的分配弯矩(如 $M'_{BA}$)等于该结点的分配弯矩(如 $M'_B$)乘以该杆的分配系数(如 $\mu_{BA}$),即

$$M'_{BA} = \mu_{BA} M'_B = -\mu_{BA} M_B^F$$

### 2)力矩分配法的基本概念

(1)转动刚度 $S$

定义:杆件固定端转动单位角位移所引起的力矩称为该杆的转动刚度(转动刚度也可定义为使杆件固定端转动单位角位移所需施加的力矩)。转动刚度与远端约束及线刚度 $i$ 有

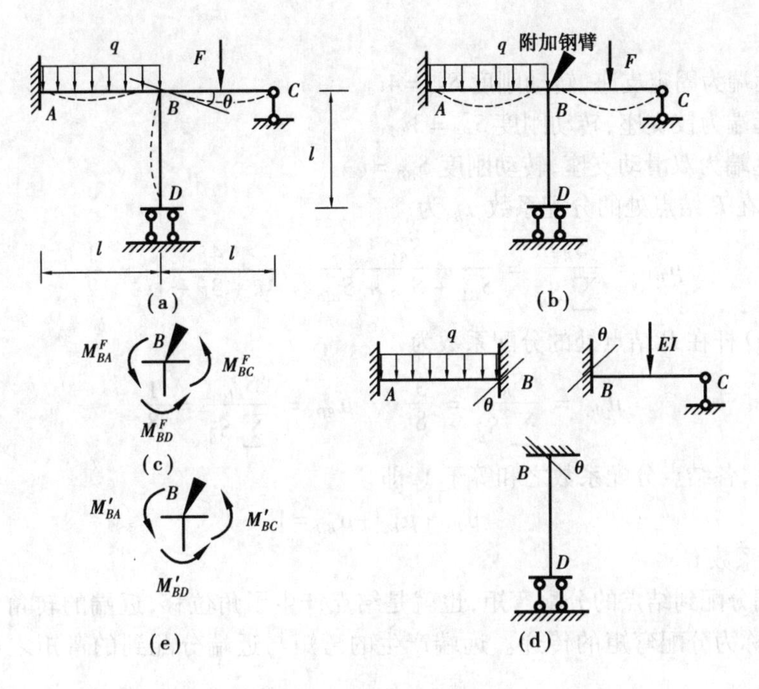


图 10.37　力矩分配法

关，其中 $i=\dfrac{EI}{l}$。常见杆件固定端转动单位角位移的转动刚度见表 10.3。

表 10.3　等截面直杆的杆端转动刚度

| 简　图 | A 端转动刚度 | 说　明 |
|---|---|---|
| $\varphi=1$, $l$ | $S_{AB}=\dfrac{4EI}{l}=4i$ | 远端固定 |
| $EI$, $\varphi=1$, $l$ | $S_{AB}=\dfrac{3EI}{l}=3i$ | 远端铰支 |
| $EI$, $\varphi=1$, $l$ | $S_{AB}=\dfrac{EI}{l}=i$ | 远端定向支承 |

(2)分配系数 $\mu$

将结点的分配弯矩 $M'$ 分配到该结点处各杆端的分配比例称为分配系数，记为 $\mu$。某杆端的分配系数 $\mu_i$ 在数值上等于该杆端转动刚度 $S_i$ 与该结点处各杆端转动刚度的代数和之比，即

$$\mu_i=\frac{S_i}{\sum S}$$

如上例中：

$AB$ 杆：远端为固定支座，转动刚度 $S_{BA}=4i$。

$BC$ 杆：远端为铰支座，转动刚度 $S_{BC}=3i$。

$BD$ 杆：远端为双滑动支座，转动刚度 $S_{BD}=i$。

则 $AB$ 杆在 $B$ 结点处的分配系数 $\mu_{BA}$ 为

$$\mu_{BA}=\frac{S_{BA}}{\sum S_B}=\frac{S_{BA}}{S_{BA}+S_{BC}+S_{BD}}=\frac{4i}{4i+3i+1i}=\frac{1}{2}$$

$BC$ 杆、$BD$ 杆在 $B$ 结点处的分配系数为

$$\mu_{BC}=\frac{S_{BC}}{\sum S_B}=\frac{3}{8}\qquad \mu_{BD}=\frac{S_{BD}}{\sum S_B}=\frac{1}{8}$$

显而易见，各结点分配系数之和等于1，即

$$\mu_{BA}+\mu_{BC}+\mu_{BD}=1$$

(3)传递系数 $C$

所谓近端分配到结点的分配弯矩，也就是结点产生了角位移，近端的转角将会在杆的远端产生弯矩，称为分配弯矩的传递。远端产生的弯矩与近端分配到的弯矩之比称为传递系数，记为 $C$，即

$$C_{AB}=\frac{M_{AB}^C}{M'_{BA}}$$

传递系数只与远端约束有关，常见杆传递系数如下：

远端为固定支座：$C=\frac{1}{2}$；

远端为铰支座：$C=0$；

远端为定向支承：$C=-1$；

远端为自由：$C=0$。

常见杆转动刚度与传递系数见表10.4。

**表10.4　转动刚度与传递系数表**

| 约束条件 | 转动刚度 $S$ | 传递系数 $C$ |
|---|---|---|
| 近端固定、远端固定 | $4i$ | 1/2 |
| 近端固定、远端铰支 | $3i$ | 0 |
| 近端固定、远端双滑动 | $-i$ | $-1$ |
| 近端固定、远端自由 | 0 | 0 |

### ▶ 10.3.3　力矩分配法举例

应用力矩分配法计算连续梁和无侧移刚架极为方便，其基本计算步骤如下：

①确定分配结点；将各独立刚结点看作是锁定的(固定端)，查表10.2得到各杆在荷载作用下的固端弯矩。

②计算各杆的线刚度 $i$、转动刚度 $S$，确定刚结点处各杆的分配系数 $\mu$，并注意每个结点处

总分配系数为1。

③计算刚结点处的不平衡力矩，将结点不平衡力矩变号分配，得近端分配弯矩。

④根据远端约束条件确定传递系数 $C$，计算远端传递弯矩。

⑤依次对各结点循环进行分配、传递计算，当误差在允许范围内时，终止计算，然后将各杆端的固端弯矩、分配弯矩与传递弯矩进行代数相加，得出最后的杆端弯矩。

⑥根据最终杆端弯矩值绘制结构的弯矩图。

⑦以各杆为隔离体，利用杆端弯矩建立力矩平衡方程可求出各杆端剪力。根据杆端剪力绘制结构的剪力图。

⑧以结点为隔离体，利用各杆剪力建立结点力投影平衡方程可求出各杆轴力。根据杆端轴力绘制结构的轴力图。

【例10.7】 用力矩分配法求作如图10.38(a)所示连续梁的弯矩图和剪力图，$EI$ 为常数。

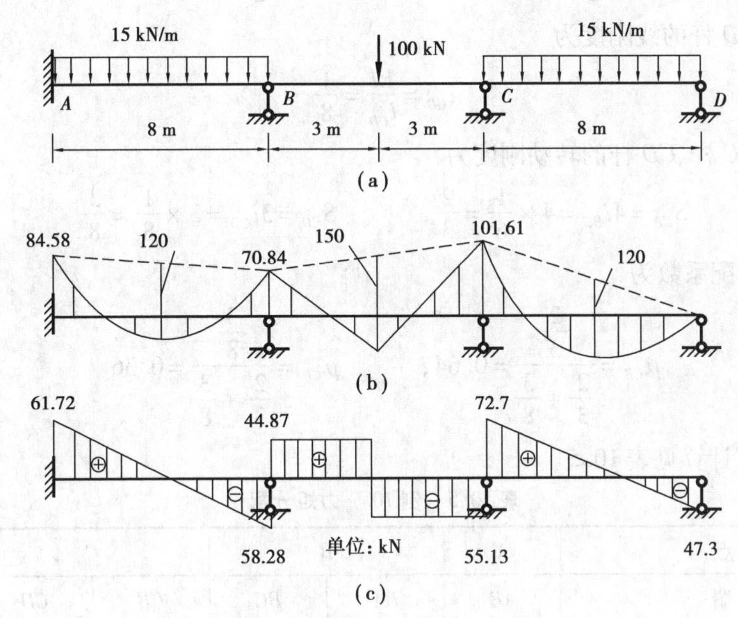


图10.38 力矩分配法作内力图

【解】 ①计算各杆端的固端弯矩，得

$$M_{AB}^{F} = -\frac{1}{12}ql^2 = -\frac{1}{12} \times 15 \times 8^2 \text{ kN} \cdot \text{m} = -80 \text{ kN} \cdot \text{m}$$

$$M_{BA}^{F} = \frac{1}{12}ql^2 = \frac{1}{12} \times 15 \times 8^2 \text{ kN} \cdot \text{m} = 80 \text{ kN} \cdot \text{m}$$

$$M_{BC}^{F} = -\frac{1}{8}Fl = -\frac{1}{8} \times 100 \times 6 \text{ kN} \cdot \text{m} = -75 \text{ kN} \cdot \text{m}$$

$$M_{BC}^{F} = \frac{1}{8}Fl = \frac{1}{8} \times 100 \times 6 \text{ kN} \cdot \text{m} = 75 \text{ kN} \cdot \text{m}$$

$$M_{CD}^{F} = -\frac{1}{8}ql^2 = -\frac{1}{8} \times 15 \times 8^2 \text{ kN} \cdot \text{m} = -120 \text{ kN} \cdot \text{m}$$

$$M_{DC}^F = 0$$

②确定各刚结点处各杆的分配系数,此题中 $EI$ 为相同常数,可令 $EI=1$。

$B$ 结点处 $AB$ 杆、$BC$ 杆线刚度为

$$i_{AB} = \frac{EI}{l_{AB}} = \frac{1}{8}, \qquad i_{BC} = \frac{EI}{l_{BC}} = \frac{1}{6}$$

$B$ 结点处 $AB$ 杆、$BC$ 杆的转动刚度为

$$S_{BA} = 4i_{BA} = 4 \times \frac{1}{8} = \frac{1}{2}, \qquad S_{BC} = 4i_{BC} = 4 \times \frac{1}{6} = \frac{2}{3}$$

$B$ 结点的分配系数为

$$\mu_{BA} = \frac{\frac{1}{2}}{\frac{1}{2}+\frac{2}{3}} = 0.429, \qquad \mu_{BC} = \frac{\frac{2}{3}}{\frac{1}{2}+\frac{2}{3}} = 0.571$$

$C$ 结点处 $CD$ 杆的线刚度为

$$i_{CD} = \frac{EI}{l_{CD}} = \frac{1}{8}$$

$C$ 结点处 $BC$ 杆、$CD$ 杆的转动刚度为

$$S_{CB} = 4i_{BC} = 4 \times \frac{1}{6} = \frac{2}{3}, \qquad S_{CD} = 3i_{CD} = 3 \times \frac{1}{8} = \frac{3}{8}$$

$C$ 结点的分配系数为

$$\mu_{CB} = \frac{\frac{2}{3}}{\frac{2}{3}+\frac{3}{8}} = 0.64, \qquad \mu_{CD} = \frac{\frac{3}{8}}{\frac{2}{3}+\frac{3}{8}} = 0.36$$

③力矩分配计算见表 10.5。

**表 10.5 例 10.7 力矩分配**

| 结点 | $A$ | $B$ | | $C$ | | $D$ |
|---|---|---|---|---|---|---|
| 杆端 | $AB$ | $BA$ | $BC$ | $CB$ | $CD$ | $DC$ |
| 分配系数 $\mu$ | | 0.429 | 0.571 | 0.64 | 0.36 | |
| 固端弯矩 $M^F$ | -80 | 80 | -75 | 75 | -120 | 0 |
| 第一次分配传递 $B$ 结点 | -1.073 | -2.145 | -2.855 | -1.428 | | |
| 第一次分配传递 $C$ 结点 | | | 14.86 | 29.71 | 16.71 | |
| 第二次分配传递 $B$ 结点 | -3.188 | -6.375 | -8.485 | -4.243 | | |
| 第二次分配传递 $C$ 结点 | | | 1.358 | 2.715 | 1.528 | |
| 第三次分配传递 $B$ 结点 | -0.291 | -0.583 | -0.775 | -0.388 | | |
| 第三次分配传递 $C$ 结点 | | | | 0.248 | 0.140 | |
| 最后弯矩 | -84.58 | 70.84 | -70.84 | 101.61 | -101.61 | 0 |

④得出最后的杆端弯矩后，可作弯矩图，如图 10.38(b)所示。

⑤以各杆为隔离体，利用杆端弯矩建立力矩平衡方程可求出各杆端剪力。根据杆端剪力作出连续梁的剪力图，如图 10.38(c)所示。

【例 10.8】 用力矩分配法求作如图 10.39(a)所示无侧移刚架的弯矩图，各杆的线刚度$i=1$。

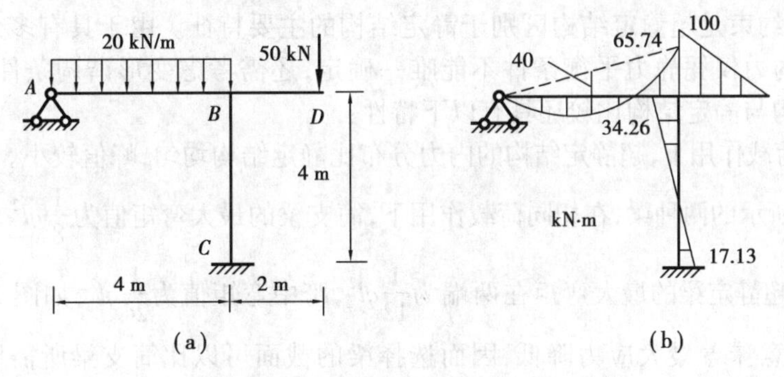


图 10.39 力矩分配法求作刚架弯矩图

【解】 ①确定刚结点 $B$ 处各杆的转动刚度和分配系数。

这里 $BD$ 杆为近端固定、远端自由，属于静定结构，转动刚度为 0，则

$$S_{BA}=3\times1=3,\qquad S_{BC}=4\times1=4,\qquad S_{BD}=0$$

分配系数为

$$\mu_{BA}=\frac{3}{3+4}=0.429,\qquad \mu_{BC}=\frac{4}{3+4}=0.571,\qquad \mu_{BD}=0$$

②计算固端弯矩得

$$M_{BA}^{F}=\frac{ql^2}{8}=\frac{20\times4^2}{8}\ \text{kN}\cdot\text{m}=40\ \text{kN}\cdot\text{m}$$

$$M_{BC}^{F}=0$$

$$M_{BD}^{F}=-Fl=-50\times2\ \text{kN}\cdot\text{m}=-100\ \text{kN}\cdot\text{m}$$

③力矩分配计算见表 10.6。

表 10.6 例 10.8 力矩分配

| 结点 | *A* | *B* | | | *C* | *D* |
|---|---|---|---|---|---|---|
| 杆端 | *AB* | *BA* | *BC* | *BD* | *CB* | *DB* |
| 分配系数 $\mu$ | | 0.429 | 0.571 | 0 | | |
| 固端弯矩 $M^F$ | 0 | 40 | 0 | −100 | 0 | 0 |
| 分配传递弯矩 | | 25.74 | 34.26 | | 17.13 | |
| 最后弯矩 | 0 | 65.74 | 34.26 | −100 | 17.13 | 0 |

④得出最后的杆端弯矩后，可作弯矩图，如图 10.39(b)所示。

# 10.4 超静定结构特征

**在工程实际中,由于超静定结构比静定结构有更多优点,因此应用更为广泛。**从几何组成看,存在多余约束是超静定结构区别于静定结构的主要特征。由于具有多余约束,超静定结构的反力和内力仅凭静力平衡条件不能唯一确定,还需考虑变形谐调条件后才能得到解答。超静定结构与静定结构比较还具有以下特性:

①在相同荷载作用下,超静定结构的内力分布比静定结构均匀,峰值较小。如图10.40(a)和图10.40(d)所示的两种梁,在相同荷载作用下,简支梁的最大弯矩值为$\frac{1}{8}ql^2$,如图10.40(b)所示;两端固定超静定梁的最大弯矩在两端为$\frac{1}{12}ql^2$,跨中弯矩值为$\frac{1}{24}ql^2$,如图10.40(e)所示。最大弯矩减小,意味着最大应力降低,因而选择梁的截面可以比简支梁所需要的小,故节省材料。

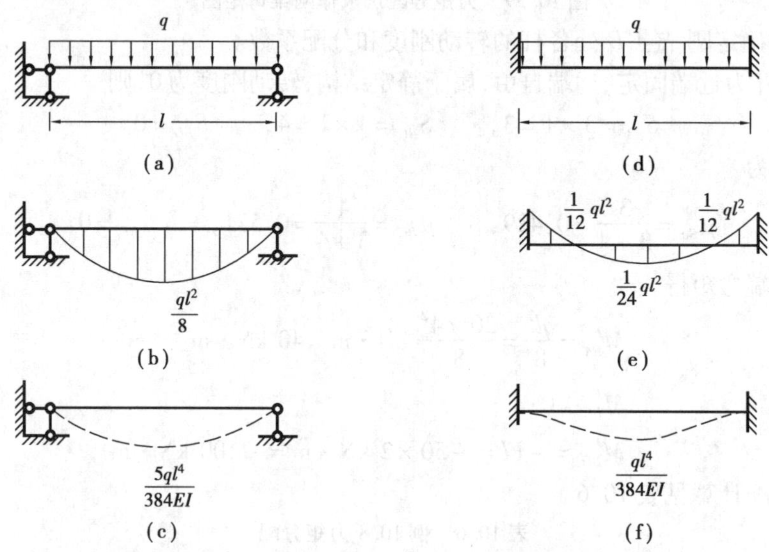


图10.40 约束对弯矩的影响

②超静定结构比静定结构具有较大的刚度。所谓结构刚度,是指结构抵抗某种变形的能力。上述两种梁,在荷载、截面尺寸、长度、材料均相同的情况下,简支梁的最大挠度$y=5ql^4/384EI$,如图10.40(c)所示;而两端固定梁的最大挠度$y=ql^4/384EI$,如图10.40(f)所示,仅是前者的1/5。

③静定结构的内力只用平衡条件即可确定,其值与结构的材料性质及构件截面尺寸无关。而超静定结构的内力需要同时考虑平衡条件和位移条件才能确定,故超静定结构的内力与结构的材料性质和截面尺寸有关。利用这一特性,也可以通过改变各杆刚度的大小来调整超静定结构的内力分布。

④在静定结构中,除荷载以外的其他因素,如支座移动、温度改变、制造误差等,都不会引起内力。而超静定结构由于有多余约束,使构件的变形不能自由发生,上述因素都要引起结

构的内力。

⑤静定结构是几何不变且无多余约束的体系,若撤除任何一个约束,它就成为几何可变的机构,因而失去了承载能力。超静定结构在撤除多余约束后,仍可维持几何不变性,能承受荷载。因而超静定结构具有更强的抵抗破坏能力,在结构设计中有重要意义。

⑥计算超静定结构的基本方法是力法和位移法。力法和位移法都需要建立联立方程,其基本未知量的多少是影响计算工作量的主要因素。因此,一般说来,凡是多余约束多而结点位移少的结构,采用位移法要比力法简便,反之,则力法优于位移法。此外,由于有单跨超静定梁的计算结果,因此在计算典型方程的系数和自由项时,位移法比力法要简单些。力矩分配法是位移法的发展,它避免了建立联立方程来求解,能直接计算杆端弯矩,具有直观性。因此在计算机被广泛应用的今天,力矩分配法仍有一定的实用价值。

## 习题 10

10.1　用力法作如图 10.41 所示超静定梁的 $M$ 图和 $F_Q$ 图。

10.2　用力法作如图 10.42 所示超静定梁的 $M$ 图和 $F_Q$ 图。

10.3　用力法分析如图 10.43 所示刚架,并绘制 $M$ 图、$F_Q$ 图、$F_N$ 图。

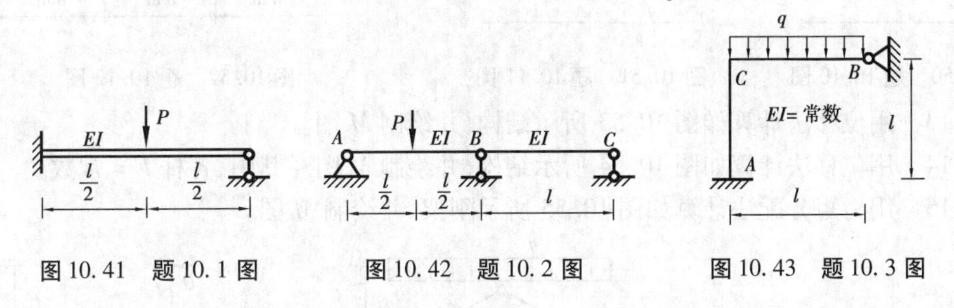


图 10.41　题 10.1 图　　图 10.42　题 10.2 图　　图 10.43　题 10.3 图

10.4　如图 10.44 所示超静定刚架,$E$ = 常数,$n=\dfrac{5}{2}$。试用力法作其 $M$ 图,并讨论当 $n$ 增大和减小时 $M$ 图如何变化。

10.5　用力法作如图 10.45 所示超静定刚架的 $M$ 图。

10.6　用力法作如图 10.46 所示超静定刚架的 $M$ 图。

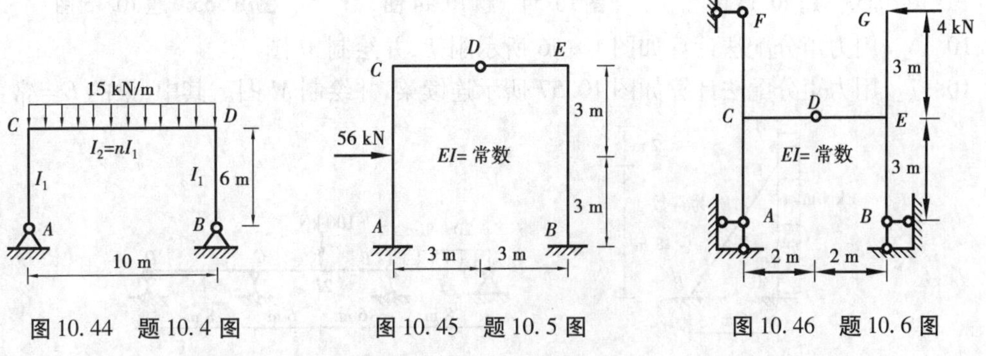


图 10.44　题 10.4 图　　图 10.45　题 10.5 图　　图 10.46　题 10.6 图

10.7　如图 10.47 所示超静定桁架,各杆 $EA$ 都相同。试用力法求各杆的内力。

10.8　如图 10.48 所示超静定桁架，各杆$\dfrac{l}{EA}$都相同，试用力法求各杆的内力。

10.9　用位移法计算如图 10.49 所示连续梁，并绘制 $M$ 图。其中，梁的 $E$ = 常数。

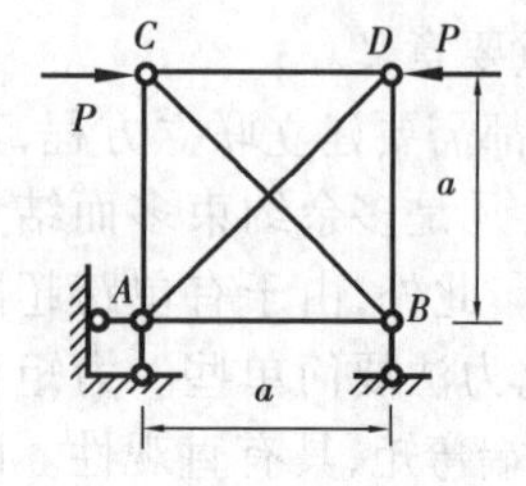


图 10.47　题 10.7 图

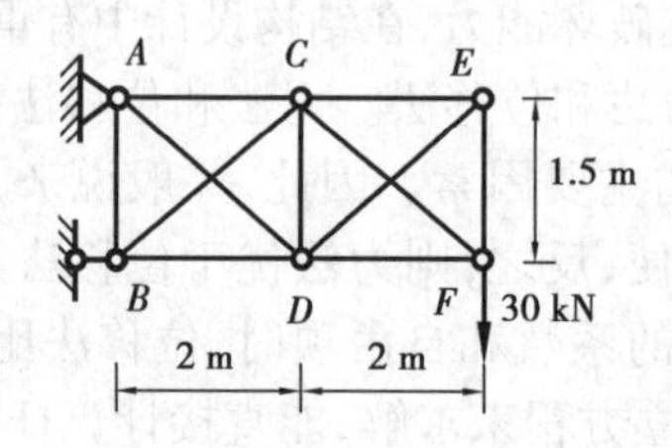


图 10.48　题 10.8 图

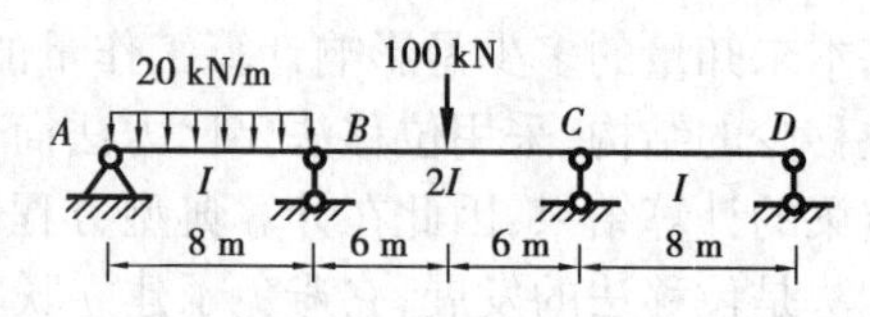


图 10.49　题 10.9 图

10.10　用位移法计算如图 10.50 所示超静定刚架，绘制 $M$ 图。其中，各杆 $E$ = 常数。

10.11　用位移法计算如图 10.51 所示超静定刚架，绘制 $M$ 图。其中，各杆 $E$ = 常数。

10.12　用位移法计算如图 10.52 所示结构，绘制 $M$ 图。

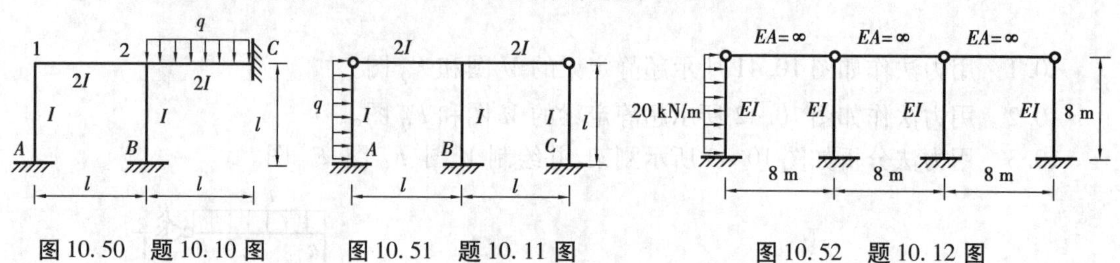


图 10.50　题 10.10 图　　图 10.51　题 10.11 图　　图 10.52　题 10.12 图

10.13　用位移法计算如图 10.53 所示结构，并绘制 $M$ 图。

10.14　用位移法计算如图 10.54 所示结构，并绘制 $M$ 图。其中，各杆 $E$ = 常数。

10.15　用力矩分配法计算如图 10.55 所示刚架，并绘制 $M$ 图。

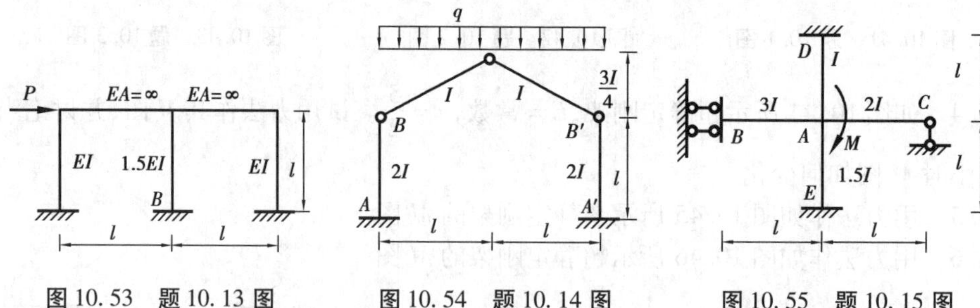


图 10.53　题 10.13 图　　图 10.54　题 10.14 图　　图 10.55　题 10.15 图

10.16　用力矩分配法计算如图 10.56 所示刚架，并绘制 $M$ 图。

10.17　用力矩分配法计算如图 10.57 所示连续梁，并绘制 $M$ 图。其中，梁的 $E$ = 常数。

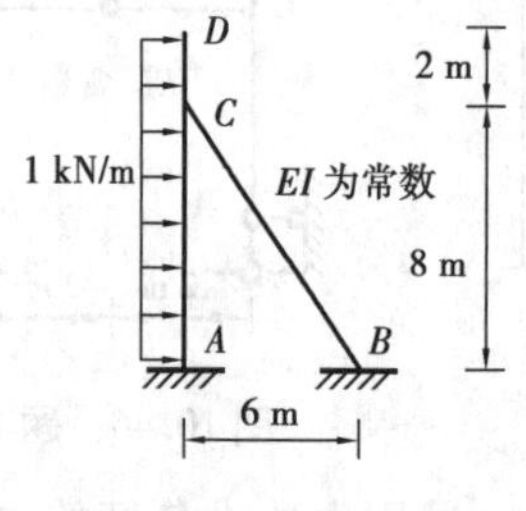


图 10.56　题 10.16 图

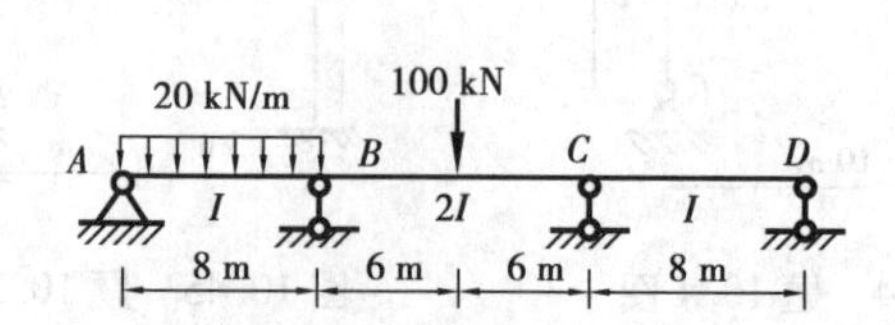


图 10.57　题 10.17 图

10.18　如图 10.58 所示连续梁，$EI$ = 常数。试用力矩分配法计算其杆端弯矩，并绘制 $M$ 图。

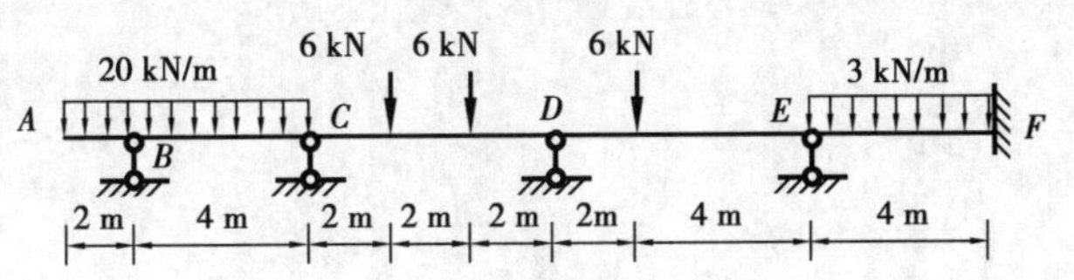


图 10.58　题 10.18 图

10.19　用力矩分配法计算如图 10.59 所示刚架，并绘 $M$ 图。其中，各杆 $E$ = 常数。

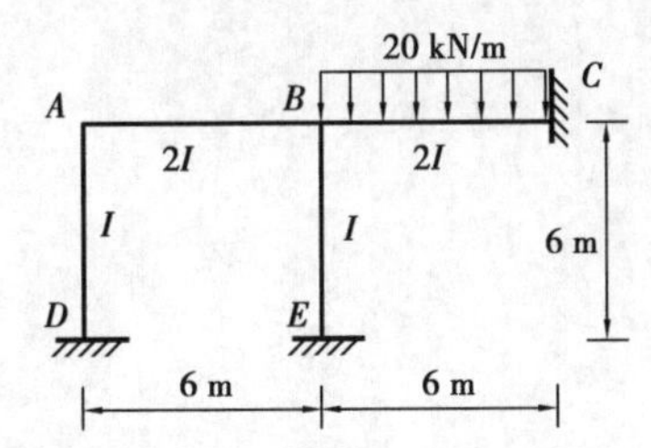


图 10.59　题 10.19 图

10.20　用力矩分配法计算如图 10.60 所示刚架，并绘 $M$ 图。其中，各杆 $E$ = 常数。

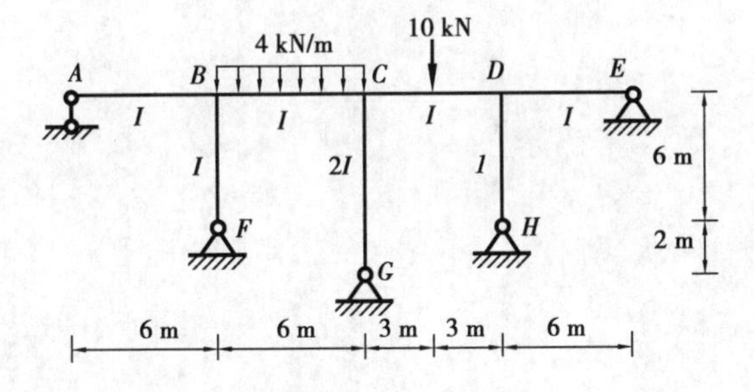


图 10.60　题 10.20 图

# 第3篇

# 构件和结构的安全工作条件

**【综述】**

通过前面的学习，掌握了构件和结构在荷载作用下的外效应和内效应，但工程实际要求构件和结构在荷载作用下能够正常使用，为保证构件和结构能正常使用必须同时满足不破坏、不产生过大变形，还必须保持原有平衡状态，这3个要求又称强度、刚度和稳定性问题。构件和结构的安全工作条件就是要满足的强度、刚度和稳定性的要求，为既安全又经济地设计构件和结构提供必要的理论基础和科学的计算方法。

# 11

# 材料允许应力和强度条件

## 11.1 材料在拉(压)时的力学性能

### ► 11.1.1 材料的拉(压)力学实验概况

材料的力学性质是物体安全工作条件的依据,材料的力学性质主要是通过实验的方式得到。在实验中,首先观察到的是材料的变形,根据变形特点可将其归纳如下:在外力作用下,构件发生变形,卸除外力作用,如果构件恢复原形,称这类变形为弹性变形;反之,如果卸除外力作用后,构件变形依然存在,称这类变形为塑性变形;当然,在很多情况下,卸除外力作用,构件的变形要恢复一部分但不完全,这类变形既发生了部分弹性变形又发生了部分塑性变形,称其为弹塑性变形。

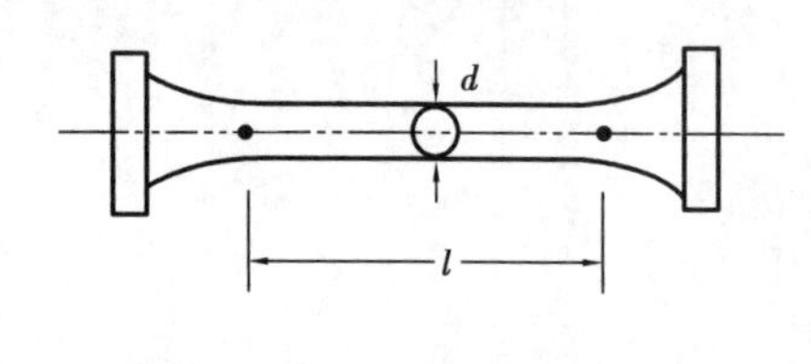


图 11.1 标准试样

一定环境条件下的材料的力学性质是确定的,但实验中表现出来的性质则可能不同。例如,材料的几何形状对材料实验要产生影响,这样就出现了标准试样的问题。为避开试样两端受力部分对测试结果的影响,取试样中间 $l$ 长的一段作为其计算长度称为标距,试样原始横截面面积为 $A$、直径为 $d$。根据国家标准《金属拉力试验法》或有关材料的力学试验教材,比例试样规格可取为 $l=5d$ 或 $l=10d$,如图 11.1 所示。

## ▸ 11.1.2 低碳钢拉伸时的力学性能

1)低碳钢拉伸时的应力应变图

低碳钢是指含碳量在0.3%以下的碳素钢。在低碳钢拉伸试验过程中,可观测到试件标距 $l$ 的变化量 $\Delta l$ 及两端拉力 $F$ 的变化。以线应变 $\varepsilon=\dfrac{\Delta l}{l}$ 为横坐标、正应力 $\sigma=\dfrac{F}{A}$ 为纵坐标,将试验记录下来,并称为应力应变图或"$\sigma$-$\varepsilon$"图,如图11.2所示。

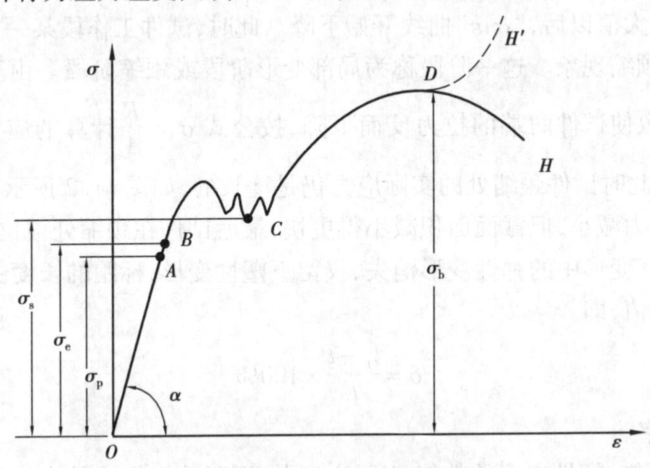


图11.2 低碳钢的应力应变图

整个实验过程,从初始加载到试件被拉断,可分为以下4个阶段。

(1)弹性阶段(见图11.2中 $OB$ 段)

在该段内的变形特征是发生的弹性变形。弹性阶段内应力最高限值 $\sigma_e$,称为弹性极限。低碳钢的 $\sigma_e$ 比200 MPa稍大一点,一般取为200 MPa。弹性阶段又可细分为两个部分,即 $AB$ 与 $OA$ 部分。$AB$ 段为曲线,过程较短;$OA$ 段为直线,称为比例阶段。它表明应力与应变成正比,即 $\sigma=E\varepsilon$,比例系数 $E$ 即弹性模量,图11.2表明 $E$ 是直线的斜率即 $E=\tan\alpha$。此式所表明的关系即胡克定律。直线部分最高点所对应的应力值 $\sigma_p$,称为比例极限,且 $\sigma_p=200$ MPa。显然,$\sigma_p<\sigma_e$,但在 $\sigma$-$\varepsilon$ 曲线上,$\sigma_p$ 与 $\sigma_e$ 两点非常接近,因此在应用上,对比例极限和弹性极限有时不作严格区别。

(2)屈服阶段(见图11.2中 $BC$ 段)

当应力超过弹性极限后,变形将进入弹塑性阶段。其中,一部分是弹性变形,另一部分是塑性变形,即外力解除后不能消失的那部分变形。应力超过弹性极限后,图11.2中出现一段接近水平的锯齿形线段,此时应力变化较小而应变却继续增长。这表明材料已暂时失去抵抗继续变形的能力,这种现象称为"屈服"或"流动"。这一阶段称为屈服阶段或流动阶段。屈服阶段内最低点所对应的应力称为屈服极限或流动极限,以 $\sigma_s$ 表示,其值相对本阶段其他点应力比较稳定。

当材料进入屈服阶段时,若试件表面经过磨光,则可见到一些与试件轴线约成45°的条纹,称为滑移线。它是由于轴向拉伸时45°斜面上最大切应力的作用,使材料内部晶格间发生相对滑移的结果。到达屈服阶段材料将出现显著的塑性变形,对工程构件,一般这是不允许的。因此 $\sigma_s$ 是衡量材料强度的重要指标。低碳钢的屈服极限 $\sigma_s \approx 240$ MPa。

(3)强化阶段(见图 11.2 中 *CD* 段)

经过屈服阶段后,材料的内部结构重新得到了调整,抵抗变形的能力有所恢复。表现为应力与变形又开始同步继续上升,直到最高点为止,这一现象称为强化,这一阶段称为强化阶段。最高点所对应的应力值 $\sigma_b$ 是材料所能承受的最大应力,称为强度极限。它是衡量材料强度的另一重要指标。低碳钢的强度极限 $\sigma_b = 400$ MPa。

(4)局部变形阶段(见图 11.2 *DH* 段)

在应力到达最大值以后,"$\sigma$-$\varepsilon$"曲线开始下降。此时,试件工作段某一局部范围内开始显著变细,出现所谓颈缩现象。这一阶段称为局部变形阶段或颈缩阶段。由于颈缩部位截面面积的急剧减小,以致使试件两端的拉力反而下降,按公式 $\sigma = \frac{F}{A}$ 计算的应力下降,如图 11.2 所示的 *DH* 段。但此时试件颈缩处的实际应力仍是增长的,如图 11.2 所示的虚线 *DH'*。其原因在于颈缩处的拉力减小,但截面面积减小得更快,最后试件在颈缩处被拉断。

试件拉断后,其变形中的弹性变形消失,仅留下塑性变形,标距的长度由原来的 $l$ 变为 $l_1$,用百分比表示的比值,即

$$\delta = \frac{l_1 - l}{l} \times 100\% \tag{11.1}$$

式中　δ——延伸率。

从式(11.1)可知,塑性变形的数值$(l_1 - l)$越大,则延伸率也就越大。故延伸率是衡量材料塑性的指标。低碳钢延伸率可高达 20% ~ 30%,是塑性很好的材料。在工程中,通常按延伸率的大小把材料分成两大类:$\delta > 5\%$ 的材料称为塑性材料,如低碳钢、黄铜、铝合金等;$\delta < 5\%$ 的材料,称为脆性材料,如铸铁、玻璃、陶瓷、石料等。显然,低碳钢是典型的塑性材料。

以 $A_1$ 表示试件拉断后断口的横截面面积,$A$ 为试件原始横截面面积,其百分比值为

$$\psi = \frac{A - A_1}{A} \times 100\% \tag{11.2}$$

式中　ψ——截面收缩率。

它也是衡量材料塑性的指标。低碳钢的截面收缩率为 60% ~70%。

**2)低碳钢的"冷作硬化"与"冷拉失效"**

极有实用价值的是低碳钢通过冷加工处理,可大大地改变其力学性能。如图 11.3 所示。若将试件拉到强化阶段的 $m$ 点,然后逐渐卸除拉力,可观察到,在卸载过程中应力和应变按直线规律变化,沿倾斜直线 $mn$ 回到 $n$ 点,且近似地平行于直线段 $OA$。在卸载过程中,应力和应变关系按直线变化的规律,即为卸载定律。拉力完全卸除后,总应变中相应于 $nk$ 的部分消失了,即为弹性应变,而保留着的相应于 $on$ 部分,即为塑性应变。卸载后,如在短期内再次加载,则大致上沿卸载时的直线上升,直到 $m$ 点又沿 $mDH$ 变化。表明在再次加载过程中,直到 $m$ 点变形是弹性的,弹性阶段有所提高。从图 11.3 可知,第二次加载过程中,直到过 $m$ 点后才开始出现塑性变形,可见塑性变形有所降低。这种不经热处理,只是冷拉到强化阶段的某一应力值后就卸载,使比例极限提高而塑性降低的现象,称为"冷作硬化"。

若在第一次卸载后,让试件"休息"几天,再重新加载,"$\sigma$-$\varepsilon$"曲线将是 $nmfgh$,获得更高的

比例极限,$g$ 点所对应的应力值即为提高了的强度极限。但塑性性能更降低了,因为拉断时的点 $h$ 的塑性应变比原来点 $D$ 的塑性应变要小,这种现象称为“冷拉时效”。在土建工程中,受拉钢筋的冷拉就是利用这一性质以提高钢筋的强度。

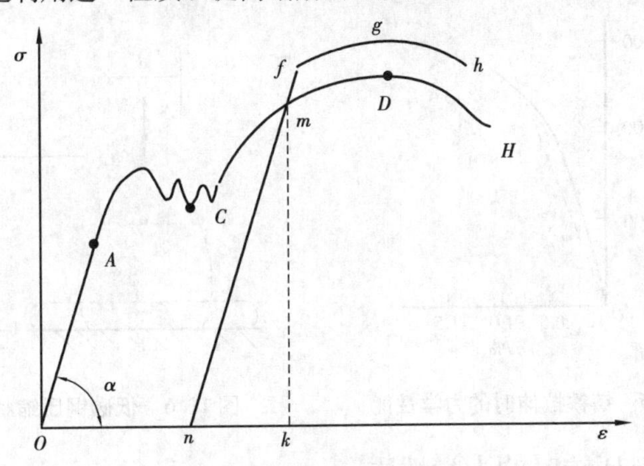


图 11.3　冷作硬化与冷拉失效

## ▶ 11.1.3　其他几种塑性材料拉伸时的力学性能

如图 11.4(a)所示为常用塑性材料拉伸时的“$\sigma$-$\varepsilon$”图,有的没有明显屈服阶段,如锰钢材料,没有屈服阶段和局部变形阶段,只有弹性阶段和强化阶段。根据国家有关标准,取塑性应变 0.2%时所对应的应力值作为名义屈服极限,记为 $\sigma_{0.2}$,如图 11.4(b)所示。

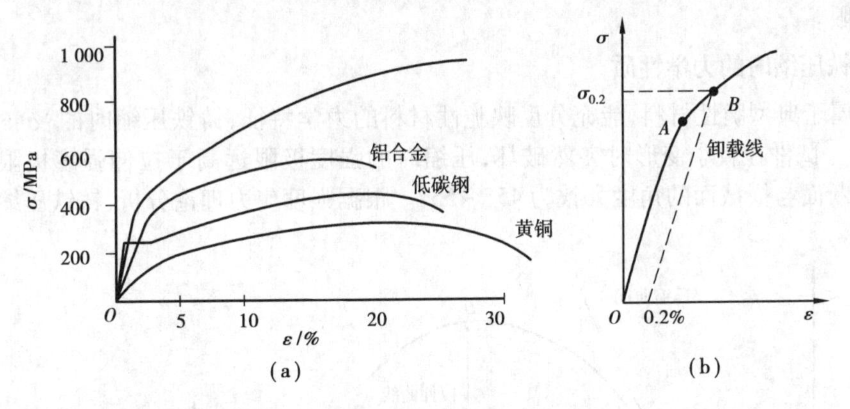


图 11.4　塑性材料拉伸时的力学性能

## ▶ 11.1.4　脆性材料拉伸时的力学性能

铸铁是一种典型的脆性材料,拉伸时的应力-应变关系是一段微弯曲线(见图 11.5),它没有明显的直线部分。在较小的应力下铸铁就被拉断,没有屈服和颈缩现象,拉断前的变形很小,延伸率也很小,为 3% ~5%。拉断时的强度极限 $\sigma_b$ 是衡量铸铁强度的唯一指标。一般来说,脆性材料抗拉强度都比较低。铸铁试件大体上沿横截面被拉断。在一定的应力范围内,用一条割线近似代替原有的曲线,并且认为在这一段中,材料的弹性模量是常数,可以应用胡克定律。

其他一些在土建工程中常用材料，如混凝土、砖、石等，其共同特点是：破坏时残余变形很小，只能测得强度极限；抗拉强度比抗压强度低很多，如混凝土的抗拉强度只有抗压强度的1/10左右，因此，在力学计算和设计时略去不计。

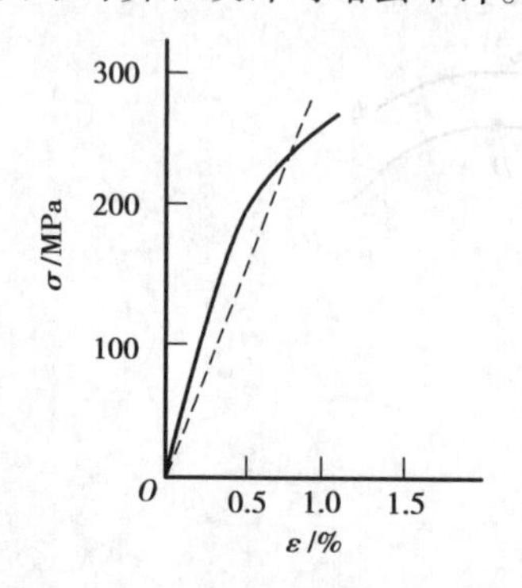


图11.5　铸铁拉伸时的力学性能

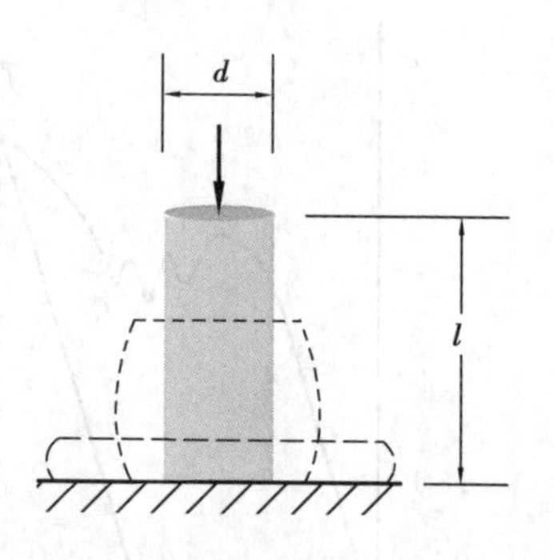


图11.6　低碳钢压缩状态

## ▶ 11.1.5　材料压缩时的力学性质

### 1）低碳钢压缩时的力学性质

金属材料作压缩试验时，试件一般制成短圆柱形，长度 $l$ 是直径 $d$ 的1.5～3倍。低碳钢属于塑性材料，压缩时的"$\sigma$-$\varepsilon$"图，如图11.7所示。与拉伸时的曲线比较后可知，在屈服以前，压缩时的曲线与拉伸时的曲线基本重合，之后曲线沿图中虚线上升，并随着压力的增大，试样被压成"鼓形"，最后被压成"薄饼"而不发生断裂，如图11.6所示。因此，低碳钢压缩时无强度极限。

### 2）铸铁压缩时的力学性质

铸铁属于典型脆性材料，能充分反映脆性材料的力学特征，铸铁压缩时的"$\sigma$-$\varepsilon$"图，如图11.8所示。试件在较小变形时突然破坏，压缩时的强度极限远高于拉伸强度极限（为3～6倍），破坏断面与横截面的角度大致为45°～55°。根据强度应力理论分析，铸铁压缩破坏属于剪切破坏。

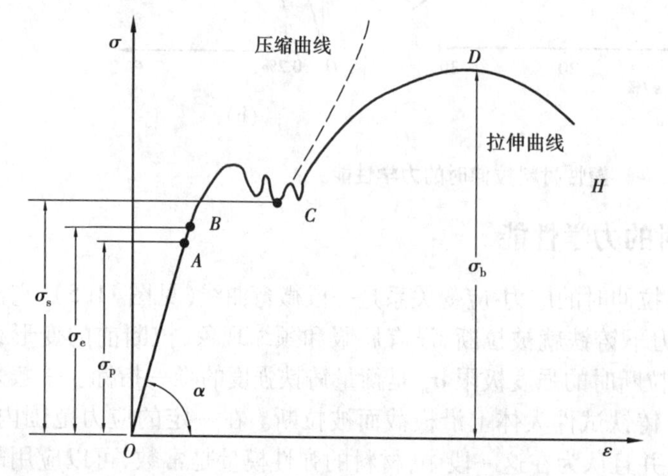


图11.7　低碳钢压缩时的力学性质

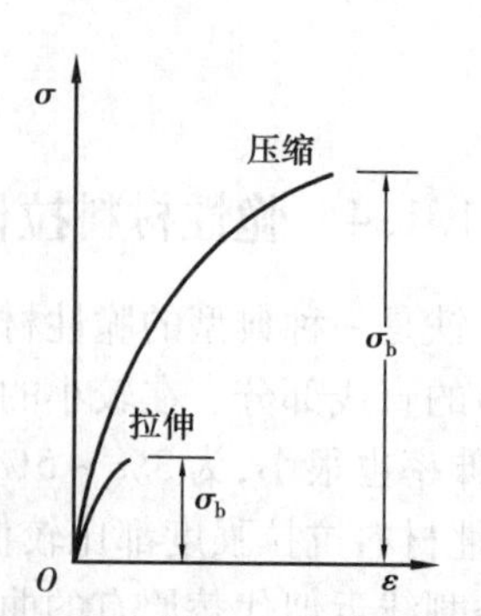


图11.8　铸铁压缩时的力学性质

### ▶ 11.1.6 影响材料力学性质的因素

上述材料的力学性质都是在常温、静载(缓慢加载)条件下得到的。试验表明,若试验条件变化,将会影响材料的力学性质。例如,温度,变形速率,加载方式等都对材料的力学性质产生影响。钢材的冷脆性就是指在低温状态,如在严寒地区的冬季,其强度指标 $\sigma_s$,$\sigma_b$ 等将提高,但塑性指标 $\delta$ 等将降低,即脆性增强,相当于"冷"但未"加工"。此时,容易发生脆性断裂。

## 11.2 材料允许应力

材料丧失正常工作能力时的应力,称为极限应力或危险应力,以 $\sigma^0$ 表示。对于塑性材料,将极限应力 $\sigma^0$ 取为屈服极限 $\sigma_s$,在屈服阶段,构件已发生较大的塑性变形,虽未发生强度破坏,但因变形过大将影响构件的正常工作;对于脆性材料,因塑性变形很小,断裂就是破坏的标志,以强度极限 $\sigma_b$ 作为极限应力,即 $\sigma^0=\sigma_b$。

但这是不够的,实际工程中还将遇到一些不利因素,比如:荷载值的确定是近似的;计算简图与实际构件的工作状况有差异;材料是非理想均匀性的;公式及理论与实践的偏差;工程中偶尔遇到的超载等特殊情况。因此,为安全起见,应把极限应力打一些折扣,即除以一个大于1的安全系数 $n$,所得结果称为材料的允许应力,即

$$[\sigma]=\frac{\sigma^0}{n} \tag{11.3}$$

对于塑性材料,有

$$[\sigma]=\frac{\sigma_s}{n_s} \tag{11.4}$$

对于脆性材料,有

$$[\sigma]=\frac{\sigma_b}{n_b} \tag{11.5}$$

式中 $n_s$、$n_b$——塑性材料和脆性材料的安全系数。

安全系数的确定因而也就是允许应力的确定,是一项重要和科学的工作。安全系数定得过低,构件不安全;若定得过高,则浪费。它通常由国家指定的专门机构负责制订。

## 11.3 轴向拉压杆的强度计算

在第6章讨论了轴向拉压杆的内力和应力,现在又了解材料拉压时的力学性质和允许应力的概念,下面根据安全工作条件来讨论轴向拉压杆的强度问题。

### ▶ 11.3.1 轴向拉压杆的强度条件

为了确保拉压杆不因强度不足发生破坏,应使最大正应力不超过材料的允许应力,即

$$\sigma_{\max} = (\frac{F_N}{A})_{\max} \leqslant [\sigma] \tag{11.6}$$

### ▶ 11.3.2 拉压杆的强度计算

根据强度条件,可解决有关强度计算的 3 类问题。

**1)强度校核**

杆件的最大正应力不超过材料的允许应力,即

$$\sigma_{\max} = \left(\frac{F_N}{A}\right)_{\max} \leqslant [\sigma]$$

在强度校核时,最大正应力超过材料的允许应力值在5%以内也可使用。

**2)选择截面尺寸**

由强度条件,得

$$A \geqslant \frac{F_N}{[\sigma]} \tag{11.7}$$

式中 $A$——横截面的面积,由截面形状可确定其尺寸。

**3)确定许可荷载**

由强度条件,可得杆件的允许最大轴力为

$$[F_N] \leqslant [\sigma]A \tag{11.8}$$

再根据轴力与外力的关系计算出杆件的许可荷载$[P]$。

【例 11.1】 如图 11.9(a)所示的支架,$BD$ 为钢杆,是直径 $d = 12$ mm 的圆截面杆,材料的允许应力$[\sigma]_1 = 140$ MPa,$BC$ 为边长 $a = 8$ cm 的正方形截面木杆,其允许应力$[\sigma]_2 = 4.5$ MPa,$F = 36$ kN。试校核强度。若强度不够,则重新设计杆的截面。

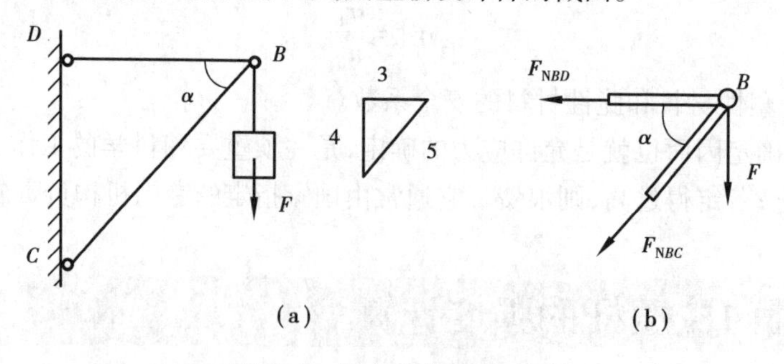


图 11.9 拉(压)杆强度设计

【解】 ①轴力计算。取结点 $B$ 为研究对象,设钢杆的轴力 $F_{NBD}$ 为拉力,横截面面积为 $A_1$;木杆的轴力 $F_{NBC}$为拉力,横截面面积为 $A_2$。受力分析如图 11.9(a)所示。

显然,有

$$\sin\alpha=\frac{4}{5},\qquad \cos\alpha=\frac{3}{5}$$

根据静力平衡条件,可得

$$\sum Y=0,\qquad -F-F_{NBC}\times\sin\alpha=0$$

$$\sum X=0,\qquad -F_{NBD}-F_{NBC}\times\cos\alpha=0$$

代入数据解得

$$F_{NBC}=-45\ \text{kN}(压),\qquad F_{NBD}=27\ \text{kN}(拉)$$

②强度校核。$BD$ 杆强度效核,即

$$\sigma_{BD}=\frac{F_{NBD}}{A_1}=\frac{27\times10^3}{\frac{\pi12^2}{4}}\text{MPa}=239\ \text{MPa}>140\ \text{MPa}$$

可知强度条件不满足,需重新设计截面。

$BC$ 杆强度效核,即

$$\sigma_{BC}=\frac{F_{NBC}}{A_2}=\frac{45\times10^3}{80\times80}\text{MPa}=7\ \text{MPa}>4.5\ \text{MPa}$$

可知强度条件不满足,需重新设计截面。

③截面重新设计。

由$\frac{F_{\text{Nmax}}}{A}\leqslant[\sigma]$,得

$$A\geqslant\frac{F_{\text{Nmax}}}{[\sigma]}$$

设钢杆重新设计后的截面直径为 $d_{钢}$,截面面积为 $A_{钢}$;木杆重新设计后的截面的边长为 $a_{木}$,截面面积为 $A_{木}$。

钢杆截面设计,有

$$A_{钢}\geqslant\frac{F_{NBD}}{[\sigma]_1}$$

即

$$\frac{\pi d_{钢}^2}{4}\geqslant\frac{27\times10^3}{140}$$

解得

$$d_{钢}\geqslant15.6\ \text{mm},取\ d_{钢}=16\ \text{mm}。$$

木杆截面设计,有

$$A_{木}\geqslant\frac{F_{NBC}}{[\sigma]_2}$$

即

$$a_{木}^2\geqslant\frac{45\times10^3}{4.5}$$

解得

$$a_{木}=100\ \text{mm}。$$

# 11.4　连接件强度计算

工程中的连接件，如铆钉、销钉和螺栓等，它们主要承担剪切变形和局部挤压变形，其应力实际分布较为复杂。在连接件的强度计算中，一般采用实用计算。

## ▶　11.4.1　剪切的实用计算

### 1）剪切变形概述

杆件受到一对大小相等、方向相反、作用线相距很近的横向力作用时，将引起其横截面沿力的方向发生相对错动的变形，称为剪切变形，如图 11.10 所示。严格地说，在如图 11.10 所示的外力荷载作用下，构件不会平衡而要发生顺时针转动（外力荷载构成一个力偶），但构件实际上是平衡的，原因在于图中忽略了对剪切变形无影响（或影响甚微）的其他外力荷载作用。

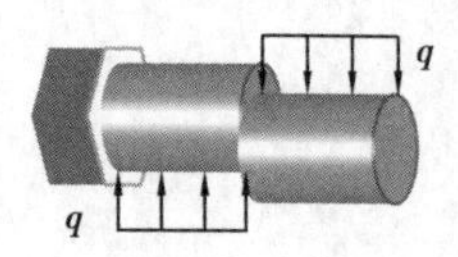


图 11.10　剪切变形

工程中承受剪切的构件很多，特别是在连接件中更为常见。例如，混凝土梁柱的现浇连接，木结构之间的榫接，钢材之间的焊接，钢板之间的铆钉连接，等等，都发生了剪切变形。如图 11.11（a）所示，两块钢板由铆钉连接，钢板受拉力 $F$ 作用，铆钉受力图如图 11.11（c）所示，并发生了剪切变形，铆钉上发生相对错动的横截面是图 11.11（c）中的 $m$—$m$ 截面。

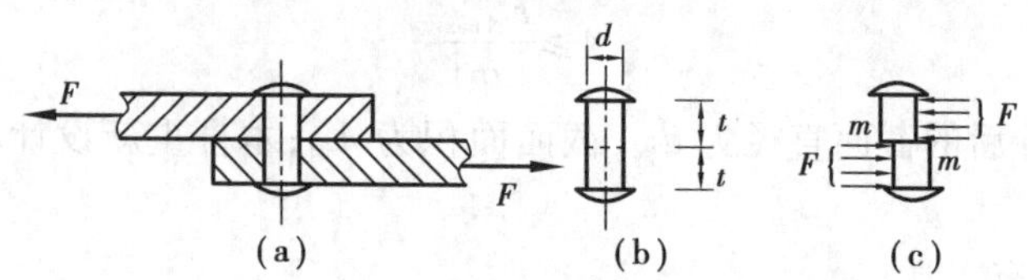


图 11.11　铆钉连接

### 2）剪切的强度计算

以如图 11.11 所示发生剪切变形的铆钉为研究对象，对发生剪切变形构件的剪切面、剪力、切应力及强度计算进行分析。

剪切面是指发生剪切变形构件上发生相对错动的横截面，图 11.11（c）中 $m$—$m$ 截面即为铆钉的剪切面。剪切面积记为 $A$。若图中钢板的厚度记为 $t$，铆钉的直径记为 $d$（见图 11.11（b）），则剪切面积为

$$A = \frac{\pi d^2}{4}$$

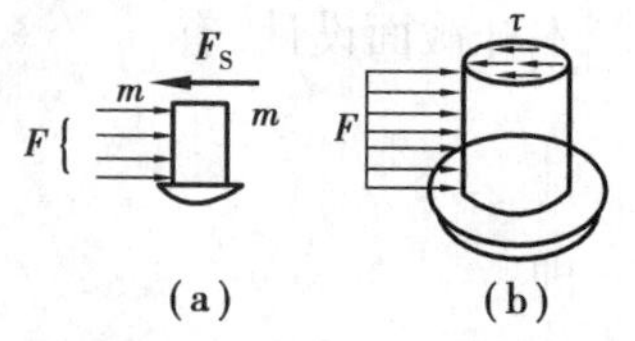


图 11.12　剪切面与剪力

剪力是指剪切面上的内力，该内力正是使剪切面发生相对错动的直接原因，记为 $F_S$。剪力的计算方法，通常是用截面法从受剪构件的剪切面截开，取其中一部分为研究对象，进行静力平衡方程计算，从而得到剪力的数值。如图 11.11（b）所示的铆钉应用截面法，并取铆钉下部为研究对象。其受力分析如图 11.12（a）所示。

由 $$\sum X = 0,\quad F - F_S = 0$$

解得
$$F_S = F$$

因其切应力的实际分布极其复杂，在实际工程中，一般采用实用计算方法，即忽略次要因素近似认为切应力均匀分布，并特别地称其为名义切应力（或计算切应力），故有

$$\tau = \frac{F_S}{A} \tag{11.9}$$

剪切变形的强度问题，核心是确定剪切极限应力，正如前述对低碳钢进行拉伸破坏试验一样，在剪切变形中也是通过剪切破坏试验来确定剪切极限应力 $\tau^0$ 的。在实际工程中，工作安全还应考虑其他诸多不利因素，材料的允许切应力 $[\tau]$ 由式(11.10)确定，即

$$[\tau] = \frac{\tau^0}{n} \tag{11.10}$$

式中　$n$——安全系数，其值大于1。

剪切变形的强度问题可表述为

$$\tau \leqslant [\tau] \tag{11.11}$$

或

$$\frac{F_S}{A} \leqslant [\tau] \tag{11.12}$$

**【例 11.2】**　正方形截面的混凝土柱，其横截面的边长 $a = 0.2$ m，其基底为边长 $l = 1$ m 的正方形的混凝土板，柱承受轴向压力 $F = 100$ kN，如图 11.13(a)所示。地基对混凝土板的反力被认为近似均匀分布，混凝土的允许切应力 $[\tau] = 1.5$ MPa。从剪切破坏的角度，试计算为使基础不被剪坏所需的最小厚度 $t$。

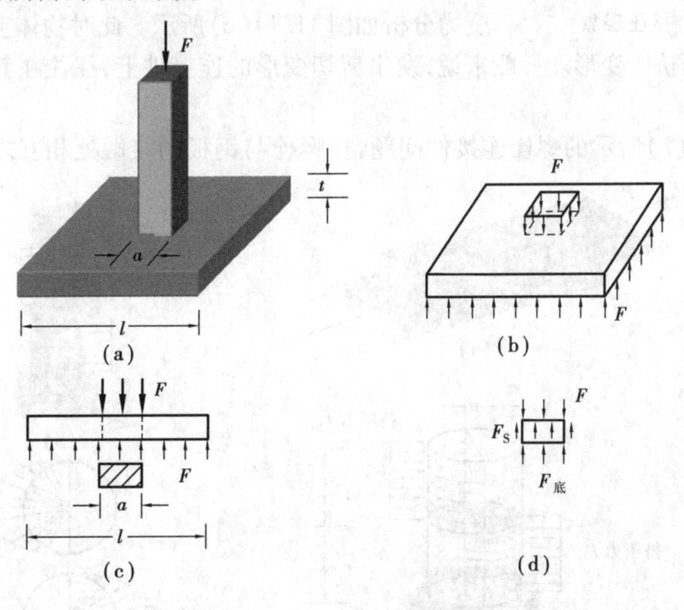


图 11.13　剪切破坏形式

**【解】**　混凝土板的受力分析如图 11.13(b)所示。其剪切破坏形式是在混凝土板上“冲

出”一个边长为 $a$、厚度为 $t$ 的正方形小板，如图 11.13(c)所示。正方形小板受力图如图 11.13(d)所示。其中，地基对正方形小板底部的支承力记为 $F_{底}$。混凝土板的受剪面，即为正方形小板的 4 个侧面，剪切面积为 $A=4at$。剪切面上的剪力，可根据正方形小板静力平衡方程得到，即

$$\sum Y=0,\qquad F_{底}+F_S-F=0$$

解得

$$F_S=F-F_{底}=100\ \text{kN}-\frac{100\ \text{kN}}{1\ \text{m}\times 1\ \text{m}}\times(0.2\ \text{m}\times 0.2\ \text{m})=96\ \text{kN}$$

根据式(11.12)，剪切变形的强度条件为

$$\frac{F_S}{A}\leqslant[\tau]$$

代入数据得

$$\frac{96\times 10^3\ \text{N}}{4\times 0.2\ \text{m}\times t}\leqslant 1.5\times 10^6\ \text{Pa}$$

解得　$t\geqslant 0.08$ m，取 $t=80$ mm。

### ▶ 11.4.2　挤压的实用计算

#### 1)挤压变形概述

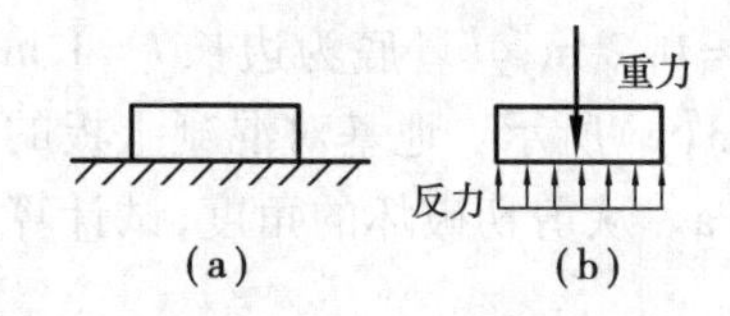

图 11.14　挤压现象

挤压是一种常见的力学现象，当构件相互接触时就有可能发生挤压的现象。如图 11.14(a)所示的物体放置在水平地面上，物体与地面之间就发生了挤压，物体在其与地面的接触面上受到地面对物体的反力 $F$(假设为均匀分布力)，其受力分析如图 11.14(b)所示。此时物体上与地面之间的接触面上就发生了挤压变形。一般来说，发生剪切变形的连接件上，往往在其接触面处同时出现挤压现象。

如图 11.15(a)所示的螺栓连接件问题，在螺栓与钢板的接触处相互之间产生了挤压现

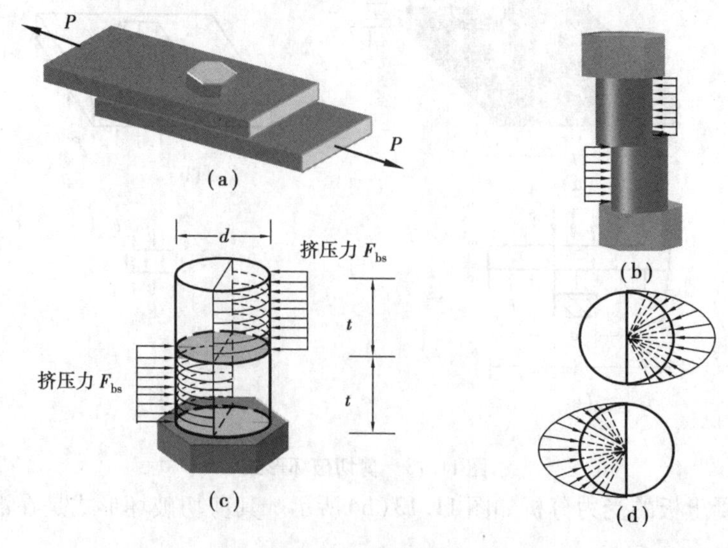

图 11.15　挤压变形

象,如图 11.15(b)所示。如图 11.15(c)所示螺栓表面上的半圆周线部分即为挤压面,即螺栓上部的右侧面和下部的左侧面,该两个侧面上的挤压力分布规律大致如图 11.15(d)所示。

**2)挤压的强度计算**

挤压力是指构件之间相互的压力,记为 $F_{bs}$。挤压力出现在构件相互接触的表面上,不是构件内部产生的内力。

挤压面是指构件之间相互产生压力的区域,挤压面积记为 $A_{bs}$。例如,图 11.15(c)中螺栓表面上的半圆周线部分即螺栓上部的右侧面和下部的左侧面。

挤压应力的计算采用实用计算方法,假设挤压力在挤压面上均匀分布,则计算挤压应力(或名义挤压应力)$\sigma_{bs}$ 可表示为

$$\sigma_{bs}=\frac{F_{bs}}{A_{bs}} \tag{11.13}$$

通过试验可得到材料的挤压允许应力$[\sigma_{bs}]$。一般来说,挤压的允许应力比轴向压缩的允许应力要大。对于塑性材料,挤压的允许应力大约是轴向压缩的允许应力的 1.7~2.0 倍。挤压的强度条件可表示为

$$\sigma_{bs}\leqslant[\sigma_{bs}] \tag{11.14}$$

或

$$\frac{F_{bs}}{A_{bs}}\leqslant[\sigma_{bs}] \tag{11.15}$$

特别要注意的是,当挤压面为曲面时,挤压力在挤压面上明显非均匀分布,挤压应力的最大值大于平均值,如图 11.15(d)所示。此时,若仍按前述实用计算方法进行强度验算不合理。这时的修正方法是:减小挤压面积,从而增大了名义挤压应力,并以增大了的名义挤压应力作为强度计算时的最大挤压应力。所谓“减小挤压面积”,即以挤压面的投影面积(实际挤压面在与挤压力正交的平面上的投影面积)代替实际挤压面积。如图 11.15(a)所示的钢板连接件螺栓上的挤压面积的实际大小为

$$A=\frac{\pi d}{2}\times t$$

但不能将此式代入公式中计算,而应取投影面积计算,投影面积为

$$A_{bs}=d\times t$$

**【例 11.3】** 如图 11.16(a)、(b)所示的钢板由 4 颗铆钉连接,铆钉的几何形状如图 11.16(c)所示。已知拉力 $F=110$ kN,钢板厚 $t=8$ mm,宽 $b=100$ mm,铆钉直径 $d=16$ mm。铆钉允许切应力$[\tau]=145$ MPa,允许挤压应力$[\sigma_{bs}]=340$ MPa。试校核铆钉的切应力强度和挤压应力强度。

**【解】** 假设各铆钉受力相同,则铆钉受力分析如图 11.16(d)所示。

①铆钉的切应力强度校核。铆钉受到的剪力如图 11.16(e)所示,并且有

$$F_S=\frac{F}{4}$$

铆钉的剪切面积为

$$A=\frac{\pi d^2}{4}$$

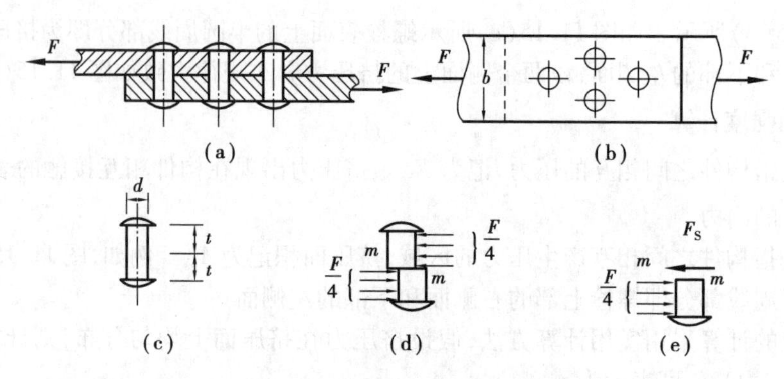


图 11.16 剪切与挤压的实用计算

铆钉剪切面上的切应力为

$$\tau=\frac{F_S}{A}=\frac{\frac{F}{4}}{\frac{\pi d^2}{4}}=\frac{F}{\pi d^2}=\frac{110\times10^3\ \text{N}}{\pi\times0.016\ \text{m}\times0.016\ \text{m}}=136\ \text{MPa}$$

显然，$\tau<145$ MPa，铆钉的切应力强度安全。

②铆钉的挤压应力强度校核。铆钉与钢板之间的挤压力如图 11.16(e)所示，数值为

$$F_{bs}=\frac{F}{4}$$

铆钉与钢板之间的挤压面积按其投影面积计算为

$$A_{bs}=d\times t$$

铆钉与钢板之间的挤压应力为

$$\sigma_{bs}=\frac{F_{bs}}{A_{bs}}=\frac{\frac{F}{4}}{d\times t}=\frac{F}{4dt}=\frac{110\times10^3\ \text{N}}{4\times0.008\ \text{m}\times0.018\ \text{m}}=215\ \text{MPa}<[\sigma_{bs}]$$

铆钉的挤压应力强度安全。

## 11.5 圆轴扭转的强度计算

在第 7 章讨论了圆轴扭转的内力和应力，现在根据安全工作条件来讨论圆轴扭转的强度问题。

### 11.5.1 圆轴扭转时的强度条件

安全工作条件要求圆轴扭转时的最大切应力不超过材料的允许切应力，即

$$\tau_{\max}=\left(\frac{T}{W_\rho}\right)_{\max}\leqslant[\tau] \tag{11.16}$$

式(11.16)称为圆轴扭转的强度条件，对于等截面圆轴，式(11.16)强度条件还可进一步表示为

$$\tau_{max} = \frac{T_{max}}{W_\rho} \leqslant [\tau] \tag{11.17}$$

材料的允许切应力$[\tau]$是通过力学试验得到的，而且允许切应力$[\tau]$与允许拉应力$[\sigma]$有如下近似关系：

对于塑性材料，有

$$[\tau] = 0.5 - 0.6[\sigma]$$

对于脆性材料，有

$$[\tau] = 0.8 - 1.0[\sigma]$$

### ▶ 11.5.2　圆轴扭转的强度计算

与轴向拉压杆类似，圆轴扭转强度计算同样存在3类问题：强度校核、选择截面尺寸和确定许可荷载。

**【例11.4】**　某空心圆轴，外径$D = 80$ mm，内径$d = 70$ mm，扭矩$T = 4$ kN · m，材料的允许切应力$[\tau] = 100$ MPa。校核此轴的强度。

**【解】**　空心圆轴的抗扭截面系数为

$$W_\rho = \frac{\pi D^3}{16}(1 - \alpha^4) = \frac{\pi \times (80\ \text{mm})^3}{16} \times \left[1 - \left(\frac{70}{80}\right)^4\right] = 41\ 603\ \text{mm}^3$$

最大切应力为

$$\tau_{max} = \frac{T_{max}}{W_\rho} = \frac{4 \times 10^3\ \text{N} \cdot \text{m}}{41\ 603\ \text{mm}^3} = 96\ \text{MPa}$$

显然，$\tau_{max} < [\tau]$，满足切应力强度，安全。

## 11.6　梁的强度计算

在第8章讨论了梁弯曲的内力和应力，现在根据安全工作条件来讨论梁弯曲的强度问题。

### ▶ 11.6.1　梁的正应力强度计算

**1）梁内的最大正应力计算**

对梁的某一确定截面而言，其最大正应力发生在距中性轴最远的位置，其值为

$$\sigma_{max} = \frac{M}{W_z} \tag{11.18}$$

但强度计算应是针对全梁的正应力的，仅仅针对梁的某一截面是不全面的。因此，对全梁（等截面梁）而言，最大正应力发生在弯矩最大的截面内，同时又是该截面内距中性轴最远的位置。最大正应力的数值为

$$|\sigma|_{max} = \frac{|M|_{max}}{W_z} \tag{11.19}$$

2)梁的正应力强度计算

梁的正应力强度条件为

$$|\sigma|_{\max}=\frac{|M|_{\max}}{W_z}\leqslant[\sigma] \tag{11.20}$$

$[\sigma]$称为弯曲时材料的允许应力,其值随材料的不同而不同,通过材料的力学实验得到,应用时可在有关规范中查到。

梁的正应力强度条件可细分为3类问题,并统一于式(11.20)。

(1)强度校核

应用于已知梁截面、梁所用材料及梁上荷载,要求效核梁是否满足强度条件,下列关系是否成立,即

$$\frac{|M|_{\max}}{W_z}\leqslant[\sigma] \tag{11.21}$$

(2)截面设计

已知梁所用材料及梁上荷载,要求根据强度条件,计算出所需的抗弯截面系数,从而确定截面尺寸,即

$$W_z\geqslant\frac{|M|_{\max}}{[\sigma]} \tag{11.22}$$

(3)许可荷载

已知梁截面尺寸、梁所用材料,要求根据强度条件,计算梁所能承受的最大弯矩,从而确定梁能承受的最大荷载,即

$$|M|_{\max}\leqslant W_z[\sigma] \tag{11.23}$$

**【例11.5】** 悬臂木梁受集中荷载作用如图11.17(a)所示,木梁的横截面为圆形截面如图11.17(b)所示,梁的长度$l=2$ m,在自由端受集中荷载$F=10$ kN,圆截面直径$d=300$ mm,弯曲时木材的允许应力$[\sigma]=10$ MPa。作梁的弯矩图并校核梁的正应力强度。

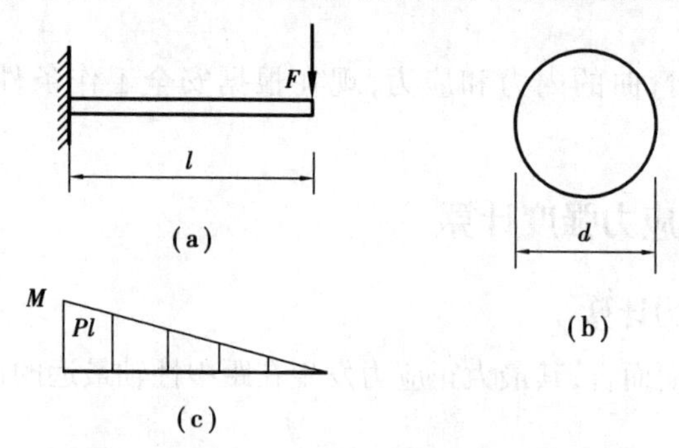


**图11.17 梁的正应力强度校核**

**【解】** 梁的弯矩图如图11.17(c)所示,梁上最大弯矩为

$$|M|_{\max}=Fl$$

抗弯截面系数为

$$W_z=\frac{\pi d^3}{32}$$

对于正应力强度校核,可计算梁上最大正应力为

$$|\sigma|_{\max}=\frac{|M|_{\max}}{W_z}=\frac{Fl}{\frac{\pi d^3}{32}}=\frac{10\times10^3\times2}{\frac{3.14\times0.3^3}{32}}\ \text{Pa}=7.55\times10^6\ \text{Pa}=7.55\ \text{MPa}\leqslant[\sigma]$$

显然,正应力强度安全。

【例 11.6】 简支梁的中点作用集中力如图 11.18(a)所示,$F=40$ kN,梁的长度 $l=4.2$ m,要求采用热轧普通工字钢,钢的允许应力$[\sigma]=170$ MPa。试选择工字钢型号。

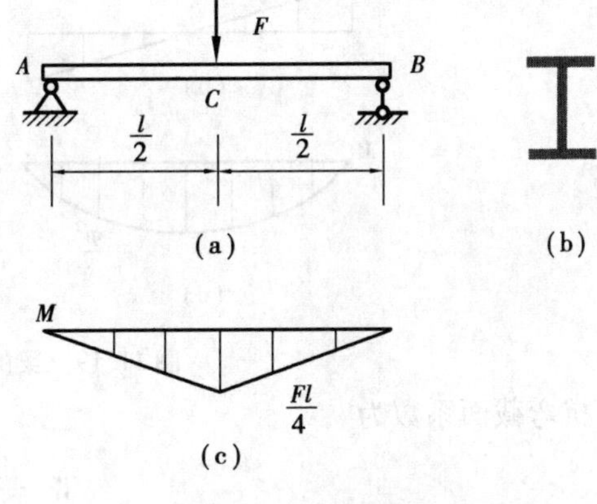

图 11.18 截面设计

【解】 梁的弯矩图如图 11.18(c)所示,梁上最大弯矩为

$$|M|_{\max}=\frac{Fl}{4}$$

对于截面设计要求,根据式(11.22),即

$$W_z\geqslant\frac{|M|_{\max}}{[\sigma]}$$

代入数据得

$$W_z\geqslant\frac{\frac{Fl}{4}}{[\sigma]}=\frac{\frac{40\times10^3\times4.2}{4}}{170\times10^6}=0.247\times10^{-3}\ \text{m}^3=247\ \text{cm}^3$$

在型钢表中,可查得相近的型号。其中,20a 号工字钢的 $W_z=237\ \text{cm}^3$,20b 号工字钢的 $W_z=250\ \text{cm}^3$。理论上只能选 20b 号工字钢。在实际工程中对于 20a 号工字钢,因为$\frac{247-237}{247}=4\%<5\%$,进而可知$|\sigma|_{\max}$不超过$[\sigma]$的 5%,20a 号工字钢也可选用。

对于变截面梁、对于由允许拉应力与允许压应力不相等的材料构成的梁,其强度计算的理论与方法依旧,即要求梁上最大拉应力(或最大压应力)不超过允许拉应力(或允许压应力)。

## ▶ 11.6.2 梁的切应力强度计算

在第 8 章中给出了梁的切应力计算公式,切应力强度的表达式为

$$\tau_{\max}\leqslant[\tau] \tag{11.24}$$

式中 $[\tau]$——材料的允许切应力。

要注意的是,在进行强度计算时,通常要同时考虑正应力及切应力强度条件。

【例 11.7】 如图 11.19(a)所示的矩形截面简支梁受均布荷载作用,$l=2$ m,$q=15$ kN/m,$h:b=2:1$,材料的允许正应力$[\sigma]=160$ MPa,允许切应力$[\tau]=80$ MPa。试作梁的剪力图和弯矩图,并确定截面合理尺寸 $b$,$h$。

【解】 剪力图与弯矩图如图 11.19(b)、(c)所示。

正应力强度计算。梁内最大弯矩为

$$|M|_{\max}=\frac{ql^2}{8}$$

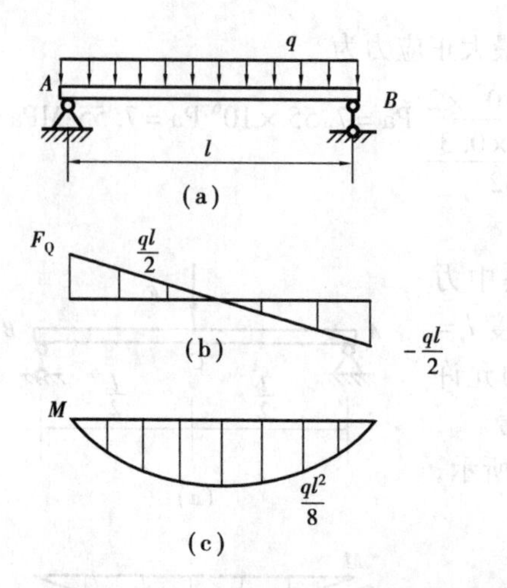


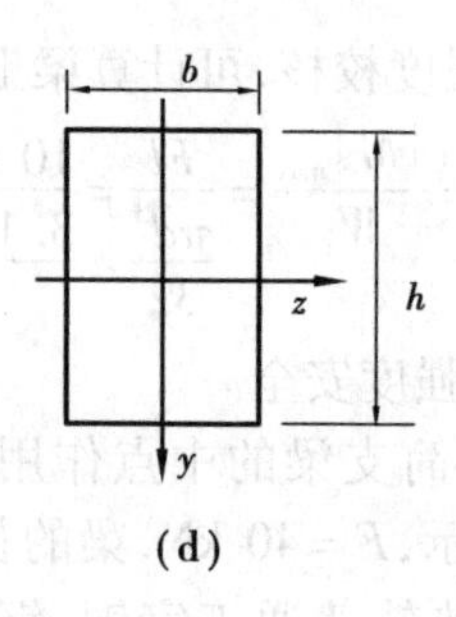


图 11.19　梁的切应力强度计算

抗弯截面系数为

$$W_z=\frac{bh^2}{6}=\frac{h^3}{12}$$

由正应力强度条件式(11.22),即

$$W_z \geqslant \frac{|M|_{\max}}{[\sigma]}$$

得

$$\frac{h^3}{12} \geqslant \frac{\frac{ql^2}{8}}{[\sigma]}$$

解得

$$h \geqslant \sqrt[3]{\frac{12ql^2}{8[\sigma]}}$$

代入数据得

$$h \geqslant \sqrt[3]{\frac{12\times(15\times10^3)\times2^2}{8\times(160\times10^6)}}\ \text{m}=0.082\ \text{m}=82\ \text{mm}$$

取 $h=82\ \text{mm}, b=\frac{h}{2}=41\ \text{mm}$。

切应力强度计算。梁内最大剪力为

$$|F_Q|_{\max}=\frac{ql}{2}$$

截面面积为

$$A=bh$$

由切应力强度条件式(11.24),$\tau_{\max}\leqslant[\tau]$,用矩形截面的最大切应力式(8.17),得

$$\tau_{\max}=\frac{3|F_Q|_{\max}}{2A}=\frac{3\times\frac{ql}{2}}{2bh}=\frac{3ql}{4bh}=\frac{3\times(15\times10^3)\times2}{4\times0.082\times0.041}\ \text{Pa}=6.7\times10^6\ \text{Pa}=6.7\ \text{MPa}$$

显然，$\tau_{\max}=6.7\ \text{MPa}\leqslant[\tau]$，满足切应力强度条件。

合理截面为 $h=82\ \text{mm}, b=41\ \text{mm}$。

## ▶ 11.6.3 提高梁强度的措施

在梁的强度问题中，正应力强度条件起决定作用，因此，主要分析如何提高梁的正应力强度。梁的正应力强度条件为

$$|\sigma|_{\max}=\frac{|M|_{\max}}{W_z}\leqslant[\sigma] \tag{11.25}$$

在基本条件不变的情况下，减小最大正应力就能达到提高强度的目的。

依据式(11.25)，若要减小截面的最大正应力，可有以下几个途径：

**1）合理安排梁的受力状态**

合理安排梁的受力状况的实质是减小截面最大弯矩，从而达到减小截面最大正应力的目的。

简支梁中点受集中力作用并作弯矩图如图11.20(a)、(e)所示。将图11.20(a)中的集中力作用形式改为分布荷载形式（不改变总的荷载大小），作弯矩图如图11.20(b)、(f)所示，可知最大弯矩减小了1/2；又将图11.20(b)中简支梁受分布荷载形式改为外伸梁受分布荷载形式，作弯矩图如图11.20(c)、(g)所示，可知最大弯矩又减小了；在图11.20(a)中的简支梁集

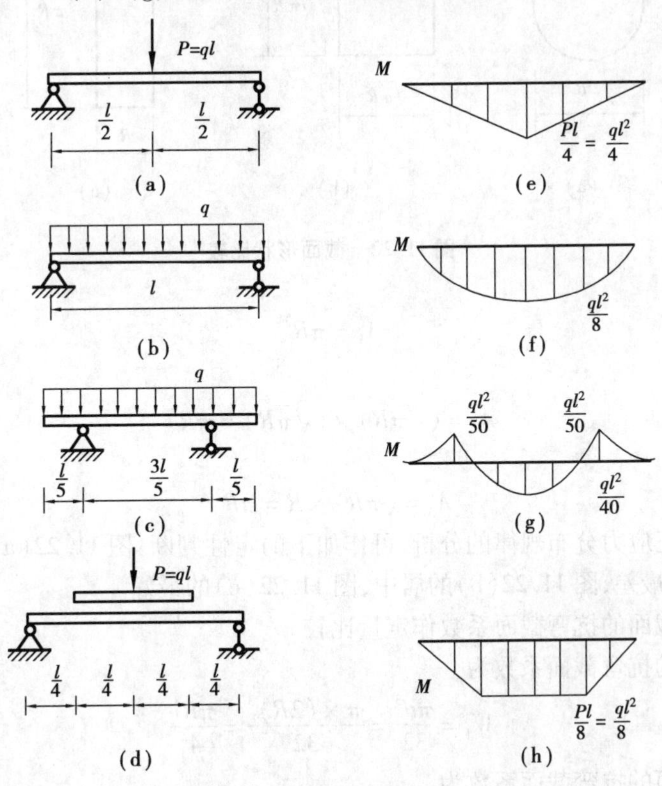


图11.20 合理安排梁的受力状况

中力作用形式的基础上，在梁的中部设置一长为$\frac{l}{2}$的辅助梁并作弯矩图如图 11.20(d)、(h)所示，并与图 11.20(a)、(e)比较可知，其最大弯矩减小了 1/2。总之，合理安排梁的受力状态就是将梁的受力(包括支座反力)尽量分散、均匀化，以减小截面最大弯矩。

**2)选择合理的截面形状**

合理选择截面形状的实质是在截面面积不变的条件下，增大抗弯截面系数，从而达到减小截面最大正应力的目的。也可理解为在一定抗弯截面系数的要求下，选择较小的、合理的截面形状。根据弯曲梁横截面的正应力分布规律，正应力在横截面上成线性分布，且中性轴处正应力最小，上下边缘处正应力最大，如图 11.21 所示。因此，增大上下边缘面积区域，减小中性轴处面积区域，使材料尽量发挥作用。

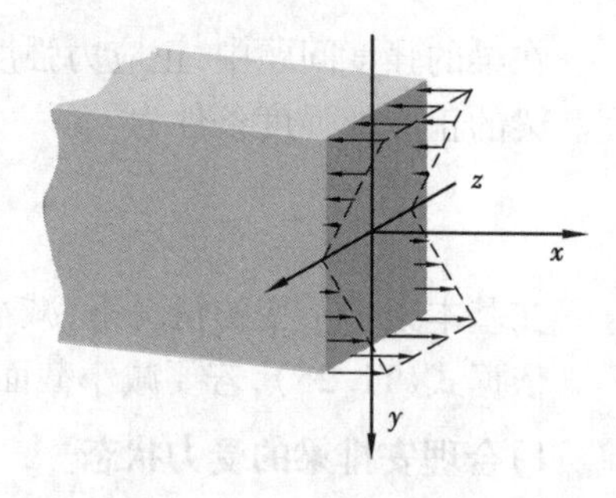


图 11.21　正应力分布

如图 11.22 所示梁的横截面，截面形状分别为矩形、正方形和圆形。显然，这 3 个截面形状的面积相等，其面积分别如下：

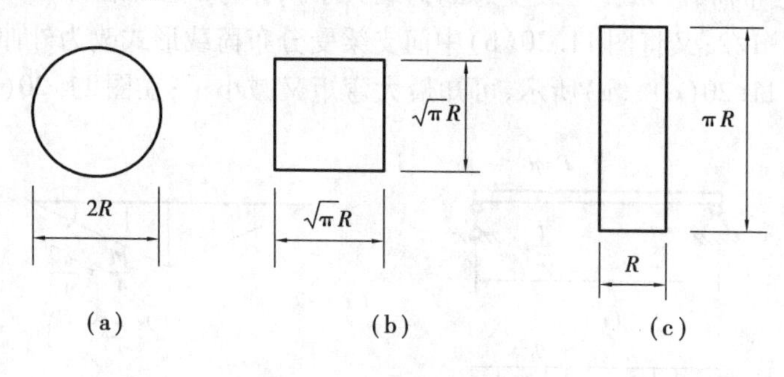


图 11.22　截面形状比较

①矩形为

$$A_1 = \pi R^2$$

②正方形为

$$A_2 = (\sqrt{\pi}R) \times (\sqrt{\pi}R) = \pi R^2$$

③圆形为

$$A_3 = (\pi R) \times R = \pi R^2$$

根据前述对正应力分布规律的分析，可作如下的定性判断：图 11.22(a)的抗弯截面系数最小、正应力强度最差，图 11.22(b)的居中，图 11.22(c)的最好。

再对这 3 个截面的抗弯截面系数作定量比较。

①矩形截面的抗弯截面系数为

$$W_1 = \frac{\pi d^3}{32} = \frac{\pi \times (2R)^3}{32} = \frac{\pi R^3}{4}$$

②正方形截面的抗弯截面系数为

$$W_2 = \frac{bh^2}{6} = \frac{\sqrt{\pi}R \times (\sqrt{\pi}R)^2}{6} = \frac{\sqrt{\pi} \times \pi R^3}{6}$$

③圆形截面的抗弯截面系数为

$$W_3=\frac{bh^2}{6}=\frac{R\times(\pi R)^2}{6}=\frac{\pi\times\pi R^3}{6}$$

又

$$\frac{W_2-W_1}{W_1}\times100\%=\frac{\frac{\sqrt{\pi}\times\pi R^3}{6}-\frac{\pi R^3}{4}}{\frac{\pi R^3}{4}}\times100\%=18\%$$

同理

$$\frac{W_3-W_1}{W_1}\times100\%=109\%$$

由此可知,上面3个截面中,正方形截面的抗弯截面系数较圆形截面的抗弯截面系数提高18%,因而在使用同样材料的前提下,其最大承载力也提高18%;矩形的较圆形的则更是提高了109%。根据这一力学思想,工字形截面又较圆形截面、正方形截面和矩形截面更为合理,这也是价格较为昂贵的钢材要扎制成型钢的原因之一。

**3)采用变截面梁**

在梁的强度条件$|\sigma|_{max}\leqslant[\sigma]$中,最大正应力通常出现在弯矩最大的截面的某些点处,而其他截面内的弯矩并未达到最大值,因而对这些截面而言,材料并未充分利用,有一定的"富裕"。这就引出了变截面梁问题。悬臂梁受均布荷载作用如图11.23(a)所示,其弯矩图如图11.23(c)所示,最大弯矩只是在固定端约束处,其他截面内的弯矩小于弯矩的最大值。工程实际结构中、如阳台的挑梁(悬臂梁)就常常采用变截面梁形式,如图11.23(b)所示。当然,这仅仅是从正应力强度条件考虑问题,实际情况要综合其他因素。

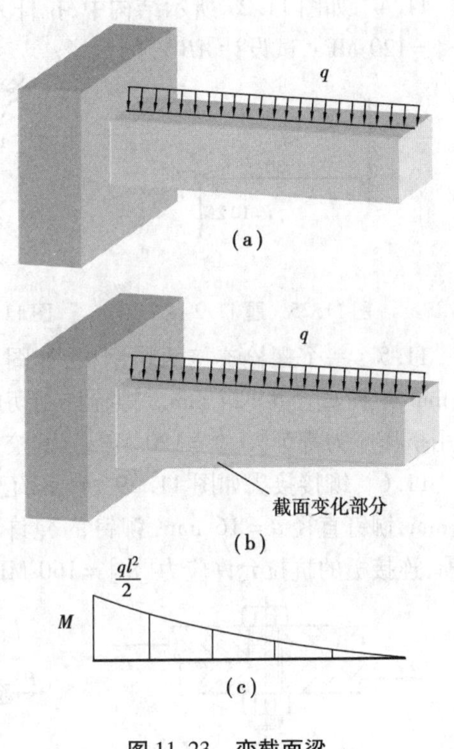


图11.23　变截面梁

## 习题11

11.1　如图11.24所示中段开槽正方形杆件,已知$a=200$ mm,$P=750$ kN,材料的允许应力$[\sigma]=160$ MPa。试校核杆的强度。

11.2　三角构架如图11.25所示,$AB$杆的横截面面积为$A_1=10\ cm^2$,$BC$杆的横截面面积

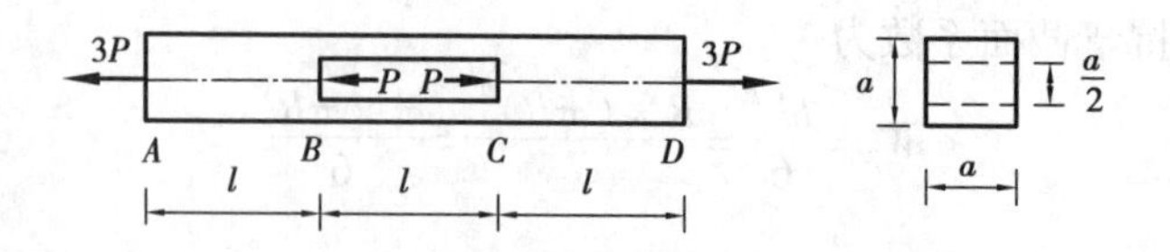


图 11.24　题 11.1 图

为 $A_2=6\ cm^2$。若材料的允许拉应力为$[\sigma_1]=40$ MPa，容许压应力为$[\sigma_y]=20$ MPa，试校核其强度。

11.3　如图 11.26 所示构架中，杆 1，2 的横截面均为圆形，直径分别为 $d_1=30$ mm，$d_2=20$ mm。两杆件材料相同，允许应力$[\sigma]=160$ MPa。在结点 $B$ 处受铅垂方向的荷载 $P$ 作用，试确定荷载 $P$ 的最大允许值。

11.4　如图 11.27 所示结构中，拉杆 $AB$ 为圆截面钢杆。若 $P=20$ kN，材料的允许应力$[\sigma]=120$ MPa，试设计 $AB$ 杆的直径。

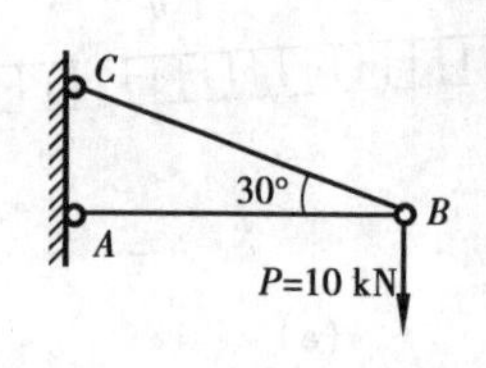


图 11.25　题 11.2 图

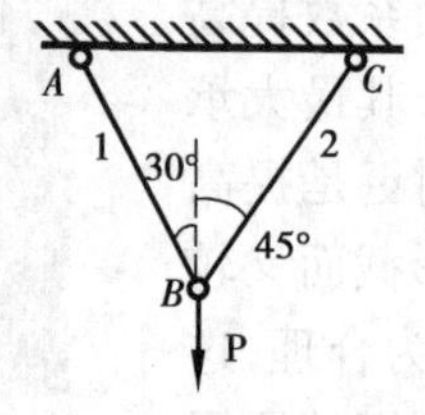


图 11.26　题 11.3 图

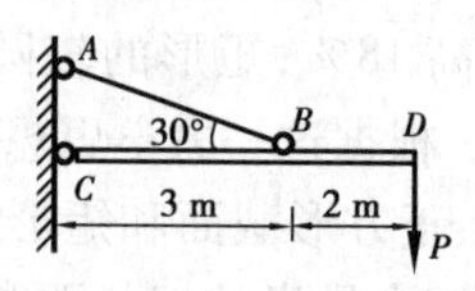


图 11.27　题 11.4 图

11.5　一个螺栓连接两块钢板，如图 11.28 所示。已知拉力 $P=27$ kN，钢板的厚度 $t=12$ mm，螺栓直径 $d=24$ mm。螺栓许用切应力$[\tau]=60$ MPa，钢板和螺栓都用同种材料制成，许用挤压应力都为$[\sigma_c]=120$ MPa。试校核螺栓的连接强度。

11.6　铆接接头如图 11.29 所示。已知轴向荷载 $P=80$ kN，板宽 $b=80$ mm，板厚 $t=10$ mm，铆钉直径 $d=16$ mm，铆钉的允许切应力$[\tau]=120$ MPa，允许挤压应力$[\sigma_c]=340$ MPa，连接板的抗拉允许应力$[\sigma]=160$ MPa。试校核其强度。

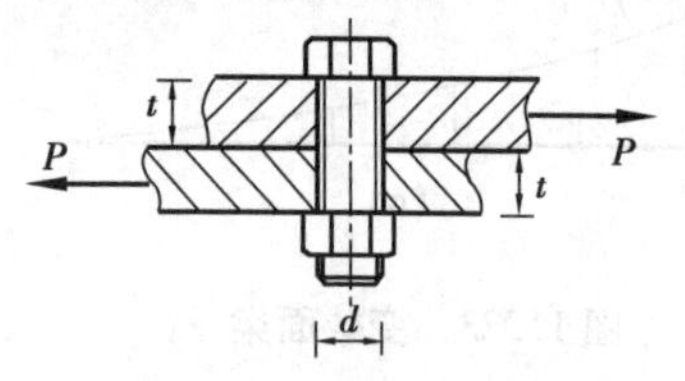


图 11.28　题 11.5 图

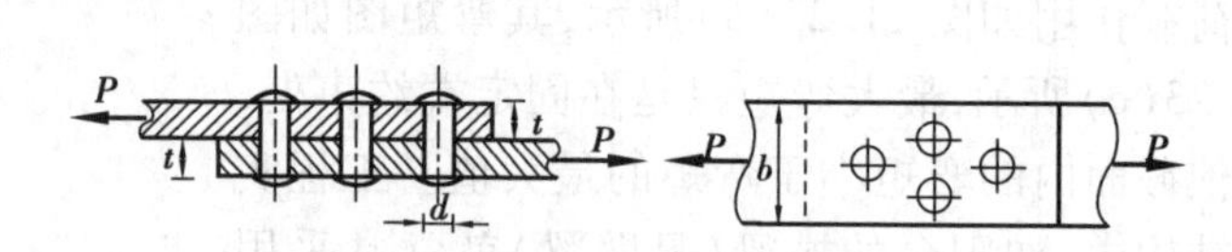


图 11.29　题 11.6 图

11.7　铆接接头如图 11.30 所示。已知 $P=40$ kN，主板厚度 $t_1=20$ mm，盖板厚度 $t_2=10$ mm，螺栓的允许切应力$[\tau]=130$ MPa，允许挤压应力$[\sigma_c]=300$ MPa，试计算螺栓所需的直径。

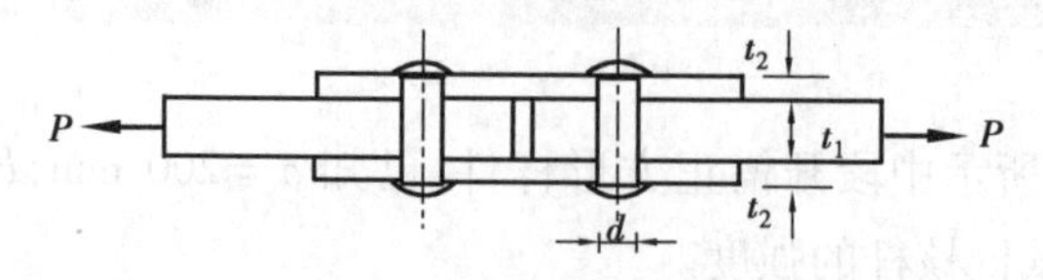


图 11.30　题 11.7 图

11.8　矩形截面的木拉杆接头如图 11.31 所示。已知轴向拉力 $P=50$ kN，截面宽度 $b=250$ mm，木材的顺纹允许切应力 $[\tau]=1$ MPa，顺纹的允许挤压应力 $[\sigma_c]=10$ MPa。试求接头处所需的尺寸 $l$ 和 $a$。

11.9　一混凝土柱如图 11.32 所示，其横截面为边长 $a=200$ mm 的正方形，浇注在混凝土基础上，基础分两层，每层的厚度为 $t$。已知 $P=200$ kN，若地基对混凝土板的支承反力是均匀分布的，混凝土的抗剪允许应力为 $[\tau]=1.5$ MPa，试计算为保证基础不被剪坏，混凝土板所需的最小厚度 $t$。

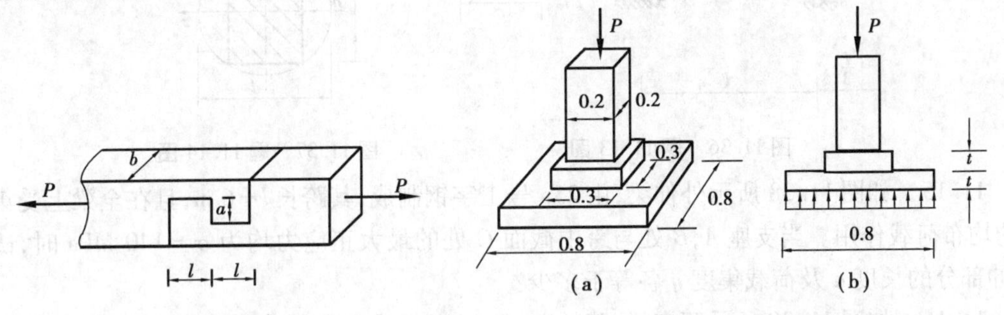


图 11.31　题 11.8 图　　　　图 11.32　题 11.9 图

11.10　如图 11.33 所示实心圆轴，直径 $d=75$ mm，其上作用外扭矩 $M_1=2$ kN·m，$M_2=1.2$ kN·m，$M_3=0.4$ kN·m，$M_4=0.4$ kN·m。已知允许切应力 $[\tau]=30$ MPa，试校核其强度。

11.11　如图 11.34 所示实心轴和空心轴通过牙嵌离合器连接在一起，轴两端的外力偶矩 $M_e=4$ kN·m，两轴材料相同，允许切应力 $[\tau]=100$ MPa。空心轴内外径之比 $\alpha=\frac{d_2}{D_2}=0.8$。试分别计算实心轴所需直径 $D_1$，空心轴所需内径 $d_2$ 和外径 $D_2$，并比较两轴截面的面积比。

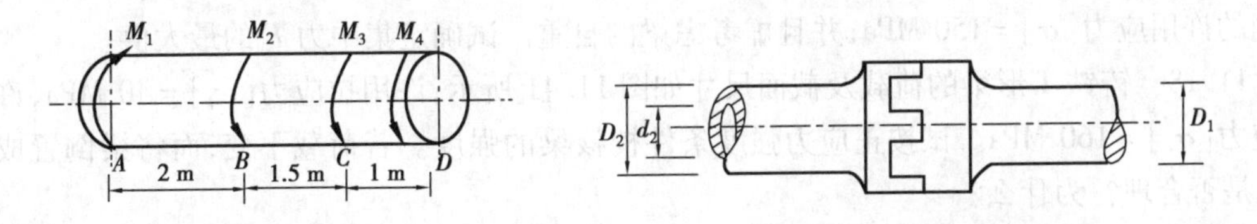


图 11.33　题 11.10 图　　　　图 11.34　题 11.11 图

11.12　由两个 16a 号槽钢组成的外伸梁，梁上荷载如图 11.35 所示。已知 $l=6$ m，钢材的允许应力 $[\sigma]=170$ MPa，求梁能承受的最大荷载 $F$。

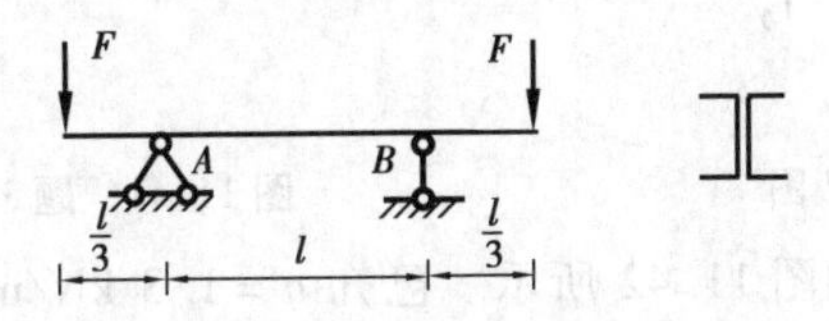


图 11.35　题 11.12 图

11.13　一圆形截面木梁如图 11.36 所示。已知 $l=3$ m, $q=3$ kN/m, $F=3$ kN,弯曲时木材的许用应力 $[\sigma]=10$ MPa。试按正应力强度条件选择圆木的直径 $d$。

11.14　如图 11.37 所示,欲从直径为 $d$ 的圆木中截取一矩形截面梁,要使其抗弯截面模量最大。试求出矩形截面最合理的高、宽尺寸。

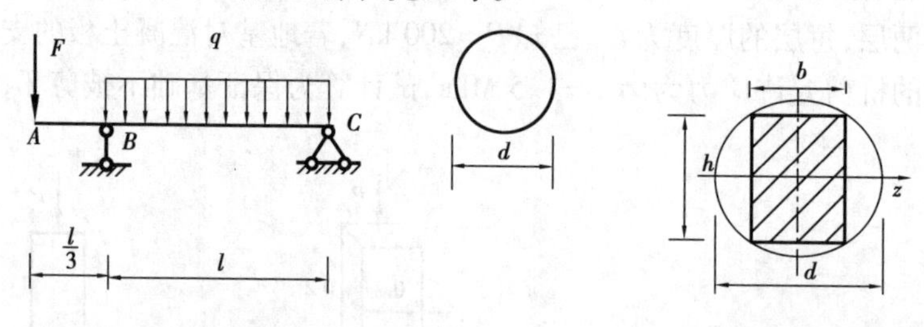


图 11.36　题 11.13 图　　　　图 11.37　题 11.14 图

11.15　如图 11.38 所示外伸梁,由 25a 号工字钢制成,其跨长 $l=6$ m,且在全梁上受集度 $q$ 的均布荷载作用。当支座 $A$, $B$ 处与跨中截面 $C$ 处的最大正应力均为 $\sigma=140$ MPa 时,试求外伸部分的长度 $a$ 及荷载集度 $q$ 各等于多少?

11.16　如图 11.39 所示简支梁,跨长 $l=6$ m,当荷载 $F$ 直接作用在跨中时,梁最大正应力超过许用正应力 30%。为了消除此过载现象,配置了辅助梁 $CD$。试求该辅助梁 $CD$ 的最小长度 $a$。

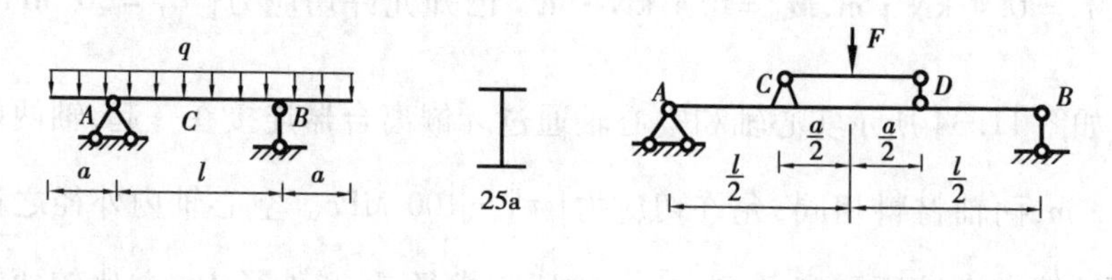


图 11.38　题 11.15 图　　　　图 11.39　题 11.16 图

11.17　由 40a 号工字钢制成的悬臂梁如图 11.40 所示,梁的自由端作用一集中力 $F$。已知钢的许用应力 $[\sigma]=150$ MPa,并且虚考虑梁的自重。试确定集中力 $F$ 的最大值。

11.18　铸铁 T 形梁的荷载及截面尺寸如图 11.41 所示,许用拉应力 $[\sigma_l]=40$ MPa,许用压应力 $[\sigma_c]=160$ MPa。试按正应力强度条件校核梁的强度。若荷载不变,而将梁倒置成倒 T 形是否合理?为什么?

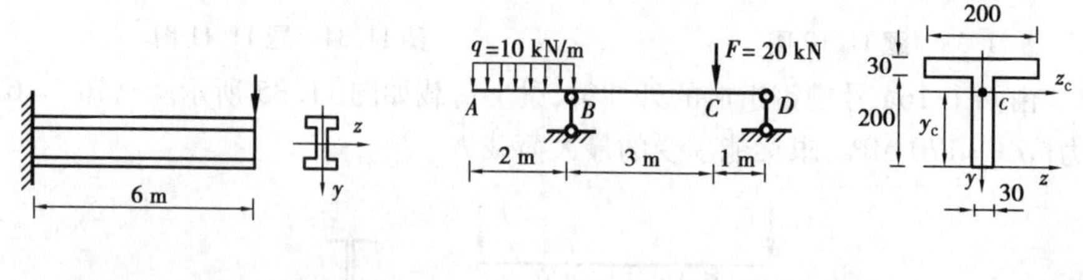


图 11.40　题 11.17 图　　　　图 11.41　题 11.18 图

11.19　矩形截面木梁如图 11.42 所示。已知 $q=1.3$ kN/m,许用弯曲正应力 $[\sigma]=10$ MPa,许用切应力 $[\tau]=2$ MPa。试校核该梁的正应力强度和切应力强度。

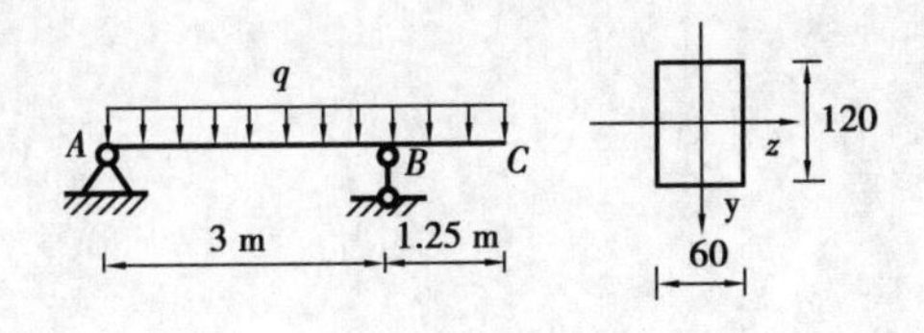


图 11.42　题 11.19 图

11.20　如图 11.43 所示简支梁由 3 块截面为 40 mm × 90 mm 的木板胶合而成。已知 $l$ = 3 m,胶缝的许用切应力 $[\tau] = 0.5$ MPa。试按胶缝的切应力强度确定梁所能承受的最大荷载 $F$。

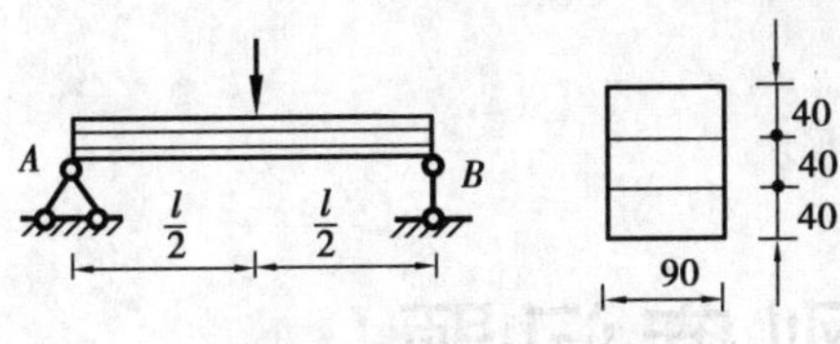


图 11.43　题 11.20 图

# 12 构件变形的刚度问题

构件产生过大变形会影响构件的正常使用。安全工作条件对构件变形提出的限制条件，称为刚度要求。为保证构件能正常使用，构件在满足强度的同时必须满足刚度要求。对于轴向拉压杆和剪切变形，由于构件的实际变形通常很小，一般不会对正常使用产生影响，因此，对轴向拉压杆和剪切变形没有提出刚度要求。

## 12.1 圆轴扭转的刚度计算

### 12.1.1 圆轴扭转的刚度条件

工程中，对于扭转圆轴的刚度通常采用相对扭转角沿杆长度的变化率$\frac{d\varphi}{dx}$来度量，用$\theta$表示，称为单位长度扭转角，即

$$\theta = \frac{d\varphi}{dx} = \frac{T}{GI_{\rho}} \tag{12.1}$$

刚度条件为

$$\theta_{max} \leqslant [\theta] \tag{12.2}$$

式中，$[\theta]$为许用扭转角，单位习惯用(°)/m(度/米)表示，其数值根据轴的用途和工作条件等因素确定，可从机械手册中查到。考虑到弧度与度的转换关系，对于等截面圆轴，刚度条件又可进一步表示为

$$\theta_{max} = \frac{T_{max}}{GI_{\rho}} \times \frac{180}{\pi} \leqslant [\theta] \tag{12.3}$$

### ▶ 12.1.2 圆轴扭转的刚度计算

需要特别注意,安全工作条件要求构件必须同时满足强度和刚度要求,不满足强度的刚度是没有意义的,刚度计算必须以强度计算为前提。

【例 12.1】 某空心圆轴,内外径之比 $\alpha=0.8$,扭矩 $T=4\ \text{kN}\cdot\text{m}$,材料的许用剪应力 $[\tau]=100\ \text{MPa}$,轴的许用扭转角 $[\theta]=2°/\text{m}$,剪切弹性模量 $G=8\times10^4\ \text{MPa}$。试确定空心圆轴的合理内外径。

【解】 设空心圆轴的外径为 $D$,则内径 $d=\alpha D=0.8D$。

截面的极惯性矩为

$$I_\rho=\frac{\pi D^4}{32}(1-\alpha^4)=0.058D^4$$

抗扭截面系数为

$$W_\rho=\frac{\pi D^3}{16}(1-\alpha^4)=0.116D^3$$

剪应力强度条件为

$$\frac{T_{\max}}{W_\rho}\leqslant[\tau]$$

代入数据得

$$\frac{4\times10^3\ \text{N}\cdot\text{m}}{0.116D^3}\leqslant100\times10^6\ \text{Pa}$$

解得

$$D\geqslant70\ \text{mm}$$

刚度条件为

$$\theta_{\max}=\frac{T_{\max}}{GI_\rho}\times\frac{180}{\pi}\leqslant[\theta]$$

代入数据得

$$\frac{4\times10^3\ \text{N}\cdot\text{m}}{8\times10^{10}\text{Pa}\times0.058D^4}\times\frac{180}{\pi}\leqslant2°/\text{m}$$

解得

$$D\geqslant23\ \text{mm}$$

综合强度条件与刚度条件,可取 $D=70\ \text{mm}$,则 $d=0.8D=56\ \text{mm}$。

## 12.2 梁的刚度计算

### ▶ 12.2.1 梁的刚度条件

梁的刚度计算主要以刚度校核的方式出现,以检验其在荷载作用下产生的变形是否在允许值的范围内。建筑工程中,以挠度 $f$ 与跨长 $l$ 的比值 $\left[\frac{f}{l}\right]$ 作为效核标准。梁的刚度条件控

制最大挠跨比的实质是控制转角，刚度条件的具体要求为

$$\frac{y_{\max}}{l} \leqslant \left[\frac{f}{l}\right] \tag{12.4}$$

在有关规范中，可查阅到对各种类型梁$\left[\frac{f}{l}\right]$取值的具体要求。

### ▶ 12.2.2 梁的刚度计算

在实际工程中，梁必须同时满足强度条件和刚度条件等。一般来说，强度条件起主控作用，在强度条件满足的前提下再效核刚度条件，若不满足刚度条件，可作进一步调整。梁截面上最大挠度的确定是校核刚度条件的关键。

**【例 12.2】** 图 12.1 所示的简支梁受均布荷载作用，$l=6$ m，$q=5$ kN/m，梁采用 22a 号工字钢，其弹性模量 $E=200$ GPa，$\left[\frac{f}{l}\right]=\frac{1}{400}$。试校核梁的刚度。

**【解】** 根据型钢表查得 22a 号工字钢截面的惯性矩为

$$I_z=0.34\times10^{-3}\text{m}^4$$

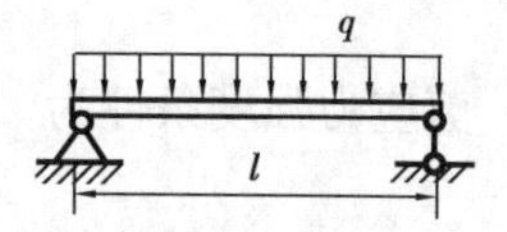

图 12.1 梁的刚度校核

梁截面的最大挠度为

$$y_{\max}=\frac{5ql^4}{384EI_Z}$$

最大挠度与跨度的比值为

$$\frac{y_{\max}}{l}=\frac{5ql^3}{384EI_z}=\frac{5\times(5\times10^3)\times6^3}{384\times(200\times10^9)\times(0.34\times10^{-4})}=\frac{1}{480}$$

显然，$\frac{y_{\max}}{l}\leqslant\left[\frac{f}{l}\right]$，满足刚度要求。

## 习题 12

12.1 如图 12.2 所示的实心圆轴，直径 $d=75$ mm，其上作用外扭矩 $M_1=2$ kN·m，$M_2=1.2$ kN·m，$M_3=0.4$ kN·m，$M_4=0.4$ kN·m。已知圆轴材料的剪切弹性模量 $G=80$ GPa，允许切应力$[\tau]=30$ MPa，单位长度的最大允许扭转角$[\theta]=0.5°/\text{m}$。试校核其强度和刚度。若将外扭矩 $M_1$ 和 $M_2$ 的作用位置互换一下，则圆轴内的最大切应力和单位长度的最大扭转角将会发生什么变化？

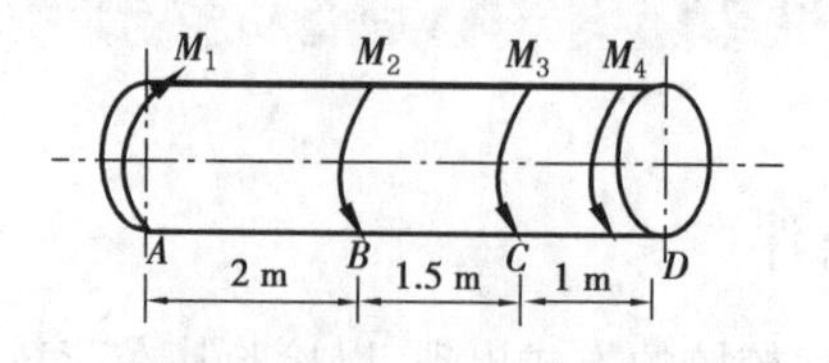

图 12.2 题 12.1 图

12.2　如图12.3所示简支梁受均布荷载作用，$l=4\ \text{m}$，$q=10\ \text{kN/m}$，梁采用20a号工字钢，其弹性模量$E=200\ \text{GPa}$，$\left[\dfrac{f}{l}\right]=\dfrac{1}{400}$。试校核梁的刚度。

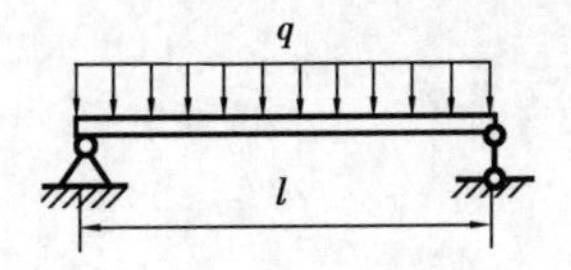


图12.3　题12.2图

12.3　悬臂梁受如图12.4所示的均布荷载作用，$a=2\ \text{m}$，梁采用22a号工字钢，其允许正应力$[\sigma]=160\ \text{MPa}$，弹性模量$E=200\ \text{GPa}$，$\left[\dfrac{f}{l}\right]=\dfrac{1}{400}$。试求允许荷载$q$。

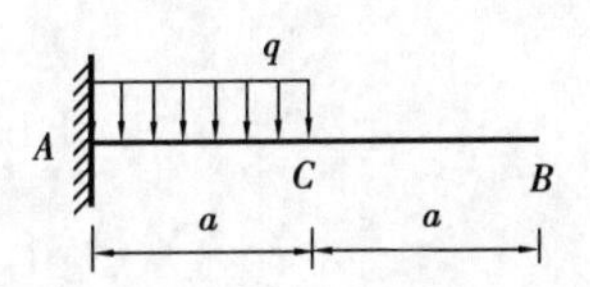


图12.4　题12.3图

# 13

# 压杆稳定

## 13.1 压杆稳定性概念

### ▶ 13.1.1 问题的提出

16 世纪末,构件的变形问题受到重视,特别是胡克发现了变形与力的定量关系,即著名的胡克定律,力学理论及其在建筑结构上的应用有了重大的突破。当时的建筑结构理论认为:构件或结构的工作安全条件是满足应力(强度)和变形(刚度)条件。1907 年北美圣劳伦斯河上发出的具有划时代意义的"巨响",向这种观念提出了挑战。由美国著名设计师——乔丹设计的魁北克大桥,在工程接近竣工之际突然倒塌。事后进行技术鉴定,结果显示,事故原因是因为桥梁桁架中的受压杆出现了失稳现象。结构稳定性问题再也不可忽视,其后,不断发现许多工程结构破坏的事故是由于构件的稳定性不够而造成。

### ▶ 13.1.2 平衡的稳定性概念

稳定性是指物体平衡状态的稳定性。

对于刚体平衡的稳定性问题,可划分为 3 类平衡状态。如图 13.1(a)所示,位于凹槽中的刚性小球,当受到扰动后,小球从原来的平衡位置微移开。当扰动去掉后,小球经过几次摇摆后仍回复到原来

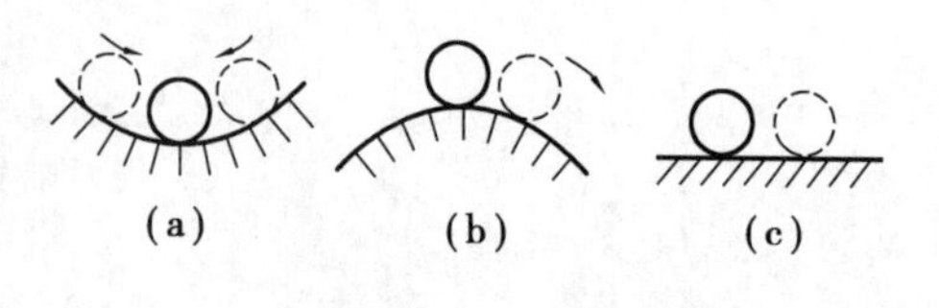


图 13.1 3 种平衡状态

的平衡位置,小球原来的平衡状态,称为**稳定平衡状态**。如图 13.1(b)所示,位于凸面上的小球受一扰动使其偏离原来位置后,它不但不能回到原来的平衡位置,还将远离原来的位置,小球在凸面顶点处的平衡状态是不稳定的,称为**非稳定平衡状态**。如图 13.1(c)所示,位于平面上的小球受到扰动后,它既不回复到原来的位置,也不续移到更远的地方,而是停留在扰动后新位置上,小球原来的平衡状态,称为**临界平衡状态**。

显然,临界平衡状态是从稳定平衡状态到非稳定平衡状态的过渡状态。判定原来平衡状态的稳定性,可假设研究对象偏离原来的平衡位置,在打破原来状态的情况下,观察物体位置的变化趋势,即恢复到原来位置还是继续偏离,从而确定原来的平衡状态是稳定的还是非稳定的。

图 13.2　结构失稳破坏

结构体系平衡的稳定性是指结构体系平衡状态(或形态)是否发生变化。它可分为稳定平衡状态、临界平衡状态和非稳定平衡状态。如图 13.2 所示的吊桥在风力荷载作用下发生了失稳的现象,结构处于非稳定平衡状态。

杆件是结构体系的最基本单元,压杆的失稳问题则是构件失稳现象中最常见、最基本的问题。

### ▶ 13.1.3　压杆稳定的概念

所谓压杆的稳定,是指受压杆件平衡状态的稳定性。

压杆失稳的表现就是压杆屈曲,即是承受轴向压力的细长构件,见图 13.3(a),发生了侧向挠曲,如图 13.3(b)所示。显然,可看出以下 4 点定性关系:

①压杆在轴向压力 $F$ 作用下,"本应该"只发生轴向压缩变形(而不是其他变形)并处于直线形式的平衡状态,但现在发生了侧向挠曲,从而改变了原本的直线平衡状态即是发生了屈曲或压杆失稳。

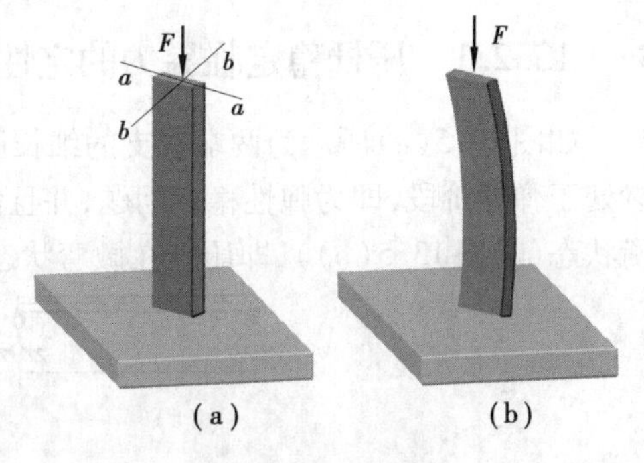


图 13.3　压杆稳定

②细长压杆才发生屈曲,粗短杆件不发生屈曲,因其在"屈曲之前"就被压坏,即强度破坏。

③压杆将关于“最弱轴”(绕轴 $aa$ 而不是 $aa$ 轴)发生屈曲。这里的“最弱轴”实质上是指截面惯性矩最小的轴,显然,根据截面的几何性质截面对 $aa$ 轴的惯性矩 $I_{aa}$ 为截面最小惯性矩。

④当压力 $F$“很小时”,不发生屈曲。

如图 13.4(a)所示等截面的中心受压杆,在轴向压力 $F$ 的作用下保持直线状态。现对该杆施一横向干扰力,使杆处于微弯状态。

①当轴向力 $F_1$ 小于某个临界值 $P_{cr}$ 时,干扰力去掉后,压杆可自行恢复到原来的直线平衡位置,如图 13.4(b)所示。此时,称压杆原来的直线状态的平衡是稳定平衡状态。

②当轴向压力增加到等于临界值,即 $F_2 = P_{cr}$ 时,干扰力去掉后,压杆就在微弯状态下达到新的平衡,既不能恢复到原来的直线平衡状态也不再继续弯曲,称压杆原来的直线状态的平衡。它是由稳定过渡到不稳定的临界平衡状态,如图 13.4(c)所示。

③当轴向压力增加到超过临界值,即 $F_3 > P_{cr}$ 时,干扰力去掉后,压杆不仅不能返回原来的直线状态,而且将继续弯曲,发生显著的弯曲变形,如图 13.4(d)所示,此时,称压杆原来直线状态的平衡是不稳定的平衡状态。

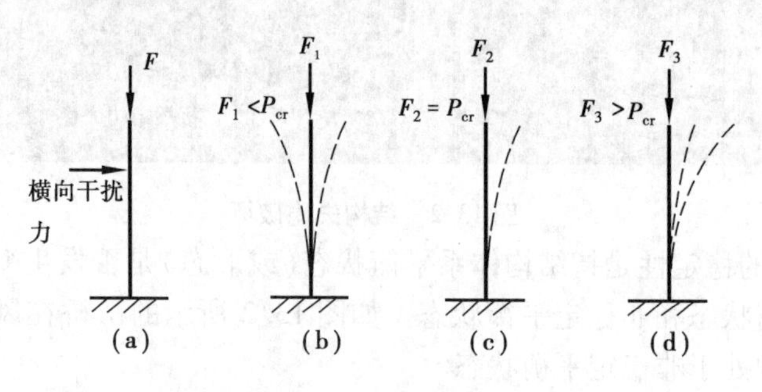


图 13.4　压杆失稳

## 13.2　压杆稳定的临界力计算

### 13.2.1　压杆稳定临界力的定性分析

如图 13.5(a)所示为两端铰支的细长压杆。条件是当细长压杆出现失稳现象时,材料依然处于弹性阶段,即为弹性稳定问题,并且假设在轴向压力 $P_{cr}$(临界力)的作用下处于临界平衡状态(见图 13.5(b)),即压杆在微弯状态下达到新的平衡。

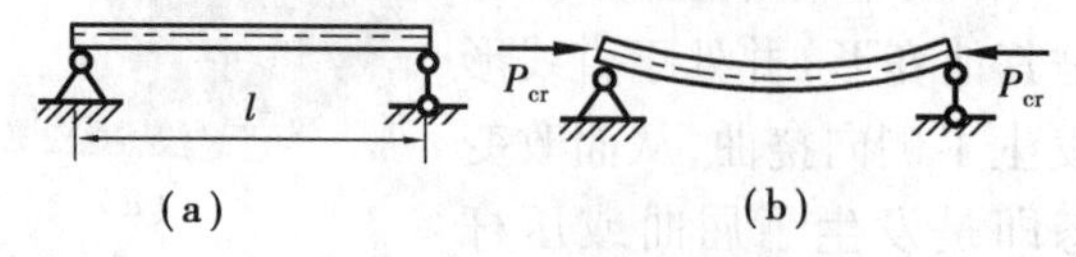


图 13.5　压杆临界平衡

显然,能使压杆处于图 13.5(b)所示微弯临界平衡状态的临界力 $P_{cr}$ 与以下因素有关:

①杆件越长,临界力 $P_{cr}$ 越小,即临界力 $P_{cr}$ 与杆长 $l$ 成反比。

②杆件截面越大，临界力 $P_{cr}$越大，即临界力 $P_{cr}$与杆件截面大小成正比。

③材料的弹性模量越大，越不容易变形，临界力 $P_{cr}$ 也就越大，即临界力 $P_{cr}$与材料弹性模量 $P_{cr}$成正比。

## ▶ 13.2.2 铰支细长压杆的临界力计算

如图 13.6(a)所示为两端铰支的细长压杆，两端受到的轴向压力 $F$ 由零逐渐增大。当 $F$“比较小”时，压杆处于稳定平衡状态；当 $F$“比较大”时，压杆处于非稳定平衡状态；在稳定平衡状态与非稳定平衡状态之间，唯一存在一个临界平衡状态，此时压杆两端受到的轴向压力 $F = F_{cr}$（称为临界力）。“比较小”的 $F$ 力、“比较大”的 $F$ 力正是相对于临界力 $F_{cr}$而言的。

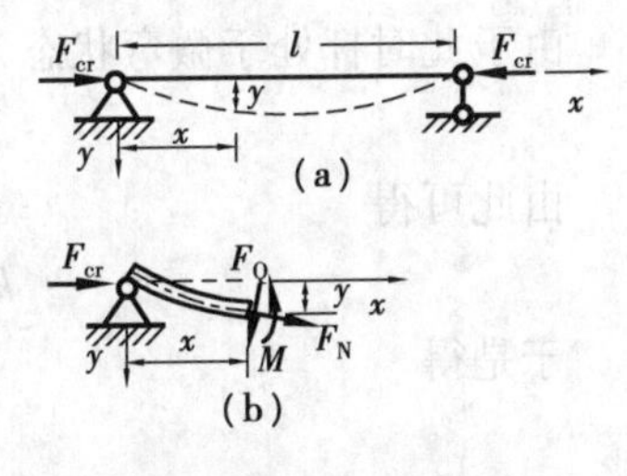


图 13.6　临界力计算

临界平衡状态的特点是：压杆处于随遇平衡状态，既可保持直线形式的平衡，又可保持曲线形式的平衡。图 13.6(a)中的虚线表示了临界平衡状态时杆的轴线由直线变形为曲线的平衡状况。

压杆在临界力 $F_{cr}$的作用下处于微弯的平衡状态时，杆微弯后，用截面法截取其中一段，图 13.6(b)所示。该横截面的位置 $x$ 是任意的，横截面上的内力有轴力 $F_N(x)$、剪力 $F_Q(x)$，特别是弯矩 $M(x)$。根据静力平衡条件，图 13.6(b)中，以截面的形心为矩心建立力矩的平衡方程可得

$$M(x) - F_{cr} \times y = 0$$

整理得

$$M(x) = F_{cr}y \tag{a}$$

梁发生弯曲变形时的挠曲线微分方程为

$$y''(x) = -\frac{M(x)}{EI} \tag{b}$$

将式(a)代入式(b)，得

$$y''(x) = -\frac{F_{cr}}{EI}y \tag{c}$$

令

$$\frac{F_{cr}}{EI} = k^2 > 0 \tag{d}$$

将式(d)代入式(c)整理得

$$y''(x) + k^2 y = 0 \tag{e}$$

此即为杆微弯后弹性曲线的微分方程式，其通解为

$$y(x) = C_1 \sin kx + C_2 \cos kx \tag{f}$$

式中，$C_1$ 和 $C_2$ 为待定常数，与杆的边界条件（杆的约束状况）有关。边界条件为

$$x = 0 \text{ 时}, y = 0 \tag{g}$$

$$x = l \text{ 时}, y = 0 \tag{h}$$

将边界条件式(g)代入式(f)，得

$$C_2 = 0$$

则式(f)可简化为

$$y(x) = C_1 \sin kx \tag{i}$$

将边界条件式(h)代入式(i),得

$$C_1 \sin kl = 0$$

由于此时杆处于微弯状态,$C_1 \neq 0$,否则 $y(x) \equiv 0$,故矛盾,因而有

$$\sin kl = 0$$

由此可得

$$kl = n\pi \quad (n = 0,1,2,3,\cdots,n)$$

于是得

$$k^2 = \frac{n^2\pi^2}{l^2}$$

将其代入式(d)可反解得

$$F_{cr} = \frac{n^2\pi^2 EI}{l^2} \quad (n = 0,1,2,3,\cdots,n) \tag{j}$$

式中,$n \neq 0$,否则 $F_{cr} = 0$ 不合题意。$n$ 应取可能值中的最小值1,得

$$F_{cr} = \frac{\pi^2 EI}{l^2} \tag{13.1}$$

式中 $P_{cr}$——临界力;

$l$——杆长;

$E$——弹性模量;

$I$——惯性矩;

$EI$——最小方向弯曲刚度。

式(13.1)为铰支细长压杆的临界力计算公式,最早由欧拉(L. Euler)导出,又称为欧拉公式。

在应用欧拉公式时应注意以下3点:

①公式的推导过程是针对两端铰支等截面细长中心受压直杆而言。

②杆件在临界力作用下依然发生弹性变形,否则胡克定律不成立,弯曲变形时的挠曲线微分方程也就失效。

③在临界力作用下,杆件微弯失稳的方向应是绕 $EI$ 值小的轴方向弯曲,对于等截面细长中心受压直杆,则是绕 $I$ 值小的轴方向弯曲,即 $I$ 应取 $I_{min}$。

欧拉公式反映了前述临界力与杆长、截面大小、弹性模量之间的关系。显然,如果细长压杆两端约束状态发生变化,其临界力的数值大小也应发生变化。

### ▶ 13.2.3 其他约束条件下细长压杆的临界力

对于其他约束条件细长压杆,同理也可推导出相应的临界力计算公式,但一般是以两端铰支的细长压杆为基础进行比较和折算。两端铰支压杆的实际长度为 $l$,长度系数 $\mu = 1$,因此,计算长度为 $\mu \times l = l$。其他约束条件下细长压杆可认为是其长度系数发生变化,因而使计

算长度发生变化而已，详见表 13.1。

表 13.1 各种支承情况下等截面细长压杆的临界力公式

| 杆端约束情况 | 两端铰支 | 一端固定、一端自由 | 两端固定 | 一端固定、一端铰支 |
|---|---|---|---|---|
| 临界力公式 | $P_{cr}=\dfrac{\pi^2 EI}{l^2}$ | $P_{cr}=\dfrac{\pi^2 EI}{(2l)^2}$ | $P_{cr}=\dfrac{\pi^2 EI}{(0.5l)^2}$ | $P_{cr}=\dfrac{\pi^2 EI}{(0.7l)^2}$ |
| 计算长度 | $l$ | $2l$ | $0.5l$ | $0.7l$ |
| 长度系数 | $\mu=1$ | $\mu=2$ | $\mu=0.5$ | $\mu=0.7$ |
| 压杆的挠曲线形状 | $P_{cr}$ | $P_{cr}$ | $P_{cr}$ | $P_{cr}$ |

上述各种约束状态下的欧拉公式的通用表达式为

$$P_{cr}=\frac{\pi^2 EI}{(\mu l)^2} \tag{13.2}$$

## 13.3 压杆稳定的临界应力

### ▶ 13.3.1 临界应力

细长压杆临界力的欧拉公式可表示为

$$P_{cr}=\frac{\pi^2 EI}{(\mu l)^2}$$

压杆的临界应力是指压杆处于临界平衡状态时，其横截面上的压应力 $\sigma_{cr}$。显然有

$$\sigma_{cr}=\frac{P_{cr}}{A}=\frac{\pi^2 E}{(\mu l)^2}\times\frac{I}{A} \tag{a}$$

可知，截面的惯性半径为

$$i=\sqrt{\frac{I}{A}} \tag{b}$$

将式(b)代入式(a)，可得

$$\sigma_{cr}=\frac{\pi^2 Ei^2}{(\mu l)^2}=\frac{\pi^2 E}{(\frac{\mu l}{i})^2} \tag{c}$$

令

$$\frac{\mu l}{i}=\lambda \tag{d}$$

式中，λ 称为长细比或柔度（无量纲单位）。

将式(d)代入式(c)，得

$$\sigma_{cr}=\frac{\pi^2 E}{\lambda^2} \tag{13.3}$$

由 $\lambda=\frac{\mu l}{i}$ 可知，长细比 λ 与 $\mu,l,i$ 有关，从而 λ 综合地反映了压杆的长度、截面的形状与尺寸以及支承情况对临界应力的影响。对一定材料制成的压杆而言，临界应力 $\sigma_{cr}$ 仅取决于长细比 λ，λ 越大 $\sigma_{cr}$ 越小，压杆也就越容易失稳。

### ▶ 13.3.2　欧拉公式的适用范围

欧拉公式 $P_{cr}=\frac{\pi^2 EI}{(\mu l)^2}$ 有一定的适用范围。因为在公式的推导中应用了胡克定律，这说明临界应力 $\sigma_{cr}$ 不超过材料的比例极限。这样就不难理解为什么失稳常常先于强度破坏，即是 $\sigma_{cr}\leqslant\sigma_p$。将式(13.3)代入得

$$\lambda\geqslant\pi\sqrt{\frac{E}{\sigma_p}} \tag{e}$$

令

$$\pi\sqrt{\frac{E}{\sigma_p}}=\lambda_p$$

适用条件为

$$\lambda\geqslant\lambda_p=\pi\sqrt{\frac{E}{\sigma_p}} \tag{13.4}$$

λ 大于 $\lambda_p$ 的压杆称为大柔度杆，欧拉公式只适用于较细长的大柔度杆。

以常用的 Q235 钢为例，其弹性模量 $E=206$ GPa，比例极限 $\sigma_p=200$ MPa，代入式(13.4)，则

$$\lambda_p=\pi\sqrt{\frac{E}{\sigma_p}}=\pi\times\sqrt{\frac{206\times10^9}{200\times10^6}}\approx100$$

由此可知，只有当 $\lambda\geqslant\lambda_p=100$ 时，才是大柔度杆，才能用欧拉公式进行计算。

对于用不同材料制成的压杆，可将临界应力式(13.3)中的临界应力 $\sigma_{cr}$ 与柔度 λ 之间的函数关系用曲线来表示，并加以分析和说明，如图 13.7 所示。图 13.7 中的实线部分为欧拉公式适用范围的曲线，曲线的虚线部分因临界应力超过了材料的比例极限，欧拉公式已不适用，因此没有意义。

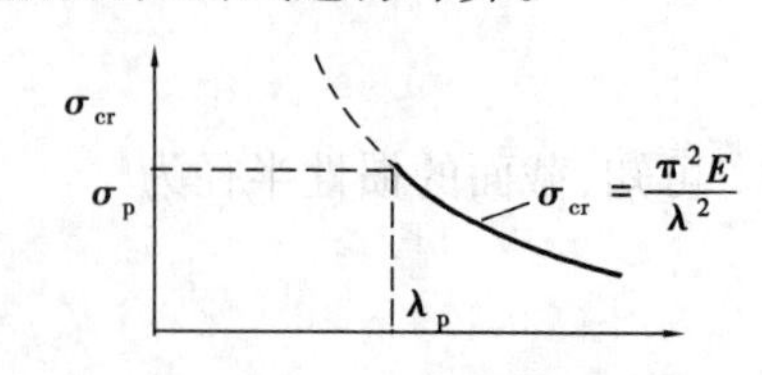


图 13.7　临界应力

## 13.4 压杆稳定的实用计算

### ▶ 13.4.1 压杆稳定综合计算基础

**1)临界应力的经验公式**

对于较细长的大柔度杆 $\lambda \geqslant \lambda_p$,可根据欧拉公式计算临界力,进而计算临界应力。当压杆的柔度 $\lambda < \lambda_p$ 时,欧拉公式失效,此时一般用经验公式计算压杆的临界力。经验公式有多种,它们是在实验和实践资料的基础上经分析、归纳而得到的。这里介绍两类经验公式。

(1)直线形经验公式

直线型经验公式为

$$\sigma_{cr} = a - b\lambda \tag{13.5}$$

式中 $a,b$——与材料性质有关的常数,其值见表13.2。

**表13.2 直线形经验公式的系数 $a$ 与 $b$**

| 材料/MPa | | $a$/MPa | $b$/MPa |
|---|---|---|---|
| $A_3$ 钢 | $\sigma_s = 235$ | 304 | 1.12 |
| | $\sigma_b \geqslant 372$ | | |
| 优质碳钢 | $\sigma_s = 306$ | 461 | 2.568 |
| | $\sigma_b \geqslant 471$ | | |
| 硅钢 | $\sigma_s = 353$ | 578 | 3.744 |
| | $\sigma_b \geqslant 510$ | | |
| 铸铁 | | 332.2 | 1.454 |
| 强铝 | | 373 | 2.15 |
| 松木 | | 28.7 | 0.19 |

(2)抛物线形经验公式

我国根据自己的实验资料,采用了下列抛物线形临界应力经验公式,即

$$\sigma_{cr} = A - B\lambda^2 \tag{13.6}$$

式中 $A,B$——与材料性质有关的常数,不同材料数值不同。例如:

Q235 钢: $$\sigma_{cr} = 235 - 0.006\ 68\lambda^2 \text{ MPa} \tag{13.7}$$

16 锰钢: $$\sigma_{cr} = 343 - 0.014\ 2\lambda^2 \text{ MPa} \tag{13.8}$$

**2)临界应力总图**

对于大柔度杆 $\lambda \geqslant \lambda_p$,压杆的临界应力在材料的比例极限范围内,可根据欧拉公式计算即式(13.3),并称为弹性稳定问题;当临界应力超过材料的比例极限时,即 $\lambda < \lambda_p$,材料将处

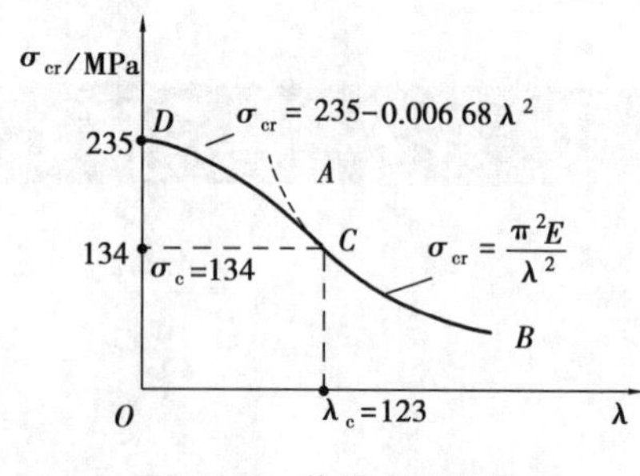


图 13.8　临界应力总图

于弹塑性阶段,此类压杆的稳定称为弹塑性稳定,可采用经验公式即式(13.6)计算。因此,无论压杆处于弹性阶段或弹塑性阶段,其临界应力 $\sigma_{cr}$ 均为杆的长细比 $\lambda$ 的函数,临界应力 $\sigma_{cr}$ 与长细比 $\lambda$ 的关系曲线,称为临界应力总图。

以常用的 Q235 钢为例,其临界应力总图如图 13.8 所示,图中的 $ACB$ 是按欧拉公式绘制的双曲线,$DC$ 是按经验公式绘制的抛物线,两曲线交于 $C$ 点,显然,$C$ 点的横坐标为 $\lambda_c=123$,而不是以理想的 $\lambda_p=100$ 作为两曲线的分界点,这是因为欧拉公式是以理想的中心受压杆导出,与实际情况存在着差异,因而将分界点作了修正,这样能更好地反映压杆的实际情况。综合起来,在实用中,对 Q235 钢制成的压杆,当 $\lambda \geqslant \lambda_c=123$ 时,才按欧拉公式计算临界应力和临界力;当 $\lambda<123$ 时,用经验公式进行计算。

## ▶ 13.4.2　压杆的稳定计算

对于压杆稳定验算要求横截面上的应力不超过临界应力的许用值$[\sigma_{cr}]$,即

$$\frac{F}{A} \leqslant [\sigma_{cr}] \tag{a}$$

式中　$[\sigma_{cr}]$——临界应力的许用值,其值为

$$[\sigma_{cr}] = \frac{\sigma_{cr}}{n_{st}} \tag{b}$$

式中　$n_{st}$——稳定安全系数。

稳定安全系数一般大于强度计算时的安全系数,稳定安全系数除了应遵循安全系数的一般原则外,还须考虑实际压杆并非理想的轴向压杆这一不利因素。为计算上的方便和形式上的统一,将临界应力的许用值改写为

$$[\sigma_{cr}] = \frac{\sigma_{cr}}{n_{st}} = \varphi[\sigma] \tag{c}$$

可以看出,有

$$\frac{\sigma_{cr}}{n_{st}[\sigma]} = \varphi \tag{d}$$

式中　$[\sigma]$——强度计算时的许用应力;

　　$\varphi$——折减系数。

根据式(c),$\varphi$ 的数值小于1,并且不同材料、不同柔度压杆的折减系数不相同,见表 13.3。$[\sigma]$与$[\sigma_{cr}]$之间有很大的区别,$[\sigma]$只与材料有关,$[\sigma_{cr}]$与材料和柔度有关。

综合起来,根据式(a)与式(c),压杆的稳定条件为

$$\frac{F}{A} \leqslant \varphi[\sigma] \text{或} \frac{F}{A\varphi} \leqslant [\sigma] \tag{13.9}$$

与强度条件的计算方法类似,应用稳定条件可解决以下常见的 3 类问题:

①稳定校核。根据式(13.9)校核压杆是否满足稳定条件。

此时,应首先计算出压杆的柔度 $\lambda$,由 $\lambda$ 查出相应的折减系数 $\varphi$,再按式(13.9)校核。

②确定许用荷载。在已知压杆的几何尺寸、所用材料及支承情况下，按式(13.9)计算外荷载 $F$，即

$$F \leqslant A\varphi[\sigma]$$

此时，应首先计算出压杆的柔度 $\lambda$，再由 $\lambda$ 查出相应的折减系数 $\varphi$。

③选择截面。在已知压杆的长度、所用材料、支承情况及荷载 $F$ 条件下，按稳定条件式(13.9)选择杆的截面尺寸，即

$$A \geqslant \frac{F}{\varphi[\sigma]}$$

此时，采用"试算法"。因为截面尺寸未确定前无法确定杆的柔度 $\lambda$，从而无法确定折减系数 $\varphi$。

"试算法"先假定 $\varphi$ 值(界于0~1)，由稳定条件计算出杆件面积 $A$，然后根据计算出的面积 $A$ 及截面形状计算出 $\lambda$，查出折减系数 $\varphi$，再根据 $A$ 及 $\varphi$ 值验算其是否满足稳定条件。若不满足，再重新假定新的 $\varphi$ 值。重复上述过程，直到满足稳定条件为止，参阅例13.2。

表13.3　折减系数

| $\lambda$ | $\varphi$ | | | $\lambda$ | $\varphi$ | | |
|---|---|---|---|---|---|---|---|
| | Q235 | 16锰钢 | 木材 | | Q235 | 16锰钢 | 木材 |
| 0 | 1.000 | 1.000 | 1.000 | 110 | 0.536 | 0.384 | 0.248 |
| 10 | 0.995 | 0.993 | 0.971 | 120 | 0.466 | 0.325 | 0.208 |
| 20 | 0.981 | 0.973 | 0.932 | 130 | 0.401 | 0.279 | 0.178 |
| 30 | 0.958 | 0.940 | 0.883 | 140 | 0.349 | 0.242 | 0.153 |
| 40 | 0.927 | 0.895 | 0.822 | 150 | 0.306 | 0.213 | 0.133 |
| 50 | 0.888 | 0.840 | 0.751 | 160 | 0.272 | 0.188 | 0.117 |
| 60 | 0.842 | 0.776 | 0.668 | 170 | 0.243 | 0.168 | 0.104 |
| 70 | 0.789 | 0.705 | 0.575 | 180 | 0.218 | 0.151 | 0.093 |
| 80 | 0.731 | 0.627 | 0.470 | 190 | 0.197 | 0.136 | 0.083 |
| 90 | 0.669 | 0.546 | 0.370 | 200 | 0.180 | 0.124 | 0.075 |
| 100 | 0.604 | 0.462 | 0.300 | | | | |

【例13.1】　材料为Q235钢的受压杆，杆两端铰支约束如图13.9所示。杆横截面为圆形，直径 $d=20$ mm，杆长 $l=0.8$ m，两端轴心压力 $F=11$ kN，材料的强度许用应力 $[\sigma]=170$ MPa。试校核杆的稳定性。

【解】　压杆的长细比为

$$\lambda=\frac{\mu \times l}{i}=\frac{1 \times 0.8}{\dfrac{0.02}{4}}=160$$

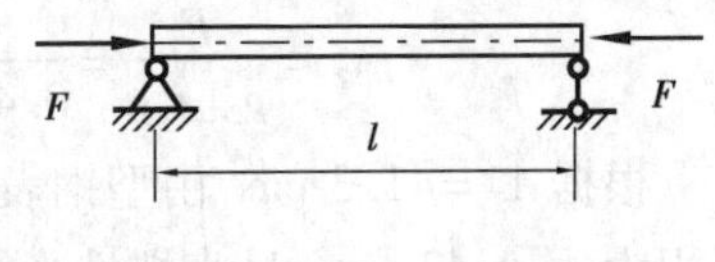

图13.9　稳定性校核

查表13.3可得 $\varphi=0.272$。

按压杆稳定条件式(13.8)校核，即

$$\frac{F}{A\varphi}=\frac{11\times10^{3}}{(\frac{\pi\times0.02^{2}}{4})\times0.272}=129\times10^{6}\ \text{Pa}<[\sigma]$$

故满足稳定条件。

【例 13.2】 材料为 Q235 的工字钢受压杆，杆两端分别为铰支和固支约束，如图 13.9 所示。杆的长度 $l=4.2$ m，压力 $F=300$ kN，材料的强度许用应力$[\sigma]=170$ MPa。试选择工字钢型号。

【解】 压杆两端约束条件在各方位都相同的情况下，压杆将首先沿最弱轴（惯性矩最小轴）发生失稳。对如图 13.10（b）所示工字钢截面而言，压杆将首先沿 $y$—$y$ 轴、而不是 $z$—$z$ 轴失稳。采用“试算法”选择截面。

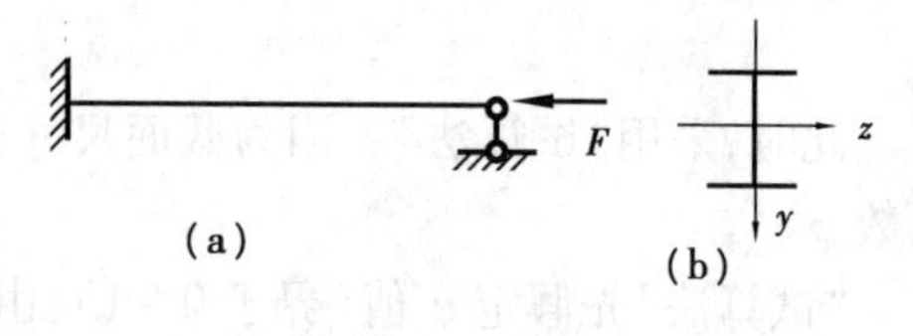


图 13.10 稳定性截面设计

①取 $\varphi_1=0.5$（界于 0 ~1），由稳定条件式（13.8）作第一次“试算”，可得压杆的横截面面积为

$$A_1=\frac{F}{\varphi_1[\sigma]}=\frac{300\times10^{3}\ \text{N}}{0.5\times170\times10^{6}\ \text{Pa}}=0.003\ 53\ \text{m}^2=35.3\ \text{cm}^2$$

根据 $A_1=35.3\ \text{cm}^2$ 由型钢表中可选取 20a 号工字钢。在型钢表中，可查得该工字钢横截面积为 $A_1'=35.6\ \text{cm}^2$，最小惯性半径 $i_{\min}=i_y=2.12$ cm。

在此基础上，再验算其稳定条件。

压杆的长细比为

$$\lambda_1=\frac{\mu l}{i_y}=\frac{0.7\times4.2}{0.021\ 2}=139$$

根据 $\lambda_1=139$ 确定折减系数。当长细比为 130 时折减系数为 0.401；当长细比为 140 时折减系数为 0.349。按内插法可得 $\lambda_1=139$ 时的折减系数为

$$\varphi'_1=0.401\times0.1+0.349\times0.9=0.354$$

根据式（13.8）作第一次验算，即

$$\frac{F}{\varphi'_1A'_1}=\frac{300\times10^{3}\ \text{N}}{0.354\times35.6\times10^{-4}\ \text{m}^2}=238\times10^{6}\ \text{Pa}>[\sigma]$$

故不满足稳定条件，需重新选择工字钢型号。

②取 $\varphi_2=\frac{1}{2}(\varphi_1+\varphi'_1)=\frac{0.5+0.354}{2}=0.427$，由稳定条件式（13.8）作第二次“试算”，可得压杆的横截面面积为

$$A_2=\frac{F}{\varphi_2[\sigma]}=\frac{300\times10^{3}\ \text{N}}{0.427\times170\times10^{6}\ \text{Pa}}=0.004\ 13\ \text{m}^2=41.3\ \text{cm}^2$$

根据 $A_2=41.3\ \text{cm}^2$ 由型钢表中可选取 22a 号工字钢。在型钢表中，可查得该工字钢横截面积为 $A'_2=42\ \text{cm}^2$，最小惯性半径 $i_{\min}=i_y=2.31$ cm。

在此基础上，再验算其稳定条件。

压杆的长细比为

$$\lambda_2=\frac{\mu l}{i_y}=\frac{0.7\times4.2}{0.023\ 1}=127$$

同理,采用内插法可得当 $\lambda_2=127$ 时的折减系数为 $\varphi'_2=0.416$。

根据式(13.8)作第二次验算,即

$$\frac{F}{\varphi'_2 A'_2}=\frac{300\times10^3\ \text{N}}{0.416\times42\times10^{-4}\ \text{m}^2}=172\times10^6\ \text{Pa}$$

虽然

$$\frac{F}{\varphi'_2 A'_2}=172\times10^6\ \text{Pa}>[\sigma]$$

但

$$\frac{172\ \text{MPa}-170\ \text{MPa}}{170\ \text{MPa}}=1.2\%<5\%$$

压杆可用,因此应选取22a号工字钢。

## 13.5 提高压杆稳定性的措施

综合考虑压杆的稳定性问题可知,影响压杆稳定性的因素有压杆的截面形状、长度、约束条件及材料的力学性能等。同时,这也是提高压杆稳定性的基本途径。

根据压杆临界应力计算式(13.3),即

$$\sigma_{\text{cr}}=\frac{\pi^2E}{\lambda^2}=\frac{\pi^2E}{\left(\frac{\mu l}{i}\right)^2}$$

式中 $l$——压杆的长度;

$\mu$—压杆的约束状态;

$i$——截面惯性半径取决于压杆横截面的形状;

$E$——所用材料的力学性能;

$\lambda$——柔度。

**1)减小压杆的长度**

长度越小的杆件的柔度也越小,其稳定性也越好。因此,从稳定性方面考虑,压杆的杆长应尽可能地小。若由于客观条件限制,杆长不能减小,杆件的稳定性又达不到要求,则可考虑在杆件中部增加约束(支座),相当于把一根杆转化为两根杆,间接地减小了杆的长度。例如,两端固定的压杆如图13.11(a)所示,可在其中部加一可动铰支座如图13.11(b)所示,就能达到提高压杆稳定性的目的。

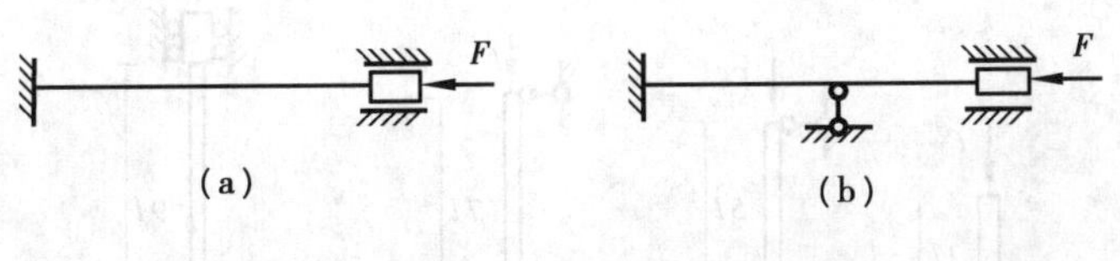


图13.11 减小压杆的长度

**2)强化压杆的约束形式**

在杆长相同的前提下,杆两端的约束形式决定了其长度系数 $\mu$,对压杆的稳定性有极大的影响。根据表13.1,一端固定另一端自由压杆的长度系数是两端固定压杆的长度系数的4倍。从稳定性的层次上看,固定端优于固定铰,更优于可动铰,更大大地优于自由端。因此,为了提高压杆的稳定性,可强化压杆两端的约束类型。

**3)选择合理的横截面形状**

压杆合理横截面形状的选择主要体现在如何提高截面惯性半径 $i$ 上。宏观上应把材料置于远离截面形心处。就具体形状上看,在截面面积相同的前提下,空心圆比实心圆好,如图13.12(a)、(a′)所示;空心框形比实心正方形好,如图13.12(b)、(b′)所示;对于由4根角钢组成的组合截面,截面积远离形心比截面积靠近形心的好,如图13.12(c)、(c′)所示。

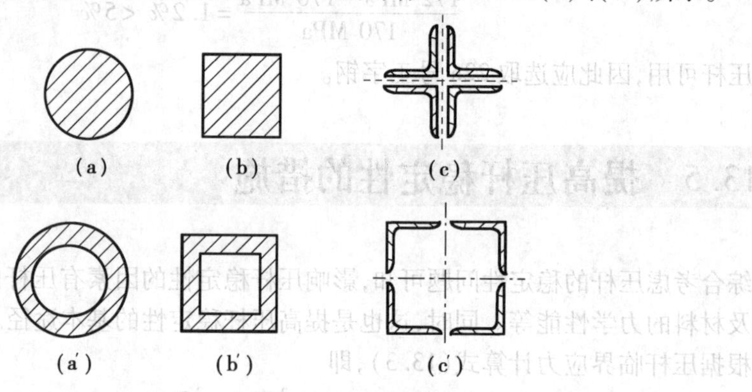


**图13.12 合理的横截面形状**

在实际工程中,为提高压杆的稳定性可采取多方面的措施。例如,结构中的钢筋混凝土受压柱,其内配置的箍筋不仅可提高柱的受剪承载力,还可防止纵向钢筋压屈等作用。

从更全面和结构(或构件)工作安全的角度看,构件必须同时满足强度、刚度和稳定性要求,还应注意区分强度、刚度和稳定性3个条件中谁是主控条件,增强薄弱环节,以实现综合安全和综合节约材料的最终目标。

## 习题 13

13.1 如图13.13所示的4根压杆的材料及截面均相同,试判断哪一根杆最容易失稳?哪一根杆最不容易失稳?

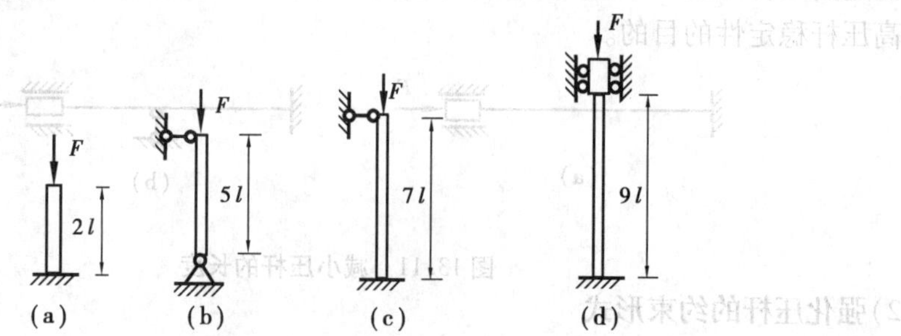


**图13.13 题13.1图**

13.2　如图 13.14 所示两端铰支的 22a 号工字钢压杆（Q235 钢），已知 $l=5$，材料的弹性模量 $E=200$ GPa。试求此压杆的临界力。

13.3　如图 13.15 所示矩形截面木压杆，已知 $l=4$ m，$b=100$ mm，$h=150$ mm，材料的弹性模量 $E=200$ GPa，$\lambda_p=110$。试求此压杆的临界力。

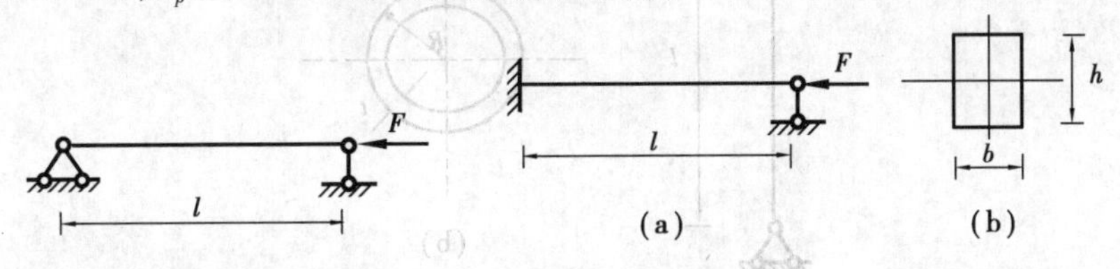


图 13.14　题 13.2 图　　　　图 13.15　题 13.3 图

13.4　如图 13.16 所示矩形截面压杆，$b \times h = 30\ \text{mm} \times 50\ \text{mm}$，两端为球形铰支。已知材料的弹性模量 $E=200$ GPa，比例极限 $\sigma_p=200$ MPa。试求可用欧拉公式计算临界力的最小长度。

13.5　一根用 28b 号工字钢 Q235 制成的立柱，如图 13.17 所示。上端自由、下端固定，柱长 $l=2$ m，轴向压力 $F=250$ kN，材料的强度设计值 $f=215$ MPa。试校核立柱的稳定性。

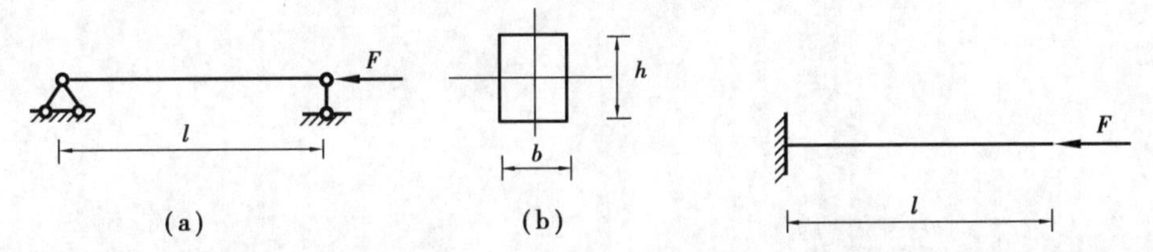


图 13.16　题 13.4 图　　　　图 13.17　题 13.5 图

13.6　如图 13.18 所示结构中，横梁 $AB$ 由 14 号工字钢制成，材料许用应力 $[\sigma]=160$ MPa，$CD$ 杆为 Q235 轧制钢管，设计强度值 $f=215$ MPa，$d=26$ mm，$D=36$ mm。试对结构作强度与稳定校核。

13.7　如图 13.19 所示两端铰支格构式压杆，由 4 根 Q235 钢的 $70 \times 70 \times 6$ 角钢组成，按设计规范属 b 类截面。杆长 $l=5$ m，受轴向压力 $F=400$ kN，材料的强度设计值 $f=215$ MPa。试求所需压杆横截面的边长 $a$。

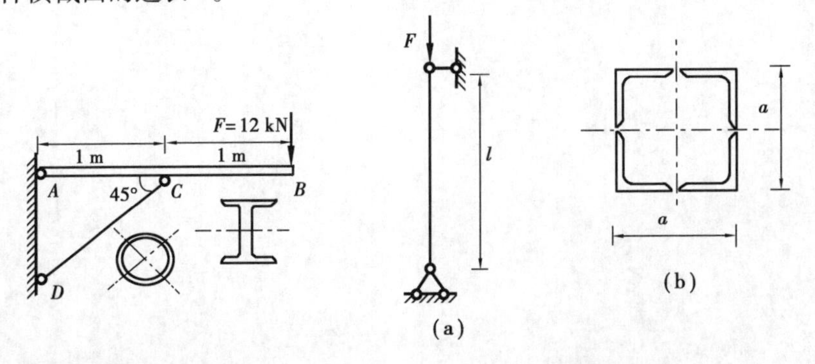


图 13.18　题 13.6 图　　　　图 13.19　题 13.7 图

13.8　如图 13.20 所示两端铰支薄壁轧制钢管柱，材料为 Q235 钢，设计强度值 $f=$

215 MPa, $F=160$ kN, $l=3$ m, 平均半径 $R=50$ mm。试求钢管所需壁厚 $t$。

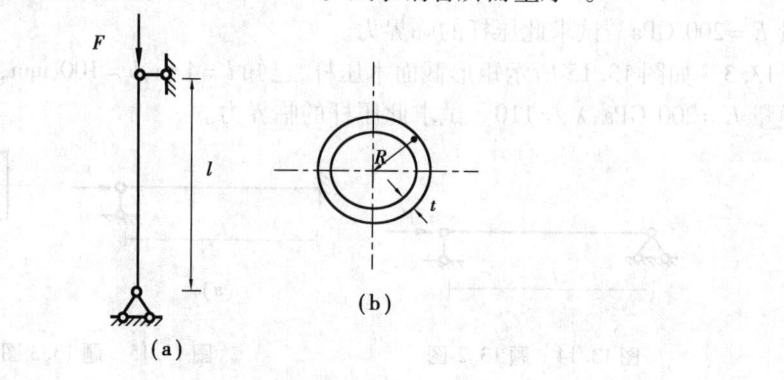


图 13.20　题 13.8 图

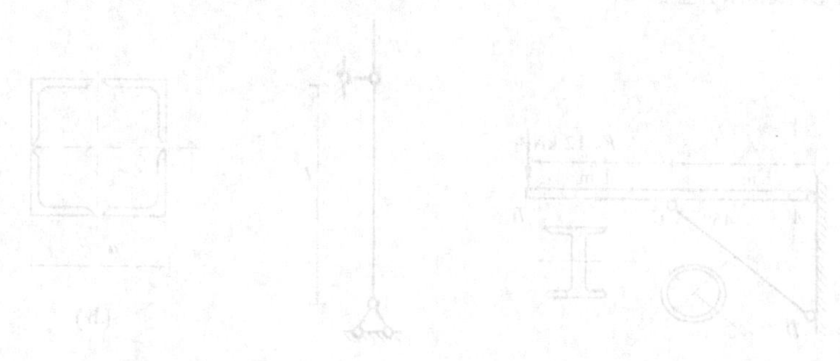

# 附录 型钢表

附表 1 热轧等边角钢(GB 9787—88)

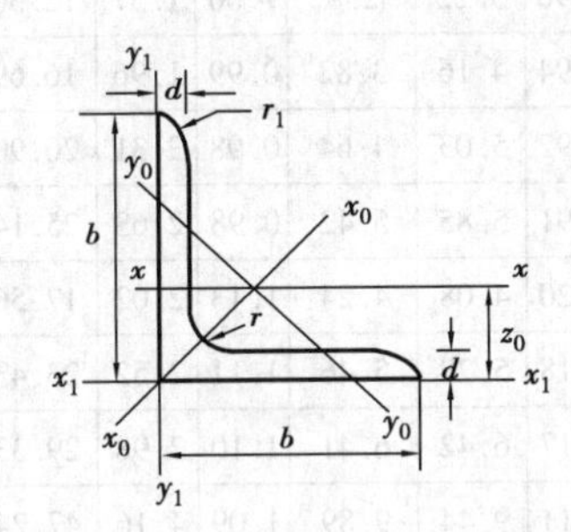


$b$—边宽度 $I$—惯性矩

$d$—边厚度 $i$—惯性半径

$r$—内圆弧半径 $W$—截面系数

$r_1$—边端内圆弧半径 $z_0$—重心距离

| 角钢号数 | 尺寸/mm | | | 截面面积/cm² | 理论质量/(kg·m⁻¹) | 外表面积/(m²·m⁻¹) | 参考数值 | | | | | | | | | | |
|---|---|---|---|---|---|---|---|---|---|---|---|---|---|---|---|---|---|
| | | | | | | | x-x | | | $x_0$-$x_0$ | | | $y_0$-$y_0$ | | | $x_1$-$x_1$ | $z_0$/cm |
| | $b$ | $d$ | $r$ | | | | $I_x$/cm⁴ | $i_x$/cm | $W_x$/cm³ | $I_{x0}$/cm⁴ | $i_{x0}$/cm | $W_{x0}$/cm³ | $I_{y0}$/cm⁴ | $i_{y0}$/cm | $W_{y0}$/cm³ | $I_{x1}$/cm⁴ | |
| 2 | 20 | 3 | 3.5 | 1.132 | 0.889 | 0.078 | 0.40 | 0.59 | 0.29 | 0.63 | 0.75 | 0.45 | 0.17 | 0.39 | 0.20 | 0.81 | 0.60 |
| | | 4 | | 1.459 | 1.145 | 0.077 | 0.50 | 0.58 | 0.36 | 0.78 | 0.73 | 0.55 | 0.22 | 0.38 | 0.24 | 1.09 | 0.64 |
| 2.5 | 25 | 3 | | 1.432 | 1.124 | 0.098 | 0.82 | 0.76 | 0.46 | 1.29 | 0.95 | 0.73 | 0.34 | 0.49 | 0.33 | 1.57 | 0.73 |
| | | 4 | | 1.859 | 1.459 | 0.097 | 1.03 | 0.74 | 0.59 | 1.62 | 0.93 | 0.92 | 0.43 | 0.48 | 0.40 | 2.11 | 0.76 |

续表

| 角钢号数 | 尺寸/mm | | | 截面面积/cm² | 理论质量/(kg·m⁻¹) | 外表面积/(m²·m⁻¹) | 参考数值 | | | | | | | | | | |
|---|---|---|---|---|---|---|---|---|---|---|---|---|---|---|---|---|---|
| | | | | | | | x-x | | | $x_0$-$x_0$ | | | $y_0$-$y_0$ | | | $x_1$-$x_1$ | $z_0$/cm |
| | b | d | r | | | | $I_x$/cm⁴ | $i_x$/cm | $W_x$/cm³ | $I_{x0}$/cm⁴ | $i_{x0}$/cm | $W_{x0}$/cm³ | $I_{y0}$/cm⁴ | $i_{y0}$/cm | $W_{y0}$/cm³ | $I_{x1}$/cm⁴ | |
| 3.0 | 30 | 3 | 4.5 | 1.794 | 1.373 | 0.117 | 1.46 | 0.91 | 0.68 | 2.31 | 1.15 | 1.09 | 0.61 | 0.59 | 0.51 | 2.71 | 0.85 |
| | | 4 | | 2.276 | 1.786 | 0.117 | 1.84 | 0.90 | 0.87 | 2.92 | 1.13 | 1.37 | 0.77 | 0.58 | 0.62 | 3.63 | 0.89 |
| 3.6 | 36 | 3 | | 2.109 | 1.656 | 0.141 | 2.58 | 1.11 | 0.99 | 4.09 | 1.39 | 1.61 | 1.07 | 0.71 | 0.76 | 4.68 | 1.00 |
| | | 4 | | 2.756 | 2.163 | 0.141 | 3.29 | 1.09 | 1.28 | 5.22 | 1.38 | 2.05 | 1.37 | 0.70 | 0.93 | 6.25 | 1.04 |
| | | 5 | | 3.382 | 2.654 | 0.141 | 3.95 | 1.08 | 1.56 | 6.24 | 1.36 | 2.45 | 1.65 | 0.70 | 1.09 | 7.84 | 1.07 |
| 4.0 | 40 | 3 | 5 | 2.359 | 1.852 | 0.157 | 3.59 | 1.23 | 1.23 | 5.69 | 1.55 | 2.01 | 1.49 | 0.79 | 0.96 | 6.41 | 1.09 |
| | | 4 | | 3.086 | 2.422 | 0.157 | 4.60 | 1.22 | 1.60 | 7.29 | 1.54 | 2.58 | 1.91 | 0.79 | 1.19 | 8.56 | 1.13 |
| | | 5 | | 3.791 | 2.976 | 0.156 | 5.53 | 1.21 | 1.96 | 8.76 | 1.52 | 3.10 | 2.30 | 0.78 | 1.39 | 10.74 | 1.17 |
| 4.5 | 45 | 3 | | 2.659 | 2.088 | 0.177 | 5.17 | 1.40 | 1.58 | 8.20 | 1.76 | 2.58 | 1.14 | 0.89 | 1.24 | 9.12 | 1.22 |
| | | 4 | | 3.486 | 2.736 | 0.177 | 6.65 | 1.38 | 2.05 | 10.56 | 1.74 | 3.32 | 2.75 | 0.89 | 1.54 | 12.18 | 1.26 |
| | | 5 | | 4.292 | 3.369 | 0.176 | 8.04 | 1.37 | 2.51 | 12.74 | 1.72 | 4.00 | 3.33 | 0.88 | 1.81 | 15.25 | 1.30 |
| | | 6 | | 5.076 | 3.985 | 0.176 | 9.33 | 1.36 | 2.95 | 14.76 | 1.70 | 4.64 | 3.89 | 0.88 | 2.06 | 18.36 | 1.33 |
| 5 | 50 | 3 | 5.5 | 2.971 | 2.332 | 0.197 | 7.18 | 1.55 | 1.96 | 11.37 | 1.96 | 3.22 | 2.8 | 1.00 | 1.57 | 12.50 | 1.34 |
| | | 4 | | 3.897 | 3.059 | 0.197 | 9.26 | 1.54 | 2.56 | 14.70 | 1.94 | 4.16 | 3.82 | 0.99 | 1.96 | 16.69 | 1.38 |
| | | 5 | | 4.803 | 3.770 | 0.196 | 11.21 | 1.53 | 3.13 | 17.79 | 1.92 | 5.03 | 4.64 | 0.98 | 2.31 | 20.90 | 1.42 |
| | | 6 | | 5.688 | 4.465 | 0.196 | 13.05 | 1.52 | 3.68 | 20.68 | 1.91 | 5.85 | 5.42 | 0.98 | 2.63 | 25.14 | 1.46 |
| 5.6 | 56 | 3 | 6 | 3.343 | 2.624 | 0.221 | 10.19 | 1.75 | 2.48 | 16.14 | 2.20 | 4.08 | 4.24 | 1.13 | 2.02 | 17.56 | 1.48 |
| | | 4 | | 4.390 | 3.446 | 0.220 | 13.18 | 1.73 | 3.24 | 20.92 | 2.18 | 5.28 | 5.46 | 1.11 | 2.52 | 23.43 | 1.53 |
| | | 5 | | 5.415 | 4.251 | 0.220 | 16.02 | 1.72 | 3.97 | 25.42 | 2.17 | 6.42 | 6.41 | 1.10 | 2.98 | 29.33 | 1.57 |
| | | 6 | | 9.367 | 6.568 | 0.219 | 23.63 | 1.68 | 6.03 | 37.37 | 2.11 | 9.44 | 9.89 | 1.09 | 4.16 | 47.24 | 1.68 |
| 6.3 | 63 | 4 | 7 | 4.978 | 3.907 | 0.248 | 19.03 | 1.96 | 4.13 | 30.17 | 2.46 | 6.78 | 7.89 | 1.26 | 3.29 | 33.35 | 1.70 |
| | | 5 | | 6.143 | 4.822 | 0.248 | 23.17 | 1.94 | 5.08 | 36.77 | 2.45 | 8.25 | 9.57 | 1.25 | 3.90 | 41.73 | 1.74 |
| | | 6 | | 7.288 | 5.721 | 0.247 | 27.12 | 1.93 | 6.00 | 43.03 | 2.43 | 9.66 | 11.20 | 1.24 | 4.46 | 50.14 | 4.78 |
| | | 8 | | 9.515 | 73.469 | 0.247 | 34.46 | 1.90 | 7.75 | 54.56 | 2.40 | 12.25 | 14.33 | 1.23 | 5.47 | 67.11 | 1.85 |
| | | 10 | | 11.657 | 9.151 | 0.246 | 41.09 | 1.88 | 9.39 | 97.85 | 2.36 | 14.58 | 17.33 | 1.22 | 6.36 | 84.31 | 1.93 |
| 7 | 70 | 4 | 8 | 5.570 | 4.372 | 0.275 | 26.39 | 2.18 | 5.14 | 41.80 | 2.74 | 8.44 | 10.99 | 1.40 | 4.17 | 45.74 | 1.86 |
| | | 5 | | 6.875 | 5.397 | 0.275 | 32.21 | 2.16 | 6.32 | 51.08 | 2.73 | 10.32 | 13.34 | 1.39 | 4.95 | 57.21 | 1.91 |
| | | 6 | | 8.160 | 6.406 | 0.275 | 37.77 | 2.15 | 7.48 | 59.93 | 2.71 | 12.11 | 15.61 | 1.38 | 5.67 | 68.73 | 1.95 |
| | | 7 | | 9.424 | 7.398 | 0.275 | 43.09 | 2.14 | 8.59 | 68.35 | 2.69 | 13.81 | 17.82 | 1.38 | 6.34 | 80.29 | 1.99 |
| | | 8 | | 10.667 | 8.373 | 0.274 | 48.17 | 2.12 | 9.68 | 76.37 | 2.68 | 15.43 | 19.98 | 1.37 | 6.98 | 91.92 | 2.03 |

续表

| 角钢号数 | 尺寸 /mm | | | 截面面积 /cm² | 理论质量 /(kg·m⁻¹) | 外表面积 /(m²·m⁻¹) | 参考数值 | | | | | | | | | | |
|---|---|---|---|---|---|---|---|---|---|---|---|---|---|---|---|---|---|
| | | | | | | | $x$-$x$ | | | $x_0$-$x_0$ | | | $y_0$-$y_0$ | | | $x_1$-$x_1$ | $z_0$ /cm |
| | $b$ | $d$ | $r$ | | | | $I_x$ /cm⁴ | $i_x$ /cm | $W_x$ /cm³ | $I_{x0}$ /cm⁴ | $i_{x0}$ /cm | $W_{x0}$ /cm³ | $I_{y0}$ /cm⁴ | $i_{y0}$ /cm | $W_{y0}$ /cm³ | $I_{x1}$ | |
| 7.5 | 75 | 5 | 9 | 7.412 | 5.818 | 0.295 | 39.97 | 2.33 | 7.32 | 63.30 | 2.92 | 11.94 | 16.63 | 1.50 | 5.77 | 70.56 | 2.04 |
| | | 6 | | 8.797 | 6.905 | 0.294 | 46.95 | 2.31 | 8.64 | 74.38 | 2.90 | 14.02 | 19.51 | 1.49 | 6.67 | 34.55 | 2.07 |
| | | 7 | | 10.160 | 7.976 | 0.294 | 53.57 | 2.30 | 9.93 | 84.96 | 2.89 | 16.02 | 22.18 | 1.48 | 7.44 | 98.71 | 2.11 |
| | | 8 | | 11.503 | 9.030 | 0.294 | 59.96 | 2.28 | 11.20 | 95.07 | 2.88 | 17.93 | 24.86 | 1.47 | 8.19 | 112.97 | 2.15 |
| | | 10 | | 14.126 | 11.089 | 0.293 | 71.98 | 2.26 | 13.64 | 113.92 | 2.84 | 21.45 | 30.05 | 1.46 | 9.56 | 141.71 | 2.22 |
| 8 | 80 | 5 | 9 | 7.912 | 6.211 | 0.315 | 48.79 | 2.48 | 8.34 | 77.33 | 3.13 | 13.67 | 20.25 | 1.60 | 6.66 | 85.36 | 2.15 |
| | | 6 | | 9.397 | 7.376 | 0.314 | 57.35 | 2.47 | 9.87 | 90.98 | 3.11 | 16.08 | 23.72 | 1.59 | 7.65 | 102.50 | 2.19 |
| | | 7 | | 40.860 | 8.525 | 0.314 | 65.58 | 2.46 | 11.37 | 104.07 | 3.10 | 18.40 | 27.09 | 1.58 | 8.58 | 119.70 | 2.23 |
| | | 8 | | 12.303 | 9.658 | 0.314 | 73.49 | 2.44 | 12.83 | 116.60 | 3.08 | 20.61 | 30.39 | 1.57 | 8.46 | 136.97 | 2.27 |
| | | 10 | | 15.126 | 11.874 | 0.313 | 88.43 | 2.42 | 15.64 | 140.09 | 3.04 | 24.76 | 36.77 | 1.56 | 11.08 | 171.74 | 2.35 |
| 9 | 90 | 6 | 10 | 10.637 | 8.350 | 0.354 | 82.77 | 2.79 | 12.61 | 131.26 | 3.51 | 20.63 | 34.28 | 1.80 | 9.95 | 145.87 | 2.44 |
| | | 7 | | 12.301 | 9.656 | 0.354 | 94.83 | 2.78 | 14.54 | 150.47 | 3.50 | 23.64 | 39.18 | 1.78 | 11.19 | 170.30 | 2.48 |
| | | 8 | | 13.944 | 10.946 | 0.353 | 106.47 | 2.76 | 16.42 | 168.97 | 3.48 | 26.55 | 43.97 | 1.78 | 12.35 | 194.80 | 2.52 |
| | | 10 | | 17.167 | 13.476 | 0.353 | 128.58 | 2.74 | 20.07 | 203.90 | 3.45 | 32.04 | 3.26 | 1.76 | 14.52 | 244.07 | 2.59 |
| | | 12 | | 20.306 | 15.940 | 0.352 | 149.22 | 2.71 | 23.57 | 236.21 | 3.41 | 37.12 | 62.22 | 1.75 | 16.49 | 298.76 | 2.67 |
| 10 | 100 | 6 | 12 | 11.932 | 9.366 | 0.393 | 114.95 | 3.10 | 15.68 | 181.98 | 39*0 | 25.74 | 47.92 | 2.00 | 12.69 | 200.07 | 2.67 |
| | | 7 | | 13.796 | 10.830 | 0.393 | 131.86 | 3.09 | 18.10 | 208.97 | 3.89 | 29.55 | 54.74 | 1.99 | 14.26 | 233.54 | 2.71 |
| | | 8 | | 15.638 | 12.276 | 0.393 | 148.24 | 3.08 | 20.47 | 235.07 | 3.88 | 33.24 | 61.41 | 1.98 | 15.75 | 267.09 | 2.76 |
| | | 10 | | 19.261 | 15.120 | 0.392 | 179.51 | 3.05 | 25.06 | 284.68 | 3.84 | 40.26 | 74.35 | 1.96 | 18.54 | 334.48 | 2.84 |
| | | 11 | | 22.800 | 17.898 | 0.391 | 208.90 | 3.03 | 29.48 | 330.95 | 3.81 | 46.80 | 86.84 | 1.95 | 21.08 | 402.34 | 2.91 |
| | | 12 | | 26.256 | 20.611 | 0.391 | 236.53 | 3.00 | 33.73 | 374.06 | 3.77 | 52.90 | 99.00 | 1.94 | 23.44 | 470.75 | 2.99 |
| | | 14 | | 29.627 | 23.257 | 0.390 | 262.53 | 2.98 | 37.82 | 414.16 | 3.74 | 58.57 | 110.89 | 1.94 | 25.63 | 539.80 | 3.06 |
| 11 | 110 | 7 | 12 | 15.196 | 11..928 | 0..433 | 177.16 | 3.41 | 22.05 | 280.94 | 4.30 | 36.12 | 73.38 | 2..20 | 17.50 | 310.64 | 2.96 |
| | | 8 | | 17.238 | 13.532 | 0.433 | 199.46 | 3.40 | 24.95 | 316.49 | 4.28 | 40.69 | 82.42 | 2.19 | 19.39 | 355.20 | 3.01 |
| | | 10 | | 21.261 | 16.690 | 0.432 | 242.19 | 3.38 | 30.60 | 384.39 | 4.25 | 49.42 | 99.98 | 2.17 | 22.91 | 444.65 | 3.09 |
| | | 12 | | 25.200 | 19.782 | 0.431 | 282.55 | 3.35 | 36.05 | 448.17 | 4.22 | 57.62 | 116.93 | 2.15 | 26.15 | 534.60 | 3.10 |
| | | 14 | | 29.056 | 22.809 | 0.431 | 320.71 | 3.32 | 41.31 | 508.01 | 4.18 | 65.31 | 133.40 | 2.14 | 29.14 | 625.16 | 3.24 |

续表

| 角钢号数 | 尺寸/mm | | | 截面面积/cm² | 理论质量/(kg·m⁻¹) | 外表面积/(m²·m⁻¹) | 参考数值 | | | | | | | | | | |
|---|---|---|---|---|---|---|---|---|---|---|---|---|---|---|---|---|---|
| | | | | | | | x-x | | | $x_0$-$x_0$ | | | $y_0$-$y_0$ | | | $x_1$-$x_1$ | |
| | b | d | r | | | | $I_x$/cm⁴ | $i_x$/cm | $W_x$/cm³ | $I_{x0}$/cm⁴ | $i_{x0}$/cm | $W_{x0}$/cm³ | $I_{y0}$/cm⁴ | $i_{y0}$/cm | $W_{y0}$/cm³ | $I_{x1}$ | $z_0$/cm |
| 12.5 | 125 | 8 | 14 | 19.750 | 15.504 | 0.492 | 297.03 | 3.88 | 32.52 | 470.89 | 4.88 | 53.28 | 123.16 | 2.50 | 25.86 | 521.01 | 3.37 |
| | | 10 | | 24.373 | 19.133 | 0.491 | 361.67 | 3.85 | 39.97 | 573.89 | 4.85 | 64.93 | 149.46 | 2.48 | 30.62 | 651.93 | 3.45 |
| | | 12 | | 28.912 | 22.696 | 0.491 | 423.16 | 3.83 | 41.17 | 671.44 | 4.82 | 75.96 | 174.88 | 2.46 | 35.03 | 783.42 | 3.53 |
| | | 14 | | 33.367 | 26.193 | 0.490 | 481.65 | 3.80 | 54.16 | 763.73 | 4.78 | 86.41 | 199.57 | 2.45 | 39.13 | 915.11 | 3.61 |
| 14 | 140 | 10 | | 27.373 | 21.488 | 0.551 | 603.68 | 4.34 | 50.58 | 817.27 | 5.46 | 82.56 | 212.04 | 2.78 | 39.20 | 915.11 | 3.82 |
| | | 12 | | 32.512 | 25.522 | 0.551 | 603.68 | 4.31 | 59.80 | 958.79 | 5.43 | 96.85 | 248.57 | 2.76 | 45.02 | 1 099.28 | 3.90 |
| | | 14 | | 27.567 | 29.490 | 0.550 | 688.81 | 4.28 | 68.75 | 1 093.56 | 5.40 | 110.47 | 284.06 | 2.75 | 50.45 | 1 284.22 | 3.98 |
| | | 16 | | 42.539 | 33.393 | 0.549 | 770.24 | 4.26 | 77.46 | 1 221.81 | 5.36 | 123.42 | 318.67 | 2.74 | 55.55 | 147.07 | 4.06 |
| 16 | 160 | 10 | 14 | 31.502 | 24.729 | 0.630 | 779.53 | 4.98 | 66.70 | 1 237.30 | 6.27 | 109.36 | 321.76 | 3.20 | 52.76 | 1 365.33 | 4.31 |
| | | 12 | | 37.441 | 22.391 | 0.630 | 916.58 | 4.95 | 76.98 | 1 455.68 | 6.24 | 128.67 | 377.40 | 3.18 | 60.74 | 1 630.57 | 4.39 |
| | | 14 | | 48.206 | 33.987 | 0.329 | 1 048.86 | 4.82 | 90.95 | 1 565.02 | 6.20 | 147.17 | 431.70 | 3.16 | 68.24 | 1 914.68 | 4.47 |
| | | 16 | | 49.057 | 33.518 | 0.629 | 175.05 | 4.89 | 102.68 | 1 885.57 | 6.17 | 164.88 | 484.59 | 3.14 | 75.31 | 2 190.82 | 4.55 |
| 18 | 180 | 12 | | 42.241 | 33.159 | 0.710 | 1 841.35 | 5.59 | 100.30 | 1 100.10 | 7.05 | 165.00 | 542.61 | 3.53 | 78.41 | 2 882.60 | 4.89 |
| | | 14 | | 48.893 | 38.383 | 0.709 | 1 614.48 | 5.56 | 115.25 | 2 407.42 | 7.02 | 180.14 | 621.53 | 3.56 | 88.56 | 2 723.48 | 4.97 |
| | | 16 | | 55.467 | 43.542 | 0.709 | 1 700.99 | 5.54 | 131.13 | 2 703.37 | 6.03 | 242.40 | 808.60 | 3.55 | 97.83 | 3 115.20 | 5.05 |
| | | 18 | | 61.955 | 48.634 | 0.708 | 1 875.12 | 8.50 | 145.64 | 8 088.24 | 6.94 | 234.78 | 762.01 | 3.51 | 105.14 | 3 502.48 | 5.13 |
| 20 | 200 | 14 | 18 | 54.842 | 42.894 | 0.788 | 2 103.55 | 6.20 | 144.70 | 3 343.26 | 7.82 | 236.40 | 834.88 | 8.90 | 11.82 | 3 734.10 | 5.45 |
| | | 16 | | 62.013 | 48.680 | 0.788 | 2 336.15 | 6.18 | 168.65 | 3 760.80 | 7.79 | 265.98 | 971.41 | 3.90 | 123.96 | 4 270.20 | 5.54 |
| | | 18 | | 69.301 | 54.401 | 0.787 | 2 620.64 | 6.15 | 182.22 | 4 161.54 | 7.75 | 294.48 | 1 076.74 | 3.94 | 135.52 | 4 808.18 | 5.52 |
| | | 20 | | 76.505 | 50.056 | 0.787 | 2 867.50 | 6.12 | 200.42 | 4 554.55 | 7.72 | 322.06 | 1 180.04 | 2.96 | 146.56 | 1 347.51 | 5.60 |
| | | 24 | | 90.661 | 71.168 | 0.765 | 8 338.25 | 8.07 | 236.17 | 5 194.97 | 7.64 | 374.41 | 1 381.53 | 3.90 | 106.65 | 6 457.16 | 5.87 |

## 附表 2　热轧不等边角钢(GB 9788—88)

$B$—长边宽度　　$b$—短边宽度
$d$—边厚度　　$r$—内圆弧半径
$r_1$—边端内圆弧半径　　$I$—惯性矩
$i$—惯性半径　　$W$—截面系数
$x_0$—重心距离　　$y_0$—重心距离

| 角钢号数 | 尺寸 /mm | | | | 截面面积 /cm² | 理论质量 /(kg·m⁻¹) | 外表面积 /(m²·m⁻¹) | 参考数据 | | | | | | | | | | | | | |
|---|---|---|---|---|---|---|---|---|---|---|---|---|---|---|---|---|---|---|---|---|---|
| | | | | | | | | $x$-$x$ | | | $y$-$y$ | | | $x_1$-$x_1$ | | $y_1$-$y_1$ | | $u$-$u$ | | | |
| | $B$ | $b$ | $d$ | $r$ | | | | $I_x$ /cm⁴ | $i_x$ /cm | $W_x$ /cm³ | $I_y$ /cm⁴ | $i_y$ /cm | $W_y$ /cm³ | $I_{x1}$ /cm⁴ | $y_0$ /cm | $I_{y1}$ /cm⁴ | $x_0$ /cm | $I_u$ /cm⁴ | $i_u$ /cm | $W_u$ /cm³ | $\tan\alpha$ |
| 2.5/1.6 | 25 | 16 | 3 | 3.5 | 1.162 | 0.912 | 0.080 | 0.70 | 0.78 | 0.43 | 0.22 | 0.44 | 0.19 | 1.56 | 0.86 | 0.43 | 0.42 | 0.14 | 0.34 | 0.16 | 0.392 |
| | | | 4 | | 1.499 | 1.176 | 0.079 | 0.88 | 0.77 | 0.55 | 0.27 | 0.43 | 0.24 | 2.09 | 0.90 | 0.59 | 0.46 | 0.17 | 0.34 | 0.20 | 0.381 |
| 3.2/2 | 32 | 20 | 3 | | 1.492 | 1.171 | 0.102 | 1.53 | 1.01 | 0.72 | 0.46 | 0.55 | 0.30 | 3.27 | 1.08 | 0.82 | 0.49 | 0.28 | 0.43 | 0.25 | 0.382 |
| | | | 4 | | 1.939 | 1.522 | 0.101 | 1.93 | 1.00 | 0.93 | 0.57 | 0.54 | 0.39 | 4.37 | 1.12 | 1.12 | 0.53 | 0.35 | 0.42 | 0.32 | 0.374 |
| 4/2.5 | 40 | 25 | 3 | 4 | 1.890 | 1.484 | 0.127 | 3.08 | 1.28 | 1.15 | 0.93 | 0.70 | 0.49 | 5.39 | 1.32 | 1.59 | 0.59 | 0.56 | 0.54 | 0.40 | 0.385 |
| | | | 4 | | 2.167 | 1.936 | 0.127 | 3.93 | 1.26 | 1.49 | 1.18 | 0.69 | 0.63 | 8.53 | 1.37 | 2.14 | 0.63 | 0.71 | 0.54 | 0.52 | 0.381 |
| 4.5/2.8 | 45 | 28 | 3 | 5 | 2.149 | 1.687 | 0.143 | 4.45 | 1.44 | 1.47 | 1.34 | 0.79 | 0.62 | 9.10 | 1.47 | 2.23 | 0.64 | 0.80 | 0.61 | 0.51 | 0.383 |
| | | | 4 | | 2.806 | 2.203 | 0.143 | 5.69 | 1.42 | 1.91 | 1.70 | 0.78 | 0.80 | 12.13 | 1.51 | 3.00 | 0.68 | 1.02 | 0.60 | 0.66 | 0.380 |
| 5/3.2 | 50 | 30 | 3 | 5.5 | 2.431 | 1.908 | 0.161 | 6.24 | 1.60 | 1.84 | 2.02 | 0.91 | 0.82 | 12.49 | 1.60 | 3.31 | 0.73 | 1.20 | 0.70 | 0.68 | 0.404 |
| | | | 4 | | 3.177 | 2.494 | 0.160 | 8.02 | 1.59 | 2.39 | 2.58 | 0.91 | 1.06 | 16.65 | 1.65 | 4.45 | 0.77 | 1.53 | 0.69 | 0.87 | 0.402 |
| 5.6/3.6 | 56 | 36 | 3 | 6 | 2.743 | 2.153 | 0.181 | 8.88 | 1.80 | 2.32 | 2.92 | 1.03 | 1.05 | 17.54 | 1.78 | 4.70 | 0.80 | 1.73 | 0.79 | 0.87 | 0.408 |
| | | | 4 | | 3.590 | 2.818 | 0.180 | 11.45 | 1.79 | 3.03 | 3.76 | 1.02 | 1.37 | 23.39 | 1.82 | 6.33 | 0.85 | 2.23 | 0.79 | 1.13 | 0.408 |
| | | | 5 | | 4.415 | 3.466 | 0.180 | 13.86 | 1.77 | 3.71 | 4..39 | 1.01 | 1.65 | 29.25 | 1.87 | 7.94 | 0.88 | 2.67 | 0.78 | 1.36 | 0.404 |

续表

| 角钢号数 | 尺寸/mm | | | | 截面面积/$cm^2$ | 理论质量/$(kg \cdot m^{-1})$ | 外表面积/$(m^2 \cdot m^{-1})$ | 参考数据 | | | | | | | | | | | | | |
|---|---|---|---|---|---|---|---|---|---|---|---|---|---|---|---|---|---|---|---|---|---|
| | | | | | | | | y-y | | | y-y | | | $x_1$-$x_1$ | | $y_1$-$y_1$ | | u-u | | | |
| | $B$ | $b$ | $d$ | $r$ | | | | $I_x$/$cm^4$ | $i_x$/cm | $W_x$/$cm^3$ | $I_y$/$cm^4$ | $i_y$/cm | $W_y$/$cm^3$ | $I_{x1}$/$cm^4$ | $y_0$/cm | $I_{y1}$/$cm^4$ | $x_0$/cm | $I_u$/$cm^4$ | $i_u$/cm | $W_u$/$cm^3$ | tan α |
| 6.3/4 | 63 | 40 | 4 | 7 | 4.058 | 3.185 | 0.202 | 16.49 | 2.02 | 3.87 | 5.23 | 1.14 | 1.70 | 33..30 | 2.04 | 8.63 | 0.92 | 3.12 | 0.88 | 1.40 | 0.398 |
| | | | 5 | | 4.993 | 3.920 | 0.202 | 20.02 | 2.00 | 4.74 | 6.31 | 1.12 | 2.71 | 41.63 | 2.08 | 10.86 | 0.95 | 3.76 | 0.87 | 1.71 | 0.396 |
| | | | 6 | | 5.908 | 4.638 | 0.201 | 23.36 | 1.96 | 5.59 | 7.29 | 1.11 | 2.43 | 49.98 | 2.12 | 13.12 | 0.99 | 4.34 | 0.86 | 1.99 | 0.393 |
| | | | 7 | | 6.802 | 5.339 | 0.201 | 26.53 | 1.98 | 6.40 | 8.24 | 1.10 | 2.78 | 58.07 | 2.15 | 15.47 | 1.03 | 4.97 | 0.86 | 2.29 | 0.389 |
| 7/4.5 | 70 | 45 | 4 | 7.5 | 4.547 | 3.570 | 0.226 | 23.17 | 2.26 | 4.86 | 7.55 | 1.29 | 2.17 | 45.92 | 2.24 | 12.26 | 1.02 | 4.40 | 0.98 | 1.77 | 0.410 |
| | | | 5 | | 5.609 | 4.403 | 0.225 | 27.95 | 2.23 | 5.92 | 9.13 | 1.28 | 2.65 | 57.10 | 2.28 | 15.39 | 1.06 | 5.40 | 0.98 | 2.19 | 0.407 |
| | | | 6 | | 6.647 | 5.218 | 0.225 | 32.54 | 2.21 | 6.95 | 10.62 | 1.26 | 3.12 | 68.35 | 2.32 | 18.58 | 1.09 | 6.35 | 0.98 | 2.59 | 0.404 |
| | | | 7 | | 7.657 | 6.011 | 0.225 | 37.22 | 2.20 | 8.03 | 12.01 | 1.25 | 3.57 | 79.99 | 2.36 | 21.84 | 1.13 | 7.16 | 0.97 | 2.94 | 0.402 |
| 7.5/5 | 75 | 50 | 5 | 8 | 6.125 | 4.808 | 0.245 | 34.86 | 2.39 | 6.83 | 12.61 | 1.44 | 3.30 | 70.00 | 2.40 | 21.04 | 1.17 | 7.41 | 1.10 | 2.74 | 0.435 |
| | | | 6 | | 7.260 | 5.699 | 0.245 | 41.12 | 2.38 | 8.12 | 14.70 | 1.42 | 3.88 | 84.30 | 2.44 | 25.37 | 1.21 | 8.54 | 1.08 | 3.19 | 0.435 |
| | | | 7 | | 9.467 | 7.431 | 0.244 | 52.39 | 2.35 | 10.52 | 18.53 | 1.40 | 4.99 | 112.50 | 2.52 | 34.23 | 1.29 | 10.87 | 1.07 | 4.10 | 0.429 |
| | | | 8 | | 11.590 | 9.098 | 0.244 | 62.711 | 2.33 | 12.79 | 21.96 | 1.38 | 6.04 | 140.80 | 2.60 | 43.43 | 1.36 | 13.10 | 1.06 | 4.99 | 0.423 |
| 8/5 | 80 | 50 | 5 | 8 | 6.375 | 5.005 | 0.255 | 41.96 | 2.56 | 7.78 | 12.82 | 1.42 | 3.32 | 85.21 | 2.60 | 21.06 | 1.14 | 7.66 | 1.10 | 2.74 | 0.388 |
| | | | 6 | | 7.560 | 5.935 | 0.255 | 49.49 | 2.56 | 9.25 | 14.95 | 1.41 | 3.91 | 102.53 | 2.65 | 25.41 | 1.18 | 8.55 | 1.08 | 3.20 | 0.387 |
| | | | 7 | | 8.724 | 6.848 | 0.255 | 56.16 | 2.54 | 10.58 | 16.96 | 1.39 | 4.48 | 119.33 | 2.69 | 29.82 | 1.21 | 10.18 | 1.08 | 3.70 | 0.384 |
| | | | 8 | | 9.867 | 7.745 | 0.254 | 62.83 | 2.52 | 11.92 | 18.85 | 1.38 | 5.03 | 136.11 | 2.73 | 34.32 | 1.25 | 11.38 | 1.07 | 4.16 | 0.381 |
| 9/5.6 | 90 | 56 | 5 | 9 | 7.212 | 5.661 | 0.287 | 60.45 | 2.90 | 9.92 | 18.32 | 1.59 | 4.21 | 121.32 | 2.91 | 29.53 | 1.25 | 10.98 | 1.23 | 3.49 | 0.385 |
| | | | 6 | | 8.557 | 6.717 | 0.286 | 71.03 | 2.88 | 11.74 | 21.42 | 1.58 | 4.96 | 145.59 | 2.95 | 35.58 | 1.29 | 12.90 | 1.23 | 4.13 | 0.384 |
| | | | 7 | | 9.880 | 7.756 | 0.286 | 81.01 | 2.86 | 13.49 | 24.36 | 1.57 | 5.70 | 169.60 | 3.00 | 41.71 | 1.33 | 11.67 | 1.22 | 4.72 | 0.382 |
| | | | 8 | | 11.183 | 8.779 | 0.286 | 91.03 | 2.85 | 15.27 | 27.15 | 1.56 | 6.41 | 194.17 | 3.04 | 47.93 | 1.36 | 16.34 | 1.21 | 5.29 | 0.380 |

| | | | | | | | | | | | | | | | | | | | | | |
|---|---|---|---|---|---|---|---|---|---|---|---|---|---|---|---|---|---|---|---|---|---|
| 10/6.3 | 100 | 63 | 6 | 10 | 9.617 | 7.550 | 0.320 | 99.06 | 3.21 | 14.64 | 30.941 | 1.79 | 6.35 | 199.71 | 3.24 | 50.50 | 1.43 | 18.42 | 1.38 | 5.25 | 0.394 |
| | | | 7 | | 11.11 | 8.722 | 0.320 | 113.45 | 3.20 | 16.88 | 35.26 | 1.78 | 7.29 | 233.00 | 3.28 | 59.14 | 1.47 | 21.00 | 1.38 | 6.02 | 0.394 |
| | | | 8 | | 12.584 | 9.878 | 0.319 | 127.37 | 3.18 | 19.08 | 39.39 | 1.77 | 8.21 | 266.32 | 3.32 | 67.88 | 1.50 | 23.50 | 1.37 | 6.78 | 0.391 |
| | | | 10 | | 15.467 | 12.142 | 0.319 | 153.81 | 3.15 | 23.32 | 47.12 | 1.74 | 9.98 | 333.06 | 3.40 | 85.73 | 1.58 | 28.33 | 1.35 | 8.24 | 0.387 |
| 10/8 | 100 | 80 | 6 | | 10.637 | 8.350 | 0.354 | 107.04 | 3.17 | 15.19 | 61.24 | 2.40 | 10.16 | 199.83 | 2.95 | 102.68 | 1.97 | 31.65 | 1.72 | 8.37 | 0.627 |
| | | | 7 | | 12.301 | 9.656 | 0.354 | 122.73 | 3.16 | 17.52 | 70.08 | 2.39 | 11.71 | 233.20 | 3.00 | 119.98 | 2.01 | 36.17 | 1.72 | 9.60 | 0.626 |
| | | | 8 | | 13.944 | 10.946 | 0.353 | 137.92 | 3.14 | 19.81 | 78.58 | 2.37 | 13.21 | 266.61 | 3.04 | 137.37 | 2.05 | 40.58 | 1.71 | 10.80 | 0.625 |
| | | | 10 | | 17.167 | 13.476 | 0.353 | 166.87 | 3.12 | 24.24 | 94.65 | 2.35 | 16.12 | 333.63 | 3.12 | 172.48 | 2.13 | 49.10 | 1.69 | 13.12 | 0.622 |
| 11/7 | 110 | 70 | 6 | | 10.637 | 8.350 | 0.354 | 133.37 | 3.54 | 17.85 | 42.92 | 2.01 | 7.90 | 265.78 | 3.53 | 69.08 | 1.57 | 25.36 | 1.54 | 6.53 | 0.403 |
| | | | 7 | | 12.301 | 9.656 | 0.354 | 153.00 | 3.53 | 20.60 | 49.01 | 2.00 | 9.09 | 310.07 | 3.57 | 80.82 | 1.61 | 28.95 | 1.53 | 7.511 | 0.402 |
| | | | 8 | | 13.944 | 10.946 | 0.353 | 172.04 | 3.51 | 23.30 | 54.87 | 1.98 | 10.25 | 354.39 | 3.62 | 92.70 | 1.65 | 32.451 | 1.53 | 8.45 | 0.401 |
| | | | 10 | | 17.167 | 13.476 | 0.353 | 1 208.39 | 3.48 | 28.54 | 65.88 | 1.96 | 12.48 | 443.13 | 3.70 | 116.53 | 1.72 | 39.20 | 1.51 | 10.29 | 0.397 |
| 12.5/8 | 125 | 80 | 7 | 11 | 14.096 | 11.066 | 0.403 | 227.98 | 4.02 | 26.86 | 74.42 | 2.30 | 12.01 | 454.99 | 4.01 | 120.2 | 1.80 | 43.81 | 1.76 | 9.92 | 0.408 |
| | | | 8 | | 15.989 | 12.551 | 0.403 | 256.77 | 4.01 | 30.41 | 83.49 | 2.28 | 13.56 | 519.99 | 4.06 | 157.85 | 1.84 | 49.15 | 1.75 | 11.18 | 0.407 |
| | | | 10 | | 19.712 | 15.474 | 0.402 | 312.04 | 3.98 | 37.33 | 100.67 | 2.26 | 16.56 | 650.09 | 4.14 | 173.40 | 1.92 | 59.45 | 1.74 | 13.64 | 0.404 |
| | | | 12 | | 23.351 | 18.330 | 0.402 | 364.41 | 3.95 | 44.01 | 116.67 | 2.24 | 19.43 | 780.39 | 4.22 | 209.67 | 2.00 | 69.35 | 1.72 | 16.01 | 0.400 |
| 14/9 | 140 | 90 | 8 | 12 | 18.038 | 14.160 | 0.453 | 365.64 | 4.50 | 38.48 | 120.69 | 2.59 | 17.34 | 730.53 | 4.50 | 195.79 | 2.04 | 70.83 | 1.98 | 14.31 | 0.411 |
| | | | 10 | | 22.261 | 17.475 | 0.452 | 445.50 | 4.47 | 47.31 | 140.03 | 2.56 | 21.22 | 913.20 | 4.58 | 245.92 | 2.12 | 85.82 | 1.96 | 17.48 | 0.409 |
| | | | 12 | | 26.400 | 20.724 | 0.451 | 521.59 | 4.44 | 55.87 | 169.79 | 2.54 | 24.95 | 1 096.09 | 4.66 | 296.89 | 2.19 | 100.21 | 1.95 | 20.54 | 0.406 |
| | | | 14 | | 30.456 | 23.908 | 0.451 | 594.10 | 4.42 | 64.18 | 192.10 | 2.51 | 28.54 | 1 279.26 | 4.74 | 348.82 | 2.27 | 114.13 | 1.94 | 23.52 | 0.403 |

续表

| 角钢号数 | 尺寸/mm | | | | 截面面积/cm² | 理论质量/(kg·m⁻¹) | 外表面积/(m²·m⁻¹) | 参考数据 | | | | | | | | | | | | | | |
|---|---|---|---|---|---|---|---|---|---|---|---|---|---|---|---|---|---|---|---|---|---|---|
| | | | | | | | | $y$-$y$ | | | $y$-$y$ | | | $x_1$-$x_1$ | | $y_1$-$y_1$ | | $u$-$u$ | | | | |
| | $B$ | $b$ | $d$ | $r$ | | | | $I_x$ /cm⁴ | $i_x$ /cm | $W_x$ /cm³ | $I_y$ /cm⁴ | $i_y$ /cm | $W_y$ /cm³ | $I_{x1}$ /cm⁴ | $y_0$ /cm | $I_{y1}$ /cm⁴ | $x_0$ /cm | $I_u$ /cm⁴ | $i_u$ /cm | $W_u$ /cm³ | tan α |
| 16/10 | 160 | 100 | 10 | 13 | 25.315 | 19.872 | 0.512 | 668.6 | 5.14 | 62.13 | 205.03 | 2.85 | 26.56 | 1 362.89 | 5.24 | 336.59 | 2.28 | 121.74 | 2.19 | 21.92 | 0.390 |
| | | | 12 | | 30.054 | 23.592 | 0.511 | 784.91 | 5.11 | 73.49 | 239.06 | 2.82 | 31.28 | 1 635.56 | 5.32 | 405.94 | 2.36 | 142.33 | 2.17 | 25.79 | 0.388 |
| | | | 14 | | 34.709 | 27.247 | 0.510 | 896.3 | 5.08 | 84.56 | 271.20 | 2.80 | 35.83 | 1 908.50 | 5.40 | 476.42 | 2.43 | 162.23 | 2.16 | 29.56 | 0.385 |
| | | | 16 | | 39.281 | 30.835 | 0.510 | 1 003.0 | 5.05 | 95.33 | 301.60 | 2.77 | 40.24 | 2 181.79 | 5.48 | 548.22 | 2.51 | 182.57 | 2.16 | 33.44 | 0.382 |
| 18/11 | 180 | 110 | 10 | 14 | 28.373 | 22.273 | 0.571 | 956.2 | 5.80 | 78.96 | 278.11 | 3.13 | 32.49 | 1 940.40 | 5.89 | 447.22 | 2.44 | 166.50 | 2.42 | 26.88 | 0.376 |
| | | | 12 | | 33.712 | 26.464 | 0.571 | 1 124.7 | 5.78 | 93.53 | 325.03 | 3.10 | 38.32 | 2 328.38 | 5.98 | 538.94 | 2.52 | 194.87 | 2.40 | 31.66 | 0.374 |
| | | | 14 | | 38.967 | 30.589 | 0.570 | 1 286.91 | 5.75 | 107.76 | 369.55 | 3.08 | 43.97 | 2 716.60 | 6.06 | 631.95 | 2.59 | 222.30 | 2.39 | 36.32 | 0.372 |
| | | | 16 | | 44.139 | 34.649 | 0.569 | 1 443.0 | 5.72 | 121.64 | 411.85 | 3.06 | 49.44 | 3 105.15 | 6.14 | 726.46 | 2.67 | 248.94 | 2.38 | 40.87 | 0.369 |
| 20/12.5 | 200 | 125 | 12 | 14 | 37.912 | 29.761 | 0.641 | 1 570.9 | 6.44 | 116.73 | 483.16 | 3.57 | 49.99 | 3 193.85 | 6.54 | 787.74 | 2.83 | 285.79 | 2.74 | 41.23 | 0.392 |
| | | | 14 | | 43.867 | 34.436 | 0.640 | 1 800.9 | 6.41 | 134.65 | 550.83 | 3.54 | 57.44 | 3 726.17 | 6.02 | 922.47 | 2.91 | 326.58 | 2.73 | 47.34 | 0.390 |
| | | | 16 | | 49.739 | 39.045 | 0.639 | 023.3 | 6.38 | 152.18 | 615.44 | 3.52 | 64.69 | 4 258.86 | 6.70 | 1 058.86 | 2.99 | 366.21 | 2.71 | 53.32 | 0.388 |
| | | | 18 | | 55.526 | 43.588 | 0.639 | 2 238.3 | 6.35 | 169.33 | 677.19 | 3.49 | 71.74 | 4 792.00 | 6.78 | 1 197.13 | 3.06 | 404.83 | 2.70 | 59.18 | 0.385 |

## 附表3 热轧槽钢（GB 707—88）

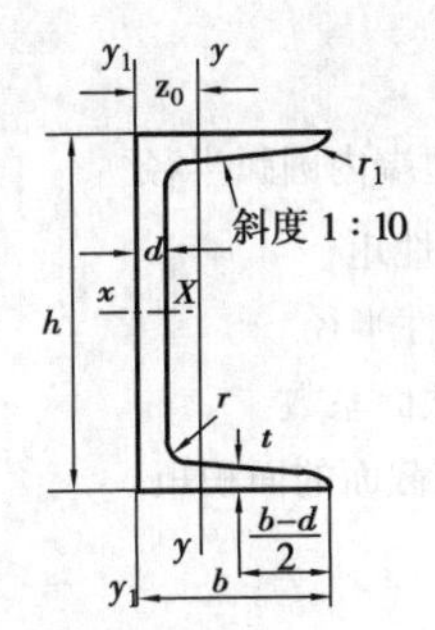


$h$—高度　　$r_1$—边端内圆弧半径

$b$—腿宽度　　$I$—惯性矩

$d$—腰厚度　　$i$—惯性半径

$t$—平均腿厚度　　$W$—截面系数

$r$—内圆弧半径　　$z_0$—$y$-$y$ 轴与 $y_1$-$y_1$ 距离

| 型号 | 尺寸/mm | | | | | | 截面面积/$cm^2$ | 理论质量/$(kg \cdot m^{-1})$ | 参考数据 | | | | | | | |
|---|---|---|---|---|---|---|---|---|---|---|---|---|---|---|---|---|
| | | | | | | | | | $x$-$y$ | | | $y$-$y$ | | | $y_1$-$y_1$ | $z_0$/mm |
| | $h$ | $b$ | $d$ | $t$ | $r$ | $r_1$ | | | $W_x$/$cm^3$ | $I_x$/$cm^4$ | $i_x$/cm | $W_y$/$cm^3$ | $I_y$/$cm^4$ | $i_y$/cm | $I_{y1}$/$cm^4$ | |
| 5 | 50 | 37 | 4.5 | 7 | 7.0 | 3.5 | 6.928 | 5.438 | 10.4 | 26.0 | 1.94 | 3.55 | 8.30 | 1.10 | 20.9 | 1.35 |
| 6.3 | 63 | 40 | 4.8 | 7.5 | 7.5 | 3.8 | 8.451 | 6.634 | 16.1 | 50.8 | 2.45 | 4.50 | 11.9 | 1.19 | 28.4 | 1.36 |
| 8 | 80 | 43 | 5.0 | 8 | 8.0 | 4.0 | 10.248 | 8.045 | 25.3 | 101 | 3.15 | 5.79 | 16.6 | 1.27 | 37.4 | 1.43 |
| 10 | 100 | 48 | 5.3 | 8.5 | 8.5 | 4.2 | 12.748 | 10.007 | 39.7 | 198 | 3.95 | 7.8 | 25.6 | 1.41 | 54.9 | 1.52 |
| 12.6 | 126 | 53 | 5.5 | 9 | 9.0 | 4.5 | 15.692 | 12.318 | 62.1 | 391 | 4.95 | 10.2 | 38.0 | 1.57 | 77.1 | 1.59 |
| 14a | 140 | 58 | 6.0 | 9.5 | 9.5 | 4.8 | 18.516 | 14.535 | 80.5 | 564 | 5.52 | 13.0 | 53.2 | 1.70 | 107 | 1.71 |
| b | 140 | 60 | 8.0 | 9.5 | 9.5 | 4.8 | 21.316 | 16.733 | 87.1 | 609 | 5.35 | 14.1 | 61.1 | 1.69 | 121 | 1.67 |
| 16a | 160 | 63 | 6.5 | 10 | 10.0 | 5.0 | 21.962 | 17.240 | 108 | 866 | 6.28 | 16.3 | 73.3 | 1.83 | 144 | 1.80 |
| 16 | 160 | 65 | 8.5 | 10 | 10.0 | 5.0 | 25.162 | 19.752 | 117 | 935 | 6.10 | 17.6 | 83.4 | 1.82 | 161 | 1.75 |
| 18a | 180 | 68 | 7.0 | 10.5 | 10.5 | 5.2 | 25.699 | 20.174 | 141 | 1 270 | 7.04 | 20.0 | 98.6 | 1.96 | 190 | 1.88 |
| 18 | 180 | 70 | 9.0 | 10.5 | 10.5 | 5.2 | 29.299 | 23.000 | 152 | 1 370 | 6.84 | 21.5 | 111 | 1.95 | 210 | 1.84 |
| 20a | 200 | 73 | 7.0 | 11 | 11.0 | 5.5 | 28.837 | 22.637 | 178 | 1 780 | 7.86 | 24.2 | 128 | 2.11 | 244 | 2.01 |
| 20 | 200 | 75 | 9.0 | 11 | 11.0 | 5.5 | 32.837 | 25.777 | 191 | 1 910 | 7.64 | 25.9 | 144 | 2.09 | 268 | 1.95 |
| 22a | 220 | 77 | 7.0 | 11.5 | 11.5 | 5.8 | 31.846 | 24.999 | 218 | 2 390 | 8.67 | 28.2 | 158 | 2.23 | 298 | 2.10 |
| 22 | 220 | 79 | 9.0 | 11.5 | 11.5 | 5.8 | 36.246 | 28.453 | 234 | 2 570 | 8.42 | 30.1 | 176 | 2.21 | 326 | 2.03 |
| a | 250 | 78 | 7.0 | 12 | 12.0 | 6.0 | 34.917 | 27.410 | 270 | 3 370 | 9.82 | 30.6 | 176 | 2.24 | 322 | 2.07 |
| 25b | 250 | 80 | 9.0 | 12 | 12.0 | 6.0 | 39.917 | 31.335 | 282 | 3 530 | 9.41 | 32.7 | 196 | 2.22 | 353 | 1.98 |
| c | 250 | 82 | 11.0 | 12 | 12.0 | 6.0 | 44.917 | 35.260 | 295 | 3 690 | 9.07 | 35.9 | 218 | 2.21 | 384 | 1.92 |
| a | 280 | 82 | 7.5 | 12.5 | 12.5 | 6.2 | 40.034 | 31.427 | 340 | 4 760 | 10.9 | 35.7 | 218 | 2.33 | 388 | 2.10 |
| 28b | 280 | 84 | 9.5 | 12.5 | 12.5 | 6.2 | 45.634 | 35.823 | 366 | 5 130 | 10.6 | 37.9 | 242 | 2.30 | 428 | 2.02 |
| c | 280 | 86 | 11.5 | 12.5 | 12.5 | 6.2 | 51.234 | 40.219 | 393 | 5 500 | 10.4 | 40.3 | 268 | 2.29 | 463 | 1.95 |
| a | 320 | 88 | 8.0 | 14 | 14.0 | 7.0 | 48.513 | 38.083 | 475 | 7 600 | 12.5 | 46.5 | 305 | 2.50 | 552 | 2.24 |
| 32b | 320 | 90 | 10.0 | 14 | 14.0 | 7.0 | 54.913 | 43.107 | 509 | 8 140 | 12.2 | 49.2 | 336 | 2.47 | 593 | 2.16 |
| c | 320 | 92 | 12.0 | 14 | 14.0 | 7.0 | 61.313 | 48.131 | 543 | 8 690 | 11.9 | 52.6 | 374 | 2.47 | 643 | 2.09 |
| a | 360 | 96 | 9.0 | 16 | 16.0 | 8.0 | 60.910 | 47.814 | 660 | 11 900 | 14.0 | 63.5 | 455 | 2.73 | 818 | 2.44 |
| 36b | 360 | 98 | 11.0 | 16 | 16.0 | 8.0 | 68.110 | 53.466 | 703 | 12 700 | 13.6 | 66.9 | 497 | 2.70 | 880 | 2.37 |
| c | 360 | 100 | 13.0 | 16 | 16.0 | 8.0 | 75.310 | 59.118 | 746 | 13 400 | 13.4 | 70.0 | 536 | 2.67 | 948 | 2.34 |
| a | 400 | 100 | 10.5 | 18 | 18.0 | 9.0 | 75.068 | 58.928 | 879 | 17 600 | 15.3 | 78.8 | 592 | 2.81 | 1070 | 2.49 |
| 40b | 400 | 102 | 12.5 | 18 | 18.0 | 9.0 | 83.068 | 65.208 | 932 | 18 600 | 15.0 | 82.5 | 640 | 2.78 | 1140 | 2.44 |
| c | 400 | 104 | 14.5 | 18 | 18.0 | 9.0 | 91.068 | 71.488 | 986 | 19 700 | 14.7 | 86.2 | 688 | 2.75 | 1220 | 2.42 |

## 附表4 热轧工字钢(GB 706—88)

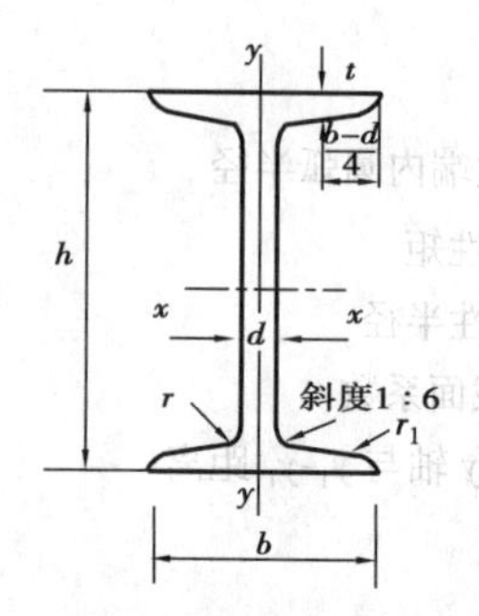


$h$—高度　　$r_1$—边端内圆弧半径
$b$—腿宽度　　$I$—惯性矩
$d$—腰厚度　　$i$—惯性半径
$t$—平均腿厚度　　$W$—截面系数
$r$—内圆弧半径　　$S$—半截面的面积矩

| 型号 | 尺寸/mm | | | | | | 截面面积 | 理论质量 | 参考数据 | | | | | | |
|---|---|---|---|---|---|---|---|---|---|---|---|---|---|---|---|
| | | | | | | | | | x-x | | | | y-y | | |
| | $h$ | $b$ | $d$ | $t$ | $r$ | $r_1$ | /cm² | /(kg·m⁻¹) | $I_x$ /cm⁴ | $W_x$ /cm³ | $i_x$ /cm | $I_x:S_x$ | $I_y$ /cm⁴ | $W_y$ /cm³ | $i_y$ /cm |
| 10 | 100 | 68 | 4.5 | 7.6 | 6.5 | 3.3 | 14.345 | 11.261 | 245 | 49.0 | 4.14 | 8.59 | 33.0 | 9.72 | 1.52 |
| 12.6 | 126 | 74 | 5.0 | 8.4 | 7.0 | 3.5 | 18.118 | 14.223 | 488 | 77.5 | 5.20 | 10.8 | 46.9 | 12.7 | 1.61 |
| 14 | 140 | 80 | 5.5 | 9.1 | 7.5 | 3.8 | 21.516 | 16.890 | 712 | 102 | 5.76 | 12.0 | 64. | 16.1 | 1.73 |
| 16 | 160 | 88 | 6.0 | 9.9 | 8.0 | 4.0 | 26.131 | 20.513 | 1 130 | 141 | 6.58 | 13.8 | 93.1 | 21.2 | 1.89 |
| 18 | 180 | 94 | 6.5 | 10.7 | 8.5 | 4.3 | 30.756 | 24.143 | 1 660 | 185 | 7.36 | 15.4 | 122 | 26.0 | 2.00 |
| 20a | 200 | 100 | 7.0 | 11.4 | 9.0 | 4.5 | 35.578 | 27.929 | 2 370 | 237 | 8.15 | 17.2 | 158 | 31.5 | 2.12 |
| 20b | 200 | 102 | 9.0 | 11.4 | 9.0 | 4.5 | 39.578 | 31.069 | 2 500 | 250 | 7.96 | 16.9 | 169 | 33.1 | 2.06 |
| 22a | 220 | 110 | 7.5 | 12.3 | 9.5 | 4.8 | 42.128 | 33.070 | 3 400 | 309 | 8.99 | 18.9 | 225 | 40.9 | 2.31 |
| 22b | 220 | 112 | 9.5 | 12.3 | 9.5 | 4.8 | 46.528 | 36.524 | 3 570 | 325 | 8.78 | 18.7 | 239 | 42.7 | 2.27 |
| 25a | 250 | 116 | 8.0 | 13.0 | 10.0 | 5.0 | 48.541 | 38.105 | 5 020 | 402 | 10.2 | 21.6 | 280 | 48.3 | 2.40 |
| 25b | 250 | 118 | 10.0 | 13.0 | 10.0 | 5.0 | 53.541 | 42.030 | 5 280 | 423 | 9.94 | 21.3 | 309 | 52.4 | 2.40 |
| 28a | 280 | 122 | 8.5 | 13.7 | 10.5 | 5.3 | 55.404 | 43.492 | 7 110 | 508 | 11.3 | 24.6 | 345 | 56.6 | 2.50 |
| 28b | 280 | 124 | 10.5 | 13.7 | 10.5 | 5.3 | 61.0041 | 47.888 | 7 480 | 534 | 11.1 | 24.2 | 379 | 61.2 | 2.49 |
| 32a | 320 | 130 | 9.5 | 15.0 | 11.5 | 5.8 | 67.156 | 52.717 | 11 100 | 692 | 12.8 | 27.5 | 460 | 70.8 | 2.62 |
| 32b | 320 | 132 | 11.5 | 15.0 | 11.5 | 5.8 | 73.556 | 57.741 | 11 600 | 726 | 12.6 | 27.1 | 502 | 76.0 | 2.61 |
| 32c | 320 | 134 | 13.5 | 15.0 | 11.5 | 5.8 | 79.956 | 62.765 | 12 200 | 760 | 12.3 | 26.8 | 544 | 81.2 | 2.61 |
| 36a | 360 | 136 | 10.0 | 15.8 | 12.0 | 6.0 | 76.480 | 60.037 | 15 800 | 875 | 14.4 | 30.7 | 552 | 81.2 | 2.69 |
| 36b | 360 | 138 | 12.0 | 15.8 | 12.0 | 6.0 | 83.680 | 65.689 | 16 500 | 919 | 14.1 | 30.3 | 582 | 84.3 | 2.64 |
| 36c | 360 | 140 | 14.0 | 15.8 | 12.0 | 6.0 | 90.880 | 71.341 | 17 300 | 962 | 13.8 | 29.9 | 612 | 87.4 | 2.60 |
| 40a | 400 | 142 | 10.5 | 16.5 | 12.5 | 6.3 | 86.112 | 67.598 | 21 700 | 1 090 | 15.9 | 34.1 | 660 | 93.2 | 2.77 |
| 40b | 400 | 144 | 12.5 | 16.5 | 12.5 | 6.3 | 94.112 | 73.878 | 22 800 | 1 140 | 15.6 | 33.6 | 692 | 96.2 | 2.71 |
| 40c | 400 | 146 | 14.5 | 16.5 | 12.5 | 6.3 | 102.112 | 80.158 | 23 900 | 1 190 | 15.2 | 33.2 | 727 | 99.6 | 2.65 |
| 45a | 450 | 150 | 11.5 | 18.0 | 13.5 | 6.8 | 102.446 | 80.420 | 32 200 | 1 430 | 17.7 | 38.6 | 855 | 114 | 2.89 |
| 45b | 450 | 152 | 13.5 | 18.0 | 13.5 | 6.8 | 111.446 | 87.485 | 33 800 | 1 500 | 17.4 | 38.0 | 894 | 118 | 2.84 |

续表

| 型号 | 尺寸/mm | | | | | | 截面面积/cm² | 理论质量/(kg·m⁻¹) | 参考数据 | | | | | | |
|---|---|---|---|---|---|---|---|---|---|---|---|---|---|---|---|
| | | | | | | | | | x-x | | | | y-y | | |
| | $h$ | $b$ | $d$ | $t$ | $r$ | $r_1$ | | | $I_x$ /cm⁴ | $W_x$ /cm³ | $i_x$ /cm | $I_x:S_x$ | $I_y$ /cm⁴ | $W_y$ /cm³ | $i_y$ /cm |
| 45c | 450 | 154 | 15.5 | 18.0 | 13.5 | 6.8 | 120.446 | 94.550 | 35 300 | 1 570 | 17.1 | 37.6 | 938 | 122 | 2.79 |
| 50a | 500 | 158 | 12.0 | 20.0 | 14.0 | 7.0 | 119.304 | 93.654 | 46 500 | 1 860 | 19.7 | 42.8 | 1 120 | 142 | 3.07 |
| 50b | 500 | 160 | 14.0 | 20.0 | 14.0 | 7.0 | 129.304 | 101.504 | 48 600 | 1 940 | 19.4 | 42.4 | 1 170 | 146 | 3.01 |
| 50c | 500 | 162 | 16.0 | 20.0 | 14.0 | 7.0 | 139.304 | 109.354 | 50 600 | 2 080 | 19.0 | 41.8 | 1 220 | 151 | 2.96 |
| 56a | 560 | 166 | 12.5 | 21.0 | 14.5 | 7.3 | 135.435 | 106.316 | 65 600 | 2 340 | 22.0 | 47.7 | 1 370 | 165 | 3.18 |
| 56b | 560 | 168 | 14.5 | 21.0 | 14.5 | 7.3 | 146.635 | 115.108 | 68 500 | 2 450 | 21.6 | 47.2 | 1 490 | 174 | 3.16 |
| 56c | 560 | 170 | 16.5 | 21.0 | 14.5 | 7.3 | 157.835 | 123.900 | 71 400 | 2 550 | 21.3 | 46.7 | 1 560 | 183 | 3.16 |
| 63a | 630 | 176 | 13.0 | 22.0 | 15.0 | 7.5 | 154.658 | 121.407 | 93 900 | 2 980 | 24.5 | 54.2 | 1 700 | 193 | 3.31 |
| 63b | 630 | 178 | 15.0 | 22.0 | 15.0 | 7.5 | 167.258 | 131.298 | 98 100 | 3 160 | 24.2 | 53.5 | 1 810 | 204 | 3.29 |
| 63c | 630 | 180 | 17.0 | 22.0 | 15.0 | 7.5 | 179.858 | 141.189 | 102 000 | 3 300 | 23.8 | 52.9 | 1 920 | 214 | 3.27 |

# 参考文献

[1] 邹昭文.建筑力学·第一分册:理论力学[M].4版.北京:高等教育出版社,2006.
[2] 干光瑜.建筑力学·第二分册.材料力学[M].4版.北京:高等教育出版社,2006.
[3] 李家宝.建筑力学·第三分册.结构力学[M].4版.北京:高等教育出版社,2006.
[4] 张俊彦.理论力学[M].北京:北京大学出版社,2006.
[5] 金康宁.材料力学[M].北京:北京大学出版社,2006.
[6] 张系斌.结构力学[M].北京:北京大学出版社,2006.
[7] 吕令毅.建筑力学[M].北京:中国建筑工业出版社,2006.